は し が き

「志望校に合格するためにはどのような勉強をすればよいのでしょうか」 これは，受験を間近にひかえているだれもが気にしていることの１つだと思います。しかし，残念ながら「合格の秘訣（ひけつ）」などというものはありませんから，この質問に対して正確に回答することはできません。ただ，最低限これだけはやっておかなければならないことはあります。それは「学力をつけること」，言い換えれば，「不得意分野・単元をなくすこと」と「志望校の入試問題の傾向をつかむこと」です。

後者については，弊社の『中学校別入試対策シリーズ』をひもとき，過去の入試問題を解いたり，参考記事を読むことで十分対処できるでしょう。

前者は，絶対的な学力を身につけるということですから，応分の努力を必要とします。これを効果的に進めるための書として本書を編集しました。

本書は，長年にわたり『中学校別入試対策シリーズ』を手がけてきた経験をもとに，近畿の国立・私立中学校で2023年・2024年に行われた入試問題を中心として必修すべき問題を厳選し，単元別に収録したものです。本書を十分に活用することで，自分の不得意とする分野・単元がどこかを発見し，また，そこに重点を置いて学習し，苦手意識をなくせるよう頑張ってください。別冊解答には，できる限り多くの問題に解き方をつけてあります。問題を解くための手がかりとして，あわせて活用してください。

本書を手にされたみなさんが，来春の中学受験を突破し，さらなる未来に向かって大きく羽ばたかれることを祈っております。

も く じ

1 数の計算

1 ≪整数の四則混合計算≫　次の計算をしなさい。

(1)　$3264 \div 2 + 3264 \div 12 + 3264 \div 51$　(　　　)　(金蘭千里中)

(2)　$72391 + 108 \times 79 + 7609 - 532 + 40 \times 20 + (12 \times 8 - 16) + 8$　(　　　)　(奈良学園中)

(3)　$(4720 - 208 \times 16) \div 24 + 42$　(　　　)　(関西学院中)

(4)　$49 \div 2 \times 6 \div (19 - 3 \times 4) \div 7$　(　　　)　(白陵中)

(5)　$(21 - 3 \times 5) \div 2 + 2 \times (14 - 9)$　(　　　)　(関西大倉中)

(6)　$(21 - 3 \times 6) \times (1 + 2 \times 3 - 4 + 5) - (35 \div 6 - 11 \div 6)$　(　　　)　(須磨学園中)

(7)　$\{24 \times (28 + 7)\} \div (34 + 136 \div 17)$　(　　　)　(奈良学園登美ヶ丘中)

(8)　$144 - \{8 + 4 \times (31 - 7) \div 8\} \times 7$　(　　　)　(桃山学院中)

(9)　$38 \times 19 - \{17 \times 20 - (135 + 35)\} \div 17$　(　　　)　(啓明学院中)

(10)　$\{38 \times 67 - (873 - 158) \div 13\} \div 53 \times 2$　(　　　)　(関西大学中)

2　≪小数の四則混合計算≫　次の計算をしなさい。

(1)　$1 + 1.5 \times 1.6 \div 1.2$　(　　　)　(大阪教大附平野中)

(2)　$8.04 \div 1.2 + 3.12 \times 5 - 3.55 \times 4$　(　　　)　(明星中)

(3)　$149.52 \div 3.5 - 46.93 \div 1.3 + 83.9 \times 0.2$　(　　　)　(京都女中)

(4)　$6.4 \times 8.3 + 53.01 \div 9.3 - 46.1 \times 1.2$　(　　　)　(開智中)

(5)　$25 \times (5.1 - 4.7)$　(　　　)　(上宮学園中)

(6)　$(6.3 \times 0.3 + 0.7 \times 0.3) \div 3.5$　(　　　)　(近大附中)

(7)　$(5 - 1.73) \div 3 - 36.9 \div 9 \times 0.2$　(　　　)　(智辯学園奈良カレッジ中)

(8)　$(5 - 3.74) \times (5.27 + 2.23)$　(　　　)　(大阪女学院中)

(9)　$\{(22 - 15.6) \times 3.7 + 0.62\} \div 1.35$　(　　　)　(奈良学園登美ヶ丘中)

(10)　$\{10 - 0.25 \times (1.05 + 1.5 \times 0.3)\} \div (3 - 0.5 \times 0.5) + 0.15$　(　　　)　(奈良学園中)

3 ≪分数の加減≫　次の計算をしなさい。

(1) $\frac{10}{69}+\frac{13}{230}+\frac{11}{345}$　(　　　)　(高槻中)

(2) $\frac{1}{32}+\frac{1}{16}+\frac{1}{8}+\frac{1}{4}+\frac{1}{2}$　(　　　)　(賢明女子学院中)

(3) $1-\frac{1}{3}-\frac{2}{5}-\frac{4}{17}$　(　　　)　(近大附和歌山中)

(4) $\frac{11}{24}-\frac{4}{21}+\frac{3}{40}-\frac{12}{35}$　(　　　)　(立命館守山中)

(5) $2\frac{2}{3}-\frac{1}{2}+1\frac{5}{6}$　(　　　)　(プール学院中)

(6) $1\frac{1}{2}+2\frac{2}{3}-3\frac{3}{4}$　(　　　)　(育英西中)

(7) $2-\left(\frac{1}{2}+\frac{1}{3}+\frac{1}{4}+\frac{1}{6}+\frac{1}{12}\right)$　(　　　)　(関西大倉中)

4 ≪分数の乗除≫　次の計算をしなさい。

(1) $\frac{8}{15}\div1\frac{4}{5}\div5\frac{1}{3}$　(　　　)　(聖心学園中)

(2) $\frac{1}{2}\div\frac{9}{8}\times\frac{27}{32}\times\frac{81}{128}\div\frac{243}{512}$　(　　　)　(金蘭千里中)

(3) $1\frac{7}{18}\div\frac{1}{3}\times(27\div5\div54)$　(　　　)　(東海大付大阪仰星高中等部)

5　≪分数の四則混合計算≫　次の計算をしなさい。

(1)　$1-\frac{1}{2}+\frac{2}{3}\div\frac{3}{4}-\frac{4}{5}$　(　　　)　(大谷中－大阪－)

(2)　$3\frac{1}{5}-1\frac{11}{14}\div2\frac{1}{7}-2\frac{1}{5}$　(　　　)　(清風南海中)

(3)　$2\frac{1}{4}\times\frac{8}{15}-\frac{3}{10}\div\frac{3}{4}$　(　　　)　(大阪女学院中)

(4)　$8\frac{2}{5}\times\frac{1}{3}-3\frac{9}{10}\div3\frac{1}{4}$　(　　　)　(松蔭中)

(5)　$\frac{3}{7}\div\frac{9}{14}-\frac{2}{9}\div1\frac{1}{3}\div2$　(　　　)　(関西大倉中)

(6)　$2024\div\left(20+\frac{281}{7}-24\right)$　(　　　)　(金蘭千里中)

(7)　$\frac{3}{14}\div\frac{6}{7}-\left(\frac{23}{36}-\frac{1}{72}\right)\times\frac{4}{15}$　(　　　)　(清教学園中)

(8)　$21\div281\times37\times\left(\frac{53}{21}-\frac{80}{37}\right)$　(　　　)　(清風中)

(9)　$2\frac{1}{2}-4\frac{2}{15}\div\left(\frac{1}{6}+2\frac{2}{9}\times\frac{7}{10}\right)$　(　　　)　(淳心学院中)

(10)　$\cfrac{1}{2+\cfrac{1}{3+\cfrac{1}{4+\cfrac{1}{5}}}}$　(　　　)　(洛星中)

6 ≪分数の四則混合計算≫ 次の計算をしなさい。

(1) $(6-4+2)\div\left(\frac{1}{2}-\frac{1}{4}+\frac{1}{6}\right)$ (　　　) (同志社女中)

(2) $\left(\frac{2}{3}+\frac{1}{4}\right)\div\frac{11}{6}-\frac{6}{25}\times\left(\frac{1}{3}-\frac{1}{8}\right)$ (　　　) (明星中)

(3) $1-\left(\frac{7}{4}-\frac{5}{6}\right)\times\frac{2}{3}\div\left(\frac{3}{2}-\frac{5}{6}\right)$ (　　　) (龍谷大付平安中)

(4) $1\frac{2}{3}\times\left(2-\frac{4}{5}\right)\times\left(1\frac{1}{6}\div2-\frac{1}{4}\right)$ (　　　) (近大附中)

(5) $(65-48)\times(25-4\times2)\div\left(\frac{1}{2}-\frac{5}{14}\right)$ (　　　) (大阪教大附池田中)

(6) $2\times\frac{11}{8+6\times6}-\left\{\left(5\frac{1}{2}-4\frac{1}{3}\right)\div3\frac{1}{2}\right\}$ (　　　) (ノートルダム女学院中)

(7) $\left\{\left(19\frac{1}{2}+5\right)\times\frac{3}{14}+\frac{1}{2}\right\}\times\frac{2}{13}-\frac{12}{13}\div18$ (　　　) (智辯学園奈良カレッジ中)

(8) $\left\{\left(2-\frac{1}{3}\right)\times4-3\right\}\div8\times\frac{9}{11}$ (　　　) (帝塚山学院泉ヶ丘中)

(9) $\left(1+\frac{2}{3}\right)\div\left\{4-\left(5\div6+\frac{7}{8}\right)\right\}$ (　　　) (同志社香里中)

(10) $1-\frac{1}{2}\times\left[\frac{1}{3}\times\left\{\frac{1}{4}\times\left(\frac{1}{5}-\frac{1}{6}\right)\right\}\right]$ (　　　) (帝塚山中)

7　≪小数と分数の四則混合計算≫　次の計算をしなさい。

(1)　$2.6 - \frac{7}{4} + 0.7 \div \frac{2}{5}$　(　　　)　（大阪女学院中）

(2)　$28 \div \frac{7}{9} - \frac{5}{9} \times 36 \times 1.25$　(　　　)　（関西大学中）

(3)　$0.775 \times 7.5 + 5.5 \div \frac{4}{7} + 15.75 \div 2.4$　(　　　)　（東大寺学園中）

(4)　$\left(\frac{2}{15} + \frac{4}{5} - \frac{9}{10}\right) \times 3\frac{3}{4} \div 1.75$　(　　　)　（関西学院中）

(5)　$\frac{5}{9} \times \left(2.6 - \frac{2}{7}\right) - \frac{1}{24} \div 0.125$　(　　　)　（明星中）

(6)　$2\frac{5}{8} \div 0.75 - 1\frac{5}{7} \times \left(1\frac{1}{2} - \frac{1}{3}\right)$　(　　　)　（関西大倉中）

(7)　$\frac{1}{3} \times \left(2.1 + \frac{3}{5}\right) + 0.3 - \frac{2}{5} \div 1.25$　(　　　)　（三田学園中）

(8)　$2 \div \left(0.625 + 1\frac{3}{4} \div 2\frac{1}{3} - 3\frac{1}{2} \times \frac{1}{28}\right) + 0.64 \times 4\frac{3}{8} \div 2\frac{1}{3}$　(　　　)　（六甲学院中）

(9)　$\frac{1}{4} \times \left(\frac{9}{16} + 0.375\right) - \left(\frac{1}{24} + 0.125 + \frac{1}{16}\right) \times \frac{3}{4}$　(　　　)　（清風南海中）

(10)　$12 \times \left(0.8 - \frac{1}{40} \div 3 \times \frac{1}{6}\right) \div (4 + 5 \times 4 - 1)$　(　　　)　（洛星中）

8 ≪小数と分数の四則混合計算≫　次の計算をしなさい。

(1) $8 \div (1 - 1 \div 5) \times 10 + \left(7.5 \times \dfrac{1}{3} - 0.875\right) \times 8$　(　　　)　(同志社中)

(2) $(0.6 \times 1.3 - 0.38) \times \left(2 \div \dfrac{10}{11} \times 1\dfrac{1}{2} - \dfrac{3}{10}\right)$　(　　　)　(神戸海星女中)

(3) $\left(\dfrac{1}{38} + \dfrac{1}{26} + \dfrac{1}{247}\right) - \left(0.4 - \dfrac{13}{120} + 0.375\right) \times \left(\dfrac{1}{13} - \dfrac{1}{19}\right)$　(　　　)　(六甲学院中)

(4) $\left\{\left(2.2 + \dfrac{5}{4}\right) \div 2.3 - 1\right\} \times \dfrac{5}{7}$　(　　　)　(立命館宇治中)

(5) $\left\{1.75 - \left(\dfrac{5}{12} - \dfrac{7}{18} + \dfrac{2}{9}\right)\right\} \div 5\dfrac{1}{4}$　(　　　)　(清教学園中)

(6) $\dfrac{9}{14} \times \left\{0.25 + 1\dfrac{2}{3} \div (1 - 0.2)\right\}$　(　　　)　(立命館中)

(7) $\left\{\left(2.6 - 1\dfrac{3}{4}\right) \times 3.5 - 2\dfrac{3}{5}\right\} \div \dfrac{3}{16}$　(　　　)　(関西大学中)

(8) $\left\{\left(6.25 - 1\dfrac{3}{4}\right) \times 1\dfrac{4}{5} - 2.35\right\} \div 3\dfrac{1}{3} + 3.275$　(　　　)　(清風中)

(9) $\left(6 + \dfrac{5}{56} \times 8.8\right) \div \left\{\left(1\dfrac{75}{91} - \dfrac{4}{7}\right) \div 12\right\}$　(　　　)　(高槻中)

(10) $2.7 \times 3 + \{(0.9 \times 3 - 1.2) \div 0.3\} - \left(\dfrac{1}{5} + 0.5 - \dfrac{3}{5}\right)$　(　　　)　(奈良学園登美ヶ丘中)

9　≪計算のくふう≫　次の計算をしなさい。

(1)　$39 \times 36 + 26 \times 38 - 13 \times 36$　(　　　)　(立命館中)

(2)　$12 \times 13 + 12 \times 14 + 27 \times 72 + 73 \times 84$　(　　　)　(京都先端科学大附中)

(3)　$11 \times 23 + 23 \times 22 + 11 \times 69 + 22 \times 46 + 23 \times 55$　(　　　)　(奈良学園登美ヶ丘中)

(4)　$2023 \times 2024 - 2022 \times 2025$　(　　　)　(京都橘中)

(5)　$115 \times 115 - 116 \times 114 + 117 \times 113$　(　　　)　(奈良学園中)

(6)　$1.23 \times 1000 + 12.3 \times 350 - 123 \times 25 + 246 \times 40$　(　　　)　(近大附中)

(7)　$1.06 \times 3.19 + 2.12 \times 1.46 - 3.18 \times 0.37$　(　　　)　(開智中)

(8)　$12.4 \times 11.6 - 2.48 \times 57 + 496 \times 0.12$　(　　　)　(洛星中)

(9)　$3.64 \times 7 + 0.182 \times 15 - \frac{91}{100} \times 21$　(　　　)　(啓明学院中)

(10)　$\frac{3}{2} - \frac{5}{4} + \frac{9}{8} - \frac{17}{16} + \frac{33}{32} - \frac{65}{64} + \frac{129}{128} - \frac{257}{256}$　(　　　)　(大阪桐蔭中)

10 ≪計算のくふう≫　次の計算をしなさい。

(1) $\frac{1}{2} \div 3 + \frac{1}{3} \div 4 + \frac{1}{4} \div 5 + \frac{1}{5} \div 6$　(　　　)　(立命館守山中)

(2) $\frac{1}{1} \times \frac{1}{3} + \frac{1}{3} \times \frac{1}{5} + \frac{1}{5} \times \frac{1}{7} + \frac{1}{7} \times \frac{1}{9} + \frac{1}{9} \times \frac{1}{11}$　(　　　)　(帝塚山中)

(3) $\frac{4}{1 \times 5} + \frac{4}{5 \times 9} + \frac{4}{9 \times 13} + \frac{4}{13 \times 17}$　(　　　)　(甲南中)

(4) $\left(\frac{1}{3} + \frac{1}{15} + \frac{1}{35} + \frac{1}{63}\right) \times \left(\frac{1}{2} + \frac{1}{6} + \frac{1}{12} + \frac{1}{20}\right)$　(　　　)　(須磨学園中)

11 ≪未知数を求める問題≫　次の□にあてはまる数を答えなさい。

(1) $6 - 5 \div 4 \div \square - 2 = 1$　(開明中)

(2) $24 \times 39 + 54 \times 38 - 36 \times 58 = 36 \times \square$　(近大附和歌山中)

(3) $437 \div (52 - 4 \times \square) = 23$　(関西大学中)

(4) $(\square \times 6 + 24) \div 9 - 3 = 15$　(花園中)

(5) $16 - 6 \times \{14 \div (15 - 3 \times \square)\} = 4$　(ノートルダム女学院中)

(6) $(\square - 1) \times (\square + 1) = 2024$（□には同じ数が入ります。）(　　　)

(洛南高附中)

12 ≪未知数を求める問題≫　次の □ にあてはまる数を答えなさい。

(1)　$202.3 \times 4.9 + 20.23 \times 11 + \square \times 4000 = 2023$　(帝塚山中)

(2)　$(\square \times 1.8 - 3.6) \div 7.2 = 0.1$　(立命館中)

13 ≪未知数を求める問題≫　次の □ にあてはまる数を答えなさい。

(1)　$1\frac{13}{17} \times \left(\square - 1\frac{2}{3} \div \frac{4}{9}\right) - \frac{2}{3} = \frac{5}{6}$　(西大和学園中)

(2)　$\left(3\frac{2}{3} - 2\frac{3}{4}\right) \div \left(\square + 1\frac{1}{6}\right) = \frac{11}{18}$　(京都女中)

(3)　$3\frac{3}{4} \times \left\{3\frac{3}{5} \times (\square - 2) + 2\frac{9}{10} - 5\frac{1}{6}\right\} = 5$　(清風南海中)

(4)　$17 \times \left\{119 \times \left(\frac{5}{17} + \square\right) - 35 \div \left(\frac{3}{13} - \frac{2}{65}\right)\right\} = 2023$　(白陵中)

(5)　$105 \times \left\{(2024 + \square) \times \frac{1}{4} \times \frac{1}{5} \times \frac{1}{6} \times \frac{1}{7} \times \frac{1}{8} + \frac{2}{15}\right\} = 78$　(東大寺学園中)

(6)　$1 \div \left\{\frac{1}{9} - 1 \div (35 \times 35 + 32 \times 32)\right\} = 9 + \frac{81}{\square}$　(灘中)

(7)　$2\frac{4}{11} \times \left\{\left(\frac{1}{12} - \frac{1}{\square}\right) \times \frac{7}{10} + \frac{13}{24}\right\} + \frac{7}{10} = 2$　(甲陽学院中)

(8)　$2024 \times \left\{\frac{7}{11} \div \left(\frac{13}{24} - \frac{\square}{9}\right) \div 36\right\} \times \frac{3}{(2 + 2) \times 2} = 138$　(金蘭千里中)

14 ≪未知数を求める問題≫　次の$\square$にあてはまる数を答えなさい。

(1) $\left(1\frac{2}{3}+1\frac{1}{2}\times 2.4-\square\right)\div 5.6=\frac{16}{21}$ （甲南中）

(2) $\left(1\frac{1}{3}+\frac{1}{2}\times\square\right)\div 1.25-0.2=1\frac{1}{5}$ （桃山学院中）

(3) $75\div(\square+3.26)\times\frac{2}{15}+1.2=(1-2\div 2.48)\times 21.7$ （六甲学院中）

(4) $350-\left(2.04\times\frac{3}{4}+5\frac{9}{20}\right)\div\frac{1}{\square}=1$ （高槻中）

(5) $100+\square\div(1556\div 389+1\div 3.8)=123\frac{37}{81}$ （神戸海星女中）

(6) $\frac{1}{2}-(1-5\times 10\div 77)\times(0.5+\square)=\frac{16}{77}$ （智辯学園和歌山中）

(7) $\left(1+0.2-\frac{1}{3}\right)-\left(\frac{1}{4}\div 5-\square\right)\div\frac{1}{7}=\frac{8}{9}-\frac{1}{10}$ （奈良学園中）

(8) $\left[\frac{3}{13}+\left\{\frac{3}{10}\div(\square-2.75)\right\}\right]\times\frac{13}{9}=1$ （奈良学園登美ヶ丘中）

(9) $\{3.2-(\square+1.9)\div 1.125\}\times 5\frac{5}{8}=6$ （関西学院中）

(10) $3-\left\{(\square+0.75)\times 3-1.4\times\frac{25}{28}\right\}\div 3.125=1.72$ （奈良学園中）

15　≪ある数を求める問題≫　ある数から $\frac{1}{5}$ を引いても，ある数に $\frac{1}{5}$ をかけても同じ答えになりました。ある数は［　　　］です。　（同志社中）

16　≪ある数を求める問題≫　整数Aから整数Bを引くときに，Bの一の位を書き忘れて1けた少ない数を引いたところ524になりました。正しい答えは269です。A，Bはそれぞれいくつですか。
A（　　　）　B（　　　）　（高槻中）

17　≪約束記号≫　記号〈N〉は，整数Nの一の位から連続して並ぶ0の個数を表すこととします。例えば，〈180〉= 1，〈1005〉= 0，〈206000〉= 3です。このとき，次の各問いに答えなさい。
（帝塚山学院泉ヶ丘中）

(1)　〈140 × 25〉，〈162 × 25〉の値をそれぞれ答えなさい。
〈140 × 25〉=（　　　）　〈162 × 25〉=（　　　）

(2)　Aは2桁（けた）の整数で，6で割った余りは2，〈A〉= 1です。このような整数Aのうち，最も大きいものは何ですか。（　　　）

(3)　Bは4桁の整数で，8で割った余りは4，〈B〉= 2です。このような整数Bは全部でいくつありますか。（　　　個）

18　≪約束記号≫　A，Bを整数とするとき，A ÷ Bの商をA☆B，あまりをA★Bで表すとします。例えば，17☆5 = 3，17★5 = 2です。このとき，次の問いに答えなさい。　（桃山学院中）

(1)　2024★111を求めなさい。（　　　）

(2)　(2024☆111) × 111 + (2024★111) を求めなさい。（　　　）

(3)　(［　　　］☆123) × 123 + (10000★123) = 10000に当てはまる［　　　］のうち，最も大きな整数を求めなさい。（　　　）

19　≪約束記号≫　$\langle a \rangle$ は a を 3 で割った余りと 4 で割った余りの大きい方とします。　（須磨学園中）
例えば，$\langle 7 \rangle = 3$，$\langle 8 \rangle = 2$，$\langle 13 \rangle = 1$ となります。
このとき $\langle 1 \rangle + \langle 2 \rangle + \langle 3 \rangle + \cdots + \langle 2021 \rangle + \langle 2022 \rangle =$ □ となります。

20　≪約束記号≫　A ◎ B は，A と B をかけたときの一の位の数を表します。例えば，33 ◎ 4 ＝ 2，17 ◎ 24 ＝ 8 となります。　（京都先端科学大附中）
(1)　15 ◎ 18 ＝ □
(2)　(93 ◎ 73)◎(14 ◎ 36) ＝ □
(3)　64 ◎ A ＝ 8 を満たす A のうち，2 けたの数は □ 個あります。

21　≪約束記号≫　$\left\langle \dfrac{a}{b} \right\rangle$ は a を b でわった答えの整数の部分を表します。例えば，$\left\langle \dfrac{11}{4} \right\rangle$ は $\dfrac{11}{4} = 2.75$ なので整数の部分は 2，つまり $\left\langle \dfrac{11}{4} \right\rangle = 2$ となります。また，$\left\langle \dfrac{1}{3} \right\rangle = 0$，$\left\langle \dfrac{30}{6} \right\rangle = 5$ となります。a と b はともに 1 から 100 までの整数として，次の問いに答えなさい。　（四天王寺中）
(1)　$\left\langle \dfrac{18}{b} \right\rangle = 2$ となる b は何個ありますか。（　　　個）
(2)　$\left\langle \dfrac{a}{11} \right\rangle = 6$ となる a は何個ありますか。（　　　個）
(3)　$\left\langle \dfrac{a}{b} \right\rangle = 11$ となる a と b の組は何組ありますか。（　　　組）

2　数の性質

1　≪約数≫　2024の約数を小さい順に並べると，1，2，4，8，11，[ア]，[イ]，……となります。　(関西大倉中)

2　≪約数≫　次の[　]にあてはまる数を答えなさい。　(京都女中)

(1)　2024の約数のうち一の位が2になるものは全部で[　]個あります。

(2)　2024の約数のうち3けたになる数は全部で[　]個あります。

3　≪約数≫　ノートが60冊，えんぴつが84本，けしごむが96個あります。これをできるだけ多くの子どもに同じ数ずつ，あまりがないように分けるとき，一人分のノート，えんぴつ，けしごむはそれぞれいくつずつになりますか。　(大阪教大附平野中)

ノート(　　冊)　えんぴつ(　　本)　けしごむ(　　個)

4　≪約数≫　[ア]人の子どもがいます。クッキー250枚を，1人あたりのクッキーの枚数が同じになるように，なおかつできるだけ多くなるように子どもたちに配ったところ，2枚余りました。チョコレート129個を同じやり方で配ったところ，[イ]個余りました。同様に，あめ玉160個も同じやり方で配ったところ，[イ]個余りました。ア(　　)　イ(　　)　(奈良学園中)

5　≪倍数≫　1から2023までの整数について次の問いに答えなさい。　(大阪教大附池田中)

(1)　5の倍数はいくつありますか。(　　個)

(2)　5または7の倍数はいくつありますか。(　　個)

6 ≪倍数≫　次の問いに答えなさい。

(1)　1から200までの整数のうち，3で割り切れて，7で割り切れない整数は何個ありますか。

（　　　個）（清風中）

(2)　1から2024までの整数のうち，23でわりきれるが11ではわりきれない数は何個ありますか。

（　　　個）（同志社女中）

7 ≪倍数≫　100までの整数の中で2と3の公倍数のうち，9の倍数でないものは［　　　］個あります。

（京都先端科学大附中）

8 ≪倍数≫　4けたの整数P112，1Q84の和が2024の倍数となるとき，P＝［　　　］，Q＝［　　　］です。

（甲陽学院中）

9 ≪倍数≫　A地点とB地点にそれぞれ信号機があります。A地点の信号機は，青色の時間が50秒，黄色の時間が3秒，赤色の時間が27秒です。また，B地点の信号機は，青色の時間が60秒，黄色の時間が4秒，赤色の時間が26秒です。午前9時にA地点とB地点の信号機が同時に赤色から青色に変わりました。次の問いに答えなさい。ただし，信号機は青色→黄色→赤色→青色→黄色→赤色→青色→…の順に点灯します。

（同志社香里中）

(1)　午前9時の次にA地点とB地点の信号機が同時に赤色から青色に変わるのは，午前9時何分ですか。（午前9時　　分）

(2)　A地点とB地点の信号機は午前11時に同時に赤色から青色に変わります。午前9時から午前11時までの間に同時に赤色から青色に変わるのは，何回ですか。ただし，午前9時と午前11時も回数に入れるものとします。（　　　回）

(3)　午前9時から午前11時までの間に，A地点とB地点の信号機がどちらも黄色に点灯しているのは，全部で何秒ですか。（　　　秒）

10　≪倍数≫　次の□にあてはまる数を答えなさい。

(1)　1以上の整数について，5で割ると3余り，7で割ると5余る整数のうち，一番小さい数は［ア］で，小さいほうから数えて5番目の数は［イ］です。（智辯学園奈良カレッジ中）

(2)　3で割ると1余り，5で割ると3余り，7で割ると5余るような整数のうち，1000にもっとも近い数は□です。（帝塚山中）

(3)　ある整数を15で割ると9余り，7で割ると1余ります。このような整数のうち，100以上10000以下であるものは全部で□個あります。（白陵中）

11　≪倍数≫　100以上1000未満の整数のうち，3で割ると1余りかつ7で割ると2余る整数は何個ありますか。（　　個）（関西大学中）

12　≪倍数≫　次の問いに答えなさい。（奈良学園中）

(1)　1辺が1cmの正方形が72個あります。これらすべてをすき間なく並べて，1つの長方形を作ったとき，異なる形の長方形は何種類できますか。（　　種類）

(2)　1辺が1cmの立方体が72個あります。これらすべてをすき間なく組み合わせて，1つの直方体を作ったとき，異なる形の直方体は何種類できますか。（　　種類）

(3)　縦3cm，横4cm，高さ5cmの直方体が何個もあります。これらを同じ向きにすき間なく組み合わせて，最も小さな立方体を作るとき，何個の直方体が必要ですか。（　　個）

13　≪倍数≫　Aを1以上100以下の整数とします。Aを2で割った余りと3で割った余りを足した数を[A]で表します。また，Aを2で割った余りと5で割った余りを足した数を〈A〉で表します。このとき，次の問いに答えなさい。（清風中）

(1)　[5]の値を求めなさい。（　　）

(2)　[A]＝2であるようなAは全部で何個ありますか。（　　個）

(3)①　[A]＝0であり，〈A〉＝0であるようなAは全部で何個ありますか。（　　個）

②　[A]＝〈A〉であるようなAは全部で何個ありますか。（　　個）

14 **≪約数と倍数≫**　整数 2023 について，次の問いに答えなさい。　（初芝富田林中）

(1)　2023 の約数のうち，1 けたの整数であるものをすべて書きなさい。（　　　　　）

(2)　2023 の約数のうち，3 けたの整数であるものをすべて書きなさい。（　　　　　）

(3)　2023 以下の整数のうち，2023 との公約数が 1 のみであるものの個数を求めなさい。（　　　個）

15 **≪約数と倍数≫**　45 との最大公約数が 1 となるような 1 以上の整数のうち，小さいほうから 345 番目の数を求めなさい。（　　　）　（東大寺学園中）

16 **≪約数と倍数≫**　次の問いに答えなさい。　（金蘭千里中）

(1)　縦 24cm，横 30cm の長方形の紙を，同じ向きにすき間なくならべて，全体としてできるだけ小さな正方形をつくるには，長方形の紙は何枚必要ですか。（　　　枚）

(2)　縦 275cm，横 385cm の長方形のかべを，できるだけ大きな正方形の紙ですき間なくうめつくすには，正方形の紙は何枚必要ですか。（　　　枚）

(3)　縦 274cm，横 456cm の長方形のかべを，できるだけ大きな正方形の紙で，右の図のように 1 cm ずつ重ねながらうめつくすには，正方形の紙は何枚必要ですか。（　　　枚）

1 cm

1 cm

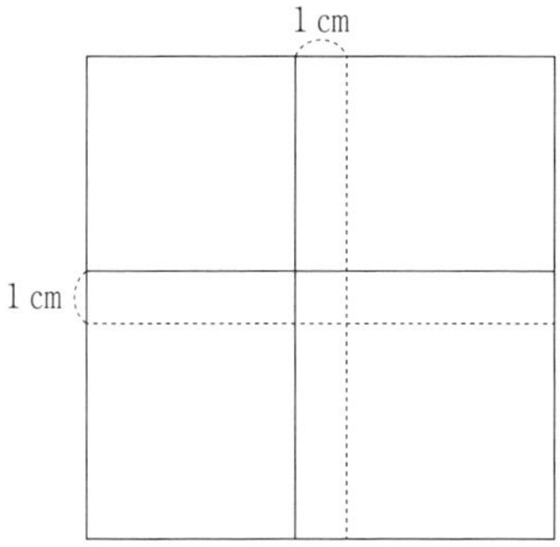

※4 枚の正方形の紙を重ねた図

17 **≪整数の性質≫**　3 倍すると 71 以上 100 以下となる整数のうち，3 番目に小さい数は何か求めなさい。（　　　）　（大阪女学院中）

18　≪整数の性質≫　ある3桁(けた)の整数と，その百の位と一の位を入れかえた数をかけると，127087になりました。この数の十の位は何ですか。(　　　)　(智辯学園和歌山中)

19　≪整数の性質≫　1，2，3，4，5，6，7，8から異なる4つを選び，大きい方から順にA，B，C，Dとしました。また，選ばなかった残りの4つを並び替(か)え，E，F，G，Hとしました。すると，4桁の数ABCDから4桁の数DCBAを引いた差は4桁の数EFGHでした。4桁の数ABCDは□です。　(灘中)

20　≪整数の性質≫　整数に対して次のような操作(＊)をくりかえしおこないます。　(甲陽学院中)

操作(＊)：整数の一の位をBとして，その整数からBを取り除いた残りの部分の整数をAとしたときに，A－B×4を計算する。

ただし，整数が0以上9以下のとき，またはAがB×4より小さいときは，操作(＊)をおこなわずに終了します。

例えば，整数16769に対してはB＝9，A＝1676であるので，操作(＊)を1回おこなうと，1676－9×4＝1640となります。

整数16769から操作(＊)をくりかえしおこなうと，16769は次のように3回の操作で終了します。

16769 → 1676－9×4＝1640 → 164－0×4＝164 → 16－4×4＝0

(1)　整数Lは操作(＊)を1回おこなうと0になりました。このような整数Lとして考えられるものの中で5番目に小さいものは何ですか。(　　　)

(2)　整数Mは操作(＊)を2回おこなうと0になりました。このような整数Mとして考えられるものの中で24番目に小さいものは何ですか。(　　　)

(3)　整数Nは111のように各位に1だけが並んだ整数であり，操作(＊)を何回かくりかえしおこなうと0になりました。このような整数Nとして考えられるものの中で5番目に小さいものは1が何個ならんでいますか。(　　　個)

21　≪整数の性質≫　次の問いに答えなさい。

(1)　7×7×7＝343となるので，7を3回かけあわせてできる数の一の位は3です。このとき，7を50回かけあわせてできる数の一の位を求めなさい。(　　　)　(プール学院中)

(2)　13を2024個かけ合わせてできる数の一の位の数字は何ですか。(　　　)　(清風中)

22 ≪整数の性質≫　A君とB君の2人で，割り算の余りについて考えています。次の文章を読んで，空らん ① ～ ④ にあてはまる最も適切な数を求めなさい。 (東山中)

①(　　　)　②(　　　)　③(　　　)　④(　　　)

A君：1 × 2 × 3 × 4 × 5 × 6 を7で割った余りは何になるかすぐに分かる？

B君：6でしょ。「ウィルソンの定理」で分かるんでしょ。でも，答えしか知らないんだ。なんで6になるの？

A君：理由の特に重要なポイントは，7の約数は1と7のみになっていることと，1と6を除いた2から5までの4個の数が，【表1】のように1つずつ入ることなんだ。しかも，この4個の数の入り方が1通りに定まるのが面白いんだ。ただし，次の【3つのルール】が必要だけどね。

	1列	2列
上段	2	3
下段	4	5

【表1】

（ルール1）　同じ列において，上段の数は下段の数より小さい。
（ルール2）　上段において，左の列の数は右の列の数より小さい。
（ルール3）　同じ列の上段と下段の数の積を7で割った余りは1となる。

【表1】の数の組を利用すると，次のように変形できるんだ。

$1 \times 2 \times 3 \times 4 \times 5 \times 6$
$= 1 \times (2 \times 4) \times (3 \times 5) \times 6$
$= (7 + 1) \times (14 + 1) \times 6$
$= \{(7\text{の倍数}) + 1\} \times 6$
$= (7\text{の倍数}) + 6$

こうして，7で割った余りが6になることが分かるんだよ。

B君：同じように，1 × 2 × 3 × 4 × 5 ×…× 16 × 17 × 18 を19で割る場合もできそうだね。まず，19の約数は1と19のみになっている。そして，【3つのルール】の7のところを19に入れ換え(か)ると，1と18を除いた2から17までの16個の数の【表2】への入れ方は1通りに定まるということだよね。

	1列	2列	3列	4列	5列	6列	7列	8列
上段								
下段								

【表2】

A君：そうだね。例えば，【表2】の8列目の下段には， ① が入るよ。

B君：次に，1 × 2 × 3 × 4 × 5 ×…× 98 × 99 × 100 を101で割った余りが ② になることを考えてみよう。101の約数は1と101のみになっている。そして，【3つのルール】の7のところを ③ に入れ換えると，同じような表が1通りに定まるよね。例えば，この表の下段に入っている12の倍数をすべてたすと ④ になるよ。

A君：このような7や19や101のような素数の性質を考えて，一般化(いっぱんか)したのが「ウィルソンの定理」なんだって。

23 ≪整数の性質≫　ボタンを押(お)すと一定の時間ごとに音がなるタイマーＡとタイマーＢがあります。ＡとＢのボタンを同時に押しました。すると，36分後にＡの5回目とＢの10回目の音が同時になりました。ただし，ＡとＢのボタンを同時に押した時に音がなり，その音を1回目とします。

（清風南海中）

⑴　Ａの40回目の音がなるのはボタンを押してから何時間何分後ですか。（　　　時間　　　分後）

⑵　ＡとＢの音を合わせて40回目の音がなるのはボタンを押してから何時間何分後ですか。ただし，同時に音がなるときは1回と数えます。（　　　時間　　　分後）

24 ≪整数の性質≫　ある整数から始めて，「3で割った商の小数点以下を切り捨てた整数を求める」という操作を，0になるまでくり返します。たとえば，70から始めてこの操作をくり返すと，70→23→7→2→0となり，4回目に0になります。次の⑴～⑶の問いに答えなさい。　（六甲学院中）

⑴　300から始めてこの操作をくり返すと，何回目に0になりますか。（　　　回目）

⑵　この操作をくり返すと5回目に0になる整数のうち，最も大きい整数を求めなさい。（　　　）

⑶　この操作をくり返すと8回目に0になる整数は，全部で何個ありますか。（　　　個）

25 ≪整数の性質≫　10以上の整数に対して，各位の数をかけ合わせる操作1回を記号→により表します。この操作を繰(く)り返し，10より小さくなると終了(しゅうりょう)します。たとえば，$2 \times 1 \times 0 = 0$ですから，210から始めると210→0となります。また，$4 \times 8 = 32$，$3 \times 2 = 6$ですから，48から始めると48→32→6となります。

（灘中）

⑴　2桁(けた)の整数ＡでＡ→0となるものは全部で［　　　］個あり，3桁の整数ＢでＢ→0となるものは全部で［　　　］個あります。

⑵　3桁の整数ＣでＣ→Ｄ→2となるものを考えます。ただしＤは整数です。

①　このような整数Ｃのうち，最も小さいものは［　　　］で，最も大きいものは［　　　］です。

②　このような整数Ｃは全部で何個ありますか。（　　　個）

26 ≪**整数の性質**≫　連続する整数の各位の数字の和を考えます。例えば，109 から 111 までの各位の数字の和は $1 + 0 + 9 + 1 + 1 + 0 + 1 + 1 + 1 = 15$ です。　(甲陽学院中)

(1)　1 から 100 までの各位の数字の和を求めなさい。(　　　)

(2)　1 から 10000 までの各位の数字の和を求めなさい。(　　　)

(3)　1 から 2024 までの各位の数字の和を求めなさい。(　　　)

27 ≪**整数の性質**≫　整数 A を 2 つの整数のかけ算の形で表すとき，その 2 つの整数の差のうち，もっとも小さい差を〈A〉で表すことにする。例えば，3 は 1×3 の形で表されるので，$\langle 3 \rangle = 3 - 1 = 2$ となる。また，4 は 1×4 と 2×2 の形で表されるので，2 つの整数の差のうち，もっとも小さい差を考えて，$\langle 4 \rangle = 2 - 2 = 0$ となる。このとき，次の問いに答えなさい。　(明星中)

(1)　〈5〉を求めなさい。(　　　)

(2)　〈24〉を求めなさい。(　　　)

(3)　$\langle A \rangle = 6$ となる整数 A を，もっとも小さいものから順に 3 個求めなさい。

(　　　)(　　　)(　　　)

(4)　$\langle A \rangle = 1$ となる整数 A のうち，1000 より小さいものは全部で何個ありますか。(　　　個)

28 ≪**整数の性質**≫　1 から A までの整数の積を［A］と表すこととします。

例えば，$[4] = 1 \times 2 \times 3 \times 4 = 24$ です。このとき，次の問いに答えなさい。　(高槻中)

(1)　［100］は 10 で何回割り切れますか。(　　　回)

(2)　［50］は 2 で何回割り切れますか。(　　　回)

(3)　$[100] \div [50]$ は 36 で何回割り切れますか。(　　　回)

29 **≪整数の性質≫**　1から50までの整数をすべてたすときに，順番をかえたものを次のようにたすと，

$$\begin{array}{rl} & 1+2+3+\cdots+48+49+50 \\ +) & 50+49+48+\cdots+3+2+1 \\ \hline & 51+51+51+\cdots+51+51+51 \end{array}$$

のように，51が50個できるので，

$1+2+3+\cdots+48+49+50=51\times50\div2=1275$

として計算できます。

Nを整数とします。1からNまでの整数をすべてたし，その数の一の位の数字を[N]で表すことにします。

例えばNが6なら，$1+2+3+4+5+6=7\times6\div2=21$なので，$[6]=1$となります。

（洛星中）

(1)　[9]と[13]をそれぞれ求めなさい。[9]（　　　）　[13]（　　　）

(2)　$[N]=0$となる整数Nを1つ答えなさい。（　　　）

(3)　113以上の整数Nで，$[N]=6$となる整数Nのうち，2番目に小さいものを求めなさい。

（　　　）

(4)　2024以下の整数Nで，$[N]=0$となる整数Nは何個ありますか。（　　　個）

30 **≪整数の性質≫**　3828や5991のように，4桁(けた)のうち2桁の数字が同じで，残りの2桁は相異なる数字でできた「2つかぶりの整数」を考えます。ただし，各位の数字は1から9までとします。

また，相異なる2桁の数字を入れ替(か)える操作を操作Aとします。たとえば，3828に操作Aをすると2838になります。

（西大和学園中）

(1)　3828のように，百の位と一の位が同じ数字である「2つかぶりの整数」【ア】を考えます。

【ア】に操作Aをすると【ア】より小さい数【イ】になり，【ア】と【イ】の差は連続する4つの整数の積で表せる数になりました。【ア】として考えられる最大の数は［あ　　　］です。ただし，連続する4つの整数の積で表せる数とは，5040（$=7\times8\times9\times10$と，7から10までの連続する4つの整数の積になっている）のような数のことです。

(2)　「2つかぶりの整数」【ウ】を考えます。【ウ】に操作Aをすると【ウ】より小さい数【エ】になり，【ウ】と【エ】の差は連続する4つの整数の積で表せる数になりました。【ウ】として考えられる最小の数は［い　　　］です。

31 **≪整数の性質≫**　4枚のカード0，2，2，4があるとき，この4枚のカードを並べてできる4桁(けた)の数のうち11で割り切れるものは全部で ① 個あります。ただし，0224は4桁の数ではありません。

また，5枚のカード0，2，2，4，6があるとき，このうちの4枚のカードを並べてできる4桁の数のうち11で割り切れるものは全部で ② 個あります。ただし，6のカードを上下逆にして9として用いることはできません。　　(灘中)

32 **≪分数・小数の性質≫**　$\frac{11}{35}$の分母と分子に同じ数をたして約分すると$\frac{3}{5}$になりました。たした数は何ですか。(　　　)　　(開智中)

33 **≪分数・小数の性質≫**　ある分数の分母から13をひいて約分すると$\frac{4}{7}$になり，分子から13をひいて約分すると$\frac{1}{5}$になります。ある分数はいくつですか。(　　　)　　(関西大学中)

34 **≪分数・小数の性質≫**　分母が40で分子が40より小さい分数のうち，約分できないものすべての和を答えなさい。(　　　)　　(立命館中)

35 **≪分数・小数の性質≫**　$\frac{1}{3}$より大きく$\frac{17}{21}$より小さい分数のうち，分母が5である分数をすべて書くと　　　　である。　　(金蘭千里中)

36 **≪分数・小数の性質≫**　次の問いに答えなさい。　　(大阪桐蔭中)

(1)　$\frac{1}{3}$より大きく$\frac{2}{5}$より小さい数のうち，分子が4である分数は何ですか。(　　　)

(2)　$\frac{4}{7}$より大きく$\frac{5}{6}$より小さい数のうち，分子が2023である分数はいくつありますか。

(　　　個)

(3)　$\frac{4}{7}$より大きく$\frac{5}{6}$より小さい数のうち，分子が2023であるこれ以上約分することのできない分数はいくつありますか。(　　　個)

37　≪分数・小数の性質≫　$1\frac{2}{3}$ をかけても $2\frac{2}{7}$ で割っても整数となる0より大きい最小の数は［　　　］です。　(関西大倉中)

38　≪分数・小数の性質≫　2022個の分数

$$\frac{2}{2024},\ \frac{3}{2024},\ \frac{4}{2024},\ \cdots\cdots,\ \frac{2022}{2024},\ \frac{2023}{2024}$$

のうち，約分すると分子が1になる分数をすべてかけると，$\frac{1}{A}$ となりました。

　このとき，Aは4で［　　　］回割り切れます。ただし，［　　　］としてあてはまる整数のうち，もっとも大きい値を答えなさい。　(西大和学園中)

39　≪分数・小数の性質≫　5を分母とする，それ以上約分できない分数だけを考えます。a，b を整数として，a より大きく b より小さい分数の和を $a \oplus b$ と書くことにします。たとえば，

$$7 \oplus 9 = 7\frac{1}{5} + 7\frac{2}{5} + 7\frac{3}{5} + 7\frac{4}{5} + 8\frac{1}{5} + 8\frac{2}{5} + 8\frac{3}{5} + 8\frac{4}{5} = 64$$

となります。次の問いに答えなさい。　(奈良学園登美ヶ丘中)

(1)　$0 \oplus 2$，$0 \oplus 3$，$1 \oplus 3$ をそれぞれ求めなさい。

　$0 \oplus 2$ (　　　)　$0 \oplus 3$ (　　　)　$1 \oplus 3$ (　　　)

(2)　$0 \oplus 80$ を求めなさい。(　　　)

(3)　$A \oplus 80 = 12350$ となる整数Aを求めなさい。(　　　)

40　≪分数・小数の性質≫　次の問いに答えなさい。

(1)　2024を7で割ったとき，小数第2024位の数字を求めなさい。(　　　)　(清風中)

(2)　45 ÷ 222 を小数で表したとき，小数第100位の数を求めなさい。(　　　)　(啓明学院中)

41 ≪分数・小数の性質≫　分数 $\frac{1}{7}$ を小数で表すとき，次の問いに答えなさい。　(金蘭千里中)

(1) 小数第7位の数は何ですか。(　　　)

(2) 小数第1位から小数第200位までの数の和はいくらですか。(　　　)

(3) 小数第1位から小数第何位までの数の和が5000になりますか。(小数第　　　位)

42 ≪規則的にならぶ数≫　ある規則に従って，下のように数字を並べました。　(浪速中)

1, 1, 2, 1, 2, 3, 1, 2, 3, 4, 1, 2, 3, 4, 5, ……

(1) 左から数えて30番目の数字は何ですか。(　　　)

(2) 9が初めて出てくるのは，左から数えて何番目ですか。(　　　番目)

43 ≪規則的にならぶ数≫　次のように，あるきまりにしたがって数字が並んでいます。このとき，次の問いに答えなさい。　(桃山学院中)

1, 1, 4, 1, 4, 9, 1, 4, 9, 16, 1, ……

(1) 20番目の数字を答えなさい。(　　　)

(2) 1番目から36番目までの数字の和を求めなさい。(　　　)

(3) 1番目から順に加えたとき，その和がはじめて2024をこえるのは，何番目ですか。

(　　　番目)

44 ≪規則的にならぶ数≫　各位の数字の和が8になる整数を小さい順に並べて，

8, 17, 26, ..., 107, 116, ..., 1007, ...

という列を作りました。2024はこの列の何番目の整数ですか。(　　　番目)　(六甲学院中)

45 ≪規則的にならぶ数≫　2でも3でも割り切れない整数を，次のように左から小さい順に並べる。

1，5，7，11，13，17，19，……

このとき，次の問いに答えなさい。　(明星中)

(1) 並べた整数のうち，100以下の整数は何個ありますか。(　　　個)

(2) 左から91番目の整数を求めなさい。(　　　)

(3) 並べた整数のうち，1000以下で，7で割り切れる整数は何個ありますか。(　　　個)

46 ≪規則的にならぶ数≫　下のように，16を1番目の数として，3の倍数と5の倍数を除いた数を小さい順に並べるとき，次の各問いに答えなさい。　(関西大学中)

16，17，19，22，23，26，……

(1) 最初から17番目の数はいくつですか。(　　　)

(2) 最初から97番目の数はいくつですか。(　　　)

(3) 1543が出てくるのは最初から何番目ですか。(　　　番目)

47 ≪規則的にならぶ数≫　次のように，ある規則にしたがって分数が並んでいます。

$\frac{1}{1}$，$\frac{1}{2}$，$\frac{1}{2}$，$\frac{1}{3}$，$\frac{1}{3}$，$\frac{1}{3}$，$\frac{1}{4}$，$\frac{1}{4}$，$\frac{1}{4}$，$\frac{1}{4}$，……

このとき，次の問いに答えなさい。　(開明中)

(1) はじめから16番目の分数を求めなさい。(　　　)

(2) はじめから16番目の分数までの和を求めなさい。(　　　)

(3) はじめから230番目の分数までの和を求めなさい。(　　　)

48 ≪規則的にならぶ数≫　次のように分数が規則的に並んでいます。このとき，次の問いに答えなさい。　（神戸海星女中）

$\frac{1}{1}$　$\frac{1}{2}$　$\frac{2}{2}$　$\frac{1}{3}$　$\frac{2}{3}$　$\frac{3}{3}$　$\frac{1}{4}$　$\frac{2}{4}$　$\frac{3}{4}$　$\frac{4}{4}$　$\frac{1}{5}$　…

(1)　$\frac{3}{8}$ は最初から数えて何番目ですか。(　　　)

(2)　最初から数えて 50 番目の分数を答えなさい。(　　　)

(3)　分母が 128 の分数のうち約分できる分数はいくつありますか。(　　　)

(4)　分母が 108 の分数のうち約分できない分数はいくつありますか。(　　　)

49 ≪規則的にならぶ数≫　下の図のように，偶数が 1 つずつ書かれたカードが規則的に並べられている。このとき，次の各問いに答えなさい。　（京都女中）

	1 列目	2 列目	3 列目	4 列目	5 列目	6 列目	7 列目	……
1 行目	2	8	10	16	18	24	26	……
2 行目	4	6	12	14	20	22	28	……

(1)　1 行目と 2 行目，上下に並んだ 2 つのカードに書かれた数の和が 118 になるのは，何列目の 2 つのカードですか。(　　　列目)

(2)　1 行目において，左右に並んだ 2 つのカードに書かれた数の和が 610 になるのは，何列目と何列目のカードですか。(　　　列目と　　　列目)

(3)　2024 が書かれたカードは，何行目の何列目に並びますか。(　　　行目の　　　列目)

50 **≪規則的にならぶ数≫**　図1のように，上下2段に並んだ枠があります。上下の段の左端のAとBの枠にそれぞれ数を入れると，あるきまりにしたがって他の枠にも左から順に数が入ります。図2は，図1のAに2，Bに1を入れ，このきまりにしたがって数を入れた様子を表したものです。このとき，次の問いに答えなさい。　**(立命館守山中)**

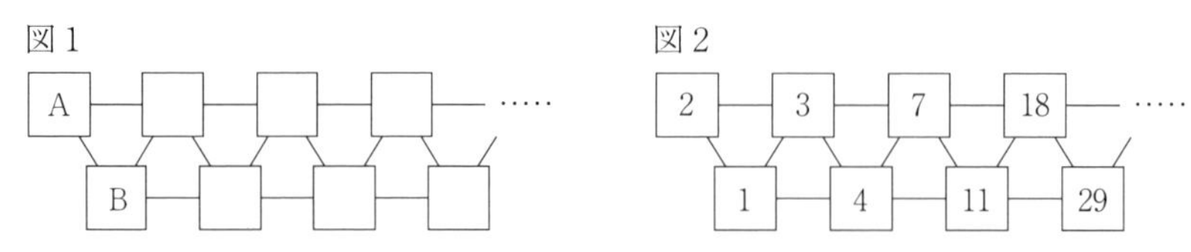

(1)　Aに1，Bに3を入れたとき，下の段の左から5番目の枠に入る数は何ですか。(　　　)

(2)　A，Bにそれぞれある数を入れると，上の段の左から3番目の枠に入る数が26，上の段の左から4番目の枠に入る数が67になりました。A，Bに入れた数はそれぞれ何ですか。

A(　　　)　B(　　　)

(3)　Aに$\frac{1}{4}$，Bに$\frac{3}{4}$を入れたとき，枠に入る数のうち10番目に小さい整数は，上下どちらの段の左から何番目の枠に入りますか。解答らんの上・下のどちらかに○をつけ，何番目かを答えなさい。(上・下　の段の左から　　　番目)

51 **≪規則的にならぶ数≫**　右の図のように，1段目に1を，2段目に2，3を，3段目には4，5，6を並べます。また，4段目以降も同じ規則に従って並べます。　**(須磨学園中)**

(1段目)　1
(2段目)　2　3
(3段目)　4　5　6
・　7　8　9　10
・　11……
・

(1)　10段目の一番左にある数を答えなさい。(　　　)

(2)　100は何段目にあるか答えなさい。(　　　段目)

右の図のようなひし形で囲まれた4つの数について考えます。例えば，右の図では，5をひし形の左の数とし，3を上の数とします。

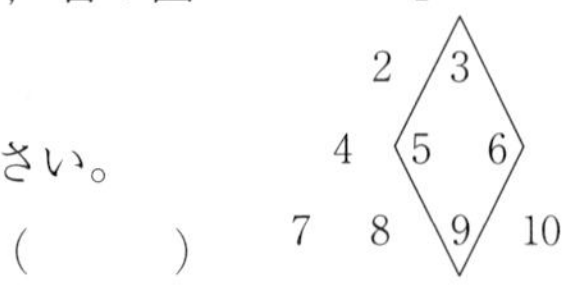

(3)　左の数が100のとき，ひし形で囲まれた4つの数の平均値を答えなさい。(　　　)

(4)　ひし形で囲まれた4つの数の和が2023となりました。このとき，ひし形の上の数を答えなさい。(　　　)

3　単位と量

1　≪単位の換算をふくむ計算≫　次の □ にあてはまる数を答えなさい。　（甲南中）

（1）　$0.0033\text{kg} - \frac{17}{8}\text{g} + 443\text{mg} = \square\ \text{g}$

（2）　$0.005\text{m}^3 - (42.5\text{dL} + 0.375\text{L}) = \square\ \text{cm}^3$

（3）　$\frac{19}{500000}\text{km}^2 - \square\ \text{cm}^2 + 4\frac{2}{5}\text{m}^2 = 0.00004\text{km}^2$

2　≪単位の換算をふくむ計算≫　次の問いに答えなさい。

（1）　1ポンドの重さを0.454kgとするとき，1kgの重さは何ポンドですか。小数第2位を四捨五入して小数第1位まで答えなさい。（　　　ポンド）　（関西大学北陽中）

（2）　0.5gの$2\frac{1}{4}$倍は，□kgの$\frac{1}{10万}$倍に等しい。　（同志社女中）

3　≪時間の計算≫　次の □ にあてはまる数を答えなさい。

（1）　9876秒＝□時間□分□秒　（桃山学院中）

（2）　3180秒＋1.7時間－35分＝□分　（開智中）

（3）　15.75時間＋10時間30分－$4\frac{3}{8}$時間＝□時間□分□秒　（智辯学園中）

（4）　365日÷500＝□時間□分□秒　（智辯学園和歌山中）

（5）　6月末のある日の京都の，昼の時間と夜の時間の比は，29：19でした。この日，日の出は4時45分でした。日の入り（日没（にちぼつ））は，□時□分です。　（同志社中）

4　≪こよみに関する問題≫　2023 年 2 月 3 日は金曜日です。2013 年 2 月 3 日は[　　　]曜日です。ただし，4 の倍数の年を「うるう年」と呼び，うるう年の年間日数は 366 日です。　(須磨学園中)

5　≪こよみに関する問題≫　今日は 2024 年 1 月 13 日土曜日で，今日から 12 日前の 1 月 1 日は月曜日で，今日から 47 日後の 2 月 29 日は木曜日です。また，2024 年はうるう年であり，2 月の日数は 29 日あります。

[ア]～[カ]にあてはまる数や曜日を答えなさい。　(四天王寺中)

(1)　2023 年 2 月 22 日は今日から[ア]日前で，[イ]曜日です。

(2)　今日から 500 日後は，2025 年[ウ]月[エ]日[オ]曜日です。

(3)　2024 年の次に 2 月 29 日が木曜日になるのは[カ]年です。

6　≪単位あたりの量≫　時速 80km で走ると 12km 進むのにガソリン 1 L を使い，時速 60km で走ると 16km 進むのにガソリン 1 L を使う自動車があります。この自動車で時速 80km で 180km 進み，時速 60km で 80 分間走りました。ガソリンは全部で何 L 使いましたか。(　　　L)　(親和中)

7　≪単位あたりの量≫　$2\frac{2}{3}m^2$ の畑に肥料をまくには，0.2kg の肥料が必要です。$20m^2$ の畑に肥料をまくには，[　　　]kg の肥料が必要です。　(関西大倉中)

8　≪単位あたりの量≫　ある農場では $34m^2$ の畑から 85kg のジャガイモがとれます。この農場の 18ha の畑からとれるジャガイモの重さは何 t ですか。ただし，この農場では，$1m^2$ あたりにとれるジャガイモの重さは一定とします。(　　　t)　(同志社女中)

9　≪単位あたりの量≫　右の表は，A 町，B 町，C 町の面積と人口を表しています。この表から，人口密度が最も大きいのは[　　　]町であることがわかります。　(立命館宇治中)

	面積	人口
A 町	$320000m^2$	2000 人
B 町	$650000m^2$	3000 人
C 町	$3km^2$	10000 人

10 ≪単位あたりの量≫ あるスーパーでは，牛肉150gを690円で売っています。この牛肉は350gで920キロカロリーです。2450円分の牛肉は［　　］キロカロリーです。 (関西学院中)

11 ≪単位あたりの量≫ 30年前，A町の土地$50m^2$とB町の土地$300m^2$が同じ価格でした。現在は，A町の土地$100m^2$とB町の土地$330m^2$が同じ価格であり，A町の土地の価格は30年前の1.1倍になっています。 (甲南中)

(1) 30年前，A町の土地$100m^2$と同じ価格のB町の土地は何m^2ですか。(　　　m^2)

(2) 現在のB町の土地の価格は，30年前の何倍ですか。(　　　倍)

12 ≪単位あたりの量≫ 毎年10月30日の創立(そうりつ)記念日にお祭りがあり，あるクラスでは，フランクフルト屋を出店します。準備にかかる費用は，鉄板，ガスコンロ，ガスボンベのレンタル費と，フランクフルト，ケチャップの材料費です。レンタル費は，鉄板，ガスコンロ，ボンベのセットで10500円で借りることができました。材料費は，表のように単位ごとでしか購入(こうにゅう)できません。焼いたフランクフルト1本とケチャップ1個を合わせてセットにし，1セット140円で販売(はんばい)することにしました。

材料	単位	価格	分量
フランクフルト	1箱	800円	20本入り
ケチャップ	1箱	2000円	200個入り

次の問いに答えなさい。ただし，税金については考えないものとします。 (常翔学園中)

(1) フランクフルト1セットの原価は，いくらですか。(　　　円)

(2) フランクフルト5箱，ケチャップ1箱で作ることができるセットを完売すると利益はでますか，でませんか。あてはまる方に○を付けなさい。(でる・でない)

(3) ケチャップを1箱仕入れました。最低フランクフルトを何箱仕入れ完売させると，利益がでますか。(最低　　　箱)

(4) 昨年はフランクフルトが423セット売れたので，今年はフランクフルトを25箱仕入れ，完売を目指すことにしました。ところが残り50本というところで出店の終了時間が近づいて来ました。そこで1セットの販売価格を値引きしたところ，無事に出店の終了時間までに完売し，利益が30500円となりました。値引き後のフランクフルト1セットの販売価格はいくらですか。

(　　　円)

13 **≪単位あたりの量≫**　次の文章は，ミナさんがそうじロボットを買いに行ったときに，売り場の店員さんと会話したものです。以下の会話文を読み，次の問いに答えなさい。 **(大阪女学院中)**

ミナ「部屋をそうじするのに，どれくらい時間がかかりますか？」

店員「このロボットは高速モードと，静音モードがあって，2つのモードはリモコンのボタンで切りかえることができます。高速モードだと $63m^2$ のお部屋を14分で，そうじすることができます。」

ミナ「なるほど。高速モードは，1分間に[あ] m^2 のそうじができるんですね。」

店員「その通りです。静音モードでは高速モードの $\frac{5}{3}$ 倍の時間がかかりますが，音が静かでおすすめです。」

ミナ「静音モードは，え〜と，1分間に[い] m^2 のそうじができるんですね。」

店員「はい，その通りです。この2つのモードを，組み合わせて使うことも可能です。例えば，$63m^2$ のお部屋の $\frac{1}{4}$ の面積を高速モードで，残りの面積を静音モードでそうじした場合[う]分でそうじできます。ライフスタイルやその日のご予定に合わせたそうじが，思いのままです！」

ミナ「私は面積 $84m^2$ のフロアをそうじしたいんだけど，たとえば最初の[え] m^2 を高速モードでそうじして，残りは静音モードに切りかえてそうじするような使い方もできるんですね。」

店員「はい。その使い方だと，え〜と，ちょうど24分で，そうじできます。」

ミナ「なるほど。う〜ん，でもなぁ。」

店員「お客様，どうなさいましたか？」

ミナ「面積 $84m^2$ のフロアをそうじするには，最初から最後まで高速モードでそうじしたとしても[お]分[か]秒かかりますね。」

店員「そうですね。」

ミナ「もう少し，スピーディーにそうじしたいな。同じそうじロボットを2台同時に使ったら半分の時間でできますか？」

店員「それがですね，2台できっちり半分ずつ分けてそうじすることはできなくて，どうしても重なる部分ができますので，時間も半分より多くかかります。わが社のデータでは，2台で $63m^2$ のお部屋をそうじすると，10分かかるようです。」

ミナ「そうなんですね。ありがとうございました。」

(会話文は以上です)

(1) [あ]〜[か]にあてはまる数を書き入れ，会話を完成させなさい。

あ(　　)　い(　　)　う(　　)　え(　　)　お(　　)　か(　　)

(2) $63m^2$ の部屋を高速モードでそうじするとき，2台で10分かかったとすると，重なってそうじする部分の面積は何 m^2 か求めなさい。(　　　m^2)

14 ≪平均・平均算≫　太郎さんがハンドボール投げを5回行ったところ，その平均が25.2mでした。その後，追加で3回行ったところ，8回の平均が25.5mになりました。追加で投げた3回の平均は□mです。　（京都先端科学大附中）

15 ≪平均・平均算≫　M小学校の6年生はA組が40人，B組が35人の2組です。この小学6年生を対象に算数のテストを行ったところ，学年全体の平均点は83点でした。B組の平均点が75点のとき，A組の平均点を求めなさい。（　　　点）　（桃山学院中）

16 ≪平均・平均算≫　女子13人，男子12人のクラスで算数のテストを行ったところ，女子の平均点は男子の平均点よりも2.5点低くなりました。このとき，男子の平均点はクラス全体の平均点よりも何点高いですか。（　　　点）　（梅花中）

17 ≪平均・平均算≫　男子が20人，女子が15人であるクラスで，算数のテストをしたところ，男子の平均点が62.8点，女子の平均点が68.4点でした。クラス全体の平均点は[ア]点です。その後，男子の何人かに採点まちがいがあり，点数を変更したので，クラス全体の平均点が66.8点になりました。点数を変更した後の男子の平均点は[イ]点です。　（雲雀丘学園中）

ア（　　　）　イ（　　　）

18 ≪平均・平均算≫　あるクラスで算数のテストをしました。出席番号1番から10番までの人の平均点は82.5点で，出席番号1番から12番までの人の平均点は80点です。このとき，出席番号11番と12番の2人の平均点は[ア]点です。また，出席番号11番の人の点数が12番の人の点数より5点高いとき，11番の人の点数は[イ]点です。　（近大附中）

19 ≪平均・平均算≫　Nさんを含(ふく)む5人が算数のテストを受けたところ，5人の点数はそれぞれ65点，70点，75点，82点，88点でした。しかし，Nさんの点数に誤りがあることがわかり，正しい点数に修正しました。そうすると，5人の平均点は78点になって，Nさんは5人の中で2番目に高い点数になりました。Nさんの正しい点数は□点です。　（奈良学園中）

20 ≪平均・平均算≫　あるテストをA，B，C，D，Eの5人が受けました。A，B，Cの点数はそれぞれ82点，70点，47点であり，5人の平均点は60点でした。またB，Dの合計点は5人の合計点の40％でした。このとき，Eは何点でしたか。（　　　点）　（大谷中－大阪－）

21　≪平均・平均算≫　Aさん，Bさん，Cさん，Dさんの4人があるテストを受けたところ，Aさん，Bさん，Cさんの平均点が63点，Aさん，Bさん，Dさんの平均点が45点，Aさん，Cさん，Dさんの平均点が51点，Bさん，Cさん，Dさんの平均点が54点でした。このとき，Aさんの点数は［　　　］点です。　（大阪桐蔭中）

22　≪平均・平均算≫　京子さんのテストの，国語，算数，理科，社会の4教科のテストの平均点は75点でした。各教科の点数を比べると，算数は国語の9割，理科は国語の8割，社会は国語より4点高くなりました。このとき，算数の点数は［　　　］点です。　（京都女中）

23　≪平均・平均算≫　あるゲームを63人の子どもがしたところ，得点の平均は69点でした。また，男子の得点の平均は59点，女子の得点の平均は80点でした。このとき，男子は［　　　］人です。　（洛星中）

24　≪平均・平均算≫　たくやさんは，算数のテストを何回かうけていて，前回までの平均点は68点です。今回のテストで80点をとったので，平均点が70点になりました。今回のテストをふくめて，何回テストをうけましたか。（　　　回）　（京都橘中）

25　≪平均・平均算≫　ある中学校の生徒240人が，自分たちの中学校の地域についての検定試験を受け，45人が合格しました。合格者と不合格者の平均点の差は40点で，240人全体の平均点は45.5点でした。このとき，合格者の平均点は［　　　］点です。　（常翔学園中）

26　≪平均・平均算≫　右の表は，ある5人の生徒の算数のテストの点数です。この結果から，下の①～④のことが分かりました。　（武庫川女子大附中）

	A	B	C	D	E
点数		71		89	84

①　5人の平均点は78点です。

②　最高点と最低点の差は18点です。

③　同じ点数の人はいません。

④　AさんはCさんより高得点です。

(1)　AさんとCさん2人の平均点は何点ですか。（　　　点）

(2)　AさんとCさんの点数はそれぞれ何点ですか。Aさん（　　　点）　Cさん（　　　点）

4 割　合

1 ≪割合≫　A さんの身長は，B さんと比べて 4 %高く，C さんと比べて 30 %高いとわかりました。このとき，B さんの身長は C さんと比べて（　　　）%高いことになります。（奈良学園登美ヶ丘中）

2 ≪割合≫　縦 15cm，横 25cm のクッキーの生地があります。図のように半径 2 cm の円盤状のクッキーを 1 cm の間隔で，縦，横に規則正しく並ぶよう，くりぬけるだけくりぬきます。くりぬかれた後の生地は，もとの生地のうち何%ですか，小数第 2 位を四捨五入して答えなさい。ただし，円周率は 3.14 とします。（　　　%）

（神戸大学附属中等教育学校）

3 ≪割合≫　〈図 1〉のように，あるボールを床に落とすと，そのボールは落とした高さの $\frac{2}{5}$ まではね上がります。さらに，このボールは，何回かはね上がった後，はね上がる高さが 0.4cm 以下になると，次に床に落ちたときには，はね上がることなく床に静止するものとします。このとき，次の問いに答えなさい。ただし，ボールの大きさは考えないものとします。

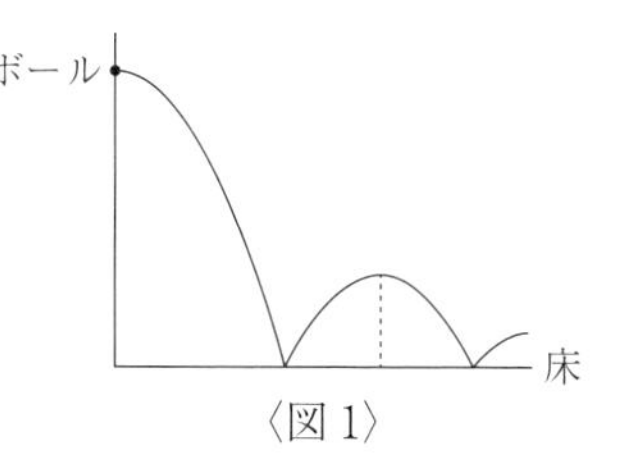

〈図 1〉

（清風中）

(1)　このボールを床から 25cm の高さから落としたとき，3 回目にはね上がったボールは床から何 cm の高さまではね上がりますか。（　　　cm）

(2)　このボールを床から 100cm の高さから落としたとき，ボールは何回はね上がった後に床に静止しますか。（　　　回）

(3)　このボールを床に落とすと，5 回はね上がった後に，ボールは床に静止しました。このとき，床から何 cm の高さからボールを落としましたか。考えられる最も大きい整数を答えなさい。

（　　　cm）

(4)　このボールをあるシートの上に落とすと，落とした高さの $\frac{1}{6}$ まではね上がります。〈図 2〉のように，床，シート，床，シート，床の順にボールが落ちるようにこのシートを 2 枚置き，ボールを落とすと，5 回はね上がった後，床に静止しました。このとき，はね上がった 5 回の高さの合計は何 mm ですか。考えられる最も大きい整数を答えなさい。ただし，シートの厚さは考えないものとします。（　　　mm）

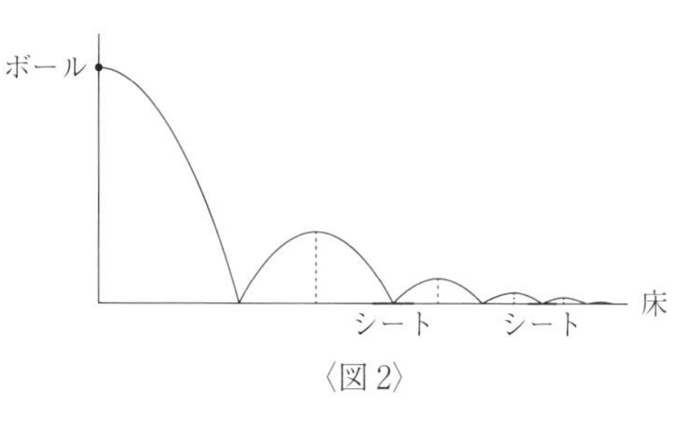

〈図 2〉

4　≪割合≫　製品Pは，1日につき，工場Aで2000個，工場Bで3000個生産されます。工場Aで生産された製品Pから1000個取り出して検査すると7個不良品が見つかります。また，工場Bで生産された製品Pから1000個取り出して検査すると12個不良品が見つかります。工場Aと工場Bで生産された製品Pはすべて検査場に入荷され，検査の前によく混ぜられます。

たとえば工場Aで生産された製品Pが3000個あったとき，その中の不良品の個数は $3000 \times \frac{7}{1000} = 21$ 個と推測されます。実際には21個より多いことも少ないこともあり得ますが，このように推測します。

この例にならって次の問いに答えなさい。　　（灘中）

(1)　ある期間，工場A，工場Bはどちらも休まず稼働(かどう)しました。その期間に検査場に入荷された製品Pから不良品が1000個見つかったとき，その1000個の不良品のうち工場Aで生産された不良品の個数は［　　　］個と推測されます。

(2)　ある年の4月，工場Aは休まず稼働しましたが，工場Bは何日か休業となりました。その1ヶ月に検査場に入荷された製品Pから10000個取り出して検査したところ，不良品が80個見つかりました。その80個の不良品のうち工場Aで生産された不良品の個数は何個と推測されますか。

（　　　個）

5　≪割増・割引≫　ある会社について，2019年から2023年までの各年にあげた利益を調べました。すると，2020年，2021年，2022年は3年連続で前年に比べて10％ずつ利益が増えて，2023年は前年に比べて10％利益が減っていることが分かりました。次の(1)，(2)の問いに答えなさい。

（六甲学院中）

(1)　2022年の利益は2019年の利益に比べて何％増えましたか。（　　　％）

(2)　2023年の利益と2020年の利益の差は2848万円でした。2020年の利益は何億何万円ですか。

（　　億　　万円）

6　≪割増・割引≫　品物を買うとき，その品物の定価に消費税を加えた金額を支払(しはら)います。消費税は品物の定価の10％で，小数点以下を切り捨てるものとします。　　（洛南高附中）

このとき，次の問いに答えなさい。

(1)　支払う金額が2024円となるとき，消費税はいくらですか。（　　　円）

(2)　支払う金額が1000円以下となるとき，定価は最大でいくらですか。（　　　円）

(3)　1000円以上2024円以下の金額のうち，支払う金額とならないものは何通りありますか。

（　　　通り）

7 ≪損益算≫　4000 円で仕入れた商品を 2 割の利益を見こんで定価をつけたところ，売れなかったため定価の 15 %引きで売りました。このとき，利益は［　　　］円です。　（甲南中）

8 ≪損益算≫　1200 円で仕入れた品物に 15 %の利益を見こんで定価をつけました。定価から［　　　］%値下げをして売ったところ，利益は 42 円でした。　（大阪桐蔭中）

9 ≪損益算≫　ある品物を定価の 5 %引きで売ると，185 円の利益があり，14 %引きで売ると 22 円の損になります。この品物を定価通りに売ると利益は原価の何%になりますか。（　　　%）　（関西大学中）

10 ≪損益算≫　原価が［　　　］円の商品に 3 割の利益を見込(こ)んで定価をつけ，定価の 2 割引きで売ると，利益は 60 円になります。　（関西大倉中）

11 ≪損益算≫　ある値段で仕入れた洋服を，30 %の利益を見込(みこ)んで定価をつけました。しかし売れなかったので，定価の 10 %引きにするとようやく売れ，利益が 1020 円になりました。仕入れ値は［　　　］円です。定価は［　　　］円です。　（神戸海星女中）

12 ≪損益算≫　仕入れ値に 2 割の利益をみこんで定価をつけた品物を，定価の 2 割引で売ると，200 円の損失になります。このとき，この品物の仕入れ値は［ア　　　］円です。また，定価の［イ　　　］%引きで売ると，400 円の利益になります。　（近大附中）

13 ≪損益算≫　ある店で，りんご 1 箱を 5000 円で仕入れ，1 個 150 円で売りました。その日は 6 個売れ残り，翌日その 6 個すべてを 150 円の 2 割引きで売ったため，この 1 箱全体では，1570 円の利益がありました。1 箱にりんごは何個入っていましたか。（　　　個）　（武庫川女子大附中）

14 ≪損益算≫　町内のお祭りで，ドーナツを販売しました。ドーナツを 300 個仕入れて，原価の 20 %の利益を見込んで定価をつけ，午前中は定価で売ったところ，売れ残りがあったので，午後には定価の 10 %引きの 81 円で売ったところ完売し，3600 円の利益を得ることができました。このとき，午前中に売れたドーナツは全部で［　　　］個でした。　（京都女中）

15 ≪損益算≫　ある品物を定価の3割引きで売ると1個につき340円の利益が得られます。定価の半額で売ると1個につき700円の損失が出ます。　(甲南女中)

(1)　この品物の定価は何円ですか。(　　　)

(2)　この品物の仕入れ値は何円ですか。(　　　)

(3)　この品物を1個売るごとに600円の利益が得られるとき，売り値は定価の何％引きですか。

(　　　)

16 ≪損益算≫　ある商品を1個あたり500円で仕入れ，3割の利益を見込(みこ)んで定価を決めています。この商品は1日あたり14個売れます。1ヶ月間（30日間）の利益について考えます。次の問いに答えなさい。　(帝塚山中)

(1)　1ヶ月間に何個売れますか。(　　　個)

(2)　1ヶ月間の利益は何円ですか。(　　　円)

(3)　定価を50円上げると販売(はんばい)個数が10％減少します。定価を700円にすると1か月間の利益は(2)より何％増加しますか。(　　　％)

17 ≪損益算≫　あるお店では，定価100円のお菓子(かし)Aと定価80円のお菓子Bを売っています。11月はお菓子A，Bをともに定価で売り，12月はお菓子A，Bをともに定価の20％引きで売ったところ，次のようになりました。　(淳心学院中)

①　11月に売れたお菓子Aとお菓子Bの個数の比は，2：3でした。

②　12月に売れたお菓子Aとお菓子Bの個数の比は，4：3でした。

③　12月に売れたお菓子A，Bの個数の合計は，11月に売れたお菓子A，Bの個数の合計の1.6倍でした。

④　12月のお菓子Aの売上額は，11月のお菓子Aの売上額より11600円増えました。

このとき，次の問いに答えなさい。ただし，消費税は考えないものとします。

(1)　12月に売れたお菓子Aの個数は，11月に売れたお菓子Aの個数の何倍ですか。分数で答えなさい。(　　　倍)

(2)　11月に売れたお菓子Aの個数は何個ですか。(　　　個)

(3)　12月のお菓子A，Bの売上額の合計を答えなさい。(　　　円)

18 ≪比の計算≫　次の□にあてはまる数を答えなさい。

(1)　$0.2 : \frac{4}{7} = \square : 10$　（大阪薫英女中）

(2)　$\left(2\frac{1}{5} - \square\right) : \frac{3}{20} = 11 : 3$　（履正社中）

(3)　$(3.5 - 1.2 \div \square) : \frac{3}{4} = \frac{1}{6} : \left(\frac{1}{2} \times \frac{1}{3} + \frac{1}{4}\right)$　（関西大学中）

19 ≪連比≫　次の問いに答えなさい。

(1)　A：B＝4：3かつB：C＝5：2のとき，A：Cをもっとも簡単な整数の比で答えなさい。

（　　　）（神戸龍谷中）

(2)　4.5kgの米をAさん，Bさん，Cさんの3人で2：3：4の割合で分けると，Cさんの米の量は□kgです。　（京都先端科学大附中）

20 ≪比の利用≫　箱Aにはボールが12個，箱Bにはボールが42個入っています。箱Bからボールを何個か取り出して箱Aに入れると，箱Aと箱Bに入っているボールの個数の比が1：2になりました。箱Bから取り出したボールは何個ですか。（　　　個）　（開明中）

21 ≪比の利用≫　ふたのない直方体の容器が2種類あります。これらの容器をA，Bとし，AとBの縦の長さの比は3：2，横の長さの比は1：2，高さの比は5：3でした。同じ水量の出る2本の水道管で，A，Bそれぞれの容器に水を注ぎます。Bの容器が満水になったとき，Aの容器の水の高さは68cmでした。Aの容器の高さは何cmですか。ただし，容器の厚さは考えないものとします。

（　　　cm）（関西大学北陽中）

22 ≪比の利用≫　今持っているお金で，ノートならちょうど12冊，消しゴムならちょうど20個買うことができます。そのなかで，ノートを9冊買うと，残りの金額で消しゴムを最大□個買うことができます。　（奈良学園中）

23 ≪比の利用≫　ある同じ商品をA社，B社，C社の3社から仕入れます。B社はA社より仕入れ値が20％安かったので，B社からはA社より20％多く商品を仕入れました。このとき，A，B2社からの仕入れ値の総額を計算した結果，商品1個あたりの仕入れ値の平均が490円になりました。

（神戸女学院中）

(1) B社の商品1個あたりの仕入れ値はいくらですか。（　　　円）

(2) C社はB社より仕入れ値が30％高くなっています。3社の商品1個あたりの仕入れ値の平均がA社の仕入れ値をこえないようにするとき，C社からはA社から仕入れた量の最大何倍の商品を仕入れることができますか。（　　　倍）

24 ≪比の利用≫　A，B，C3種類の商品を売っています。昨日のA，B，Cの値段の比は10：7：4で，Cは□円でした。今日は昨日よりAを100円値上げし，Bを20円値下げしたので，A，Bの値段の比は5：3になりました。

（関西学院中）

25 ≪比の利用≫　1円硬貨（こうか），5円硬貨，10円硬貨が合わせて80枚あり，金額の合計は464円でした。5円硬貨と10円硬貨の枚数の比が3：4のとき，1円硬貨は何枚ありますか。（　　　枚）

（関西大学中）

26 ≪比の利用≫　あるスープには，A，B，Cの3種類の製品があります。Bはその3倍の量の水を加え，Cはその5倍の量の水を加えると，それぞれAと同じ濃（こ）さのスープになります。

Aと Bを2：1の割合で入れ，さらにCを入れ，水を1700mL加えたところ，Aと同じ濃さのスープが2400mLできました。使用したAの量と，Cの量は，それぞれ何mLですか。（洛星中）

Aの量（　　　mL）　Cの量（　　　mL）

27 ≪比の利用≫　3種類の容器A，B，Cがあります。それぞれの容器にはその容積の$\frac{3}{4}$，$\frac{2}{7}$，$\frac{1}{6}$だけ水が入っています。Aに入っている水の$\frac{7}{9}$をCに，残りをすべてBに入れたところ，Bはちょうど満水になり，Cに入っている水の量はその容積の半分になりました。

（甲南中）

(1) AとCの容積の比をもっとも簡単な整数の比で表しなさい。（　　　）

(2) AとBとCの容積の比をもっとも簡単な整数の比で表しなさい。（　　　）

(3) Cの容器をちょうど満水にするには，あと157.5mL必要です。このとき，AとBの容積の和は何mLか求めなさい。（　　　mL）

28 ≪比の利用≫　3つの容器A，B，Cがあり，これらの容器にそれぞれ同じ量の水を入れると，Aには容積の $\frac{1}{5}$ まで，Bには容積の $\frac{2}{3}$ まで，Cには容積の $\frac{1}{2}$ まで水が入る。また，Aがいっぱいになるまで水を入れ，その水を空の状態のBとCに移したところ，BとCはいっぱいになり，Aには $12cm^3$ の水が残った。このとき，次の問いに答えなさい。　(明星中)

(1)　容器Aの容積と容器Bの容積の比を，もっとも簡単な整数の比で表しなさい。(　　　)

(2)　容器Cの容積を求めなさい。(　　　cm^3)

29 ≪比の利用≫　13Lの水をすべて，A，B，Cの3つの容器に分けて注ぎます。　(清風南海中)

(1)　Aに9.1L注ぎ，残りの水をBとCに注ぐと，BとCの水の量の比は7：6になりました。このとき，Bに入っている水の量は何Lですか。(　　　L)

(2)　Aに何Lか注ぎ，残りの水をBとCの水の量が等しくなるように注ぎます。その後，AからBに0.5L，AからCに1Lの水を移すと，Aの水の量はBの水の量の3倍になりました。このとき，最後にBに入っている水の量は何Lですか。(　　　L)

30 ≪分配算≫　3つの整数A，B，Cがあります。A，B，Cの和は67でAはBより7大きく，CはBの2倍より4小さいです。このとき，整数Aは［　　　］です。　(大谷中－京都－)

31 ≪分配算≫　ミカンとリンゴが全部で168個あります。この中から，生徒36人にそれぞれミカンを2個ずつ，リンゴを1個ずつ配ったところ，残ったミカンとリンゴの個数の比が3：2になりました。このとき，はじめにあったミカンの個数は［　　　］個です。　(帝塚山中)

32 ≪分配算≫　じろうさんは3種類のあめを合計で81個持っています。イチゴ味のあめの個数はメロン味のあめの個数の2倍で，ブドウ味のあめの個数はイチゴ味のあめの個数の1.2倍です。ブドウ味のあめの個数は何個ですか。(　　　個)　(大阪教大附池田中)

33 ≪分配算≫　Aさん，Bさん，Cさんの3人の所持金の合計は，16500円です。3人がそれぞれ同じ金額ずつ貯金すると，Aさんは1200円だけ手元に残り，Bさんは自分の元の所持金の $\frac{1}{4}$ だけ手元に残り，Cさんは自分の元の所持金の $\frac{1}{16}$ だけ手元に残ります。このとき，3人の貯金の合計は［　　　］円になります。　(白陵中)

34　≪こさ≫　次の問いに答えなさい。

(1)　100g の水に 25g の食塩を混ぜると濃度(のう)が［　　　］%の食塩水ができます。

（ノートルダム女学院中）

(2)　8 %の食塩水 300g に水 100g を加えると，何%の食塩水ができるか求めなさい。(　　　%)

（プール学院中）

(3)　濃度(のうど) 4 %の食塩水 250g から水を 50g 蒸(じょう)発させると，濃度［　　　］%の食塩水になります。

（報徳学園中）

35　≪こさ≫　20 %の食塩水を 100g 作るために，水 100g に食塩 20g をとかしました。ところが，作った食塩水が 20 %の食塩水でないことに気づいたので，作った食塩水を少し捨ててから食塩を加えて 20 %の食塩水を 100g 作りました。捨てた食塩水は何 g ですか。(　　　g)　（三田学園中）

36　≪こさ≫　容器 A に 10 %の食塩水が 200g 入っています。この容器から 20g を取り出し，同じ量の水を容器 A に入れて，よくかき混ぜます。これを 1 回の操作とし，この操作を繰り返します。

（神戸海星女中）

(1)　1 回目の操作の後の，この食塩水の濃度(のうど)は何%ですか。(　　　)

(2)　容器の中の食塩水の濃度がはじめて 7 %以下になるのは，何回目の操作の後ですか。(　　　)

(3)　1 回目の操作が終わり，2 回目の操作をしようとしたところ，まちがえて 20g より多い食塩水を取り出してしまいました。その後，この容器 A に水を入れて 200g の食塩水にしました。するとその濃度が，正しく操作を 3 回したときの濃度と同じになっていました。まちがえて取り出した食塩水は何 g でしたか。(　　　)

37　≪こさ≫　次の問いに答えなさい。　（奈良学園中）

(1)　濃(こ)さ 8 %の食塩水が 450g ありましたが，水が蒸発して濃さが 9 %になりました。そこで，水を何 g か加えたところ，濃さが 7.5 %になりました。このとき，加えた水は何 g ですか。

(　　　g)

(2)　(1)でできた濃さ 7.5 %の食塩水を半分に分けます。片方はそのままにしておき，もう片方に食塩を何 g か加えたところ，濃さが 11.2 %になりました。このとき，加えた食塩は何 g ですか。

(　　　g)

(3)　(2)でそのままにしておいた濃さ 7.5 %の食塩水から何 g か食塩水を取り出し，残った食塩水に水を加えてもとの重さに戻(もど)すと，濃さが 6.3 %になりました。このとき，取り出した食塩水は何 g ですか。(　　　g)

38 ≪混ぜ合わせたときのこさ≫　8％の食塩水150gと15％の食塩水200gを混ぜたときにできる食塩水の濃度(のうど)は何％ですか。(　　　％)　(同志社女中)

39 ≪混ぜ合わせたときのこさ≫　濃度5％の食塩水120gに濃度10％の食塩水[ア　　]gを混ぜると，濃度は8％になります。さらに，その食塩水に水を900g加えてうすめると，濃度は[イ　　]％になります。　(近大附中)

40 ≪混ぜ合わせたときのこさ≫　濃度(のうど)2％の食塩水200gと，濃度5％の食塩水300gを混ぜました。できた食塩水から150gを取り出したところ，その150gの中には食塩が[　　]g溶(と)けています。　(関西学院中)

41 ≪混ぜ合わせたときのこさ≫　8％の食塩水300gと4％の食塩水500gを混ぜ合わせたあと，食塩を10g加えて溶かしました。この食塩水から120g取り出したとき，食塩は[　　]gふくまれています。　(大阪女学院中)

42 ≪混ぜ合わせたときのこさ≫　濃(こ)さの異なる食塩水AとBがあります。Aの食塩水100gに水50gを加えてよくかき混ぜると濃さが6％になり，Aの食塩水50gとBの食塩水75gを混ぜると濃さが6.6％になります。Bの食塩水の濃さは何％であるか答えなさい。(　　　％)　(立命館中)

43 ≪混ぜ合わせたときのこさ≫　2つの容器A，Bがあり，Aには濃度(のうど)が[　　]％の食塩水が400g，Bには濃度が10％の食塩水が300g入っています。Aから100gの食塩水を取り出し，Bに入れてよくかき混ぜ，その後，Bから300gの食塩水を取り出してAに入れてよくかき混ぜると，Aの食塩水の濃度は15％になりました。　(西大和学園中)

44 ≪混ぜ合わせたときのこさ≫　12％の食塩水が入った容器Aと，7％の食塩水350gが入った容器Bがあります。容器Bから50gの食塩水を取り出して容器Aに移したところ，11％の食塩水になりました。このとき，次の問いに答えなさい。　(京都橘中)

(1) 容器Aにはじめに入っていた食塩水は何gですか。(　　　g)

(2) さらに容器Bに水を加え，よくかき混ぜたあと50gを取り出して容器Aに移したところ，10％の食塩水になりました。このとき，容器Bに加えた水は何gですか。(　　　g)

45 ≪混ぜ合わせたときのこさ≫　3つの容器A，B，Cがあり，それぞれ6％，8％，3％の食塩水が入っている。

容器Aと容器Cの食塩水の重さの比が1：2となるように混ぜてできた食塩水600gに容器Bの食塩水を[　　]g加えると，5％の食塩水ができた。　(金蘭千里中)

46　**≪混ぜ合わせたときのこさ≫**　A，B，Cの3つの食塩水があります。Aを100gとBを150g取り出して混ぜ合わせると，濃度(のうど)が9％の食塩水ができます。Aを200gとBを50g取り出して混ぜ合わせると，濃度が5％の食塩水ができます。Aを90gとCを160g取り出して混ぜ合わせると，濃度が6.2％の食塩水ができます。Cの濃度は何％ですか。（　　　％）　（六甲学院中）

47　**≪混ぜ合わせたときのこさ≫**　濃度(のうど)の異なる3つの食塩水A，B，Cがあります。食塩水Bを140gと水210gを混ぜると，食塩水Aと同じ濃度になります。食塩水Bを140gと食塩10gを混ぜると，食塩はすべて溶けて，食塩水Cと同じ濃度になります。食塩水Aと食塩水Cを同量混ぜると，食塩水Bと同じ濃度になります。食塩水Bの濃度は［　　　］％です。　（須磨学園中）

48　**≪混ぜ合わせたときのこさ≫**　3種類の食塩水A，B，Cがあります。

A300gとB100gを混ぜると，4％の食塩水になり，これを食塩水Pとします。

B100gとC100gを混ぜると，7％の食塩水になり，これを食塩水Qとします。　（清風南海中）

(1)　PとQを混ぜると，何％の食塩水になりますか。（　　　％）

(2)　A900gとB700gとC400gを混ぜると，何％の食塩水になりますか。（　　　％）

49　**≪混ぜ合わせたときのこさ≫**　次の［ア］～［ウ］にあてはまる数を答えなさい。　（洛南高附中）

食塩水A，B，Cがあります。AとBの濃度(のうど)は同じで，重さはともに100gです。Cの濃度はAより低く，重さは200gです。AとCをよくかき混ぜて食塩水Dを作り，DとBをよくかき混ぜて食塩水Eを作ると，AとEの濃度の差は3％になります。また，Eに水を150g加えてよくかき混ぜると，Cと同じ濃度になります。

このとき，DとEの濃度の差は［ア　　］％，CとDの濃度の差は［イ　　］％，Aの濃度は［ウ　　］％です。

50　**≪混ぜ合わせたときのこさ≫**　はじめに，3つのビーカーA，B，Cに食塩水が400gずつ入っていて，濃(こ)さはそれぞれ［ア］％，［イ］％，［ウ］％です。それぞれのビーカーから同時に100gずつ取り出し，A，B，Cから取り出したものをそれぞれC，A，Bへ移す予定でしたが，誤ってそれぞれB，C，Aへ移してしまいました。この結果，AとBの食塩水の濃さはともに，（予定していたAの食塩水の濃さ）＋1.6％となりました。また，Cの食塩水の濃さは，（予定していたCの食塩水の濃さ）× $\frac{17}{16}$ となりました。　（甲陽学院中）

(1)　差［イ］－［ア］，［ウ］－［ア］をそれぞれ求めなさい。

［イ］－［ア］＝（　　　）　［ウ］－［ア］＝（　　　）

(2)　［ア］を求めなさい。（　　　）

51 《相当算》 840mL のジュースを 1 人目が □ mL 飲んで，2 人目が残りの半分より 100mL 多く飲んだところ，120mL が残りました。 （帝塚山中）

52 《相当算》 太郎君と次郎君が買い物に行きました。太郎君はパンを買って 1000 円をはらっておつりをもらいました。次郎君が持っていた金額は，そのおつりの 5 分の 1 で，2 人はおつりと次郎君が持っていたお金を全部使って，ちょうど 900 円分の果物を買いました。太郎君が買ったパンはいくらですか。（　　円） （智辯学園和歌山中）

53 《相当算》 鉛筆(えんぴつ)が何本かあります。まず兄に全体の $\frac{2}{5}$ を配り，残りの $\frac{2}{3}$ を弟に配ると，8 本余りました。鉛筆は何本ありましたか。（　　本） （清風中）

54 《相当算》 A 君は国語と算数と理科と社会のテストを受けました。算数の得点は国語の得点より 10 点低く，理科の得点は国語の得点の 8 割で，社会の得点は国語の得点より 3 点高くなりました。このとき，4 教科の合計の得点が 278 点でした。国語の得点は □ 点です。 （近大附和歌山中）

55 《相当算》 ある子ども会で，みかんとりんごのどちらかを配りました。みかんをもらった人数は全体の $\frac{8}{15}$ より 22 人多く，りんごをもらった人数は全体の $\frac{5}{14}$ より 24 人多くなりました。子ども会の人数は，全員で □ 人です。 （神戸海星女中）

56 《相当算》 A さんと B さんの持っている鉛筆の本数を合わせると 60 本です。A さんの持っている鉛筆の本数の半分と，B さんの持っている鉛筆の本数の $\frac{1}{3}$ を合わせると 26 本になりました。このとき，A さんが最初に持っていた鉛筆は □ 本でした。 （京都女中）

57 《相当算》 ある中学校の生徒数は 880 人です。今日，女子生徒が 5 %欠席，男子生徒は 8 %欠席したので，全校では 56 人欠席しました。

女子の生徒数は何人ですか。（　　人） （同志社中）

58　≪相当算≫　貯金箱に10円硬貨，5円硬貨，1円硬貨が入っています。10円硬貨の枚数は5円硬貨の枚数の3倍で，1円硬貨だけの合計金額は5円硬貨だけの合計金額より4割多く，全体の合計金額は252円です。貯金箱に入っている硬貨の枚数は全部で何枚か答えなさい。（　　　枚）（立命館中）

59　≪相当算≫　水そうに2つの同じじゃ口がついていて，一定の割合で水を入れることができます。また，この水そうには排水口がついていて，一定の割合で水を出すことができます。

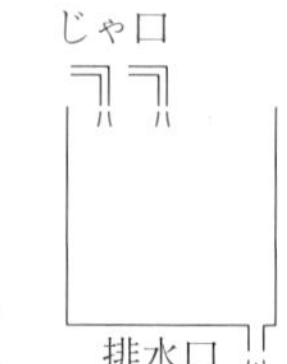

水そうに10Lの水が入っている状態で，排水口を閉じて1つのじゃ口から水を入れると，満水になるまで20分かかります。また，水そうに10Lの水が入っている状態で，1つのじゃ口から水を入れ排水口から水を出すと，空になるまで10分かかります。さらに，水そうに10Lの水が入っている状態で，2つのじゃ口から水を入れ排水口から水を出すと，18分後に水そうの水は満水の$\frac{4}{5}$までたまります。この水そうの容積は何Lですか。（　　　L）（洛星中）

60　≪相当算≫　兄と弟の所持金の合計は7700円で，兄が所持金の$\frac{1}{2}$，弟が所持金の$\frac{1}{3}$を出し合ってプレゼントを買ったところ，兄の残りの所持金が弟の残りの所持金の2倍となりました。このとき，プレゼントの値段は□円です。（大阪桐蔭中）

61　≪相当算≫　さくらさんは昨年，もらったお年玉の金額の2割で本を買い，次に残りの金額の$\frac{2}{3}$で遊園地の入園チケットを1枚買ったところ，お年玉がいくらか残りました。今年は昨年よりも多くのお年玉をもらったため，遊園地の入園チケットを2枚買いました。さらに，昨年本を買った金額と同じ金額で本を買ったところ，今年は，お年玉が6000円残りました。これは，昨年のお年玉の残りの金額より50％多い金額です。さくらさんが今年もらったお年玉の金額は何円ですか。ただし，遊園地の入園チケットの1枚あたりの値段は昨年も今年も同じであるものとします。

（　　　円）（同志社女中）

62　≪相当算≫　Aさんはカードを何枚か持っています。持っているカードの枚数の$\frac{1}{3}$をBさんに渡し，次に残りのカードの枚数の$\frac{1}{7}$より5枚多くCさんに渡すと，Aさんの持っているカードは，はじめに持っていたカードの枚数の$\frac{1}{2}$より4枚多くなりました。Aさんがはじめに持っていたカードは何枚ですか。（　　　枚）（親和中）

63 《相当算》 Aさんは所持金を3回に分けて使いました。はじめに所持金全体の$\frac{1}{2}$と50円を使いました。2回目に残りの$\frac{1}{4}$と100円を使いました。3回目に残りの$\frac{4}{5}$と400円を使うとちょうど所持金はなくなりました。このとき，3回目に使った金額は［ア　　］円で，はじめの所持金は［イ　　］円です。 （近大附中）

64 《倍数算》 黄色の絵の具89mLと緑色の絵の具123mLを混ぜた容器があります。この容器に，黄色と緑色の絵の具を同じ量ずつ追加して，黄色と緑色の絵の具の量の割合が4：5となる黄緑色を作りたいです。このとき，黄色と緑色の絵の具をそれぞれ何mLずつ増やせばよいか求めなさい。

（　　　mL） （大阪教大附天王寺中）

65 《倍数算》 はじめの兄と弟の所持金の比は3：2です。兄が弟に100円渡(わた)したら，兄と弟の所持金の比は8：7になりました。はじめに兄は何円持っていましたか。（　　　円） （京都橘中）

66 《倍数算》 はじめにAさんが持っているお金は［ア　　］円で，Bさんが持っているお金の2倍でした。BさんがAさんに300円渡すと，Aさんが持っているお金はBさんの3倍になりました。その後，2人とも［イ　　］円を払うと，Aさんが持っているお金はBさんの10倍になりました。 （雲雀丘学園中）

67 《倍数算》 兄と弟がそれぞれいくらかお金を持っています。2人とも800円をもらったため，兄と弟の所持金の比は11：6になりました。それから兄は所持金の2割より400円多い金額を使ったため，兄と弟の所持金の比は13：10になりました。はじめに兄は［　　］円持っていました。

（大阪星光学院中）

68 《仕事算》 ある仕事をAさんだけですると30日，Bさんだけですると20日かかります。はじめはこの仕事をAさんとBさんの2人でしていましたが，仕事が終わるまでにAさんは10日，Bさんは5日休みました。この仕事を始めてから終わるまでに何日かかりましたか。ただし，2人が同時に休む日はないとします。（　　　日） （清教学園中）

69 《仕事算》 ある仕事はAさん1人では12日，Bさん1人では20日で完成します。この仕事をAさんとBさんが2人で同時に始めました。途中でAさんが6日，Bさんが2日休んだとき，この仕事は何日で完成しますか。（　　　日） （関西大学中）

70 ≪仕事算≫　ある仕事を父だけですると 15 日，子どもだけですると 20 日かかります。この仕事を父だけで［　　　］日したあと，残りの仕事を子どもだけですると，合計 17 日かかりました。

（関西学院中）

71 ≪仕事算≫　水そうに給水管 A，B がついています。A だけでこの水そうをいっぱいにするには，15 分間かかります。また，この水そうに最初 A だけで 8 分間水を入れ，A を止めた後，B だけで 14 分間水を入れたらいっぱいになります。この水そうを B だけでいっぱいにするには，［ア　　　］分間かかります。また，この水そうに最初 A だけで 12 分間水を入れ，A を止めた後，B だけで［イ　　　］分間水を入れたらいっぱいになります。

（近大附中）

72 ≪仕事算≫　ある仕事を仕上げるのに，B さんは A さんの 1.2 倍の時間がかかり，C さんは A さんの 1.5 倍の時間がかかります。この仕事を A さん，B さん，C さんが 3 人で仕上げるのに 12 時間かかるとき，同じ仕事を A さんが 1 人で仕上げると［　　　］時間かかります。

（常翔学園中）

73 ≪仕事算≫　ある仕事を行うのに，A さんと B さんと C さんの 3 人で行うと 24 分かかり，A さんと B さんの 2 人で行うと 30 分かかります。また，A さんが 8 分で行う仕事量は，B さんと C さんの 2 人が 7 分で行う仕事量と同じです。このとき，次の問いに答えなさい。

（大谷中ー大阪ー）

(1)　この仕事を C さんだけで終わらせるには何分かかりますか。（　　　分）

(2)　この仕事を B さんだけで終わらせるには何分かかりますか。（　　　分）

(3)　この仕事を A さんと C さんで終わらせるには何分かかりますか。（　　　分）

74 ≪仕事算≫　3 種類の機械 A，B，C があります。ある個数の製品を生産するのに，A 4 台で 10 日間生産した後，残りを B 5 台で生産するとさらに 12 日間かかります。また，その同じ個数を B 5 台だけで生産すると 24 日間かかります。次の問いに答えなさい。

（神戸海星女中）

(1)　この個数を A 10 台だけで生産するには何日間かかりますか。（　　　）

(2)　この個数を A 8 台で 5 日間生産し，その後 B だけを使って，5 日間で生産を終わらせるには B が何台必要ですか。（　　　）

(3)　この個数を A 10 台と B 10 台と C 5 台で生産すると 3 日間で終わりました。C 10 台だけでこの個数を生産するには何日間かかりますか。（　　　）

75 ≪グラフ≫　下の円グラフは，ある会社における社員1000人の主な通勤方法を調査し，まとめたものです。これを百分率で表し，棒グラフにしたものも作成したのですが，誤ってその紙の一部を切り取って処分してしまいました。また，円グラフの数値も一部しか残っておらず，それを円グラフにメモで書きこみました。さらに，棒グラフでは，0％から10％の目盛りまでの長さが4cmであるということがわかっています。次の各問いに答えなさい。（滝川中）

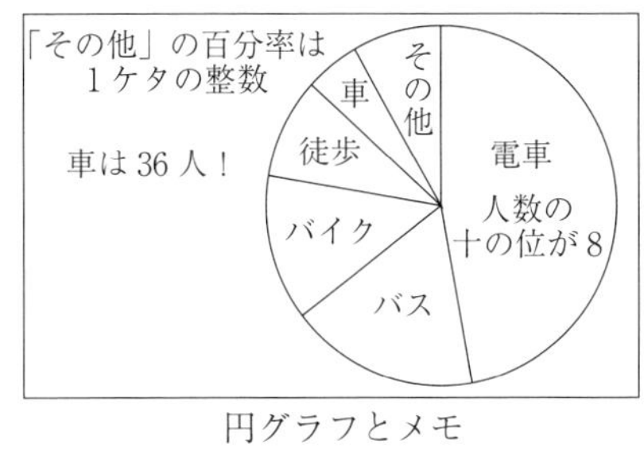

円グラフとメモ

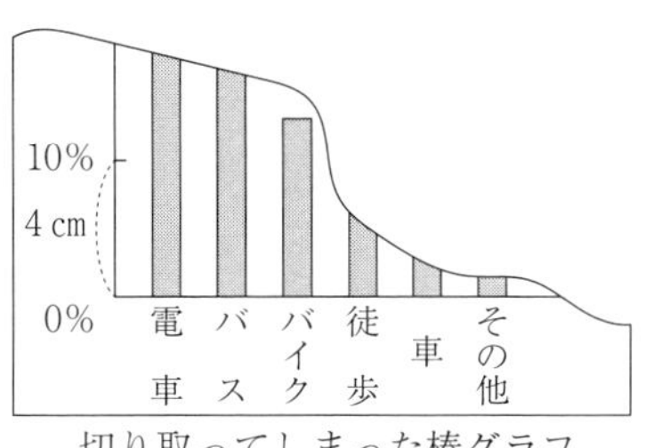

切り取ってしまった棒グラフ

(1) 円グラフで，バスの部分のおうぎ形の中心角を分度器で測ると63度でした。このとき，バスの割合は全体の何％か求めなさい。（　　　％）

(2) 棒グラフで，バイクの部分の棒の長さを定規で測ると5.2cmでした。このとき，バイクの割合は全体の何％か求めなさい。（　　　％）

(3) 円グラフで，徒歩の割合は車の割合よりも4.4％多いです。徒歩は何人が回答したか求めなさい。（　　　人）

(4) 電車の割合は全体の何％か求めなさい。（　　　％）

76 ≪データの活用≫　次の表①は，ある人のソフトボール投げの記録です。また表②はその記録についての度数分布表です。次の問いに答えなさい。（京都産業大附中）

表①　ソフトボール投げの記録(m)

1回目	2回目	3回目	4回目	5回目	6回目	7回目	8回目	9回目
35	27	41	31	35	31	29	37	31

表②　ソフトボール投げの記録

記録(m)	回数(回)
25以上～30未満	ア
30以上～35未満	イ
35以上～40未満	ウ
40以上～45未満	エ
合計	9

(1) 表②の［ア］～［エ］にあてはまる数を答えなさい。
ア（　　）イ（　　）ウ（　　）エ（　　）

(2) 表②を柱状グラフ（ヒストグラム）で表しなさい。

(3) 表②について，1番回数が少ない階級を答えなさい。（　　　）

(4) ソフトボール投げの記録の平均値を求めなさい。（　　　m）

(5) ソフトボール投げの記録の最頻値（さいひんち）を求めなさい。（　　　m）

(6) 10回目の記録が［A］mでした。1回目から10回目までの記録の中央値が32mでした。このとき，［A］にあてはまる数を答えなさい。（　　　）

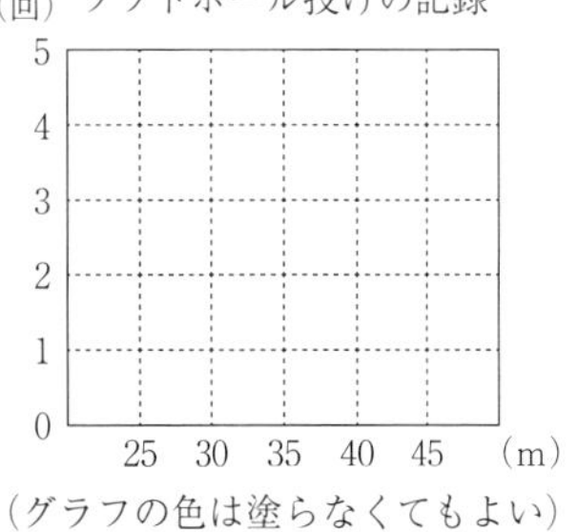

（グラフの色は塗らなくてもよい）

77　≪データの活用≫　下の図は，あるクラスの生徒25人のうち，欠席している2人を除いた23人の1週間に読んだ本の冊数を調べて，ドットプロットに表したものです。このとき，次の各問いに答えなさい。　(同志社女中)

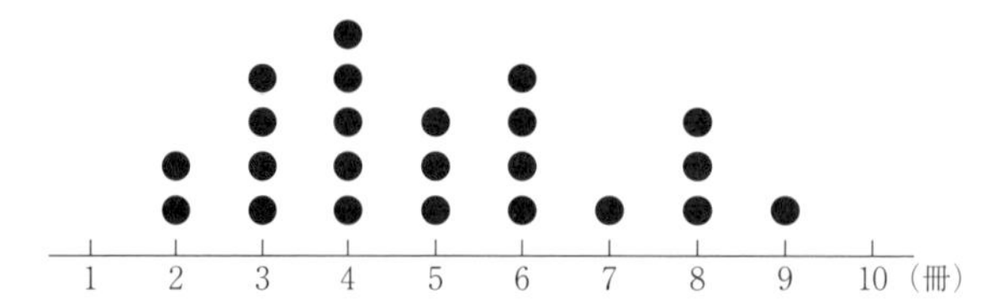

(1)　このドットプロットから求められる平均値は何冊ですか。(　　　冊)

(2)　後日，欠席していた2人の1週間に読んだ本の冊数を加えて，生徒25人の代表値を求めなおしたところ，平均値は0.16冊へりましたが，中央値と最頻(ひん)値はともに変わりませんでした。欠席していた2人の1週間に読んだ本の冊数はそれぞれ何冊ですか。ただし，欠席していた2人は1冊以上本を読んでいたものとします。(　　　冊と　　　冊)

78　≪データの活用≫　次のデータは，生徒7人が受けた20点満点のテストの結果です。次の問いに答えなさい。　(賢明女子学院中)

11，20，17，9，18，12，□　(単位は点)

(1)　7人の得点の平均値は15点でした。□に入る得点を求めなさい。(　　　点)

(2)　(1)のとき，中央値を求めなさい。(　　　点)

(3)　□に入る得点がわからないとき，中央値として考えられる点数は何通りありますか。ただし，□に入る得点は整数とします。(　　　通り)

79　≪データの活用≫　次の問いに答えなさい。　(大阪教大附天王寺中)

(1)　小学生6人が，50点満点の算数のテストを受けました。この6人のうち，5人のテストの得点は以下の通りです。

14，17，26，29，47　(点)

このテストを受けた6人の得点の中央値は27.5点でした。この6人の得点の平均値として考えられる値は「・・・点以上，・・・点以下」か求めなさい。(　　　点以上　　　点以下)

(2)　小学生9人が，50点満点の国語のテストを受けました。9人のテストの得点は以下の通りです。

39，23，42，a，44，27，b，17，33　(点)

このテストの得点の平均値が30点，最頻(ひん)値が23点のとき，a，bの値を求めなさい。ただし，$a < b$とします。a =(　　　)　b =(　　　)

5　速　さ

1　≪速さ≫　A さんは毎朝，家から学校まで □ m の道のりを，時速 3.2km の速さで 36 分間歩いて登校しています。ある日，登校中にお店に寄ったところ，いつもより 240m 多く歩くことになりました。その日は，すべての道のりを時速 4.8km の速さで歩き，店にいる時間を □ 分間にしたので，いつもと同じように 36 分間で学校に着きました。　(大阪桐蔭中)

2　≪速さ≫　800m 走を走るのに，最初の 200m は 37.7 秒，次の 200m は始めの速さの 1.04 倍の速さ，次の 200m は始めの速さの 1.16 倍の速さ，最後の 200m は □ 秒で走ったので，2 分 20 秒かかりました。　(京都女中)

3　≪速さ≫　A 君の家から学校までは 1320m あり，その途中(とちゅう)に駅があります。A 君は，家から駅までは毎分 60m の速さで歩き，駅から学校までは毎分 80m の速さで歩きました。学校についたのは，家を出発してから 21 分後でした。A 君の家から駅までは □ m です。　(奈良学園登美ヶ丘中)

4　≪速さ≫　太郎さんは家からスーパーに買い物に行きました。行きは分速 70m，帰りは分速 60m で歩きました。スーパーで 14 分買い物をして帰ったところ，家を出てからちょうど 40 分後に家に帰ることができました。家からスーパーまでの道のりを求めなさい。(　　m)　(桃山学院中)

5　≪速さ≫　A さんと A さんの父が，自宅から 15km 離(はな)れたキャンプ場に同じ道を通って向かいます。A さんは自転車で 12 時ちょうどに，父は自動車で 13 時 4 分にそれぞれ自宅を出発しました。自転車，自動車の移動速度はそれぞれ時速 12km，時速 □ km で一定であるとします。途中で A さんが運転する自転車がパンクして，A さんは移動できなくなってしまいました。その場で父が通りかかるのを待ち，13 時 12 分に合流しました。父の自動車に 6 分間で自転車を積み込(こ)み，同乗してキャンプ場に向かったところ，A さんは予定より 15 分遅れで到着することができました。　(西大和学園中)

6　≪速さ≫　1 周 4300m の池の周りを，A さんと B さんは同じ向きに，C さんは A さん，B さんと逆向きに同じ場所から同時に出発します。A さんが 1 周したとき，B さんは出発地点の 860m 手前におり，B さんが 1 周したとき，C さんは出発地点の 430m 手前にいました。A さんと C さんが出発してから初めて出会ったとき，A さんは出発地点の何 m 手前にいますか。(　　m)　(関西大学中)

7　≪速さ≫　太郎さんは，出発地点から同じ方向を向いたまま，「3 歩進んで 2 歩戻る」という決まりをくり返して歩きます。太郎さんの歩幅は進むときも戻るときも 60cm です。歩数は進んだ分も戻った分も数えます。次の(1)，(2)の問いに答えなさい。　（六甲学院中）

(1)　太郎さんが 365 歩歩いたとき，出発地点から何 m の地点にいますか。（　　　m）

(2)　太郎さんが出発地点から 365m の地点を初めて越えるのは何歩目ですか。（　　　歩目）

8　≪速さ≫　A 君は地点 P から地点 Q まで 4 km のハイキングをすることにしました。P を出発してから一定の速さで休みなく歩き，Q に到着する予定です。はじめは予定通りの速さで歩いていましたが，全体の道のりの 4 分の 1 進んだところで疲れを感じたため 5 分間休けいをしました。休けい後は，はじめの歩く速さと比べて，4 分の 3 倍の速さで歩き，その後は休けいすることなく Q に到着することができましたが，はじめの予定より 20 分遅れました。このとき，次の問いに答えなさい。　（奈良学園中）

(1)　はじめの歩く速さと，休けい後の歩く速さの比を最も簡単な整数の比で求めなさい。（　　　）

(2)　休けい後の歩く速さでは，はじめの歩く速さと比べて，同じ距離を進むのにかかる時間は何倍になりますか。（　　　倍）

(3)　休けい後から何分で Q に到着しましたか。（　　　分）

(4)　はじめの歩く速さは時速何 km ですか。（時速　　　km）

9　≪速さ≫　太郎さんと妹の桃子さんは，いつも家から 2 km はなれた学校まで 25 分で歩いて登校します。ある日，途中で太郎さんは忘れ物に気づき，1 人で走って家まで戻ろうとしましたが，走り出してから 2 分後に忘れ物を届けに来てくれた母と出会いました。忘れ物を受け取ったあと，再び走って学校に向かったところ，桃子さんと同時に学校に着きました。太郎さんの走る速さは，歩く速さの 2 倍とします。このとき，次の問いに答えなさい。　（桃山学院中）

(1)　太郎さんの走る速さは分速何 m ですか。（分速　　　m）

(2)　太郎さんが忘れ物に気付いた地点から学校まで，桃子さんは何分かかりましたか。（　　　分）

(3)　太郎さんが母と出会ったのは家から何 m はなれたところですか。（　　　m）

10 ≪速さ≫ Aさん，Bさん，Cさんの3人が山登りをしました。

ふもとのP地点から山頂のQ地点までは片道6kmあり，3人は同時にP地点を出発しました。

Aさんは登りも下りも時速2kmの速さで歩き，30分間歩くごとに10分間休んで，P地点とQ地点の間を往復しました。

Bさんは登りは一定の速さで歩き，Q地点で1時間休み，下りは登りの1.2倍の速さで歩きました。

Cさんは Bさんと一緒に登っていましたが，途中(とちゅう)で足が痛くなったため，その場で引き返して登りの半分の速さで下りました。

最初にAさんがP地点にもどり，その30分後にBさんが，さらにその40分後にCさんがもどりました。 (四天王寺中)

(1) AさんがP地点にもどったのは，出発してから何時間何分後ですか。(　　　時間　　　分後)

(2) Bさんが登る速さは，時速何kmですか。(時速　　　km)

(3) Cさんが引き返した場所は，P地点から何km離(はな)れていますか。(　　　km)

11 ≪速さ≫ A町から山頂に登るXコースと，B町から山頂に登るYコースがあります。太郎さんは1日目，A町を10時に出発し，Xコースを登り，Yコースを下り，15時50分にB町に着きました。2日目はB町を10時に出発し，Yコースを登り，Xコースを下り，15時18分にA町に着きました。太郎さんは，登りは時速3km，下りは時速4.5kmの一定の速さで進みます。 (甲南中)

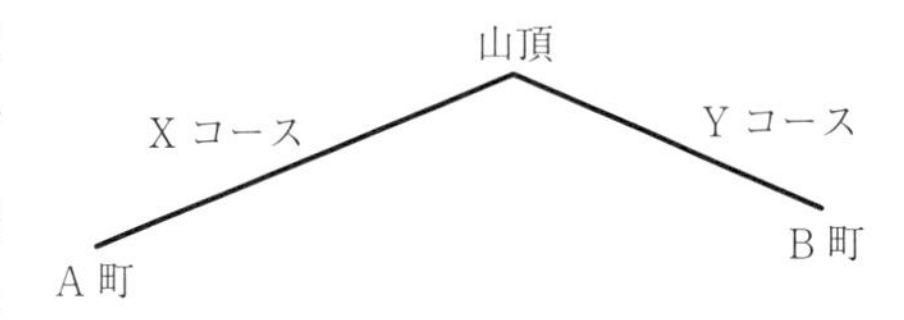

(1) 1日目にA町から山頂までにかかった時間と2日目に山頂からA町までにかかった時間の比を最も簡単な整数の比で表しなさい。(　　　)

(2) XコースはYコースより何m長いですか。(　　　m)

(3) A町から山頂を通り，B町まで歩くときの道のりは何mですか。(　　　m)

12　≪速さ≫　A 地点と B 地点を結ぶ 2 本の経路①，②があります。太郎君と次郎君がこの経路を歩いて移動しました。　(洛星中)

1 日目，2 人は同時に A 地点を出発し，経路①を通って B 地点まで移動しました。このとき，太郎君は次郎君より 24 分早く B 地点に着きました。

2 日目，2 人は同時に B 地点を出発し，経路②を通って A 地点まで移動しました。このとき，太郎君は次郎君より 27 分早く A 地点に着きました。

2 人が歩く速さは 2 日間を通じて一定です。

(1)　経路①と経路②の長さの比を最も簡単な整数の比で表しなさい。(　　　)

3 日目，2 人は同時に A 地点を出発し，太郎君は経路①を，次郎君は経路②を通って B 地点まで移動しました。このとき，太郎君は次郎君より 39 分早く B 地点に着きました。

4 日目，2 人は同時に B 地点を出発し，太郎君は経路②を，次郎君は経路①を通って A 地点まで移動しました。

2 人が歩く速さは 1 日目からずっと変わっていません。

(2)　太郎君と次郎君の歩く速さの比を最も簡単な整数の比で表しなさい。(　　　)

(3)　4 日目はどちらが何分早く A 地点に着きましたか。(　　　が　　　分早い)

5 日目，2 人は同時に A 地点を出発し，経路①を通って B 地点まで移動し，B 地点に着くとすぐに経路②を通って A 地点に戻(もど)りました。この間太郎君はこれまでと同じ速さで歩きましたが，次郎君は B 地点から A 地点に戻るときだけ，これまでの 1.5 倍の速さで歩きました。

太郎君が A 地点に戻ったとき，次郎君は A 地点まであと 720m の位置にいました。

(4)　経路①の長さを答えなさい。(　　　m)

13　≪速さ≫　S 中学校の 1 年生全員が遠足に行くことになり，一列に並んで分速 60m で歩いています。先頭の生徒の横にはリーダーの先生が付き，最後尾(び)の生徒の横にはサブリーダーの先生が付いています。先頭の生徒とリーダーの先生が P 地点を通過すると同時に，リーダーの先生はサブリーダーの先生にメモを渡(わた)すために，列の後方へ走り出し，2 分 20 秒後に最後尾に着きました。リーダーの先生はメモを渡すとすぐに，列の後方に向かった時と同じ速さで先頭の生徒を追いかけ，最後尾からちょうど 5 分で先頭の生徒に追いつきました。このとき，次の問いに答えなさい。ただし，列は止まることなく同じ速さで進み続けるものとし，またメモの受け渡しにかかる時間は考えないものとします。　(清風中)

(1)　リーダーの先生が，サブリーダーの先生にメモを渡してから再び P 地点を通過するとき，先頭の生徒は P 地点から何 m 進んだところにいますか。(　　　m)

(2)　リーダーの先生が走る速さは分速何 m ですか。(分速　　　m)

(3)　この列の長さは何 m ですか。(　　　m)

(4)　最後尾にいるサブリーダーの先生は，リーダーの先生が先頭の生徒に追いついてから何分何秒後に P 地点を通過しますか。(　　　分　　　秒後)

14 ≪速さ≫ 太郎（たろう）さんは自宅からスーパーマーケットまで買い物に行きます。自宅とスーパーマーケットの間には，A 地点と B 地点があります。スーパーマーケットから自宅までの帰り道については，同じ道を通って帰ります。自宅から A 地点までは分速 300m，A 地点から B 地点までは分速 200m，B 地点からスーパーマーケットまでは分速 280m でそれぞれ進みます。また，帰り道では，B 地点から A 地点まで分速 200m，A 地点から自宅までは分速 500m でそれぞれ移動します。スーパーマーケットでの買い物時間は 20 分とし，右の図は太郎さんが移動した時間と自宅との距離（きょり）の関係を表したものです。

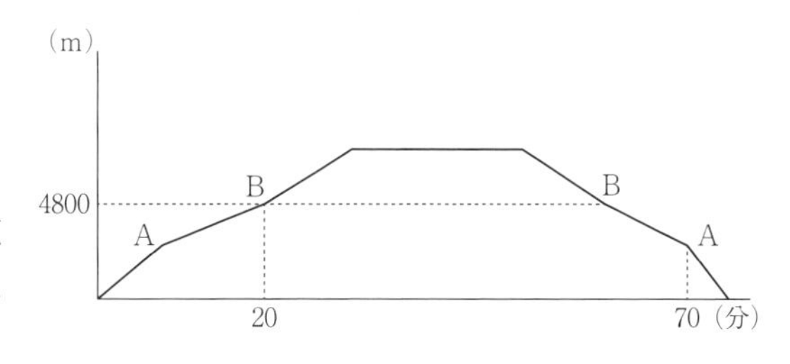

（須磨学園中）

⑴ 太郎さんは自宅から A 地点まで何分かかるか答えなさい。（　　　分）

⑵ 太郎さんは，自宅を出発してから帰ってくるまでに何時間何分何秒かかるか答えなさい。

（　　時間　　分　　秒）

⑶ 太郎さんが自宅からスーパーマーケットまで移動するのにかかる時間とスーパーマーケットから自宅まで移動するのにかかる時間を比べると，自宅からスーパーマーケットまで移動するのにかかる時間の方が 5 分 12 秒多くかかりました。このとき，スーパーマーケットから B 地点までの速さは分速何 m か答えなさい。（分速　　　m）

15 ≪旅人算≫ A さんは家から分速 75m の速さで学校に向かって歩いて行きました。A さんが出発した 8 分 24 秒後にお母さんが忘れ物に気づき，自転車に乗って，分速 300m の速さで A さんを追いかけると，お母さんが出発してから (ア)　　分 (イ)　　秒後に追いつきます。

（京都先端科学大附中）

16 ≪旅人算≫ ルミさんが学校から駅までの道のりを分速 72m の速さで歩くと，7 分かかります。ミナさんは自転車でルミさんの歩く速さの $\frac{5}{2}$ 倍の速さで進むことができます。ルミさんが学校から駅に向かって歩いて出発したのと同時に，ミナさんが自転車で駅から学校に向かって出発したとき，2 人が出会うのは出発してから何分後か求めなさい。（　　　分後）

（大阪女学院中）

17　≪旅人算≫　A さんと B さんがそれぞれ自分の自転車に乗って走ります。A さんの自転車は，タイヤが 50 回転すると 120m 進み，A さんが自転車をこぐと 3 秒でタイヤが 5 回転します。B さんが自転車をこぐと B さんの自転車は毎分 200m の速さで進みます。また，2 人が同時に自分の自転車をこいで出発すると，A さんの自転車のタイヤが 5 回転する間に B さんの自転車のタイヤは 4 回転します。このとき，次の問いに答えなさい。（立命館守山中）

(1)　A さんが自転車をこぐ速さは，毎分何 m ですか。（毎分　　　m）

(2)　B さんの自転車はタイヤが 1 回転すると何 m 進みますか。（　　　m）

(3)　B さんが自転車で出発してから 15 秒後に，A さんが自転車で B さんを追いかけました。B さんが出発してから A さんに追いつかれるまでに，B さんの自転車のタイヤは何回転しましたか。

（　　　回転）

18　≪旅人算≫　S 駅から学校までの途中(とちゅう)に K 地点があります。月曜日，太郎君は 7 時 55 分に S 駅を出発し歩いて学校に向かい，K 地点を 8 時 6 分に通過しました。その後，次郎君が K 地点を出発し歩いて学校に向かい，8 時 12 分に太郎君に追いつきました。その時から二人でいっしょに学校までの 520m を太郎君の歩く速さで歩きました。火曜日，太郎君は S 駅を月曜日と同じ時刻に出発し，月曜日と同じ時刻に学校に着きましたが，次郎君は K 地点を月曜日より 7 分 30 秒おくれて出発したため，月曜日より 5 分 50 秒おそく学校に着きました。太郎君が歩く速さは，次郎君が一人で歩く速さの $\frac{3}{4}$ 倍です。（甲陽学院中）

(1)　月曜日，次郎君が K 地点を出発したのは何時何分何秒ですか。（　　時　　分　　秒）

(2)　月曜日，二人が学校に着いたのは何時何分何秒ですか。（　　時　　分　　秒）

(3)　S 駅から学校までの道のりは何 m ですか。（　　　m）

19　≪旅人算≫　右の図のように，池の周りに 1 周 1800m のジョギングコースがあります。花子さんはこのコースのスタート地点を 9 時ちょうどに出発して，一定の速さ 75m/分で歩き続けて，コースを 1 周してスタート地点に戻(もど)りました。

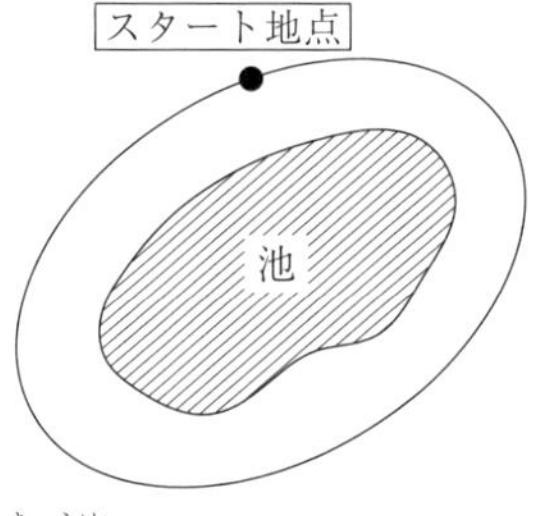

また，太郎さんは，花子さんから 4 分遅(おく)れてスタート地点を出発して，このコースを花子さんと同じ向きに一定の速さで走り出しました。

太郎さんは走り始めて 4 分後に花子さんに追いつき，その場で 9 分 20 秒休憩(きゅうけい)しました。その後，再び一定の速さで走り始めて，花子さんと同時にスタート地点に戻りました。（同志社中）

(1)　花子さんに追いつくまでの太郎さんの速さは何 m/分ですか。（　　　m/分）

(2)　休憩(きゅうけい)後，スタート地点まで走った太郎さんの速さは何 m/分ですか。（　　　m/分）

20 ≪旅人算≫　図のような円形のランニングコースがあります。Aさんと Bさんは S地点を同時に出発して，Aさんは時計回りに，Bさんは反時計回りにそれぞれ一定の速さで走ります。Aさんは向きを変えることなく走りますが，BさんはAさんと出会うたびに反対方向に向きを変えて走ります。出発してから39秒後に2人は初めて出会い，そこから3分54秒後に再び出会いました。また，出発してから2分30秒後のAさんとBさんの間の道のりは148mでした。ただし，2人の間の道のりは短い方とします。なお，BさんはAさんより速く走ることとします。

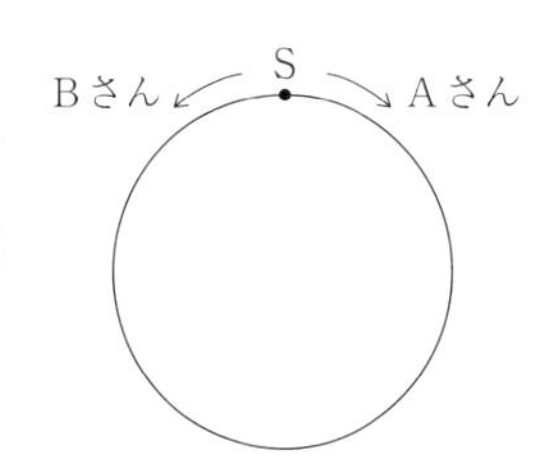

(神戸女学院中)

(1)　ランニングコースの1周は何mですか。(　　　m)

(2)　出発してから15分後，BさんはS地点から何m離(はな)れたところにいますか。ただし，「時計回り」か「反時計回り」を選んで丸をつけ，短い方の道のりを答えること。

(時計回り・反時計回り)に(　　　m)

(3)　2人が初めてS地点で出会うのは，出発してから何分何秒後ですか。(　　分　　秒後)

21 ≪旅人算≫　ある池の周りには1周2700mの遊歩道がある。Aさん，Bさんの2人は遊歩道にある地点Oを午前9時に出発し，Aさんは反時計回りに毎分90m，Bさんは時計回りに毎分60mの速さでそれぞれ遊歩道を歩いて1周する。

この遊歩道には地点Oから反時計回りに900mの地点に信号P，信号Pからさらに反時計回りに900mの地点に信号Qがある。

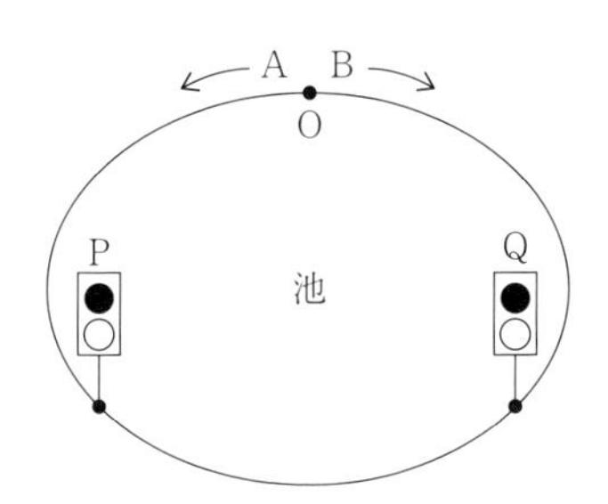

信号P，Qはともに午前9時ちょうどに青になり，その後は，信号Pは青と赤が2分ごとに変わり，信号Qは青と赤が3分ごとに変わる。

ただし，Aさん，Bさんは信号の地点で，信号が赤のときは止まり，信号が青のときは歩き，信号以外の地点では歩くこととする。このとき，次の問いに答えなさい。

(明星中)

(1)　午前9時から午前9時30分までの間で，信号P，Qが青であった時間は，それぞれ合計何分間ですか。P(　　　分間)　Q(　　　分間)

(2)　Aさんが地点Oにもどってくるのは，出発してから何分後ですか。(　　　分後)

(3)　Bさんが地点Oにもどってくるのは，出発してから何分後ですか。(　　　分後)

(4)　AさんとBさんがすれちがうのは，出発してから何分何秒後ですか。(　　分　　秒後)

22 ≪旅人算≫　片道2.1km，往復4.2kmの道を，海子さんと星子さんの2人が走りました。海子さんは行きも帰りも毎分150mで走りました。星子さんは海子さんと同時に出発しましたが，折り返し地点を海子さんより30秒おくれて通過しました。そこからスピードを上げたので，海子さんより22.5秒早くゴールしました。星子さんは，行きと帰りそれぞれ一定の速さで走りました。ちょうど星子さんが海子さんを追いこした地点にいた真理さんが，同時にその地点を出発し，自転車でゴールに向かったところ，海子さんより1分30秒早く到着しました。（神戸海星女中）

(1)　星子さんの帰りの速さは毎分何mですか。（　　　）

(2)　星子さんが海子さんを追いこしたのは，出発してから何分後ですか。（　　　）

(3)　真理さんの速さは毎分何mですか。（　　　）

23 ≪旅人算≫　AさんとBさんとCさんの3人が，池のまわりを同じ地点から同時に出発し，同じ方向に一定の速さで走り続けます。池のまわりを1周するのに，Aさんは7分30秒，Bさんは12分，Cさんは15分かかります。このとき，次の問いに答えなさい。（大谷中－大阪－）

(1)　Aさんが4周したとき，Cさんは何周しましたか。（　　　周）

(2)　BさんがCさんに初めて追いつくのは，2人が出発してから何分後ですか。（　　　分後）

(3)　AさんがBさんに初めて追いついてから，AさんがCさんに追いつくのは，AさんがBさんに追いついてから何分後ですか。（　　　分後）

24 ≪旅人算≫　地点Aと地点Bの間を，太郎（たろう）さんと花子さんが休むことなく一定の速さでくり返し往復します。太郎さんはAを，花子さんはBを同時に出発します。2人が1往復する間に，2人は2回すれ違（ちが）い，1回目，2回目にすれ違ったのはAからそれぞれ800m，400mの地点でした。

このとき，次の問いに答えなさい。（洛南高附中）

(1)　AB間の距離（きょり）は何mですか。（　　　m）

(2)　2人が初めて同時に地点Aに着くとき，太郎さんは出発してから何m進みましたか。

（　　　m）

25 ≪旅人算≫　2人の兄弟は，家を同時に出発し，家と別の場所の間を往復しました。このとき，次の問いに答えなさい。（高槻中）

⑴ 家と公園の間を往復しました。
兄は時速5km，弟は時速4kmの一定の速さで歩きました。
2人が最初に出会った地点は公園から200mはなれていました。このとき，家から公園までの道のりを求めなさい。（　　　km）

⑵ 家と駅の間を往復しました。
兄は行きを時速18km，帰りを時速12kmの速さで走りました。
弟は，はじめの15分間を時速18kmで，次の15分間を時速15kmの速さで走りました。このように弟は15分間走るごとに時速3kmずつ減速していき，家に着いたときの速さは時速9kmで，2人は同時に家に着きました。このとき，家から駅までの道のりを求めなさい。（　　　km）

⑶ 家と学校の間を何度も往復しました。
兄は時速5km，弟は時速4kmの一定の速さで歩きました。2人が2回目に出会った地点は，最初に出会った地点から家寄りに3kmはなれていました。このとき，家から学校までの道のりを求めなさい。（　　　km）

26 ≪旅人算≫　兄はA地点を，弟はB地点を同時に出発し，それぞれ一定の速さでAとBの間を繰り返し往復します。兄と弟の速さの比は7：5です。出発してから35秒後に，兄と弟は初めてすれちがいました。次の［　　］に入る数を答えなさい。（洛星中）

⑴ 兄が初めてBに到着するのは，出発してから［ア　　］秒後で，弟が初めてAに到着するのは，出発してから［イ　　］秒後です。

⑵ 兄と弟が2回目にすれちがうのは，出発してから［ウ　　］秒後で，3回目にすれちがうのは，出発してから［エ　　］秒後です。

⑶ 兄が初めて弟を追いこすのは，出発してから［オ　　］秒後で，2回目に追いこすのは，出発してから［カ　　］秒後です。

⑷ 兄がAに，弟がBに，初めて同時に戻るのは，出発してから［キ　　］秒後です。それまでに，［ク　　］回兄と弟はすれちがい，［ケ　　］回兄は弟を追いこしています。

27 ≪旅人算≫　A町とB町を結ぶ道があります。この道を何台ものバスがA町からB町に向かう方向に一定の速さで，一定の間隔で走っています。

太郎君が同じ道を，A町からB町に向かう方向に一定の速さで自転車で走ると，バスに20分ごとに追い越されました。太郎君がそのままの速さで走る方向のみを反対に変えると，バスに10分ごとに出合いました。その後，太郎君が速さを時速6km上げたところ，バスに9分ごとに出合いました。

バスとその次のバスの間隔は［　　］kmです。

ただし，バスと自転車の長さは考えないものとします。（灘中）

28 ≪旅人算≫　3500m はなれた A 駅と B 駅を結ぶロープウェイがある。ロープウェイには何台かのゴンドラがあり，どのゴンドラも A 駅と B 駅の間を片道 14 分で移動する。また，ゴンドラは駅に着いたらそのまま反対側の駅に向けて出発して，2 駅の間を往復し続ける。すべてのゴンドラは一定の速さで動いており，どちらの駅にも 4 分の間かくで次のゴンドラが来る。ただし，駅で人が乗り降りするための時間やゴンドラが折り返すための時間は考えないものとする。このとき，次の問いに答えなさい。　(明星中)

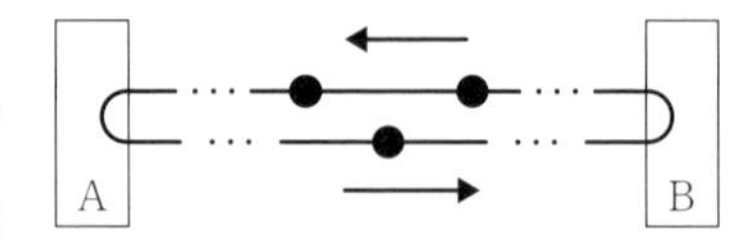

(1)　ゴンドラの速さは分速何 m ですか。(分速　　　m)

(2)　ゴンドラは全部で何台ありますか。(　　　台)

兄は A 駅から，弟は B 駅からゴンドラに乗り，駅についても降りることなく，2 駅の間を何度も往復する。兄はちょうど 9 時に A 駅に来たゴンドラに乗り，弟は 9 時をこえてはじめに B 駅にやって来たゴンドラに乗った。

(3)　弟が B 駅でゴンドラに乗ったのは 9 時何分ですか。(9 時　　分)

(4)　兄が乗ったゴンドラと弟が乗ったゴンドラが 3 回目にすれちがったとき，すれちがった場所は A 駅から何 m のところですか。(　　　m)

29 ≪旅人算≫　ア ～ オ にあてはまる数を求めなさい。　(近大附中)

A さんは家からおばあさんの家に向かいました。おばあさんの家までは，自転車，電車，バスの順に乗りついで行きます。右のグラフは，A さんが家を午前 9 時に出発してからの時間と，家からおばあさんの家に着くまでに進んだきょりの関係を表したものです。ただし，すべての乗り物の速さは一定とし，電車の速さは時速 60km，バスの速さは時速 40km です。また，それぞれの乗りかえの時間は考えないものとします。

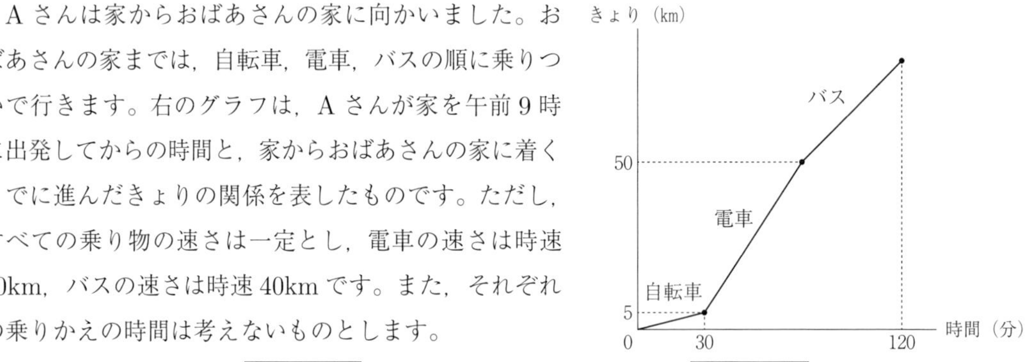

(1)　自転車の速さは時速 ア km，電車に乗っていた時間は イ 分，家からおばあさんの家までのきょりは ウ km です。

(2)　A さんのお母さんが午前 9 時 30 分に車で家を出発し，時速 60km で A さんを追いかけたとき，お母さんが A さんに追いつくのは，A さんが家を出てから エ 分後です。

(3)　A さんのお母さんが午前 9 時 オ 分に車で家を出発し，時速 60km で A さんを追いかけたとき，A さんとお母さんは同時におばあさんの家に着きます。

30 《旅人算》 A さん，B さんの 2 人は 25m プールの同じ端(はし)から，A さんは毎秒 2 m，B さんは毎秒 0.5m の速さで同時に泳ぎ始めます。2 人はもう一方の端に着くと泳ぎ始めた端にまた戻ってくるという往復をくり返し，泳ぎ始めた端に 2 人が初めて同時に着くまで泳ぐこととします。右の図は，点 P で A さんと B さんが初めてすれちがい，点 Q で A さんが B さんを初めて追いこしたときの様子を表したものです。次の問いに答えなさい。ただし，A さん，B さんはそれぞれ一定の速さで泳ぐものとします。 **(同志社香里中)**

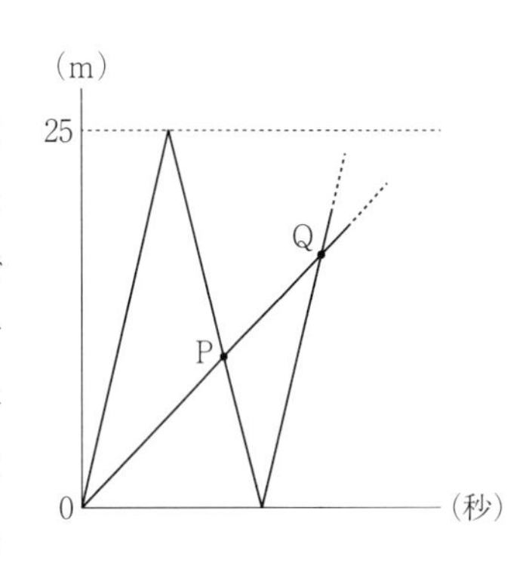

(1) 泳ぎ始めた端に 2 人が初めて同時に着いたのは，泳ぎ始めてから何秒後ですか。(　　　秒後)

(2) 泳ぎ始めてから A さんが B さんを初めて追いこしたとき，2 人は泳ぎ始めた端から何 m の位置を泳いでいましたか。(　　　m)

(3) 泳ぎ始めてから A さんと B さんが 3 回目にすれちがうのは，2 人が泳ぎ始めてから何秒後ですか。(　　　秒後)

31 《旅人算》 図 1 のように，点 A と点 B の間をそれぞれ一定の速さで動く点 P と点 Q があります。点 P と点 Q は同時に点 A を出発し，点 A と点 B の間を何度か往復して，点 A で同時に重なったときに動きを終えます。図 2 は点 P と点 Q が点 A を出発してからの時間と，点 P と点 Q の間の距離(きょり)との関係を表したグラフです。点 Q より点 P の方が速く動くとき，次の各問いに答えなさい。 **(関西大学中)**

図 1

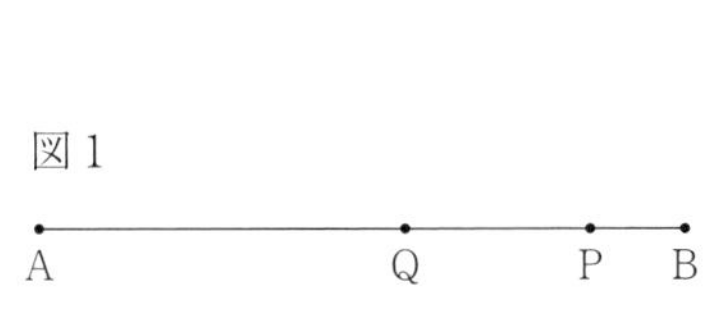

図 2

(cm) 72, 48, 36, 24 / 0, 10, 15, 20, ア, 30 (秒)

(1) 点 P の速さは秒速何 cm ですか。(秒速　　　cm)

(2) 図 2 の ア にあてはまる数はいくつですか。(　　　)

(3) 点 P と点 Q が同時に点 A を出発してから 4 回目に重なるとき，点 A と点 P の間の距離は何 cm ですか。(　　　cm)

32 ≪通過算≫　次の問いに答えなさい。

(1)　長さ160mの電車が時速72kmの速さで640mのトンネルに入り始めてから出終えるまで［　　　］秒かかりました。（京都先端科学大附中）

(2)　秒速50mで走る長さ300mの電車と，秒速40mで走る長さ240mの電車がすれ違(ちが)うとき，すれ違い始めてからすれ違い終わるまでに［　　　］秒かかります。（関西大倉中）

33 ≪通過算≫　秒速［　　　］mで走る長さ200mの電車が，長さ1000mの橋をわたり始めてからわたり終えるまでに40秒かかります。（帝塚山学院中）

34 ≪通過算≫　長さが150mの列車が，650mの鉄橋を渡(わた)り始めてから完全に渡り終わるまで32秒かかりました。この列車が1300mのトンネルを通るとき，トンネルの中に列車全体が入っている時間は何秒ですか。ただし，列車の速さはつねに一定であるとします。（　　　秒）（同志社女中）

35 ≪通過算≫　ある電車が1250mの赤い橋をわたり始めてからわたり終えるまでに43秒かかり，2650mのトンネルに入り始めてから完全に出るまでに1分26秒かかりました。この列車の長さは［　　　］mです。（甲南中）

36 ≪通過算≫　ある列車が280mの鉄橋を渡りはじめてから完全に鉄橋を渡り終わるまでに11秒かかり，同じ速さで1240mのトンネルに入りはじめてから完全にトンネルから出るまでに35秒かかりました。このとき，この列車の長さは［ア　　　］mで，速さは秒速［イ　　　］mです。

（近大附中）

37 ≪通過算≫　長さ60mの普通(ふつう)列車と，長さ80mの快速列車があります。快速列車と普通列車がすれちがうとき，出会ってからはなれるまでに4秒かかりました。快速列車が普通列車を追いこすとき，追いついてから追いこすまで16秒かかりました。快速列車は，時速［　　　］kmです。

（神戸海星女中）

38 ≪通過算≫　電車Aが時速80kmの速さで走っています。電車Aが長さ1.8kmの橋を渡りはじめてから渡りきるまでに1分30秒かかりました。電車Aの長さは［ア］mです。また，電車Bが電車Aと反対方向に時速［イ］kmで走っているとき，電車Aと電車Bがすれ違うのに9秒かかります。さらに，電車Bが電車Aと同じ方向に時速［イ］kmで走っているとき，電車Aが電車Bを追い越すのに1分3秒かかります。ア（　　　）　イ（　　　）（雲雀丘学園中）

39 ≪通過算≫　右図のような東西や南北にまっすぐのびる道路や線路があります。　(三田学園中)

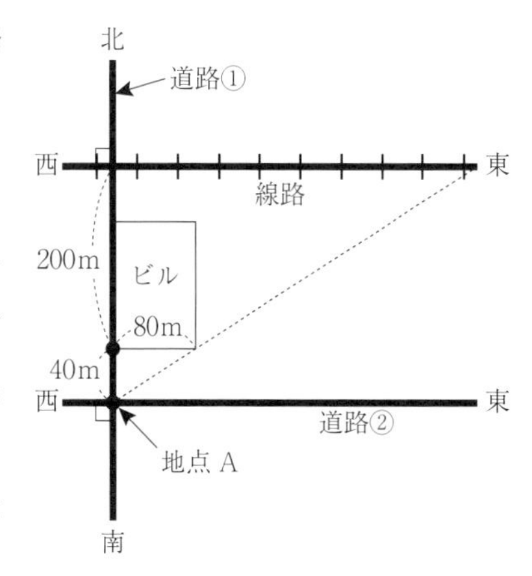

(1)　三田さんは地点 A から線路を走る電車を見ています。

(ア)　西から走ってきた貨物列車の先頭がビルの左側にかくれて見えなくなりました。そして，ビルの右側から貨物列車の先頭が見え始めると同時に貨物列車の最後尾がビルの左側にかくれて見えなくなりました。貨物列車の長さは何 m ですか。(　　　m)

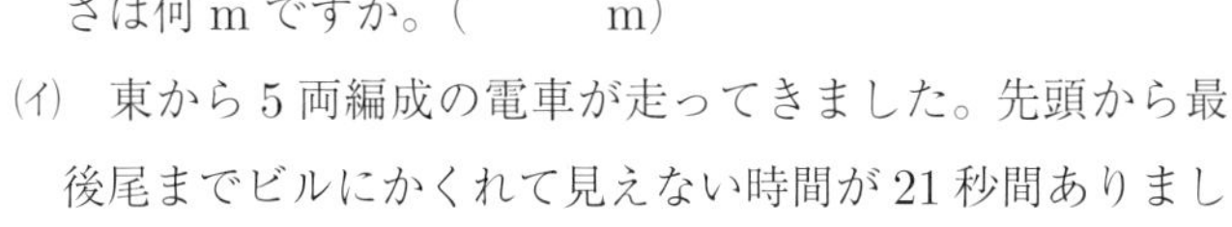

(イ)　東から 5 両編成の電車が走ってきました。先頭から最後尾までビルにかくれて見えない時間が 21 秒間ありました。この電車の速さは時速何 km ですか。電車の長さは 1 両 20m，連結部分の長さは 0.5m として計算しなさい。(時速　　　km)

(2)　横山さんは道路②を西から東に分速 90m で歩きながら線路を走る電車を見ています。地点 A を通過すると同時に，西から走ってきた電車の先頭がビルの左側にかくれて見えなくなりました。地点 A を通過してから 18 秒後に電車の先頭がビルの右側から見え始めました。この電車の速さは時速何 km ですか。(時速　　　km)

40 ≪時計算≫　長針と短針と秒針のついて時計があります。　(甲陽学院中)

(1)　7 時から 8 時までで，長針と短針のなす角が直角になるのは 7 時何分と何分ですか。

(7 時　　　分と　　　分)

(2)　7 時 20 分から 7 時 21 分までで，長針と秒針が重なってから短針と秒針が重なるまでの間を考えます。長針と短針のなす角を秒針が二等分するのは 7 時 20 分何秒ですか。(7 時 20 分　　　秒)

41 ≪時計算≫　右の図のように，長針が 12，短針が 4 を指している円盤(えんばん)があります。

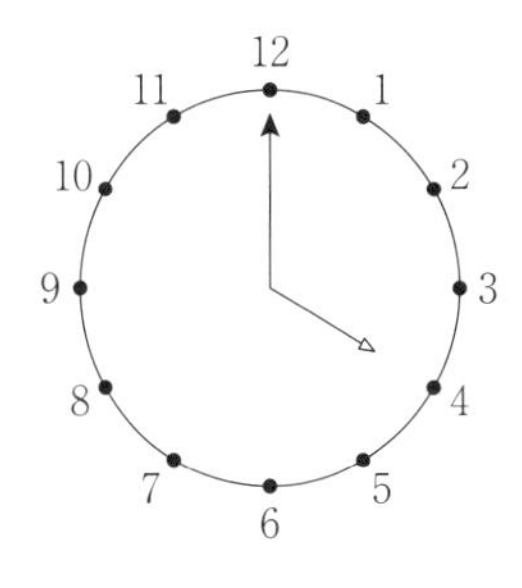

この円盤は，一般(いっぱん)的な時計とは異なり，長針は 2 時間で，短針は 6 時間で，一周します。また長針，短針ともに進む向きは右回りで速さは一定です。図の状態からこの円盤の針を動かし始めました。　(須磨学園中)

(1)　図の状態から 40 分後になったとき，この円盤の長針と短針とでできる小さい方の角の大きさは何度になるか答えなさい。(　　　)

(2)　図の状態から 1 時間後から 2 時間後までで，この円盤の長針と短針とでできる角が直角になるのは，図の状態から 1 時間何分後か答えなさい。(1 時間　　　分後)

図の状態から，12 時間が経過しました。

(3)　この円盤の長針と短針とでできる角が直角になったのは，何回あったか答えなさい。(　　　回)

(4)　この円盤の長針と短針とでできる角が直角になるときの長針と短針の位置の組み合わせは全部で何通りあるか答えなさい。(　　　通り)

42　≪流水算≫　A，B，C の 3 人がそれぞれボートをこいで，川の上流のある地点から下流のある地点に向かって，それぞれ一定の速さで下りました。この 3 人が静水でボートをこいだときに進む速さは，B が A の $\frac{4}{5}$ 倍，C が A の $\frac{3}{5}$ 倍です。川を下るのに，A は 1.2 時間，B は 1.4 時間かかりました。C は何時間かかりましたか。(　　　時間)　(六甲学院中)

43　≪流水算≫　太朗さんは川でボートをこいでいます。ボートの静水での速さは時速 6 km で，川の流れる速さは時速 2 km です。出発地点から上流の A 地点へ向かったところ，40 分後に流木とすれちがいました。A 地点に着くとすぐに出発地点へ折り返したところ，出発地点に流木と同時に到着しました。ただし，ボートの速さと川の流れの速さは常に一定とし，ボートも流木も大きさは考えないものとします。　(大阪桐蔭中)

(1)　出発地点から流木とすれちがった地点までの距離は何 km ですか。(　　　km)
(2)　ボートが出発地点と A 地点を往復するのにかかった時間は何時間ですか。(　　　時間)
(3)　出発地点から A 地点までの距離は何 km ですか。(　　　km)

44　≪流水算≫　1 周 210m の流れるプールがあります。A さんは流れと同じ向きに，B さんは流れと反対の向きに，C さんはゴムボートに乗って同じ地点から同時に出発しました。静水での速さは，A さんは分速 72m，B さんは分速 60m です。水の流れの速さは分速 20m 以上 30m 未満で一定です。また，ゴムボートは，流れにまかせて進みます。　(甲南女中)

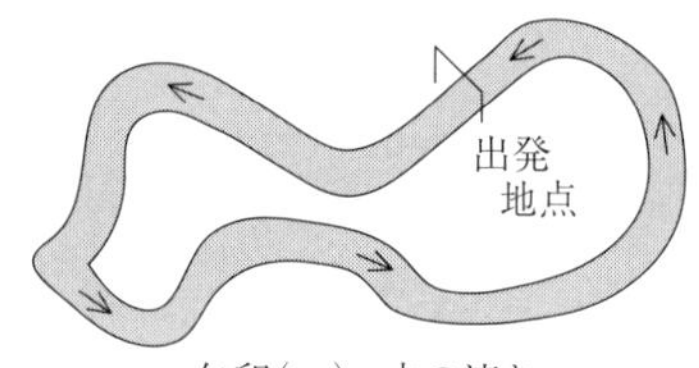

矢印(→)：水の流れ

(1)　A さんが C さんを初めて追い抜くのは，出発してから何分何秒後ですか。(　　　)
(2)　3 人が初めて同時に同じ地点を通過するのは，出発してから何分何秒後ですか。(　　　)
(3)　3 人が初めて同時に同じ地点を通過したとき，その地点は出発地点から流れの方向に 70m 進んだ地点でした。水の流れは分速何 m ですか。(　　　)

45　≪流水算≫　ある日，川の下流の A 地点と 1.6km 離れた上流の B 地点をボートで往復しました。途中，エンジンが故障して，7 分間流されました。グラフはボートが A 地点を出発してからの時間と A 地点からの距離を表しています。ただし，ボートの静水時の速さと川の流れの速さはそれぞれ一定です。次の問いに答えなさい。　(関西学院中)

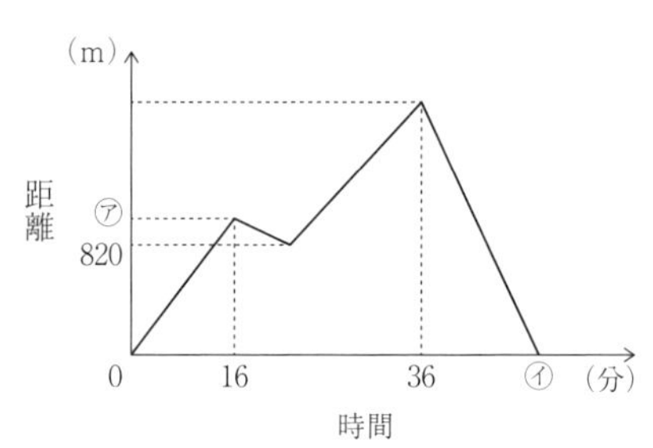

(1)　グラフの㋐，㋑にあてはまる数を求めなさい。㋐(　　　)　㋑(　　　)
(2)　同じ日に，静水時の速さが分速 50m のフェリーが，A 地点をボートと同時に出発していました。フェリーとボートが出会ったのは出発してから何分後か求めなさい。(　　　)

46 ≪流水算≫　ショッピングモールに，ある一定の速さで動く，長さ600mの動く歩道A，B，Cがとなり合って並んでいます。つばささんとまもるさんとあきおさんの3人は，夏休みの算数の自由研究で，動く歩道と速さについて調べるために，ショッピングモールの許可を取り，動く歩道の上を周囲の安全を確かめながら2つの実験をします。3人の歩く速さはそれぞれ一定とするとき，3人の実験中の会話とグラフを見て，次の各問いに答えなさい。（滝川中）

実験1	あきお：まずは動く歩道Aを使って，どのように進めるか調べてみよう。 つばさ：動く歩道と同じ向きに歩くときは早く進めるけど，反対向きに歩くときはおそくなると思うよ。 あきお：往復にかかる時間を計ってあげるよ。 ［つばささんが動く歩道Aを歩いて往復する］ あきお：動く歩道と同じ向きに歩いたときと反対向きに歩いたときのかかった時間を比で表すと2：5だったよ。
実験2	まもる：次は，2人で動く歩道を往復しよう。ぼくは最初は動く歩道Bを同じ向きに歩くから，あきおさんは動く歩道Cを反対向きに歩いて。 あきお：わかった。

下のグラフは実験2のときの2人の様子を，まもるさんの出発地点を0mとして表したものです。ただし，動く歩道BとCは同じ向きで動き，速さはそれぞれ異なります。

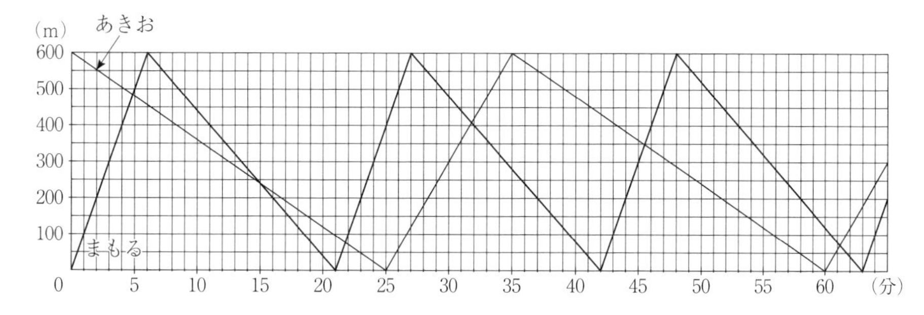

(1)　実験1において，つばささんが動く歩道と同じ向きに歩いた時間は7分30秒でした。動く歩道Aの速さは分速何mか求めなさい。（分速　　　m）

(2)　実験2において，まもるさん自身の歩く速さは分速何mか求めなさい。（分速　　　m）

(3)　実験2において，まもるさんとあきおさんが初めてすれちがうのは歩き始めてから何分後か求めなさい。（　　　分後）

(4)　実験2において，まもるさんがあきおさんに初めて追いつくのは歩き始めてから何分後か求めなさい。（　　　分後）

(5)　実験2において，まもるさんとあきおさんは歩き始めてから6時間で何回出会うか求めなさい。ただし，「出会う」とは，すれちがうときと追いつくときのどちらもふくみます。（　　　回）

6　ともなって変わる量

きんきの中入 発展編

1　≪比例≫　右のグラフは，リボンの長さ x m とその代金 y 円の関係を表したものです。このリボンを 8 m 買ったときの代金は何円ですか。ただし，消費税は考えないものとします。(　　　円)

(花園中)

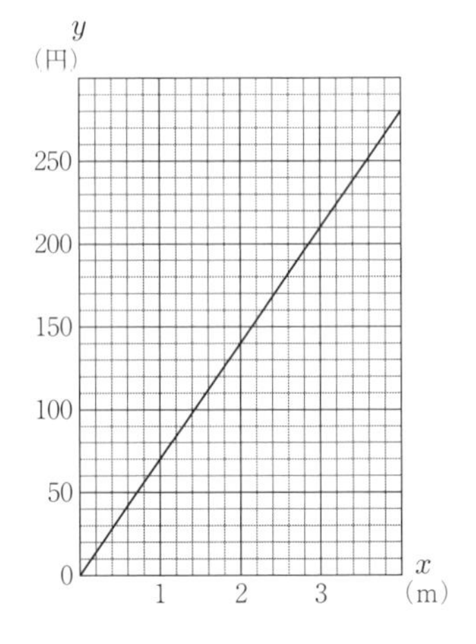

2　≪比例≫　次のア～オのことがらのうち，ともなって変わる 2 つの量 x，y が比例するものはどれですか。全部選んで記号で答えなさい。(　　　)

(聖心学園中)

ア　半径 x cm の円の面積 y cm^2

イ　1 個 x 円のりんごを 5 個買ったときの代金 y 円

ウ　容積が 120L の空(から)の水そうに，毎分 x L の割合で水を入れたとき，満水になるまでの時間 y 分

エ　分速 x m で 20 分間歩いたときに進む道のり y m

オ　底辺が x cm，面積が 20cm^2 の平行四辺形の高さ y cm

3　≪反比例≫　歯の数が 18 の歯車 A と歯の数が 24 の歯車 B と歯の数が 12 の歯車 C があり，歯車 A と歯車 B，歯車 B と歯車 C がそれぞれかみ合っています。歯車 A が 48 回転するとき，歯車 C は何回転しますか。(　　　回転)

(関西大学中)

4　≪反比例≫　次の㋐～㋔から，反比例の関係であるものをすべて選びなさい。(　　　)　(天理中)

㋐　正方形の一辺の長さと面積

㋑　全体が 100 ページである本の読んだページ数と残りのページ数

㋒　面積が 12cm^2 である三角形の底辺と高さ

㋓　6 km の道のりを走るときの速さとかかる時間

㋔　1 個 50 円のミカンを買うときの個数と代金

5 ≪2量の関係≫ x と y の関係の式が $y = 600 - x \times 5$ になるのは，次の①〜④のうち，[　　　　]です。

（和歌山信愛中）

① 1個 x 円のマカロンを5個と600円のショートケーキを買った時の合計の代金が y 円になります。

② 600から x を引いて5倍すると y と等しくなります。

③ 家から駅まで600mある道のりを分速 x mで5分間歩いたとき，残りの道のりが y mになります。

④ ある小学校の児童600人に算数に関するアンケートをとったところ，好きと答えたのは y 人，きらいと答えたのは x 人，どちらでもないと答えたのは5人でした。

6 ≪2量の関係≫ はなこさんの学校では，運動会の案内状をカラー印刷で作ることになりました。下の表は，印刷会社A社と印刷会社B社の印刷料金を示したものです。あとの問いに答えなさい。

（奈良教大附中）

印刷会社	印刷料金
A社	1枚から500枚までは印刷枚数1枚あたり20円 500枚をこえた分については1枚あたり10円
B社	印刷枚数1枚あたり5円 ただし，印刷枚数にかかわらず，別に8500円が必要

(1) 印刷枚数が800枚のとき，A社とB社では，どちらの会社の印刷料金が何円安くなるかを求めなさい。（　　　社が　　　円安い）

(2) B社について，印刷枚数と印刷料金の関係をグラフに表すと，右の図のようになります。右の図に，A社についての印刷枚数と印刷料金の関係を表すグラフをかきなさい。

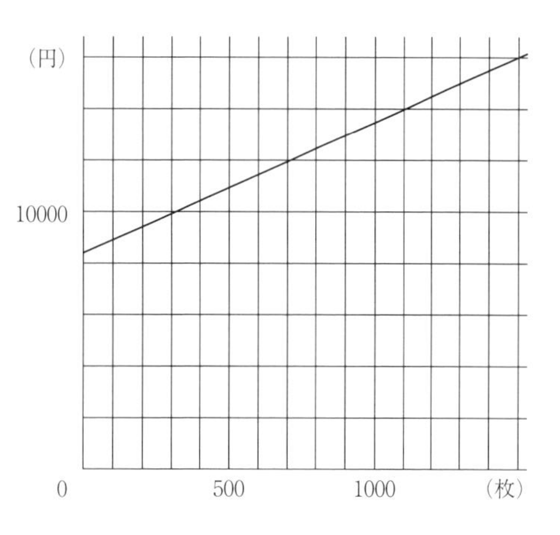

(3) A社の印刷料金とB社の印刷料金が等しくなるのは，印刷枚数が何枚のときかを求めなさい。

（　　　枚）

(4) 印刷会社C社についても印刷料金を調べました。下の表はC社の印刷料金を示したものです。印刷料金がA社が1番高く，2番目にC社，3番目にB社の順になるのは，印刷枚数が何枚以上，何枚以下のときかを求めなさい。

（　　　枚以上　　　枚以下）

印刷会社	印刷料金
C社	1枚から1200枚までは枚数にかかわらず，13500円 1200枚をこえた分については1枚あたり3円

7　≪水量の変化≫　図のように，直方体の水槽(すいそう)を側面と平行な長方形の仕切りX，Yで3つの部分A，B，Cに分けて，底が面積の等しい3つの長方形になるようにします。仕切りの高さは，Xが水槽の高さの $\frac{3}{4}$ 倍，Yが水槽の高さの $\frac{1}{2}$ 倍です。また，Aには3つ，Bには2つ，Cには1つ，底に穴があいていて，たまった水が一定の速さで抜(ぬ)けていきます。水の抜ける速さはどの穴も同じです。

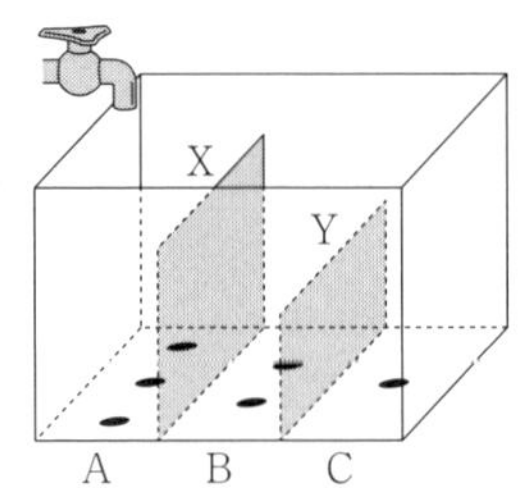

水槽が空の状態からAの部分に毎分 $3000cm^3$ の速さで水を入れると，入れ始めて10分後にBに水が入り始め，入れ始めて22分後にCに水が入り始めました。次の(1)～(3)の問いに答えなさい。

（六甲学院中）

(1)　1つの穴から抜ける水の量は毎分何 cm^3 ですか。（　　　cm^3）

(2)　水槽がいっぱいになるのは，水を入れ始めてから何分後ですか。（　　　分後）

(3)　水槽がいっぱいになったところで水を止めました。水槽が空になるのは，水を止めてから何分後ですか。（　　　分後）

8　≪水量の変化≫　円柱形の容器が3つあり，容器Aは半径1cm，高さ4cm，容器Bは半径2cm，高さ3cm，容器Cは半径3cm，高さ2cmです。3つの容器が図のように置いてあるとき，次の問いに答えなさい。ただし容器の厚みは無視できるものとし，容器が浮くことはないものとします。　（桃山学院中）

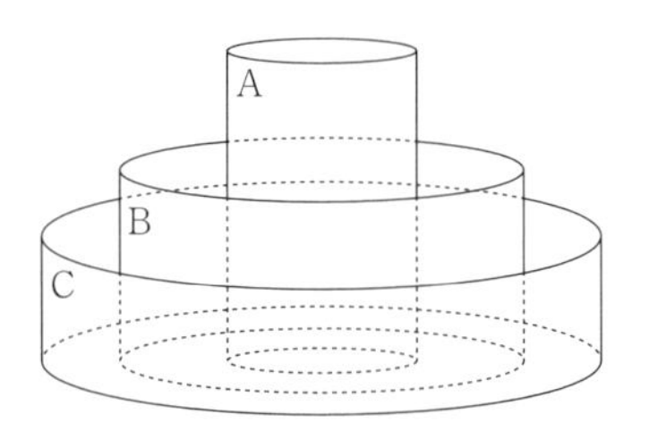

(1)　容器Aの容積は何 cm^3 ですか。（　　　cm^3）

(2)　容器Aに水をいっぱいに入れたあと，容器Aを取り出して水を容器Bに移します。容器Bに入っている水の高さを求めなさい。（　　　cm）

(3)　右の図のように，容器Aに水をいっぱいに入れたあと，容器Cに水をいっぱいに入れました。

次に，容器Aと容器Bを取り出して容器Aの水を容器Cに移します。容器Cに入っている水の高さを求めなさい。

（　　　cm）

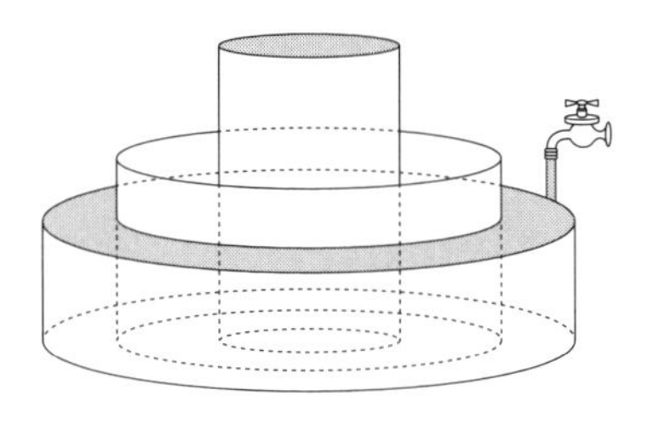

9 ≪水量の変化≫ 図1のように直方体の水槽(そう)が，その側面と平行な長方形の仕切りでP，Qの2つの部分に分けられています。Pの部分には，体積が水槽の $\frac{1}{25}$ である直方体のおもりが，水槽の底面にぴったりとつくように置いてあります。P，Qそれぞれの上に蛇口(じゃ)A，Bがあり，どちらも一定の割合で水が出てくるものとします。また，容器や仕切りの厚さは考えないものとします。蛇口A，Bを同時に開いたとき，水を入れ始めてからのPの部分の水面の高さと時間の関係は図2のようになりました。 (神戸女学院中)

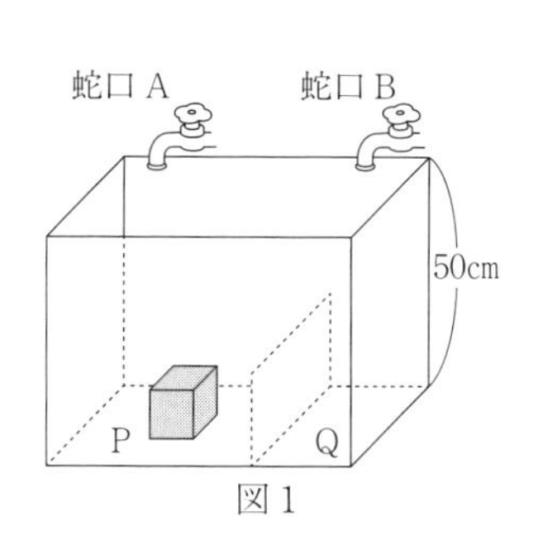

図1

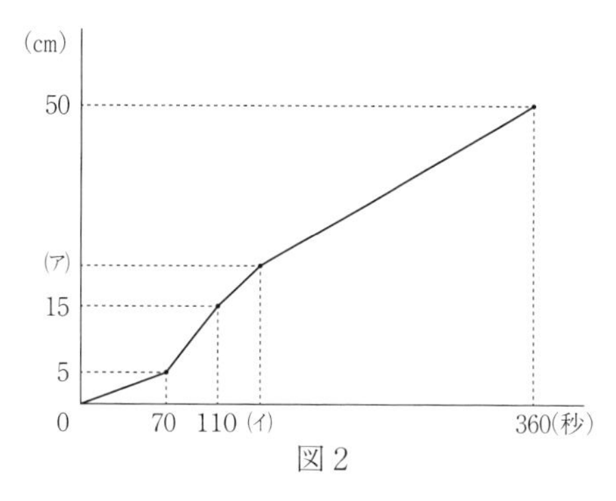

図2

(1) 蛇口A，Bから1秒間に出てくる水の量の比を最も簡単な整数の比で答えなさい。(　　　)

(2) おもりと水槽の底面積の比を最も簡単な整数の比で答えなさい。(　　　)

(3) 図2のグラフの(ア)，(イ)に当てはまる数を答えなさい。(ア)(　　　) (イ)(　　　)

10 ≪水量の変化≫ 下の図のような大きさの異なる2つの直方体の［容器1］，［容器2］と，じゃ口A，Bがあります。Aを開くと毎秒 100cm^3 の水が［容器1］に注がれます。Bを開くと［容器1］に入っている水が［容器2］に一定の割合で注がれます。まずAを開き，しばらくしてBを開き，その後Aを閉じるという操作を行いました。このとき，Aを開いてからの時間と，［容器1］と［容器2］の水面の高さの差の関係は下のグラフのようになりました。ただし，［容器1］からも［容器2］からも水はあふれませんでした。次の問いに答えなさい。 (清風南海中)

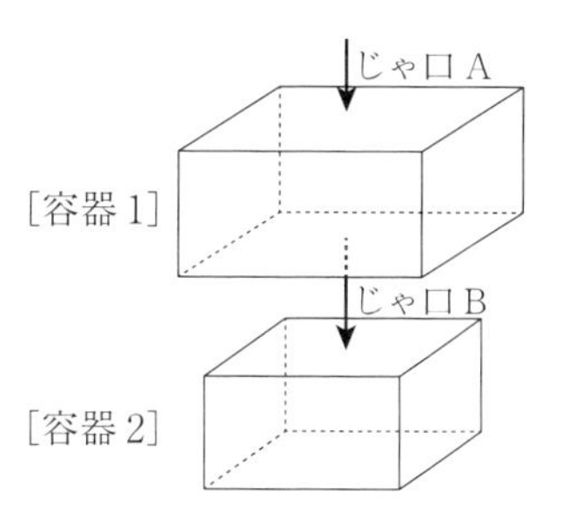

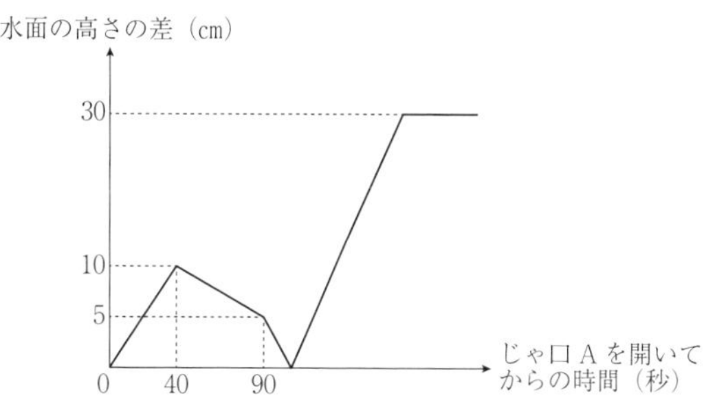

(1) ［容器1］の底面積は何 cm^2 ですか。(　　　cm^2)

(2) Aを閉じたのはAを開いてから何秒後ですか。(　　　秒後)

(3) ［容器2］の底面積は何 cm^2 ですか。(　　　cm^2)

(4) Bから注がれる水の量は毎秒何 cm^3 ですか。(毎秒　　　cm^3)

11　**≪水量の変化≫**　右図のような立体があり，面㋒と面㋓は向かい合っている面で，内部は空どうになっています。

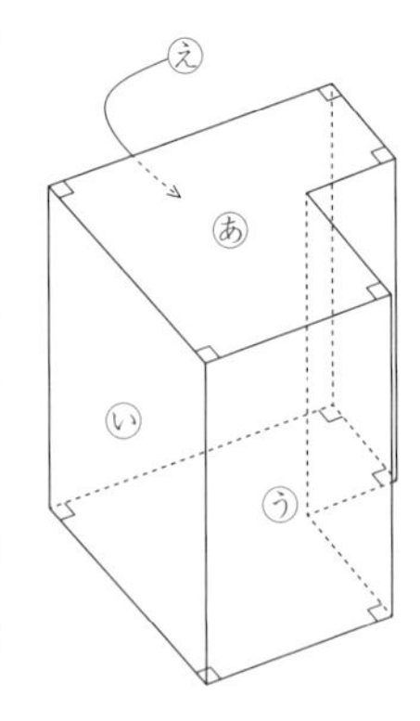

各面の厚さは考えなくてもよいものとします。また，面㋐とこれに向かいあう面では印をつけた角は全て直角で，それ以外の面は長方形または正方形です。

この立体で，面㋐，㋑，㋒のどれかが上の面になるように置いて固定し，その上面を取り除き，常に一定の量の水を注ぎます。

面㋐，面㋑，面㋒のどれかを取り除き，注ぎ始めてからいっぱいになるまでの水面の高さが上がっていく様子をグラフに表したのが次のグラフA，B，Cです。　**(高槻中)**

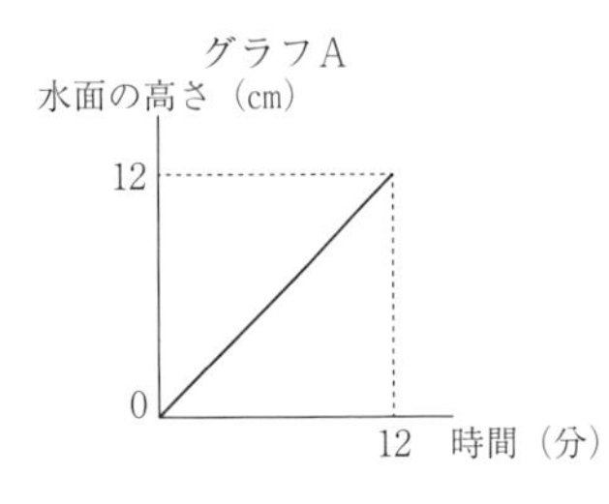

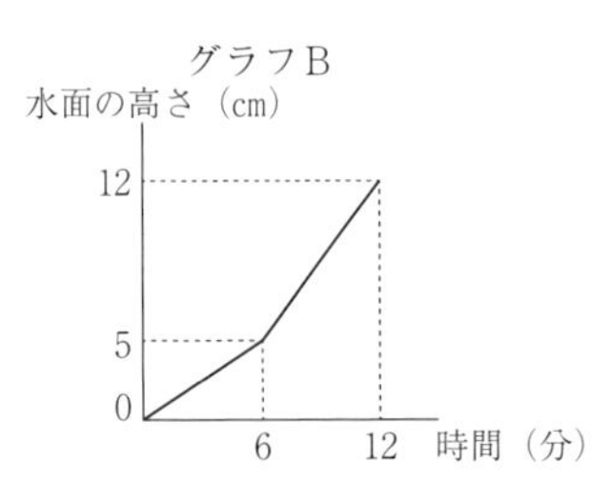

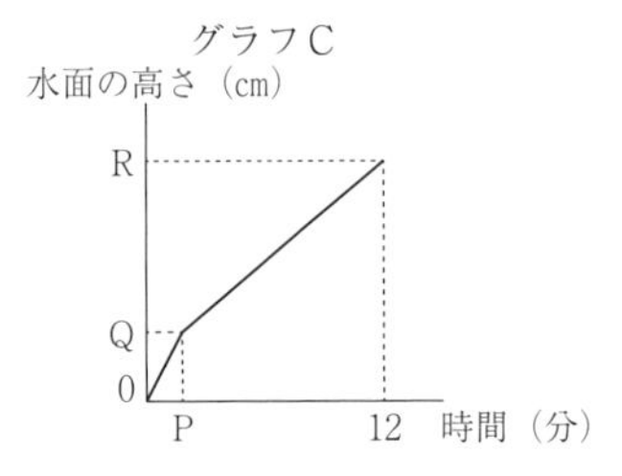

(1)　各グラフがどの面を取り除いたときか，対応を答えなさい。

A（　　　）　B（　　　）　C（　　　）

(2)　面㋐と面㋓の面積の比を最も簡単な整数の比で求めなさい。（　　　）

(3)　グラフCでPの値を求めなさい。（　　　）

12　**≪水量の変化≫**　図のように，いくつかの直方体を組み合わせた形の水槽があり，蛇口から毎分2.5Lの水を入れます。はじめ，排水口は開いていましたが，途中で閉めました。グラフは空の水槽に水を入れ始めてから満水になるまでの時間と，排水口がある面からの水面の高さを表しています。次の問いに答えなさい。　**(関西学院中)**

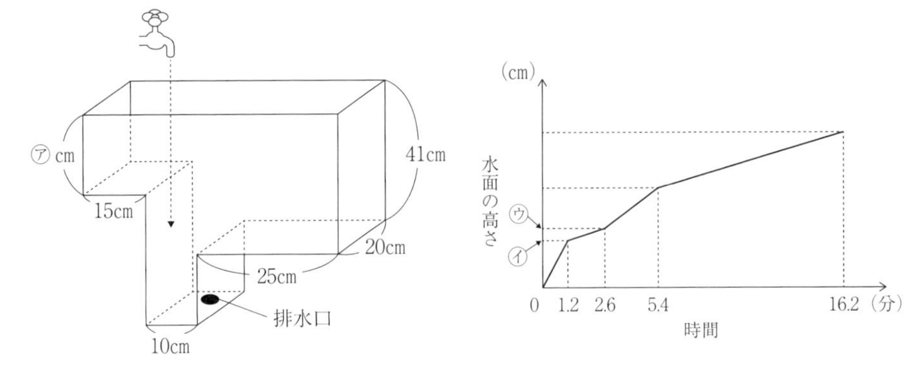

(1)　水を入れ始めてから何分後に排水口を閉めたか求めなさい。（　　　）

(2)　図の㋐にあてはまる数を求めなさい。（　　　）

(3)　排水口が開いていたとき，水は毎分何Lの割合で流れ出ていたか求めなさい。（　　　）

(4)　グラフの㋑，㋒にあてはまる数を求めなさい。㋑（　　　）　㋒（　　　）

7　平面図形

（注）特に指示のない場合は，円周率は3.14とします。

1　≪平面図形の性質≫　次の 問題 とその 説明 を読んで，空欄(ア)〜(サ)に入るアルファベットを解答らんに記入しなさい。同じアルファベットをくり返し用いてもかまいません。　（甲南女中）

ア（　　）イ（　　）ウ（　　）エ（　　）オ（　　）カ（　　）キ（　　）
ク（　　）ケ（　　）コ（　　）サ（　　）

問題

右の図は，同じ大きさの正方形を6枚並べ，その上にいくつかの線分を引いたものです。線分とは，直線上にある2点の間の部分のことです。

また，例えば，線分APの長さと線分PBの長さの和を，ここでは折れ線APBの長さと呼ぶことにします。

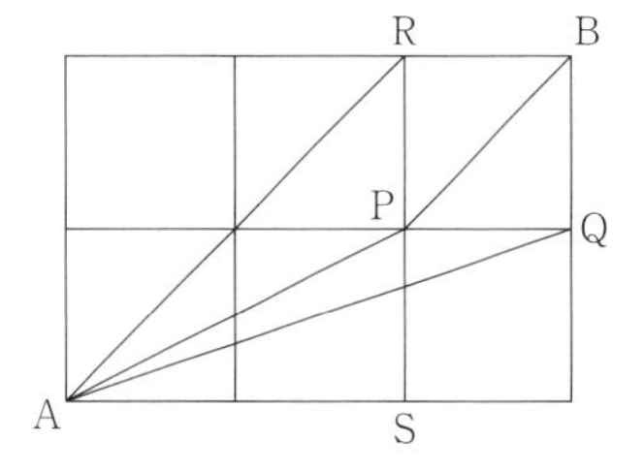

［1］　折れ線APBの長さと折れ線AQBの長さはどちらが大きいか説明しなさい。ただし，次のことがら①を用いること。

ことがら①：「三角形において，ひとつの辺の長さは他のふたつの辺の長さの和よりも小さい」

［2］　折れ線AQBの長さと折れ線ARBの長さはどちらが大きいか説明しなさい。ただし，次のことがら②を用いて説明すること。

ことがら②：「直角三角形において，直角と向かい合う辺の長さが最も大きい」

説明

［1］　直線APと線分BQとの交点をXとする。折れ線APBと折れ線AXBでは，線分 (ア) が共通なので，残りの部分を比較する。三角形PXBに注目すると，ことがら①より，線分 (イ) の長さは折れ線 (ウ) の長さよりも小さい。したがって，折れ線APBの長さは折れ線AXBの長さよりも小さい。また，折れ線AXBと折れ線AQBでは，線分 (エ) が共通なので，残りの部分を比較する。三角形 (オ) に注目すると，ことがら①より，線分AXの長さは折れ線 (カ) の長さよりも小さい。したがって，折れ線AQBの長さは折れ線AXBの長さよりも大きい。以上より，折れ線APBの長さと折れ線AQBの長さでは，折れ線 (キ) の長さの方が大きい。

［2］　折れ線AQBと折れ線ARBでは，線分BRの長さと線分 (ク) の長さが同じなので，残りの部分を比較する。残りの部分を2つの辺としてもつ三角形 (ケ) は直角三角形である。ことがら②より，線分ARの長さは線分 (コ) の長さよりも小さい。したがって，折れ線AQBの長さと折れ線ARBの長さでは，折れ線 (サ) の長さの方が大きい。

2　≪平面図形の性質≫　次の［ア］～［セ］にあてはまる数を入れなさい。　（奈良学園中）

ア(　　)　イ(　　)　ウ(　　)　エ(　　)　オ(　　)　カ(　　)　キ(　　)

ク(　　)　ケ(　　)　コ(　　)　サ(　　)　シ(　　)　ス(　　)　セ(　　)

画用紙の上にいくつかの点をいろいろな場所に書き，それらの点を次の規則１，２に従ってまっすぐな線で結びます。

> 規則１　どの点も少なくとも１個の他の点と結び，結んだ線をたどってどの点にも行くことができるようにする。
>
> 規則２　結んだ線どうしは交わってはいけない。

このとき，結んだ線で囲まれた部分を「領域」と呼ぶことにして，作られる領域の個数とそのときに結んだ線の本数を数えましょう。ただし，囲まれた部分の中が結んだ線で分割(ぶんかつ)されていないものを１つの領域として数えます。また，２つの点の間で結ばれる線を１本の線として数えます。

例えば，図１のように６個の点を書き，何本かの線で結びます。図１は領域が２つで結んだ線が７本であることを表しています。また，図２，３は６個の点を図１とはそれぞれ別の場所に書いて何本かの線で結んでいます。図２は領域が２つで結んだ線は７本，図３は領域が［ア］つで結んだ線は［イ］本であることを表しています。

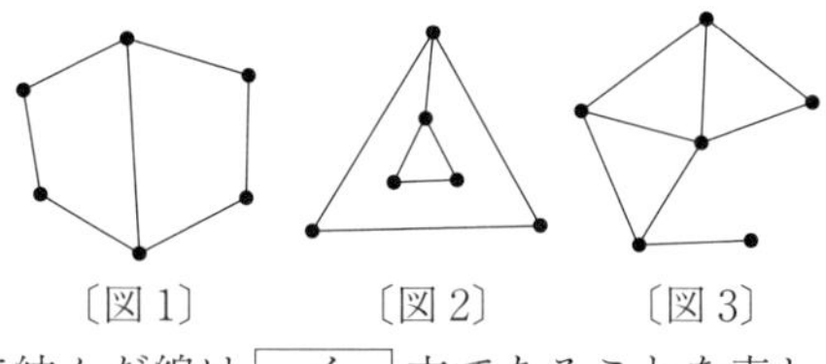
〔図１〕　〔図２〕　〔図３〕

さて，まず３個の点をいろいろな場所に書いたときを考えましょう。右の図４のように，３個の点を一直線上にあるように書いた場合，結ぶことができる線は２本で，領域が作られることはありません。３個の点を一直線上にないように書いた場合を考えてみると，領域を１つ作ることができ，そのときに結んだ線は［ウ］本になります。

〔図４〕

次に，４個の点をいろいろな場所に書いたときを考えます。領域を１つ作る場合は，結ぶ線は［エ］本必要です。また，領域を２つ作る場合は，［オ］本，３つ作る場合は［カ］本，結ぶ線はそれぞれ必要です。

ここで，書いた点の個数が３個から５個のときの作られる領域の個数と，それに必要な線の本数を表にまとめると右のようになります。

点の個数	領域の個数	必要な線の本数
3	1	［ウ］
4	1	［エ］
4	2	［オ］
4	3	［カ］
5	1	［キ］
5	2	［ク］
5	3	［ケ］
5	4	［コ］
5	5	［サ］

したがって，10個の点をいろいろな場所に書いたときを考えると，領域を５つ作るのに結ぶ線は［シ］本必要です。また，100個の点をいろいろな場所に書いたとすると，領域を90個作るのに結ぶ線は［ス］本必要です。さらに，2023個の点をいろいろな場所に書いたとすると，領域を［セ］個作るのに結ぶ線は4045本必要です。

3 ≪平面図形の性質≫　下の図のように同じ大きさの正方形を並べて長方形を作ります。長方形の対角線を1本引くとき，何個の正方形の上に線が引かれることになりますか。下の例のように，縦に2個，横に6個の正方形を並べてできる長方形では6個と数えます。　(開明中)

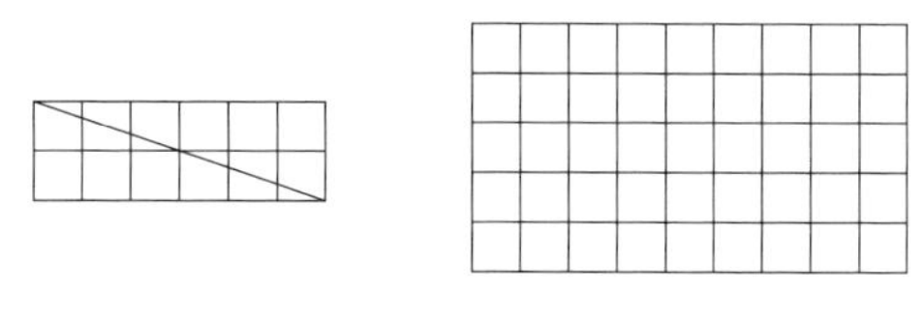

(1)　図のように，縦に5個，横に9個の正方形を並べてできる長方形（　　　個）

(2)　縦に15個，横に27個の正方形を並べてできる長方形（　　　個）

(3)　縦に60個，横に69個の正方形を並べてできる長方形（　　　個）

4 ≪平面図形の性質≫　右の図は，たて，横それぞれ1 cmずつ離(はな)れて合計25個の点が並んでいます。このうち4個の点を選んで，その点を頂点とする正方形を図の中に作るとき面積が2 cm^2 の正方形は何個ありますか。

（　　　個）（東海大付大阪仰星高中等部）

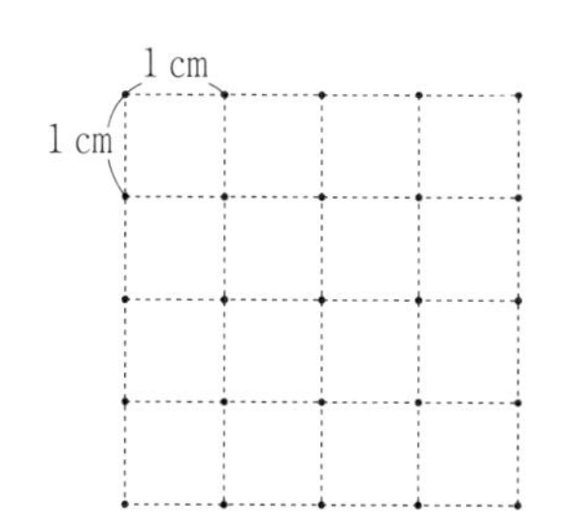

5 ≪平面図形の性質≫　図のように，25個の点が等しい間隔で並んでいます。この中から4個の点を選び，それらを頂点にする正方形をつくります。このような4個の点の選び方は何通りあるか求めなさい。ただし，右の例のようにななめの正方形も含(ふく)めます。（　　　）　(関西学院中)

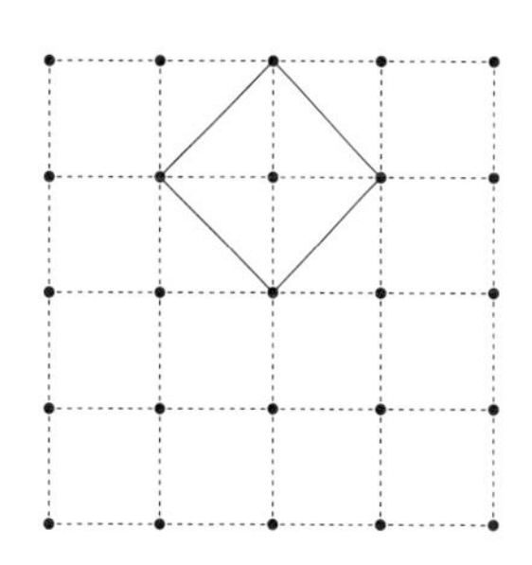

6 ≪角の大きさ≫　右の図は，三角形ABEと三角形BCDを重ねたものです。ABとDCが平行であるとき，角㋐の大きさは何度ですか。

（　　　）（帝塚山学院泉ヶ丘中）

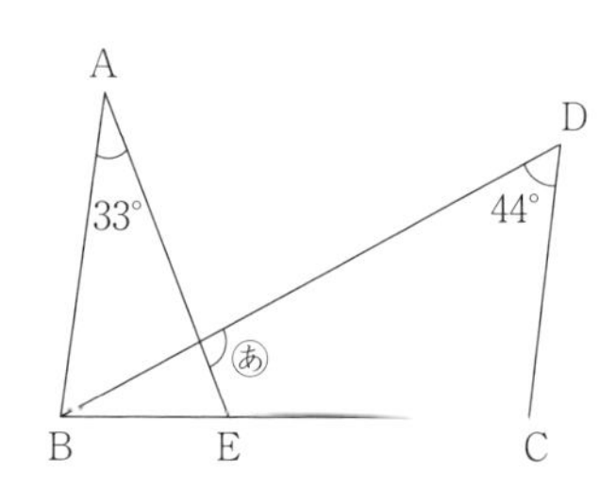

7 ≪角の大きさ≫　1組の三角定規を図のように重ねました。このとき，㋐，㋑，㋒の角の大きさを求めなさい。㋐（　　　）　㋑（　　　）　㋒（　　　）　（京都先端科学大附中）

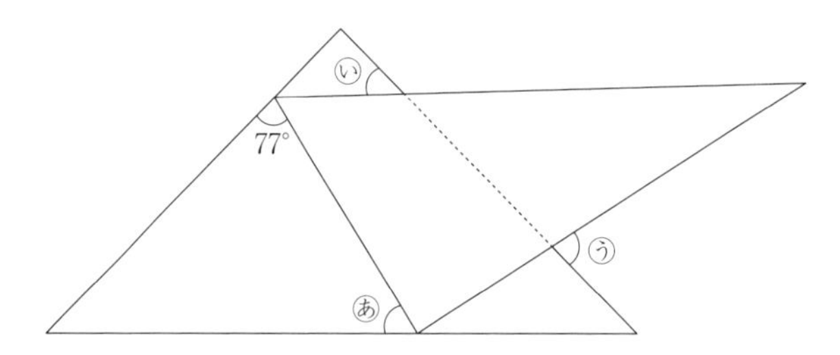

8 ≪角の大きさ≫　右の図で，同じ印をつけた部分の長さが等しいとき，㋐の角の大きさを答えなさい。（　　　）

（関西大学北陽中）

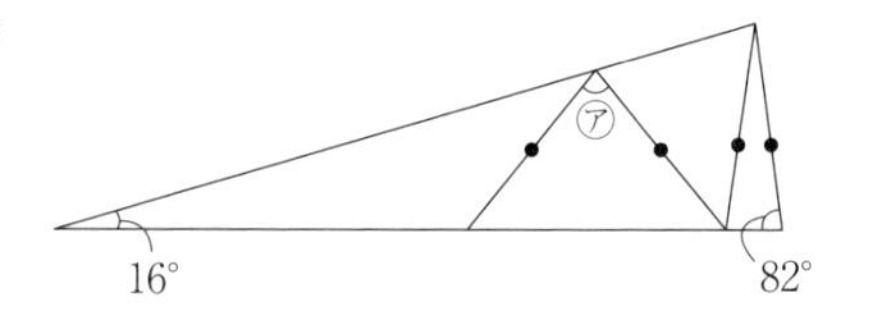

9 ≪角の大きさ≫　右の図で，角㋐の大きさは65°，AB = AC，AE = DEです。角㋑の大きさは[　　　]°です。　（同志社中）

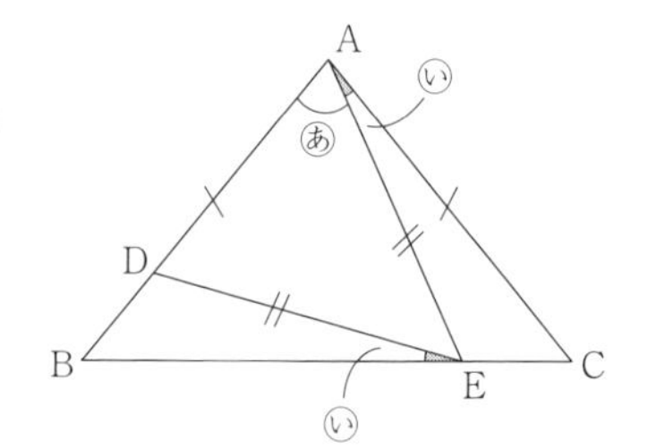

10 ≪角の大きさ≫　図のような三角形ABCがあり，辺AB上に点D，辺AC上に点Eがあります。①の角の大きさは[ア　　　]度，②の角の大きさは[イ　　　]度です。ただし，同じ印のついた角の大きさは，それぞれ等しいものとします。　（近大附中）

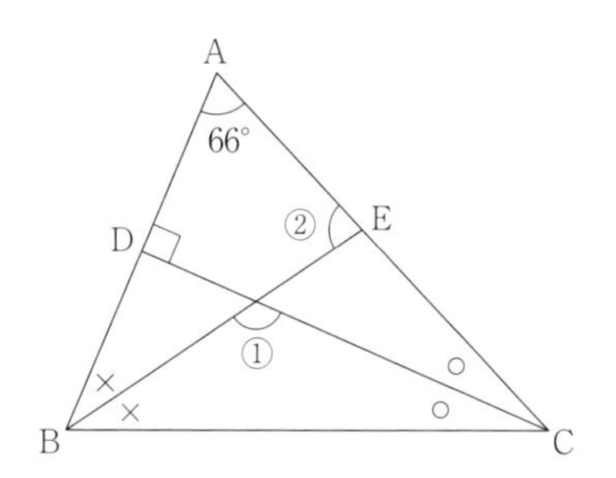

11 《角の大きさ》 図のア，イ，ウ，エの角の大きさの和は[　　　]°です。 （帝塚山中）

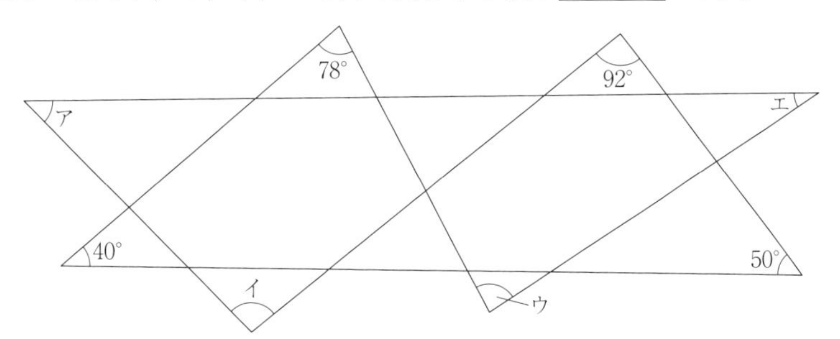

12 《角の大きさ》 右の図で四角形ABCDはひし形であり，五角形AEFGHは正五角形である。㋐，㋑，㋒の角の大きさをそれぞれ求めなさい。 （明星中）

㋐(　　　) ㋑(　　　) ㋒(　　　)

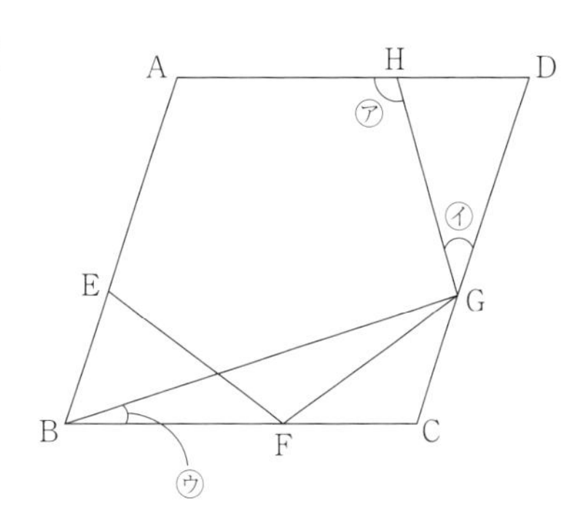

13 《角の大きさ》 平行四辺形ABCDの内側に，直線BD上にない点Pを右の図のようにとります。

点Pを通り，直線ABと平行な直線と，辺BC，辺DAとの交点をそれぞれE，Fとします。㈤の角の大きさは[あ]°であり，㈥の角の大きさは[い]°です。 （西大和学園中）

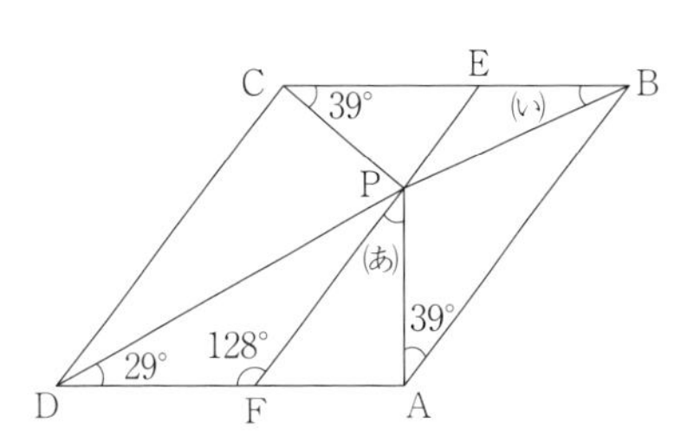

14 《角の大きさ》 図のように，正五角形と平行な2本の直線ア，イがあります。角㋐の大きさは[　　　]度です。 （甲南中）

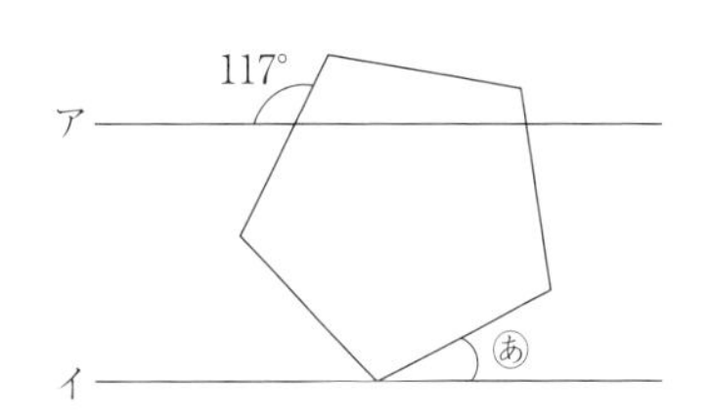

15 《角の大きさ》 右の図は正十二角形です。このとき，xの大きさを求めなさい。(　　　) （桃山学院中）

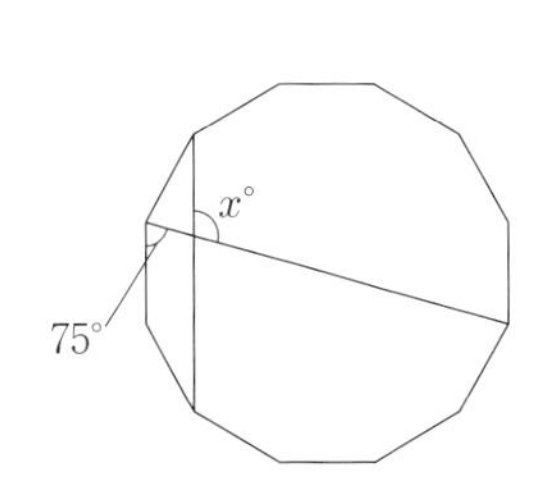

16 **≪角の大きさ≫**　右の図は，1辺の長さが1cmの正三角形，正方形，正五角形，正六角形を組み合わせた図形です。角㋐の大きさを求めなさい。(　　　)　(洛星中)

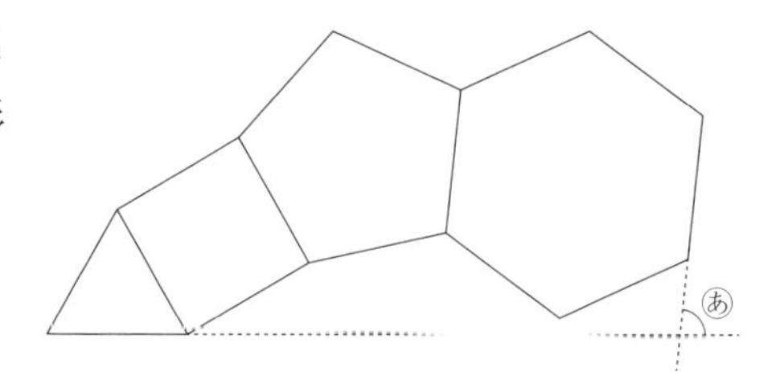

17 **≪角の大きさ≫**　正五角形ABCDEと正三角形CDFがあり，AとD，EとFを結びました。

図の(あ)の角の大きさは[　　　]°です。　(西大和学園中)

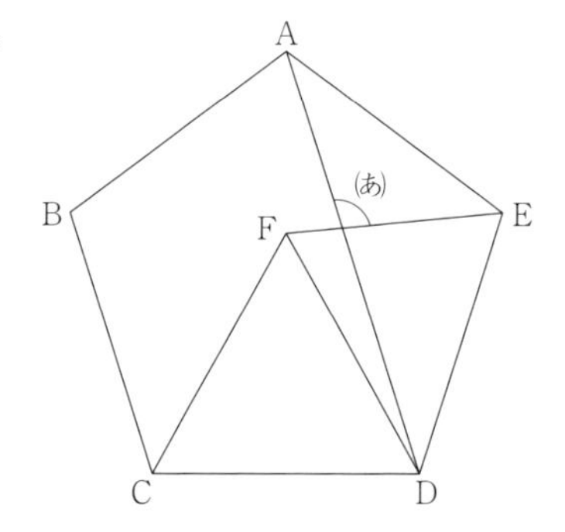

18 **≪角の大きさ≫**　右の図は，正六角形と正方形を重ねた図です。このとき，㋐～㋒の角の大きさを求めなさい。

㋐(　　　)　㋑(　　　)　㋒(　　　)　(京都先端科学大附中)

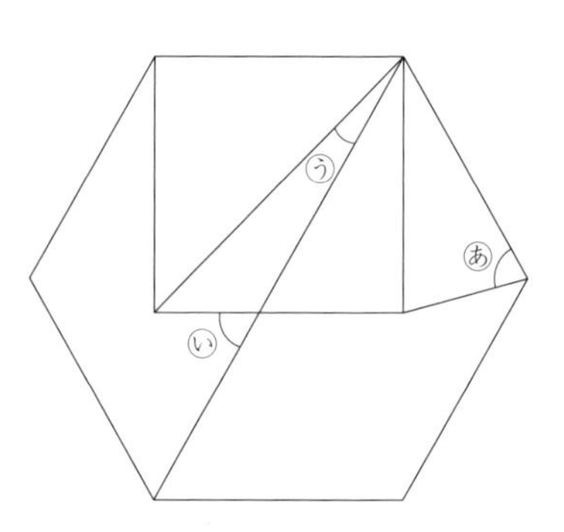

19 **≪角の大きさ≫**　図のように，平行な2直線ℓ，mの間に正五角形ABCDEとEF = EGである二等辺三角形EFGがあります。直線ℓ上に点Aがあり，直線m上に点F，Gがあり，辺EF上に点Dがあります。このとき，①の角の大きさは[ア　　　]度，②の角の大きさは[イ　　　]度です。

(近大附中)

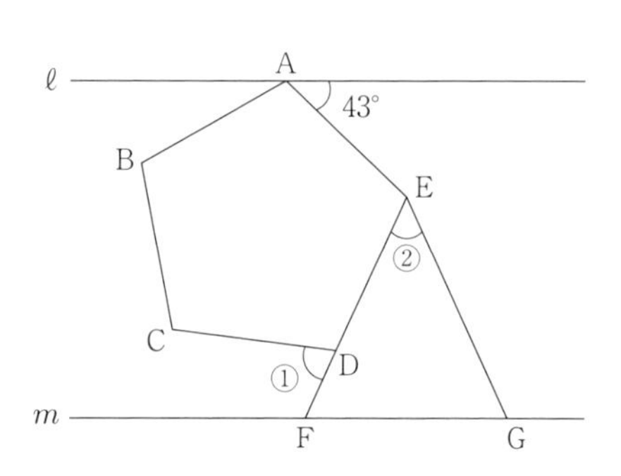

20 **≪角の大きさ≫**　図の五角形ABCDEは正五角形で，四角形CDFG，ADHIはどちらも正方形です。このとき，角㋐の大きさは[　　　]度です。　(灘中)

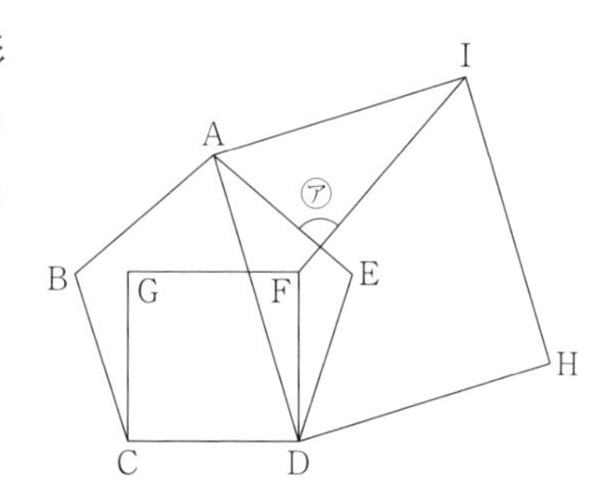

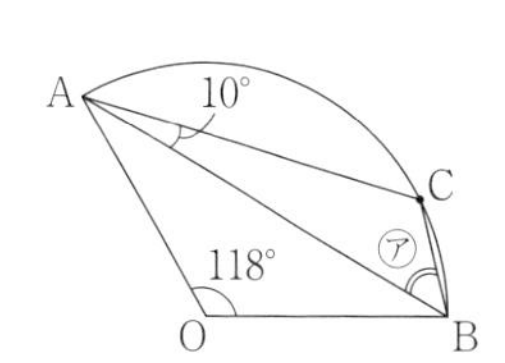

21 ≪角の大きさ≫　中心角が118°のおうぎ形OABがあります。右の図のように点Cをとって，三角形ABCをつくります。㋐の角度は何度ですか。

（　　　）（六甲学院中）

22 ≪角の大きさ≫　右の図のように，正三角形ABCを直線DEで折ったとき，アの角は何度ですか。（　　　）　（開智中）

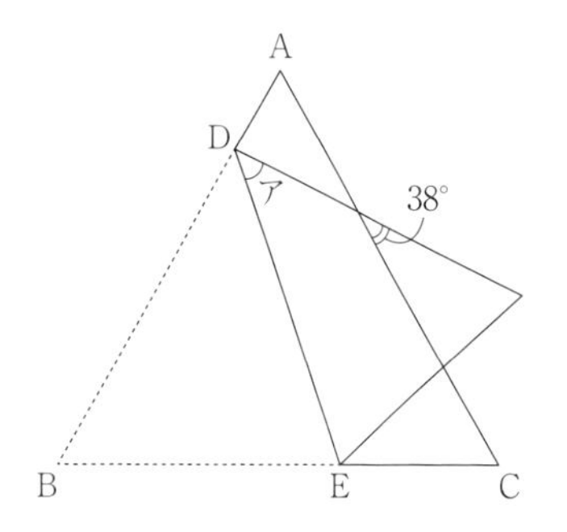

23 ≪角の大きさ≫　右の図は，長方形ABCDを点Cが点Aに重なるように折り曲げたものです。角㋐の大きさは何度ですか。

（　　　）（同志社香里中）

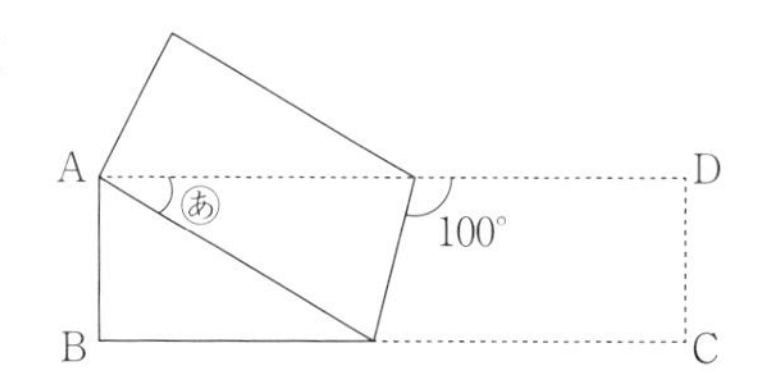

24 ≪角の大きさ≫　図のように正方形ABCDを，辺CDが対角線ACに重なるように折り，点Dが移った点をD′とします。さらに辺ABがD′を通るように折ります。点Aが移った点をA′とします。このとき，図の角xの大きさは［　　　］度です。　（帝塚山中）

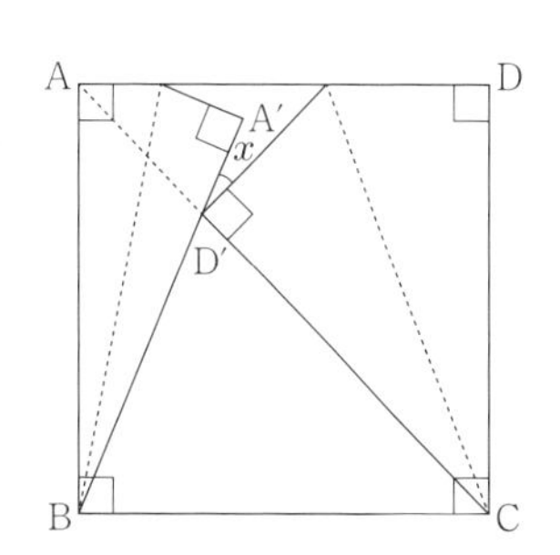

25 ≪角の大きさ≫　右の図は，中心角90°のおうぎ形を，ACを折り目として，点Oが点Dと重なるように折り返したものである。

ACとODの交点をEとするとき，次の問いに答えなさい。

（金蘭千里中）

(1)　角アの大きさを求めなさい。（　　　）

(2)　角イの大きさを求めなさい。（　　　）

(3)　三角形COEの面積が10cm^{2}のとき，四角形OADCの面積を求めなさい。（　　　cm^2）

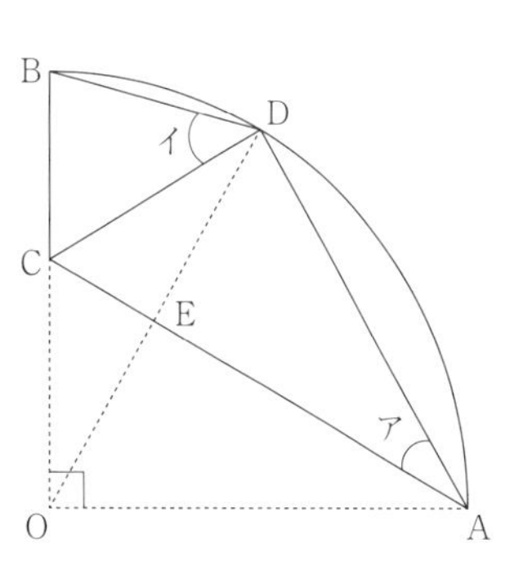

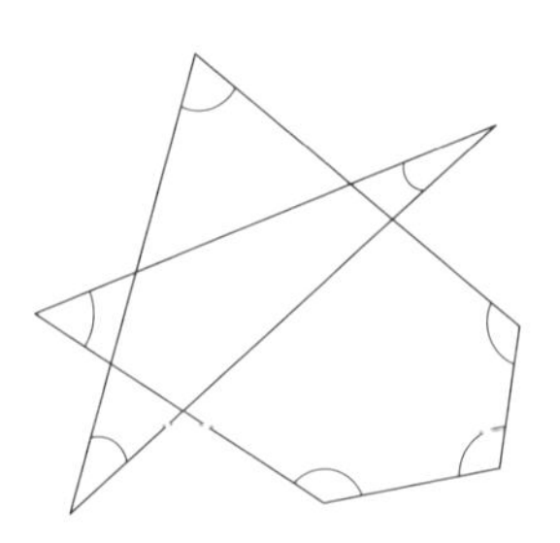

26　**《角の大きさ》**　右の図において，印をつけた角の大きさをすべて足すと何度になりますか。(　　　)　**(清風中)**

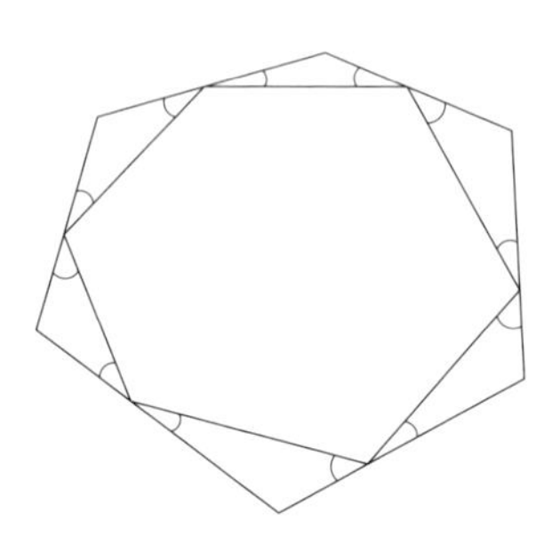

27　**《角の大きさ》**　右の図において，印のついた12個すべての角の大きさの和は［　　　］度です。　**(奈良学園登美ヶ丘中)**

28　**《長さ・線分比》**　縦の長さが18mの長方形の板があります。太郎さんは持っている絵具でこの板を上からぬっていくと，上から4mの幅(はば)までぬることができました。また，同じ板を同じ絵具の量で今度は左からぬっていくと，左から5mの幅までぬることができました。この板の横の長さは［　　　］mです。　**(京都先端科学大附中)**

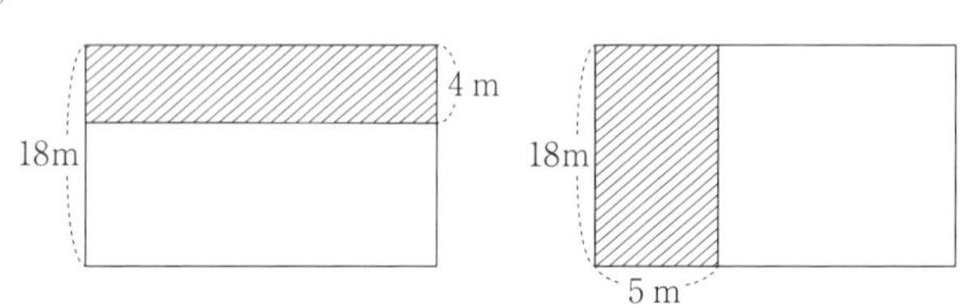

29　**《長さ・線分比》**　図のような長方形ABCDがあり，辺AB上に点E，辺AD上に点Fをとります。AE = 6cm，BC = 20cm，CD = 8cmで斜(しゃ)線部分の面積が74.5cm^{2}のとき，AFの長さは何cmですか。

(　　　cm)　**(関西大学中)**

図
A F D
6cm
8cm
E
B C
20cm

30　**《長さ・線分比》**　右の図の五角形について，AE = ［　　　］cmです。　**(須磨学園中)**

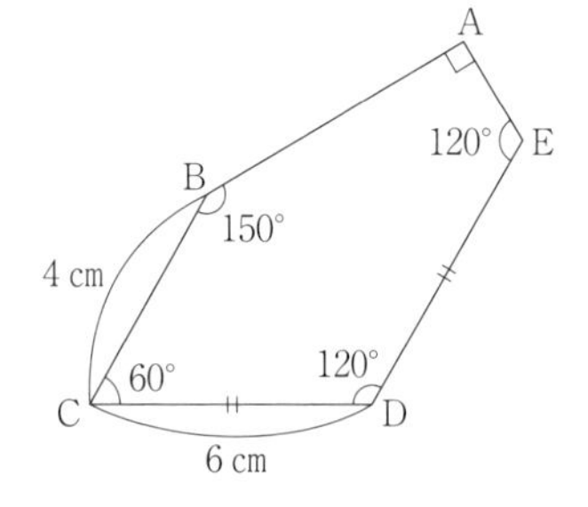

31 ≪長さ・線分比≫　右の図のように，1辺が10cmの正方形を2本の直線で4つの部分に分けると，四角形ABCDの面積と三角形CEFの面積が等しくなりました。

AD = 4cm，EF = 8cmとなるとき，ABの長さを求めなさい。

（　　　cm）（初芝富田林中）

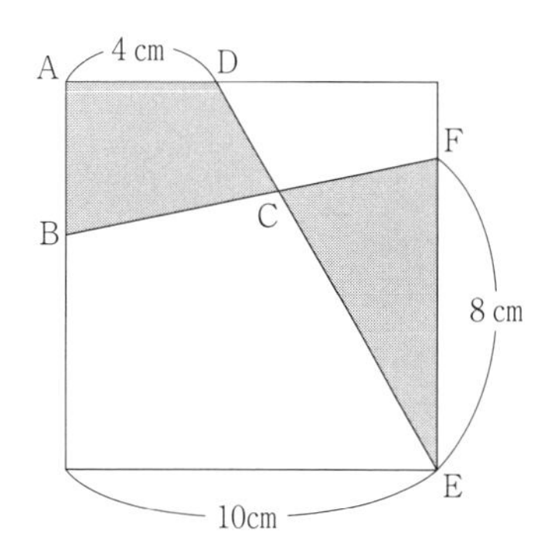

32 ≪長さ・線分比≫　右の図形で斜(しゃ)線部分の周の長さは何cmですか。ただし，大きい半円の直径は24cm，小さい3つの半円の中心は，それぞれ大きい半円の直径を4等分した点です。ただし，円周率は3.14とします。

（　　　cm）（開明中）

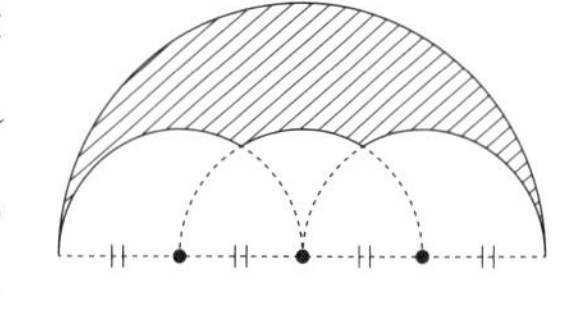

33 ≪長さ・線分比≫　図のように，円といくつかの半円を組み合わせました。色のついた部分の面積は［ア　　　］cm^2，周の長さは［イ　　　］cmです。ただし，円周率は3.14とします。（近大附中）

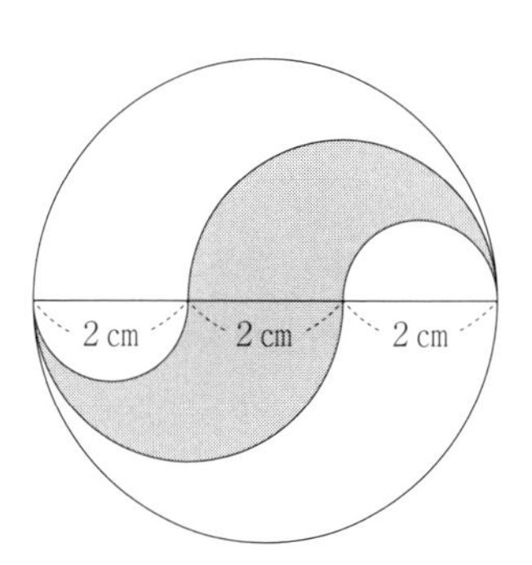

34 ≪長さ・線分比≫　右の図で，四角形ABCDはAB = 6cm，BC = 12cmの長方形で，半円はBCを直径としています。長方形の頂点Aから辺CD上の点Eまでまっすぐな線を引くと，図形は6つの部分ア～カに分かれます。アの面積と，ウとオの面積の和が等しいとき，ECの長さは何cmですか。ただし，円周率は3.14とします。（　　　cm）（智辯学園和歌山中）

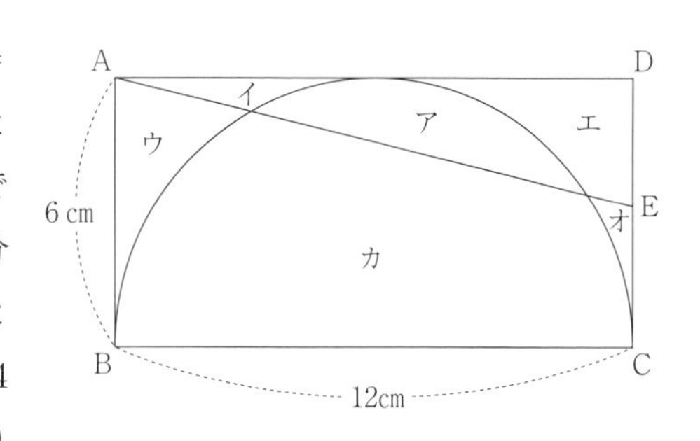

35 ≪長さ・線分比≫　右の図は，半径が6cmのおうぎ形ABCをBEで折り返して，AとDが重なったものです。このとき，次の問いに答えなさい。ただし，円周率を3.14とします。（京都橘中）

(1)　かげをつけた部分［　］の周りの長さは何cmですか。（　　　cm）

(2)　角アの大きさは何度ですか。（　　　）

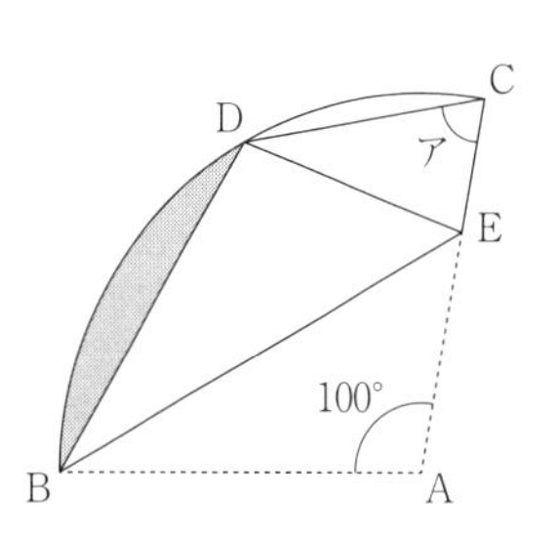

36　≪面積・面積比≫　△ABCの辺AB，AC上にそれぞれAP：PB＝3：4，CQ：QA＝3：4となるように点P，Qをとる。次にPQ上にQR：RP＝3：4となるように点Rをとる。

このとき，次の問いに答えなさい。　（金蘭千里中）

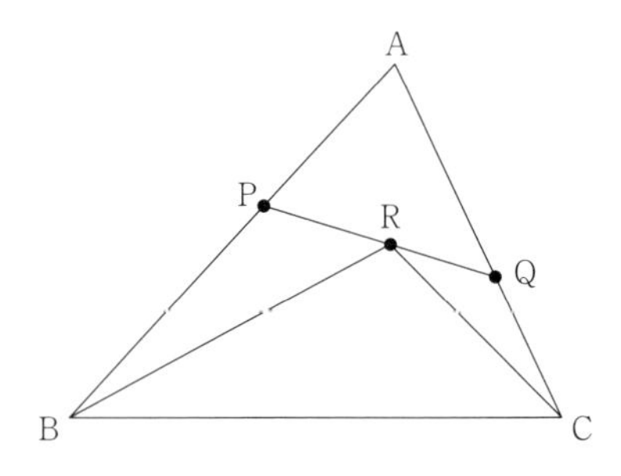

(1)　△APQの面積は△ABCの面積の何倍ですか。（　　倍）

(2)　△BPRの面積は△ABCの面積の何倍ですか。（　　倍）

(3)　△RBCの面積は△ABCの面積の何倍ですか。（　　倍）

37　≪面積・面積比≫　右の図は，面積が$36cm^2$である長方形ABCDを直線BEで折り曲げ，頂点Cを辺AD上の点Fに重ねたものです。このとき，直線ABの長さは，直線DEの長さの［ア　　］倍です。また，三角形BEFの面積は［イ　　］cm^2です。（白陵中）

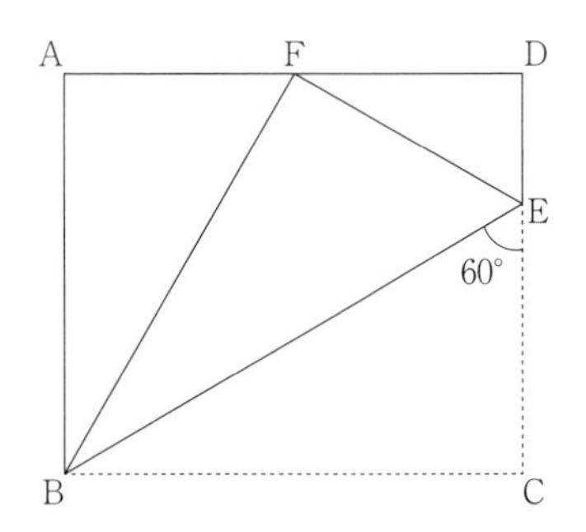

38　≪面積・面積比≫　右の図は面積が$16cm^2$の長方形です。そのうちの2つの直角三角形の面積がそれぞれ$2\,cm^2$，$4\,cm^2$であるとき，色のついた三角形の面積は［　　］cm^2です。（京都女中）

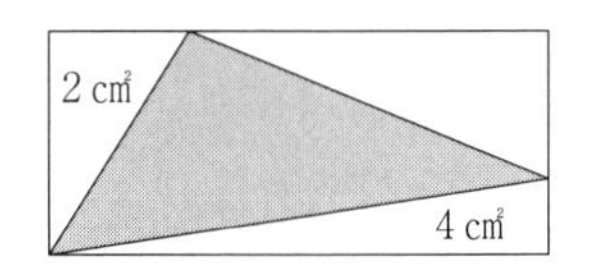

39　≪面積・面積比≫　図のような正六角形があり，面積は$72cm^2$です。斜線（しゃせん）部分の面積は［　　］cm^2です。（関西学院中）

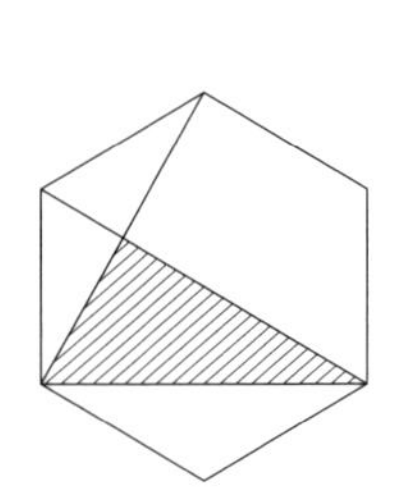

40　≪面積・面積比≫　同じ大きさの直角二等辺三角形を並べます。（神戸女学院中）

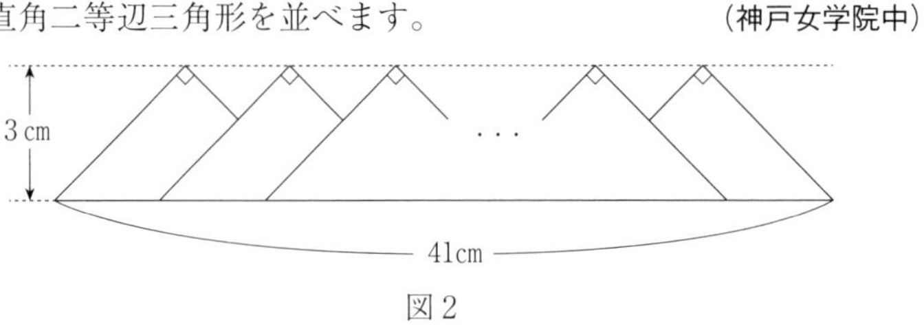

図1　　図2

(1)　図1のように2枚を並べたとき，重なった部分の面積を求めなさい。（　　cm^2）

(2)　図2のように15枚を等間隔（かく）に並べたとき，2枚だけが重なった部分の面積の和を求めなさい。

（　　cm^2）

41 《面積・面積比》 5つの正方形が右の図のようにあります。A, B, C, D を線で結んでできる四角形の面積は［　　　］cm^2 です。 (甲南中)

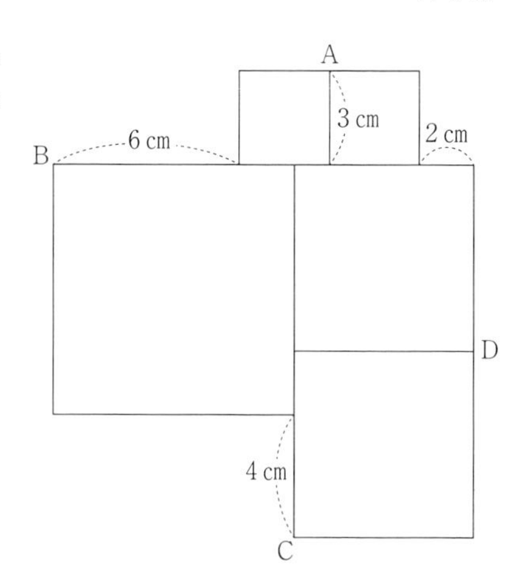

42 《面積・面積比》 図のように，三角形 ABC の各辺に正方形がくっついています。三角形 ABG の面積は $18cm^2$ で，AJ，AL の長さはそれぞれ 4 cm，3 cm です。

このとき，次の図形の面積はそれぞれ何 cm^2 ですか。 (洛南高附中)

(1) 四角形 AJKG (　　　cm^2)
(2) 四角形 AHML (　　　cm^2)
(3) 四角形 BDEC (　　　cm^2)

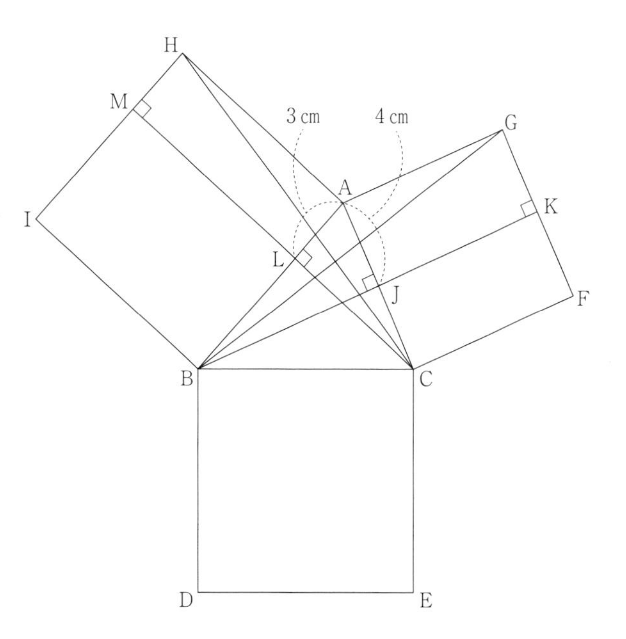

43 《面積・面積比》 右の図の斜線部の面積を求めなさい。(　　　cm^2) (桃山学院中)

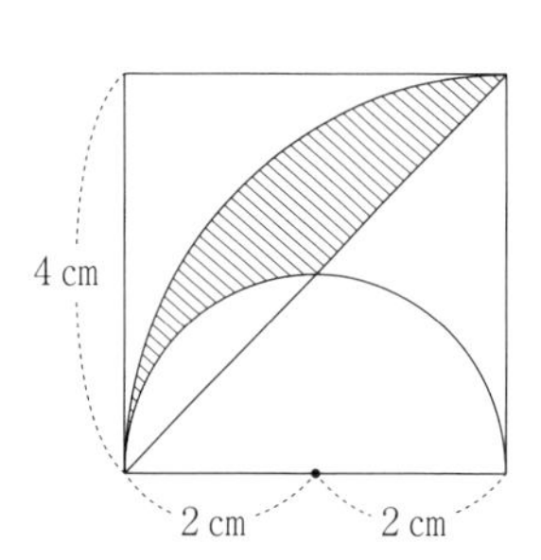

44　≪面積・面積比≫　右の図は，中央に直径 4 cm の円をかき，その円周を 8 等分する点を中心とする直径 4 cm の円を 8 個かいたものです。斜(しゃ)線部分全体の面積は ＿＿＿ cm^2 です。ただし，円周率は 3.14 とします。 （白陵中）

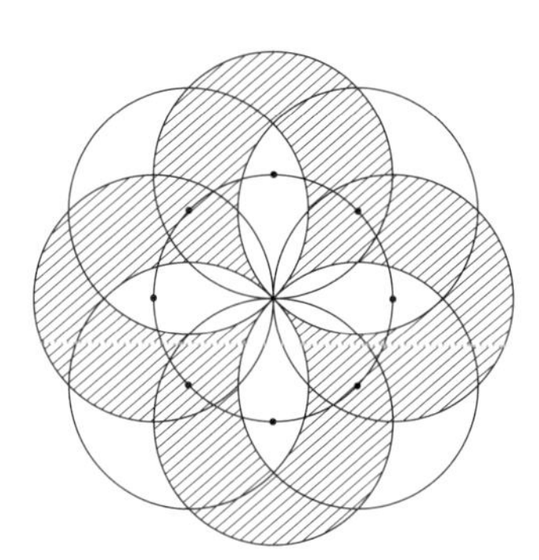

45　≪面積・面積比≫　右の図において，かげをつけた部分の面積は何 cm^2 ですか。（　　　cm^2） （同志社香里中）

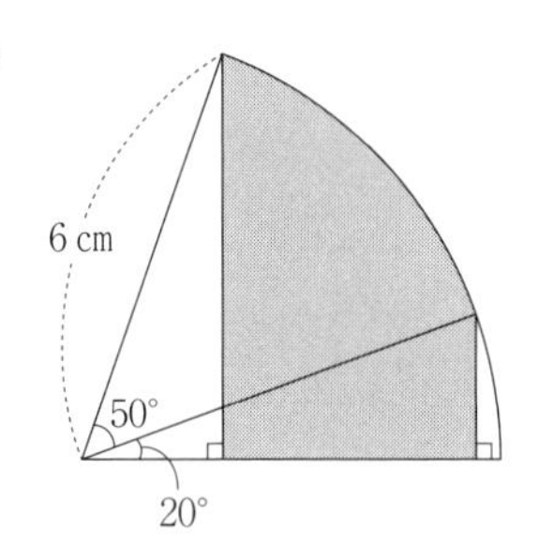

46　≪面積・面積比≫　右の図は，直径 20cm の半円であり，●は半円の円の部分を 5 等分する点である。このとき，かげをつけた 3 つの部分の面積の和を求めなさい。（　　　cm^2） （明星中）

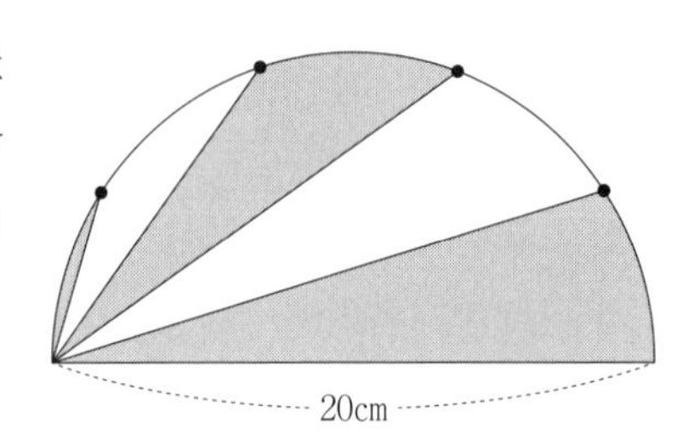

47　≪面積・面積比≫　図のように，直径 10cm の円と 1 辺 8 cm の正方形の一部が重なっており，(ア)，(イ)，(ウ)の 3 つの部分に分かれています。(ア)の面積が(イ)の面積の 2 倍のとき，(ウ)の面積は何 cm^2 か答えなさい。

（　　　cm^2） （立命館中）

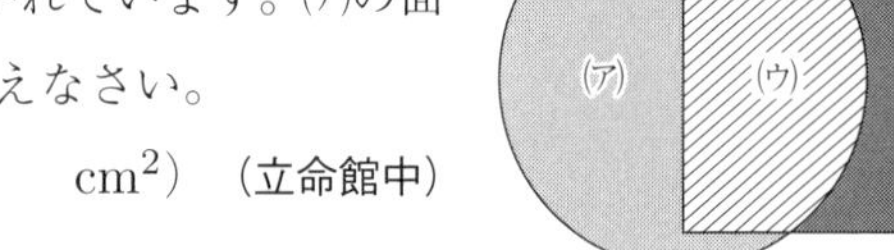

48　≪面積・面積比≫　右の図のように，半径 6 cm の 2 つの円があり，点 A，B はそれぞれ円の中心です。図の「あ」の角が 150° となるとき，次の問いに答えなさい。ただし，円周率は 3.14 とする。 （京都女中）

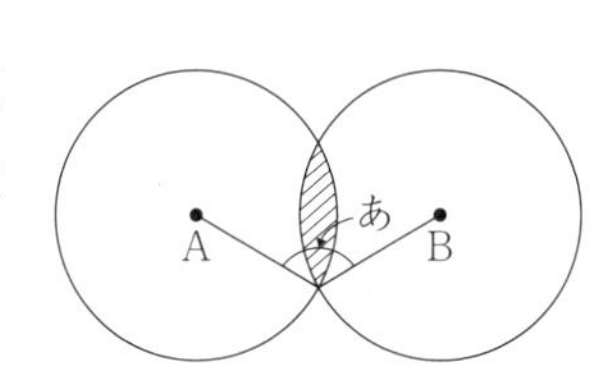

(1)　斜線部分の周りの長さを求めなさい。（　　　cm）

(2)　斜線部分の面積を求めなさい。（　　　cm^2）

49 **≪面積・面積比≫**　右の図のように，ABを直径とする半径6cmの半円があり，円の周にそってABを6等分するように点C，D，E，F，Gをとります。このとき，斜線部分の面積は［　　］cm^2 です。ただし，円周率は3.14とします。　（大阪桐蔭中）

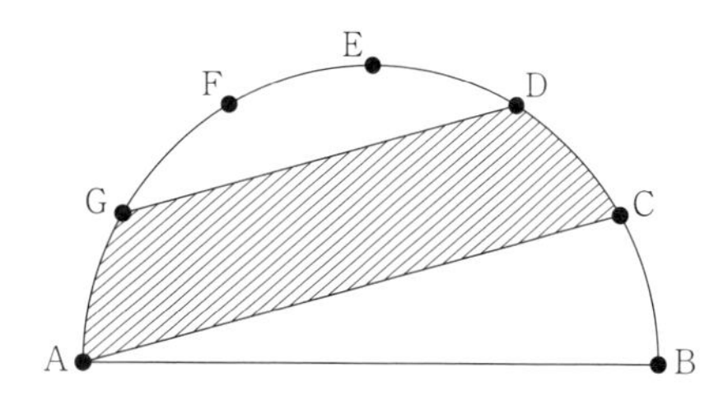

50 **≪面積・面積比≫**　下の図のようなおうぎ形OAEがあり，3点B，C，Dは弧AEを4等分する点です。円周率は $\frac{22}{7}$ として計算しなさい。　（清風南海中）

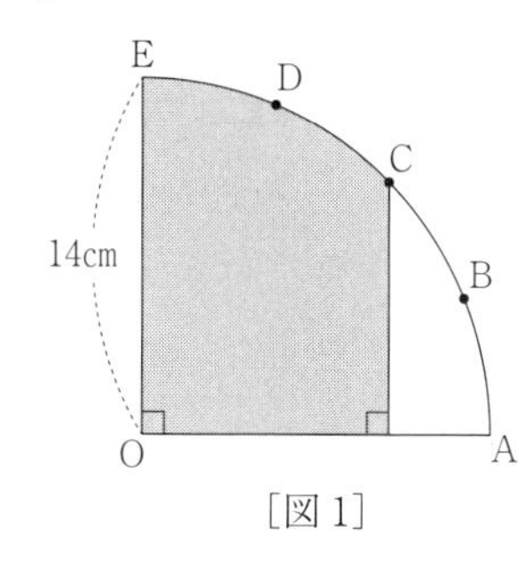

［図1］

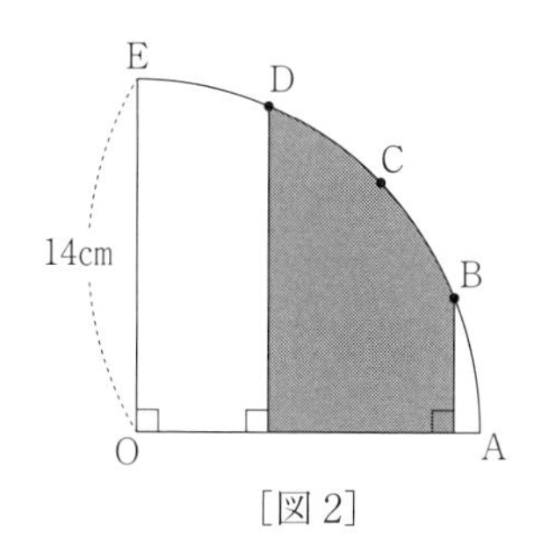

［図2］

(1)　［図1］の▢の部分の面積を求めなさい。（　　　cm^2）

(2)　［図2］の▢の部分の面積を求めなさい。（　　　cm^2）

51 **≪面積・面積比≫**　右の図のような五角形ABCDEがあります。角C，角D，角Eはすべて直角で，辺BC，辺DEの長さはそれぞれ10.5cm，33cmです。ACとBDの交点をFとするとき，三角形BCF，三角形AFDの面積はそれぞれ$27cm^2$，$432cm^2$です。このとき，次の問いに答えなさい。　（東大寺学園中）

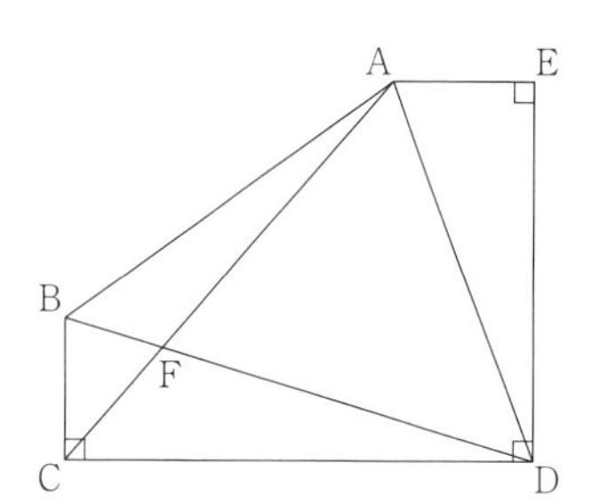

(1)　辺CDの長さを求めなさい。（　　　cm）

(2)　三角形ADEの面積を求めなさい。（　　　cm^2）

52 ≪辺の比と面積≫　右の図1の三角形ABCで，点D，E，Fはそれぞれ辺AB，BC，CA上にあり，AE，BF，CDは1つの点Gで交わっています。AF : FC = 1 : 2，AG : GE = 5 : 2で，ACとBFは垂直です。これについて，次の問いに答えなさい。

（聖心学園中）

図1

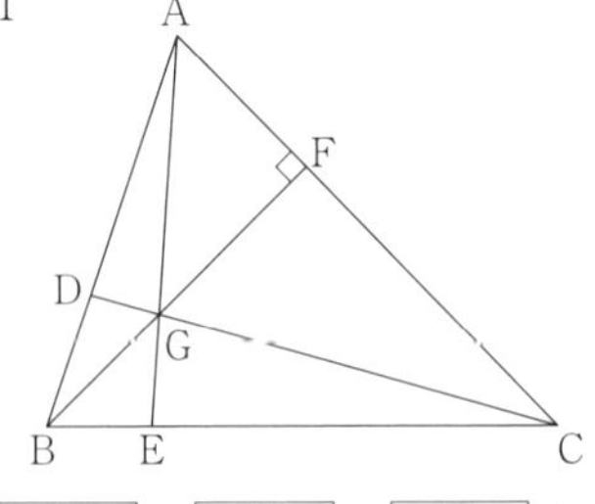

(1)　三角形ABG，三角形BCG，三角形CAGの面積の比を，次のように求めました。［①］，［③］にはあてはまる辺を，［②］，［④］，［⑤］，［⑥］には最も簡単な整数の比を，それぞれ書きなさい。

①(　　　)　②(　　　)　③(　　　)　④(　　　)　⑤(　　　)　⑥(　　　)

三角形ABGと三角形BCGの底辺をどちらもBGとすると，三角形ABGと三角形BCGの面積の比は，AFと［①］の長さの比と等しくなります。

よって，

(三角形ABGの面積) : (三角形BCGの面積) = AF : ［①］ = ［②］

図2のように，三角形ABCを，平行四辺形PBCQで囲みます。PBとAEとQC，PQとRSとBCがそれぞれ平行であるとき，三角形BCGの面積は三角形RESの面積と等しく，また，三角形ABGと三角形ARG，三角形CAGと三角形AGSの面積はそれぞれ等しいので，三角形ABGと三角形CAGの面積の和は，三角形ARSの面積と等しくなります。

図2

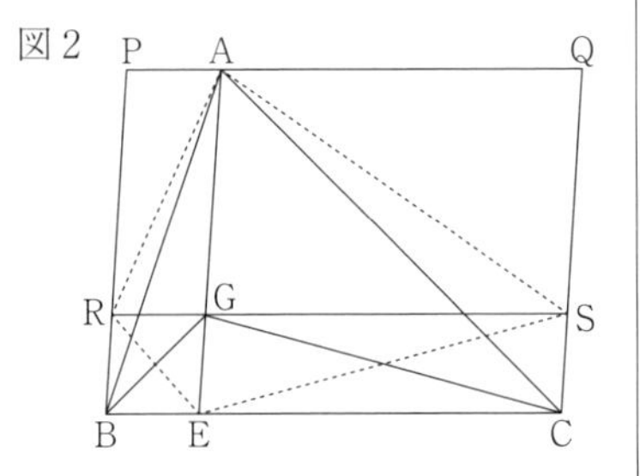

よって，

(三角形BCGの面積) : (三角形ABGと三角形CAGの面積の和)

= (三角形RESの面積) : (三角形ARSの面積) = GE : ［③］ = ［④］

したがって，

(三角形ABGの面積) : (三角形BCGの面積) : (三角形ABGと三角形CAGの面積の和)

= ［⑤］

(三角形ABGの面積) : (三角形BCGの面積) : (三角形CAGの面積) = ［⑥］

(2)　AD : DBを最も簡単な整数の比で表しなさい。(　　　)

(3)　三角形ABCの面積は105cm^2です。このとき，三角形ADGの面積は何cm^2ですか。

(　　　cm^2)

53 ≪辺の比と面積≫　長方形ABCDにおいて，辺ADを3等分して，Aに近い方からE，Fとする。また対角線BDと直線CEとの交点をPとする。三角形BEPの面積は，長方形ABCDの面積の何倍ですか。(　　　倍)　（近大附和歌山中）

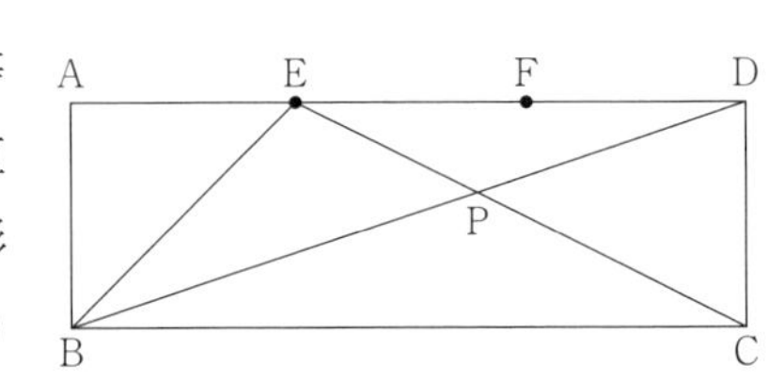

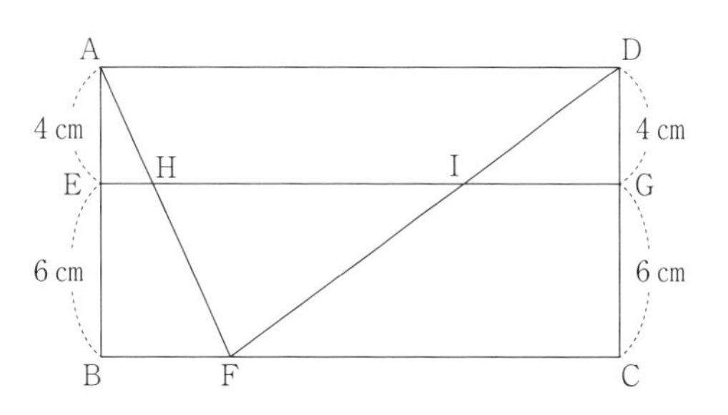

54 ≪図形の拡大と縮小≫　図のような長方形ABCDがあり，辺AB上に点E，辺BC上に点F，辺CD上に点Gがあります。AFとEGの交点をH，DFとEGの交点をIとします。三角形HFIの面積が$27cm^2$のとき，HIの長さは［ア　　］cm，四角形AHIDの面積は［イ　　］cm^2です。　（近大附中）

55 ≪図形の拡大と縮小≫　図のように，平行四辺形ABCDがあります。EはADのまん中の点で，FGとBCは平行です。このとき，次の問いに答えなさい。　（桃山学院中）

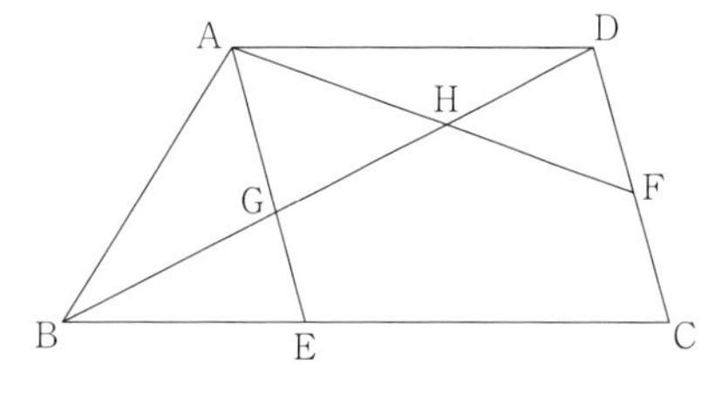

(1)　BG：GEを最も簡単な整数の比で答えなさい。
（　　）

(2)　BH：HGを最も簡単な整数の比で答えなさい。
（　　）

(3)　平行四辺形ABCDの面積は，三角形FGHの面積の何倍ですか。（　　倍）

56 ≪図形の拡大と縮小≫　右の図のような辺ADと辺BCが平行である台形ABCDがある。点Aを通り，辺DCに平行な直線と辺BCの交わる点をEとすると，BEの長さとECの長さの比が1：2であった。また，辺DCのまん中の点をF，BDとAE，AFの交わる点をそれぞれG，Hとする。このとき，次の問いに答えなさい。　（明星中）

(1)　AGの長さとDFの長さの比を，もっとも簡単な整数の比で表しなさい。（　　）

(2)　GHの長さとBDの長さの比を，もっとも簡単な整数の比で表しなさい。（　　）

(3)　GとFを結ぶとき，三角形GFHの面積と台形ABCDの面積の比を，もっとも簡単な整数の比で表しなさい。（　　）

57 ≪図形の拡大と縮小≫　右の図のように1辺の長さが20cmの正方形ABCDがあり，辺AB，CD，DAのまん中の点をそれぞれE，F，Gとする。また，BGとEF，BFとCEの交わる点をそれぞれH，Iとするとき，次の問いに答えなさい。　（明星中）

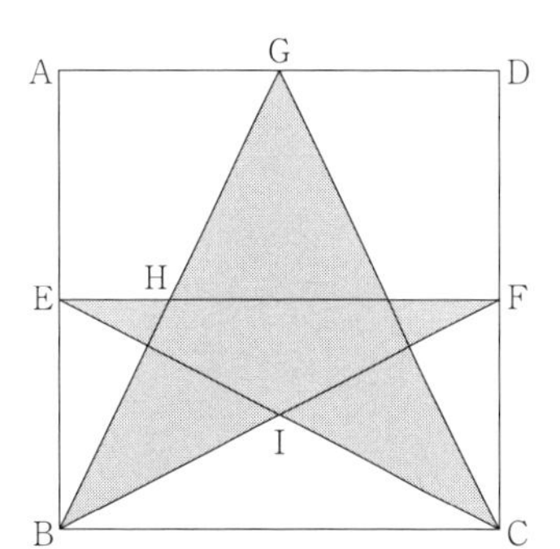

(1)　EHの長さを求めなさい。（　　cm）

(2)　三角形IBCの面積を求めなさい。（　　cm^2）

(3)　かげをつけた部分の面積を求めなさい。（　　cm^2）

58 ≪図形の拡大と縮小≫　図のように，1辺の長さが8cmの正方形ABCDがあります。点Eは辺ABの真ん中の点，点Fは辺BCの真ん中の点，点Gは辺CDの真ん中の点です。

(四天王寺中)

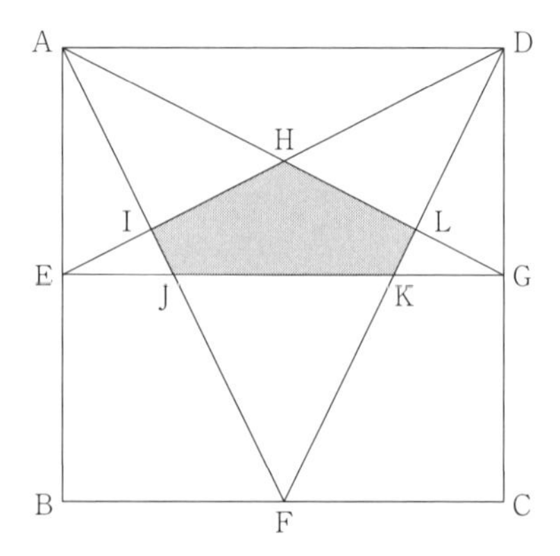

(1) 三角形HEGの面積を求めなさい。(　　　cm^2)

(2) AL：LG，HL：LGをそれぞれ求めなさい。

AL：LG (　　　)　HL：LG (　　　)

(3) 五角形HIJKLの面積を求めなさい。(　　　cm^2)

59 ≪図形の拡大と縮小≫　右の図のような三角形ABCがあり，四角形DBEFは平行四辺形です。AF：FC = 1：2のとき，次の比をもっとも簡単な整数の比で表しなさい。

(清風南海中)

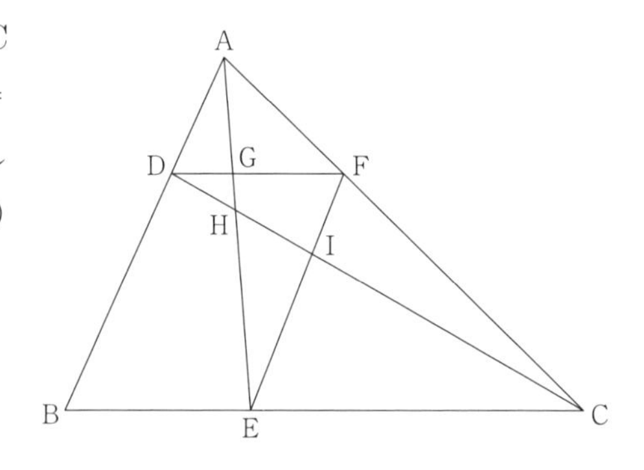

(1) DF：BC (　　　)

(2) DG：GF (　　　)

(3) DH：HC (　　　)

(4) DH：HI：IC (　　　)

(5) (三角形ABCの面積)：(四角形GHIFの面積) (　　　)

60 ≪図形の拡大と縮小≫　右の図のように，長方形と2つの合同な二等辺三角形をならべると，斜線部分の面積が長方形の面積の$\frac{1}{5}$倍になりました。アの長さはイの長さの[　　　]倍です。ただし，○印のついた辺は同じ長さです。

(甲陽学院中)

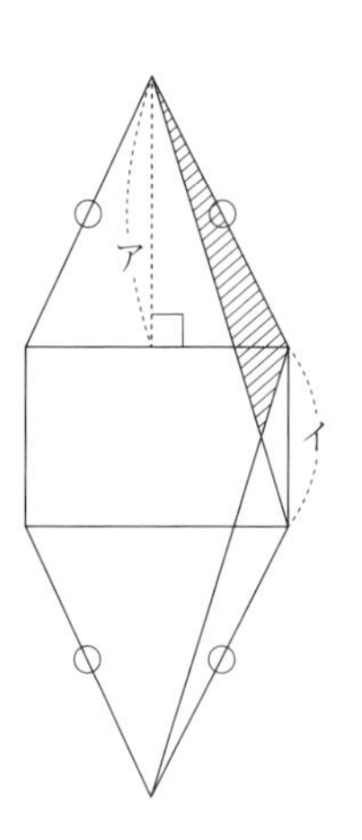

61 **《図形の拡大と縮小》** 右の図の長方形 ABCD の縦の長さは 8 cm，横の長さは 20cm で，4 つの点 E，F，G，H は辺 BC の長さを 5 等分した点です。斜線（しゃせん）部分の面積の合計は何 cm^2 ですか。（　　　cm^2）

（六甲学院中）

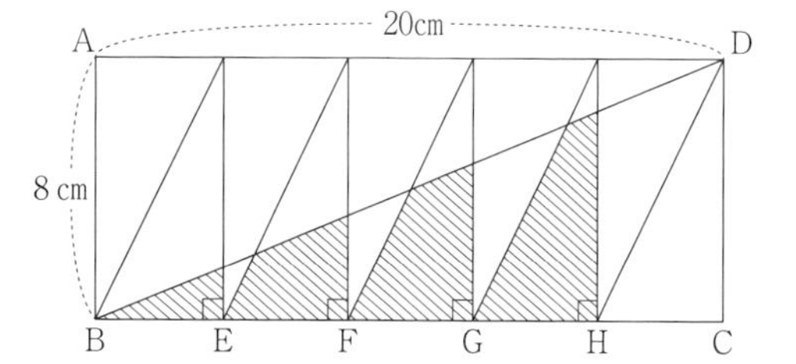

62 **《図形の拡大と縮小》** 正方形 ABCD があり，西さんは図 1 のように，正方形 ABCD の辺 AB，BC，CD，DA を 3：1 に分ける点 E，F，G，H をとり，EF，FG，GH，HE を結びました。大和さんは図 2 のように，正方形 ABCD の内側に大きさの同じ小さな正方形 6 つを入れました。ただし，4 点 I，J，K，L は小さな正方形の頂点で，それぞれが正方形 ABCD の辺上にあります。三角形 EBF の面積が $72cm^2$ であるとします。

（西大和学園中）

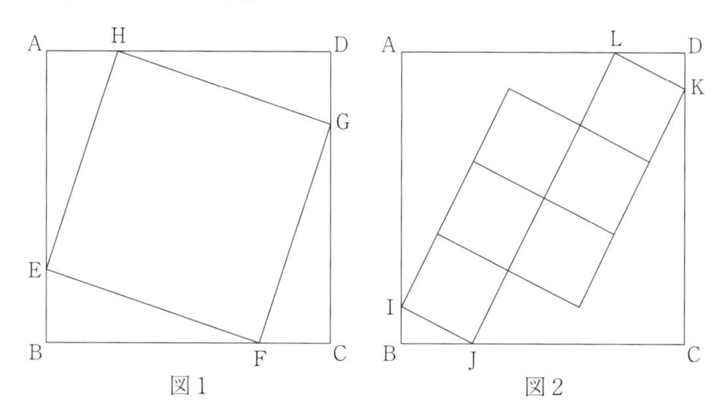

図 1　　図 2

(1) 正方形 ABCD の面積は［あ　　　］cm^2 です。

(2) IB の長さと BJ の長さの比 $\frac{IB}{BJ}$ は［い　　　］です。

(3) 図 2 の小さな正方形 1 つの面積は［う　　　］cm^2 です。

63 **《図形の拡大と縮小》** 右の図のように，AB を直径とし，点 O を中心とする直径 13cm の半円があります。（高槻中）

点 C は円周上の点で，AC = 5 cm，BC = 12cm となるように三角形 ABC をつくると，角 C の大きさが 90° になりました。角 A を二等分する直線が円周と交わる点を D とします。点 D から AB に垂直な直線をひき，AB と交わる点を E とします。また，BC と DE，BC と AD の交わる点をそれぞれ F，G とします。このとき，次の問いに答えなさい。

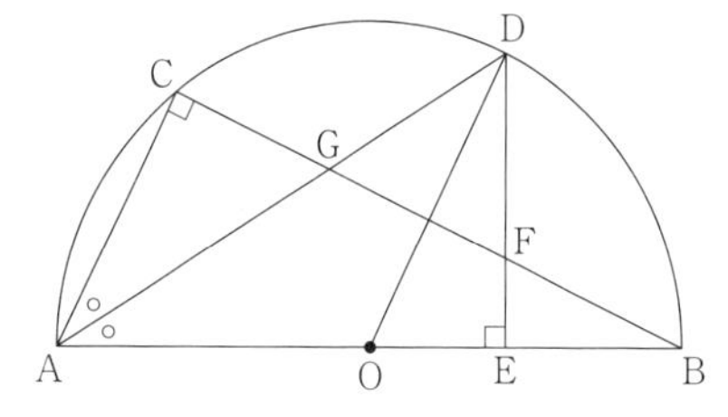

(1) DE の長さを求めなさい。（　　　cm）

(2) 三角形 ACG の面積を求めなさい。（　　　cm^2）

(3) 三角形 DFG の面積を求めなさい。（　　　cm^2）

64 ≪図形の拡大と縮小≫　次の各問いに答えなさい。　　　（高槻中）

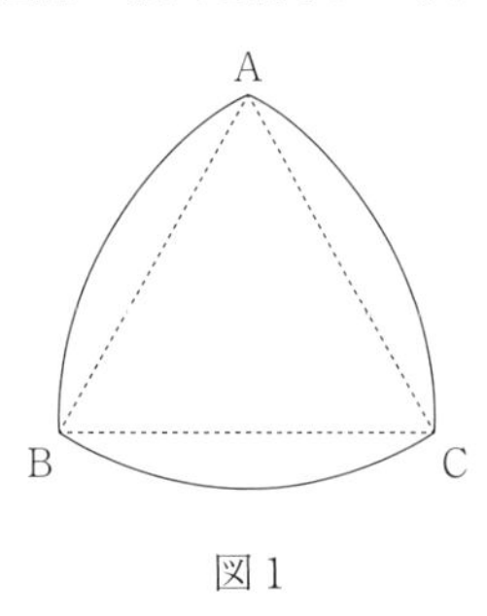

図１

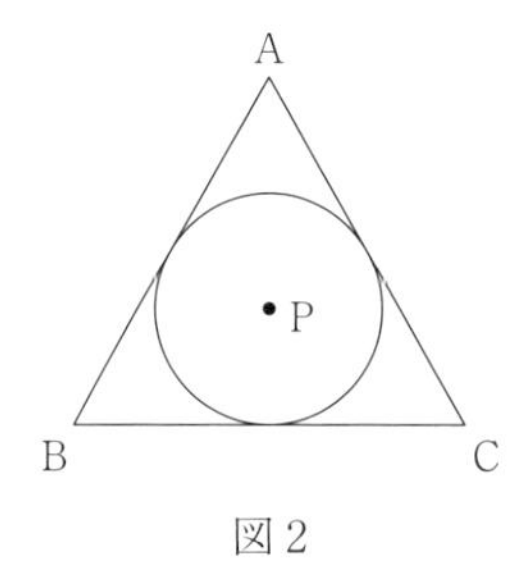

図２

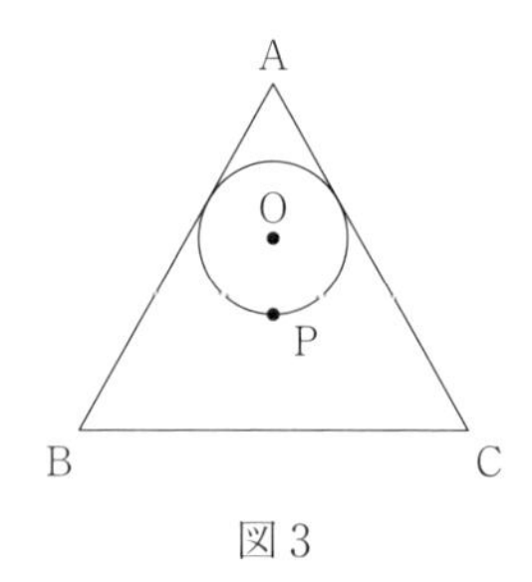

図３

図１：正三角形 ABC の各頂点を中心とし，３つのおうぎ形を合わせました。

図２：正三角形 ABC の３つの辺にぴったりくっつく円をかき，その中心を点 P とします。

図３：図２の点 P を通り辺 AB と辺 AC にぴったりくっつく図のような円をかき，その中心を点 O とします。

次の比を最も簡単な整数の比で答えなさい。ただし円周率は 3.14 とします。

(1)（BC を直径とする円周の長さ）:（図１の周の長さ）（　　　）

(2) BC を底辺として，（△ABC の高さ）:（△OBC の高さ）（　　　）

(3)（図２の円の面積）:（図３の円の面積）（　　　）

65 ≪図形の拡大と縮小≫　　　（灘中）

(1) 右の図のような長方形 ABCD があり，辺 BC 上に点 E，辺 CD 上に点 F があります。三角形 AEF が直角二等辺三角形であるとき，三角形 AEF の面積は［　　　］cm^2 です。

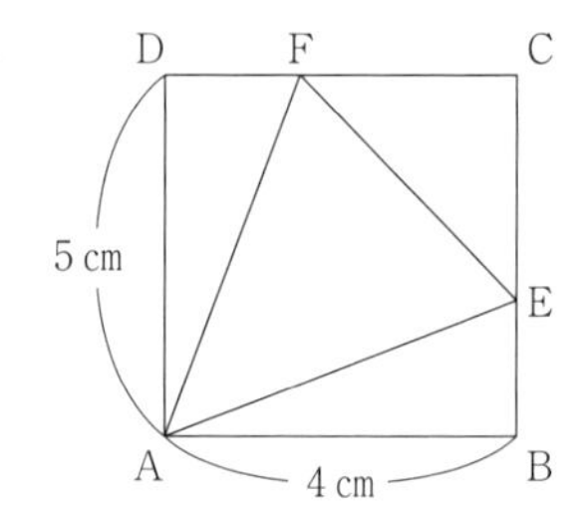

(2) １辺の長さが 12cm である正方形 GHIJ があります。右の図のように，辺 HI の延長上に点 K があり，GK と IJ が点 L で交わっています。また，半径が 3 cm である半円が三角形 GJL にぴったり収まっています。このとき，三角形 GHK にぴったり収まる円の半径は［　　　］cm です。また，辺 HK の長さは［　　　］cm です。

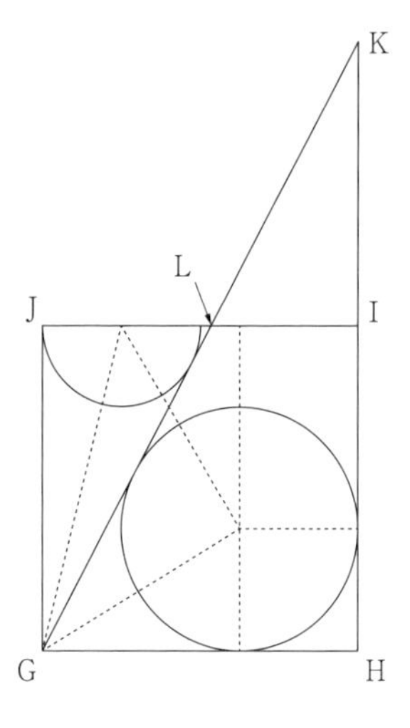

66 ≪図形の拡大と縮小≫　右の図で，六角形ABCDEFは正六角形であり，BH：HC＝1：2，FI：IE＝1：1です。次の比をもっとも簡単な整数の比で表しなさい。　　（清風南海中）

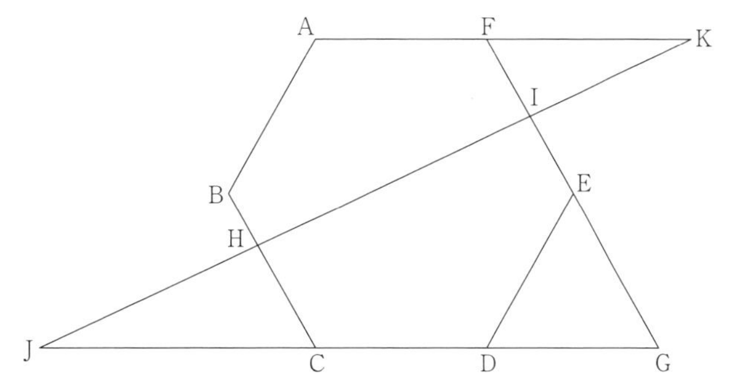

(1) FE：EG（　　　）

(2) HC：IG（　　　）

(3) JC：CG（　　　）

(4) AF：FK（　　　）

(5) （三角形FIKの面積）：（正六角形ABCDEFの面積）（　　　）

67 ≪図形の拡大と縮小≫　1辺の長さが12cmの正方形の黒色（斜線）と白色のタイルがあります。これらを下の図のように交互（こうご）にしきつめたとき，次の問いに答えなさい。ただし，比は最も簡単な整数で表しなさい。　　（奈良学園登美ヶ丘中）

(1) 三角形ABCの内部の黒色の部分と白色の部分の面積の比を答えなさい。（　　　）

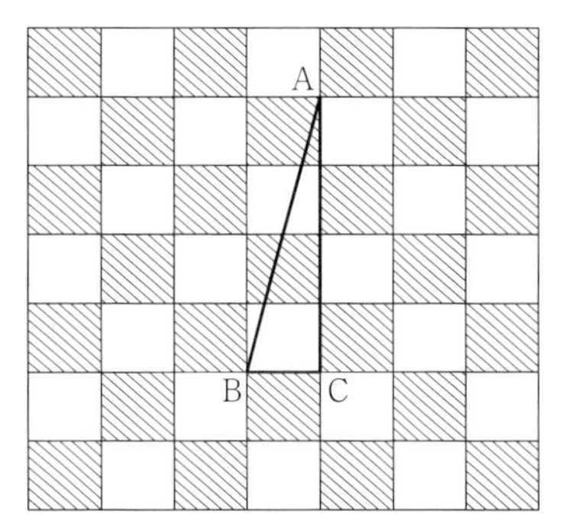

(2) 三角形DEFの内部の黒色の部分と白色の部分の面積の比を答えなさい。（　　　）

(3) 三角形GHIの内部の黒色の部分と白色の部分の面積の比を答えなさい。（　　　）

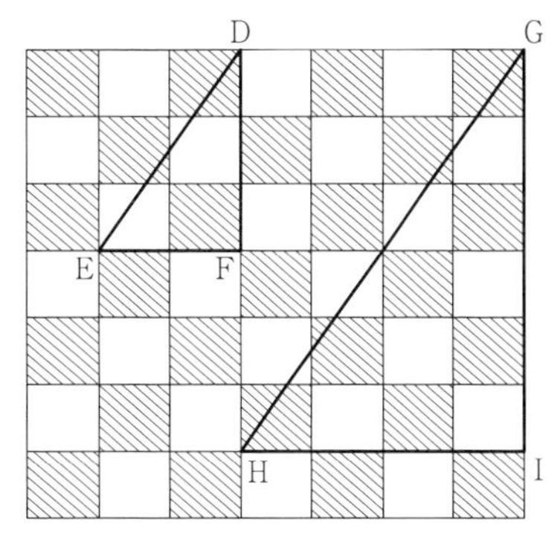

（次ページに続く）

(4)　四角形 JKLM の内部の黒色の部分と白色の部分の面積を比べると，どちらの方が何 cm^2 大きいですか。

（　　　色の部分が　　　cm^2 大きい）

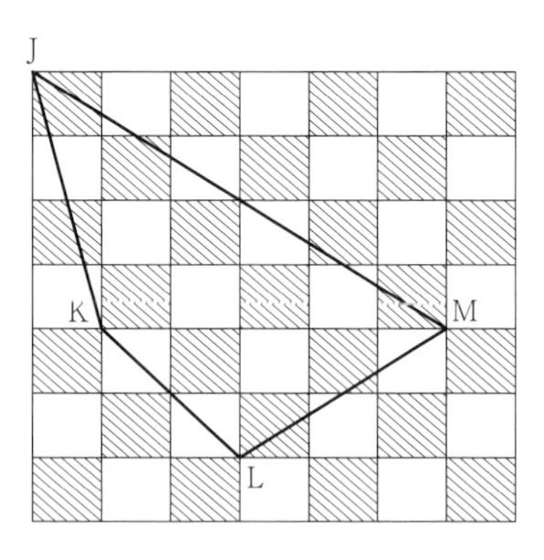

68 ≪図形の拡大と縮小≫　大きさの等しい白い正三角形 15 枚と黒い正三角形 10 枚を組み合わせて，図のような大きな正三角形をつくりました。点 A から F はそれぞれ小さな正三角形の頂点です。　（西大和学園中）

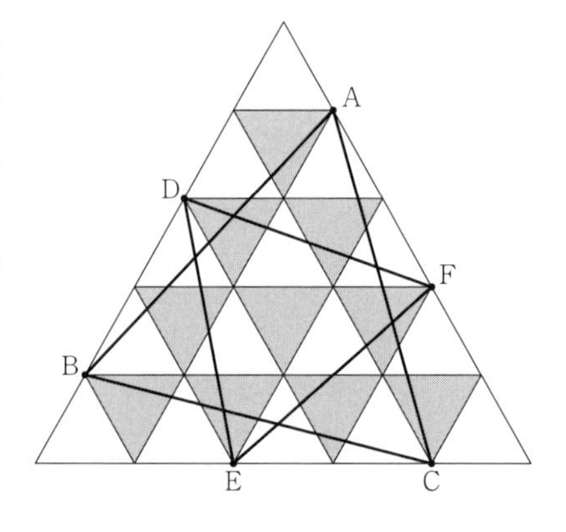

(1)　三角形 ABC の中で，黒い部分の面積 B_1 と白い部分の面積 W_1 の比は $\frac{W_1}{B_1}$ = □ です。

(2)　三角形 ABC と三角形 DEF が重なる部分において，黒い部分の面積 B_2 と白い部分の面積 W_2 の比は $\frac{W_2}{B_2}$ = □ です。

69 ≪点の移動≫　図 1 のように 1 辺が 1 cm のひし形に，長さが 3 cm の糸 AB をぴんとはったまま糸のはし A を秒速 1.57cm の速さで左回りに動かしてまきつけます。このとき，次の各問いに答えなさい。ただし，円周率は 3.14 とし，糸の太さは考えないものとします。　（関西大学中）

図 1

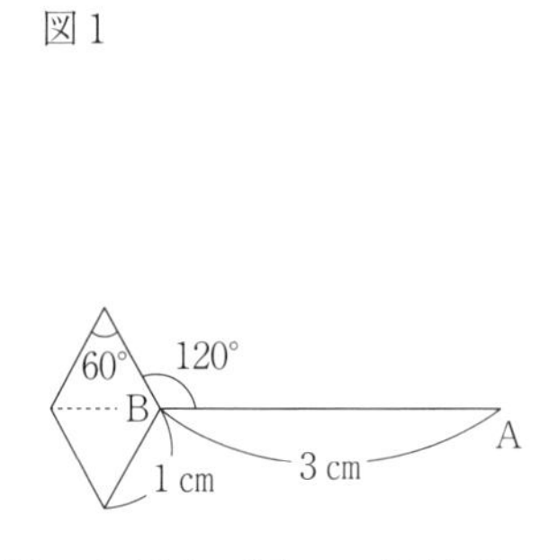

図 2

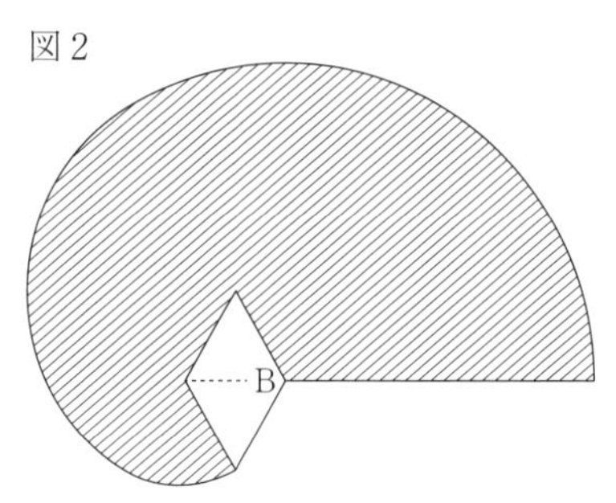

(1)　糸 AB が通った部分（図 2 の斜線部分）の面積は何 cm^2 ですか。（　　　cm^2）

(2)　糸 AB がまき終わるまでにかかる時間は何秒ですか。（　　　秒）

(3)　糸の長さを 2 倍にしたとき，まき終わるまでにかかる時間は(2)の何倍ですか。（　　　倍）

70 **≪点の移動≫**　図のように長方形 ABCD が直線 ℓ 上をすべることなく 1 回転します。頂点 B が通ったあとの線の長さは［ア　　　］cm，頂点 B が通ったあとの線と直線 ℓ で囲まれる部分の面積は［イ　　　］cm^2 です。ただし，円周率は 3.14 とします。 **（近大附中）**

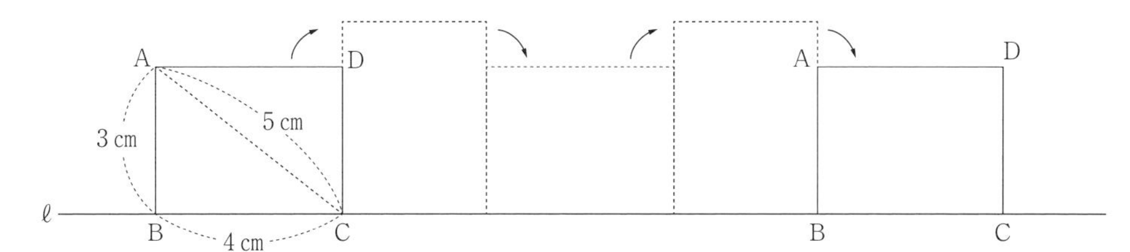

71 **≪点の移動≫**　図のような AB = 20cm，BC = 30cm の長方形 ABCD の辺上を点 P は毎秒 1 cm の速さで，A から B を通過し C まで動きます。点 M は CD のちょうど真ん中の点です。このとき，次の問いに答えなさい。 **（大谷中－大阪－）**

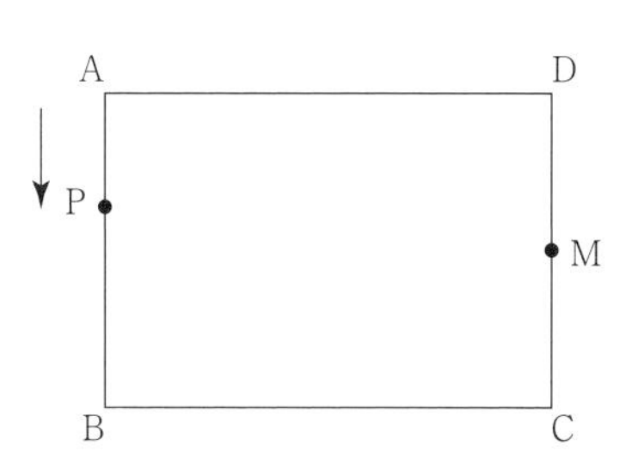

(1)　点 P が A を出発してから 5 秒後の四角形 APCM の面積は何 cm^2 ですか。（　　　cm^2）

(2)　点 P が A を出発してから 35 秒後の四角形 APCM の面積は何 cm^2 ですか。（　　　cm^2）

(3)　四角形 APCM の面積が $360cm^2$ になるのは，点 P が A を出発してから何秒後と何秒後ですか。

（　　　秒後と　　　秒後）

72 **≪点の移動≫**　図のような長方形 ABCD の対角線の交わる点を O とした図形の辺と対角線上を，点 P が頂点 A を出発し A → O → B → C → O → D → A の順に，毎秒 2 cm の速さで移動します。このとき，あとの問いに答えなさい。

（立命館中）

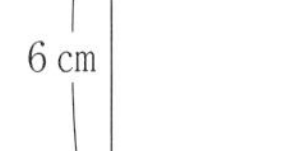

(1)　点 P が頂点 A を出発して 2 秒後の三角形 ABP の面積は何 cm^2 か答えなさい。（　　　cm^2）

(2)　三角形 ABP と三角形 BCP の面積が等しくなっている時間は合わせて何秒間か答えなさい。（　　　秒間）

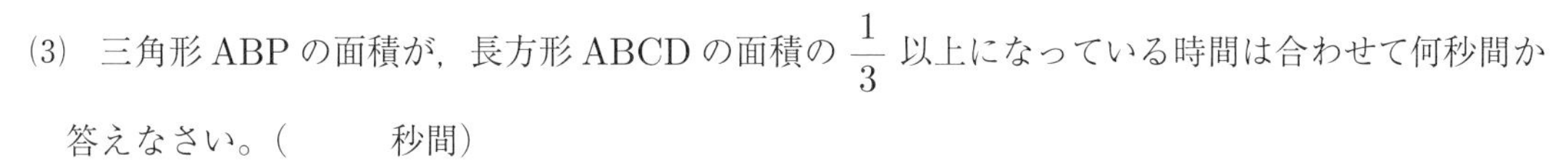

(3)　三角形 ABP の面積が，長方形 ABCD の面積の $\frac{1}{3}$ 以上になっている時間は合わせて何秒間か答えなさい。（　　　秒間）

73　≪点の移動≫　右の図のような１辺の長さが30cmの正方形ABCDにおいて，辺AB，CDの真ん中の点をそれぞれE，Fとします。点Pは毎秒3cmの速さでAを出発して正方形ABCDの辺上を反時計回りに移動し，点Qは毎秒2cmの速さでCを出発して長方形CFEBの辺上を反時計回りに移動します。点Pと点Qは同時に出発します。（大阪星光学院中）

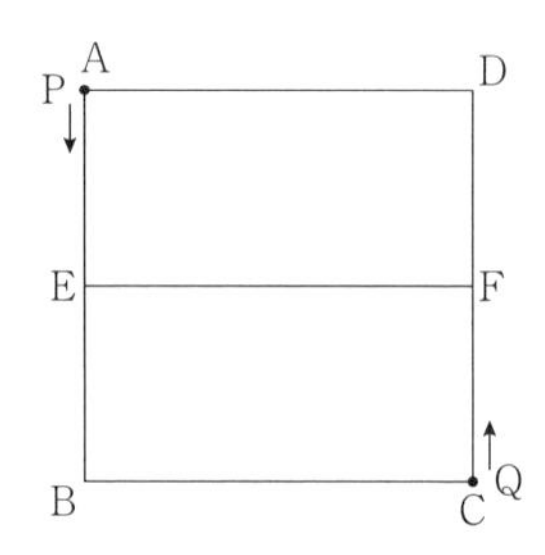

⑴　三角形APDの面積が2回目に300cm^{2}になるのは，出発してから［　　　］秒後です。

⑵　三角形APDと三角形AQDの面積が初めて等しくなるのは出発してから［　　　］秒後で，2回目に等しくなるのは出発してから［　　　］秒後です。

⑶　出発した後に，3点A，P，Qが初めて一直線上に並ぶのは，出発してから［　　　］秒後です。

74　≪点の移動≫　下の図のような，大きさの異なる正方形ABCD，正方形AEFGと直線AOを組み合わせた図形があります。この図形において，4つの点P，Q，R，Sを，Aを出発点として次に示すコース上をそれぞれ動かします。（東大寺学園中）

P，Rのコース…正方形ABCDの周をA→B→C→D→Aの順に移動して一周し，その後Oへ向かってまっすぐ移動する

Q，Sのコース…正方形AEFGの周をA→E→F→G→Aの順に移動して一周し，その後Oへ向かってまっすぐ移動する

ただし，OはEから遠いところにあり，P，Q，R，SがOに着くことは考えないものとします。

まず，PとQをそれぞれ一定の速さで，Pが1分間に動く距離（きょり）とQが1分間に動く距離の和が12cmとなるように動かします。すると，PとQが同時にAを出発してからちょうど10分後に，Pは正方形ABCDを一周したのちにEの位置にあり，Qは正方形AEFGを一周したのちにBの位置にありました。

⑴　DGの長さを求めなさい。（　　　cm）

⑵　PとQがA以外の点で重なるのはAを出発してから何分何秒後ですか。また，この重なる位置の点をKとするとき，AKの長さを求めなさい。（　　　分　　　秒後）（　　　cm）

次に，RとSをそれぞれ一定の速さで動かします。RとSが同時にAを出発してからちょうど12分後に，RとSは⑵の点Kより6cmだけOの方向に進んだ点で重なりました。

⑶　RとSが重なる3分前のRの位置の点をLとします。ELの長さを求めなさい。（　　　cm）

75 ≪点の移動≫　右の図の台形ABCDはADとBCが平行で，AD = 14cm，高さは16cm，面積は320cm^{2}です。また，点Pは頂点Cを出発して毎秒1cmの速さで辺BC上を頂点Bまで動きます。

ACとDPの交点をQとします，　（洛星中）

(1)　BCの長さを求めなさい。（　　　cm）

(2)　三角形DQCと三角形QPCの面積が等しくなるのは，点Pが頂点Cを出発してから何秒後ですか。（　　　秒後）

(3)　三角形AQDの面積が42cm^{2}になるのは，点Pが頂点Cを出発してから何秒後ですか。

（　　　秒後）

76 ≪点の移動≫　図1のような，正方形ABCDと台形BEFGを組み合わせてできた図形があります。台形の辺BEの長さは11cmです。点PはAを出発して，この図形の辺上をA→D→C→G→F→Eの順に毎秒0.5cmの速さで動きます。3点A，B，Pを結んで三角形ABPをつくります。図2のグラフは，Pが出発してからの時間と三角形ABPの面積の関係を表したものです。次の(1)～(3)の問いに答えなさい。　（六甲学院中）

(1)　正方形ABCDの1辺の長さは何cmですか。（　　　cm）

(2)　図2のグラフの㋐，㋑，㋒の値をそれぞれ求めなさい。

㋐（　　　）　㋑（　　　）　㋒（　　　）

(3)　図2のグラフの㋓秒のとき，三角形ABPと正方形ABCDが重なった部分の面積は何cm^{2}ですか。（　　　cm^2）

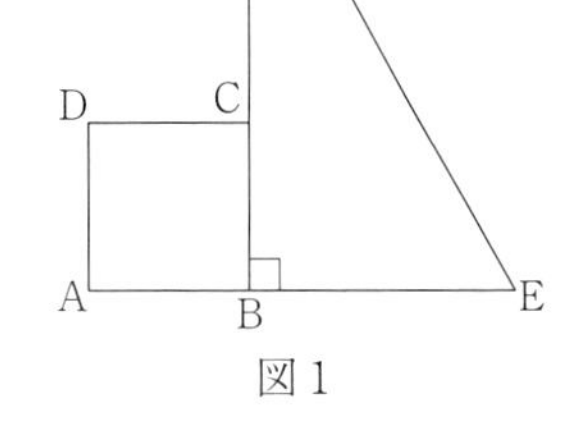

図1

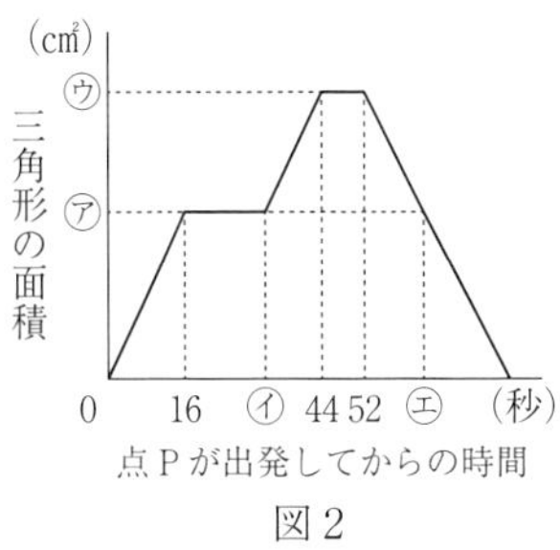

図2

77　《点の移動》　右の図のように，面積が6 cm^2 の正六角形ABCDEFがあり，その外側に辺ABと平行な直線㋐があります。直線㋐と辺EFをのばした直線の交点をGとすると，EF：FG＝2：7です。点Pは，点Hを出発し1秒あたり正六角形ABCDEFの一辺の長さだけ進む速さで，直線㋐上を図の右側の方向へ移動します。自由に伸(の)び縮みできる輪ゴムを正六角形ABCDEFと点Pにたるむことなく引っかけるとき，この輪ゴムで囲まれた部分の面積を y (cm^2)とします。例えば上の図では，斜(しゃ)線部分の面積です。点PがHを出発してからある時刻までは y は減っていき，その時刻から出発5秒後までの［イ］秒間は y は一定のままで，それより後は y は増えていきました。

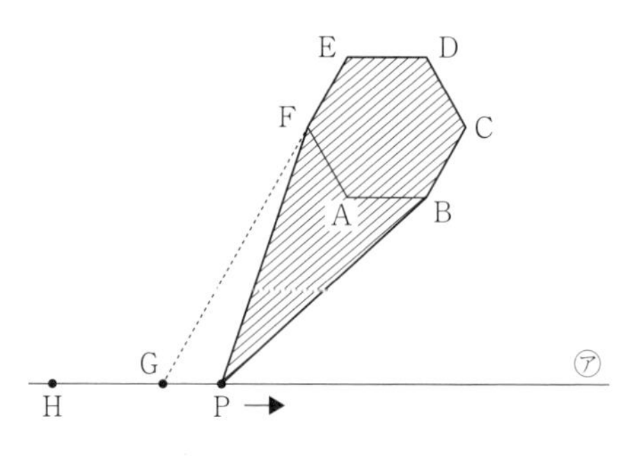

（甲陽学院中）

(1)　点PがGにいるときの面積 y (cm^2)の値(あたい)を求めなさい。（　　　cm^2）

(2)　［イ］に当てはまる数を答えなさい。（　　　）

(3)　点PがHを出発してからの時間（秒）と，そのときの面積 y (cm^2)の値の関係を表したグラフを，出発6秒後まで右の方眼に濃(こ)くかきこみなさい。ただし，横軸(じく)は1目盛りが0.5秒，縦軸は1目盛りが1 cm^2 です。

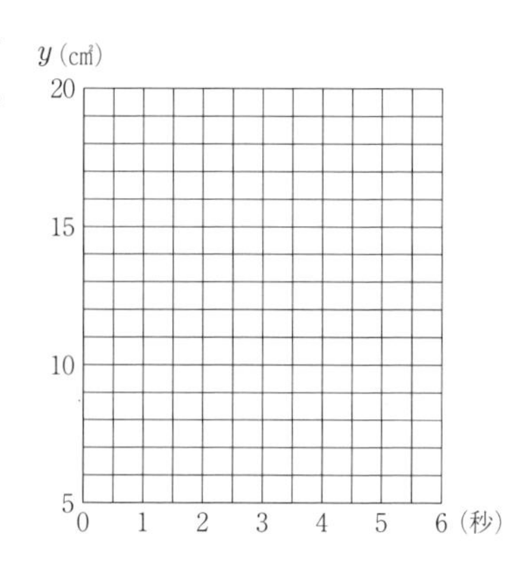

78　《図形の移動》　1辺の長さが8 cmである2つの正方形ABCD，PQRSがあります。

図1には，点Bを中心とし点Dを通る半円と，点Cを中心とし点Aを通る半円がかかれています。

図2のように正方形PQRSが①の位置から②の位置まで直線アの上をすべることなく転がるときに辺PQが通過する部分の面積と，図1の斜(しゃ)線(せん)部分の面積の和は［　　　］cm^2 です。　（灘中）

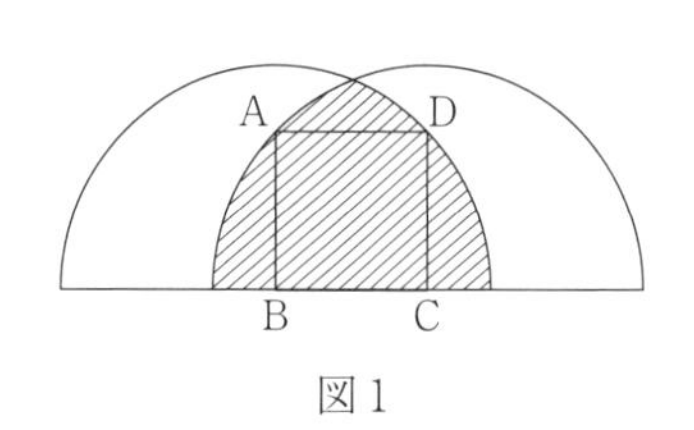

図1

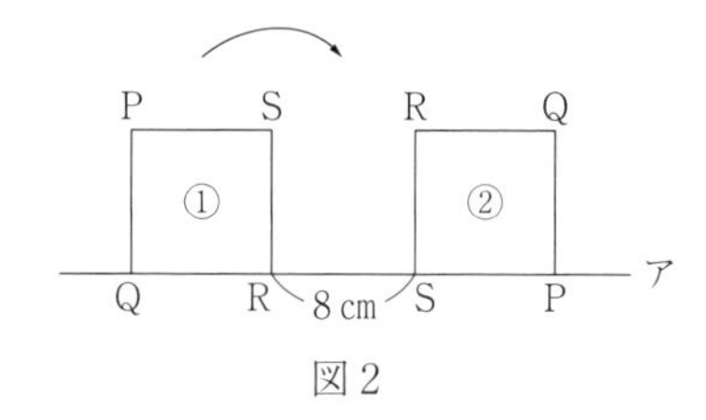

図2

79 ≪図形の移動≫　図１のように，長方形ABCDの頂点B，Cを中心として半径が辺BCの長さに等しい２つのおうぎ形をかき，この２つのおうぎ形の交わる点をEとします。この点Eと長方形の４つの頂点A，B，C，Dをそれぞれ結んだとき，図２のような辺の長さと角の大きさになりました。ただし，円周率は3.14とします。（神戸女学院中）

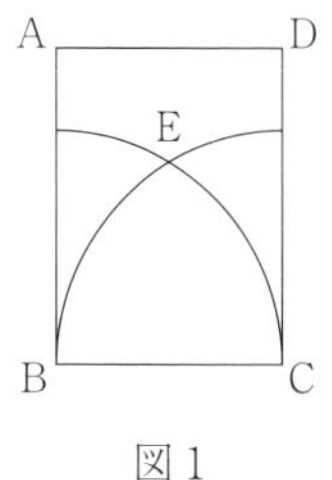

図１

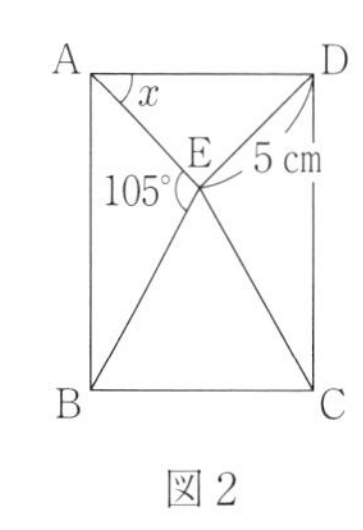

図２

(1)　xの角の大きさを求めなさい。(　　　)

(2)　点Eを中心として三角形ABEを１周させたとき，辺EBが通った部分の面積を求めなさい。
(　　　cm^2)

(3)　点Eを中心として三角形ABEを１周させたとき，辺ABが通った部分の面積を求めなさい。
(　　　cm^2)

80 ≪図形の移動≫　［図１］のように，半径7 cm，中心角45°のおうぎ形OPQを，OがAと重なるように直線AB上に置きます。このおうぎ形を，その位置からOが再び直線AB上にくるまですべらないように回転させたところ，OはBとちょうど重なりました。円周率は$\frac{22}{7}$として計算しなさい。（清風南海中）

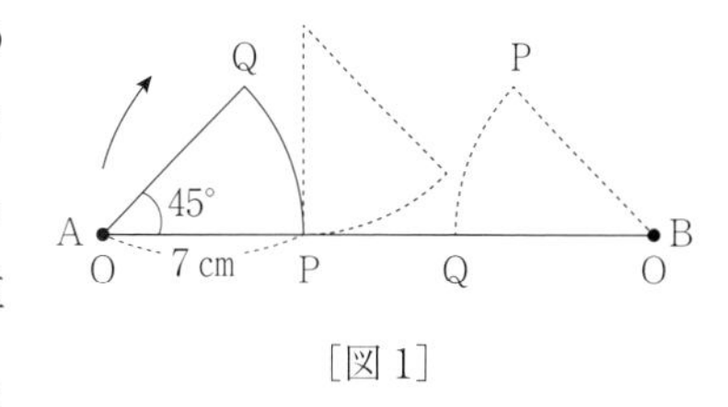

［図１］

(1)　ABの長さを求めなさい。(　　　cm)

(2)　［図２］のように，ABを１辺とする正方形ABCDの内側におうぎ形OPQを，OがAと重なるように置きます。このおうぎ形を，正方形の４つの辺にそって，もとの位置にもどるまですべらないように回転させました。このとき，おうぎ形が通過した部分の面積を求めなさい。(　　　cm^2)

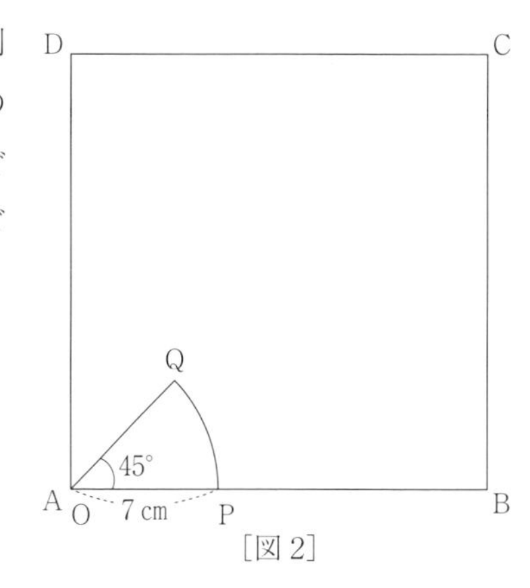

［図２］

81 **≪図形の移動≫**　図のように，円形の時計とその外側にそって動く半径3cmの円があります。この円は中心がつねに時計の短針の先にあるように一定の速さですべることなく転がります。時計の円周の長さが，円の円周の長さの4倍であるとき，次の各問いに答えなさい。ただし，円周率は3.14とします。　**(関西大学中)**

⑴　円形の時計の半径は何cmですか。(　　　cm)

⑵　図の時計は午前8時30分ちょうどを示しています。この時刻から円が転がり始めたとき，午後3時10分までに円の中心が動いた長さは何cmですか。(　　　cm)

⑶　⑵のとき，円が動いたあとにできる図形の面積は何cm^2ですか。(　　　cm^2)

82 **≪図形の移動≫**　右の図のような1つの角が45°の直角二等辺三角形Pと平行四辺形Qがあります。Pを直線XYに沿って矢印の方向に毎秒1cmの速さで移動します。ただし，Qは移動しません。移動を始めてからの時間と，2つの図形が重なってできる部分の面積を考えます。　**(神戸海星女中)**

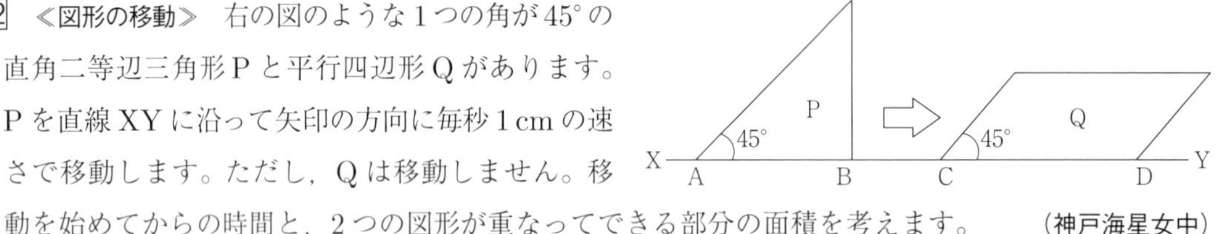

・Pが移動し始めて2秒後からPとQは重なり始め，重なった部分の図形の形は［ア］です。そして，Pが移動し始めて5秒後からPとQが重なった部分の図形の形は［ア］から［イ］に変わります。

・Pが移動し始めて5秒後から6秒後までの間は，PとQが重なった部分の面積は［あ］。また，6秒後から10秒後までは，PとQが重なった部分の面積は［い］。

・Pが移動し始めて10秒後からPとQが重なった部分の図形の形は［イ］から［ウ］に変わります。そして，13秒後からPとQが重なった部分の図形の形は［ウ］から［エ］に変わります。

⑴　図のAB，BC，CDの長さと，CDを底辺とした平行四辺形Qの高さをそれぞれ求めなさい。

AB(　　　)　BC(　　　)　CD(　　　)　Qの高さ(　　　)

⑵　［ア］～［エ］に入る言葉を下の①から⑥の中からそれぞれ一つずつ選びなさい。

ア(　　　)　イ(　　　)　ウ(　　　)　エ(　　　)

①　直角二等辺三角形　②　正三角形　③　平行四辺形　④　平行四辺形ではない台形
⑤　五角形　⑥　六角形

⑶　［あ］，［い］に入る言葉を下の①から③の中からそれぞれ一つずつ選びなさい。

あ(　　　)　い(　　　)

①　増え続けます　②　減り続けます　③　変化しません

⑷　Pが移動し始めて9秒後に，PとQが重なった部分の図形の面積を求めなさい。(　　　)

⑸　Pが移動し始めて12秒後に，PとQが重なった部分の図形の面積を求めなさい。(　　　)

8　立体図形

（注）特に指示のない場合は，円周率は3.14とします。

1　≪立体図形の性質≫　図1のような，透明(とうめい)な板で作られた，すべての面が正三角形の三角すいABCDがあります。この三角すいABCDの6つの辺の真(ま)ん中の点をとり，図2のように三角すいの表面にマジックで線をかきました。　(洛星中)

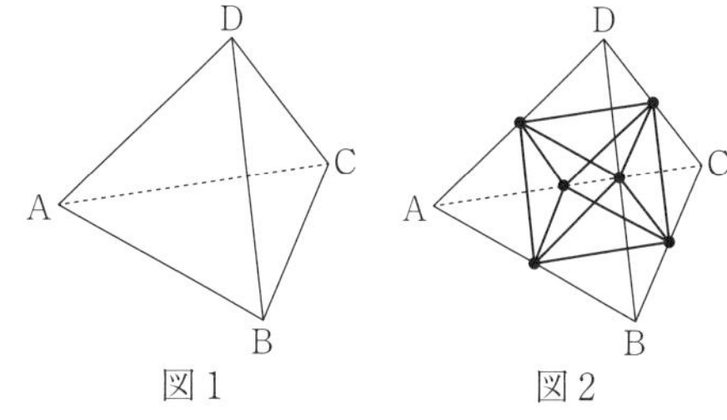

図1　　図2

(1) この三角すいABCDを，面ABCを床(ゆか)につけて置き，頂点Dの真上から見たとき，マジックでかいた線はどのように見えますか。解答欄(らん)の図にかきなさい。ただし，解答欄の図では，三角すいの辺をすべて点線で表しています。

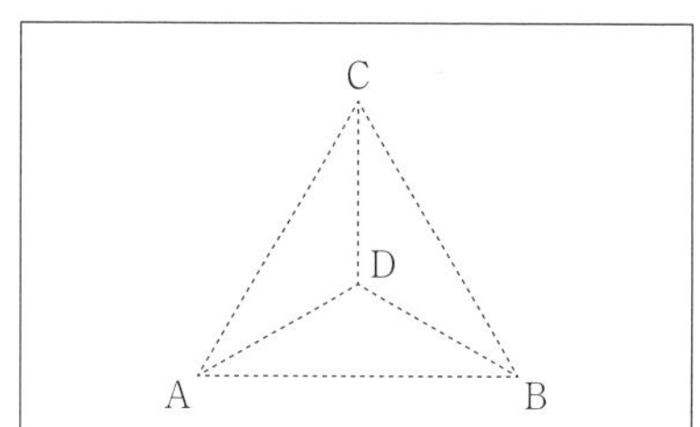

(2) 図3のような，透明な板で作られた，ふたのない立方体の容器を，かげをつけた面を床につけて置きました。この容器に，図2の三角すいを入れたところ，図4のように三角すいの頂点が立方体の頂点に重なりました。この容器を真上から見たとき，マジックでかいた線はどのように見えますか。解答欄の図にかきなさい。ただし，解答欄の図では，立方体の辺をすべて点線で表しています。

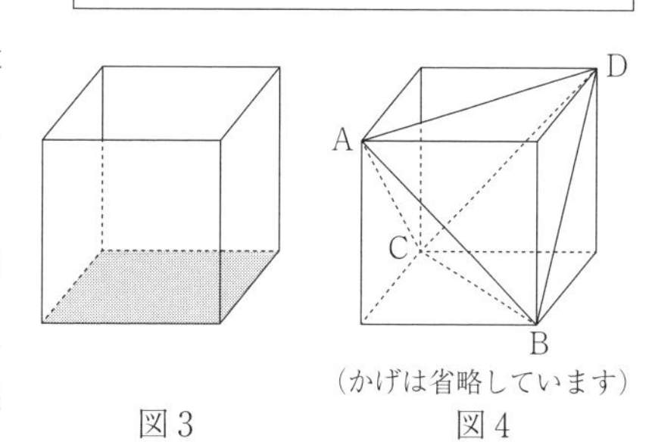

(かげは省略しています)
図3　　図4

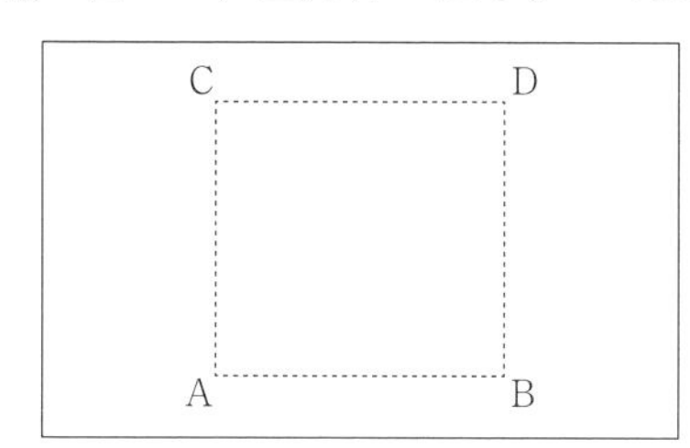

2　≪立体図形の性質≫　1辺の長さが27cmの立方体の体積は，1辺の長さが□cmの立方体の体積の$\frac{1}{27}$倍になります。　(ノートルダム女学院中)

3 **≪立体の体積・表面積≫**　右の図のように「ア」,「イ」,「ウ」とかかれた直方体があり，向かい合う面にはそれぞれ同じ文字がかかれています。

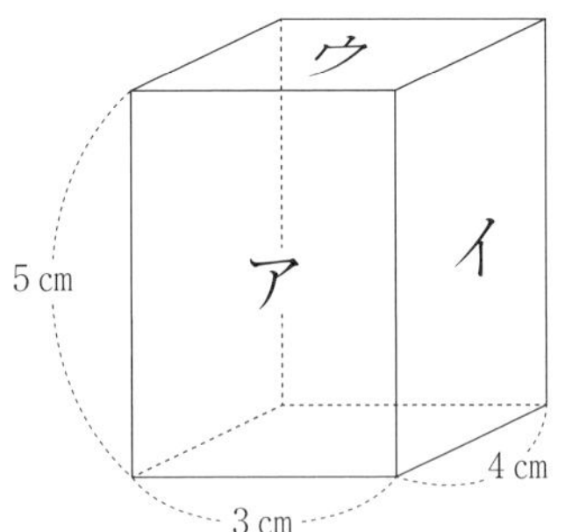

この直方体を同じ文字の面どうしでいくつかつなぎ合わせていくとき，次の問いに答えなさい。　**(大阪女学院中)**

(1)　この直方体の表面積は何 cm^2 か求めなさい。(　　　　cm^2)

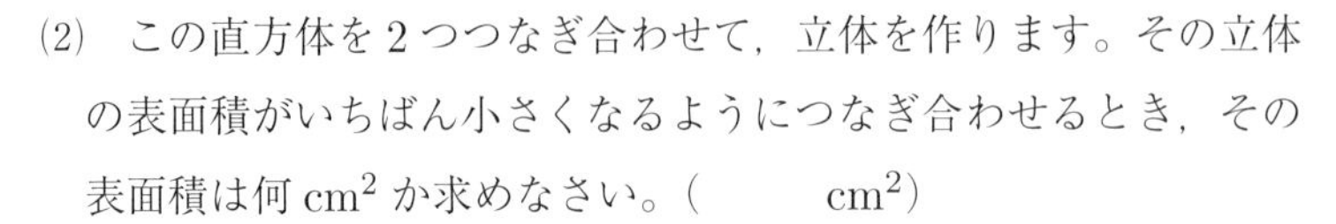

(2)　この直方体を 2 つつなぎ合わせて，立体を作ります。その立体の表面積がいちばん小さくなるようにつなぎ合わせるとき，その表面積は何 cm^2 か求めなさい。(　　　　cm^2)

(3)　この直方体を 3 つつなぎ合わせて，立体を作ります。その立体の表面積がいちばん小さくなるようにつなぎ合わせるとき，その表面積は何 cm^2 か求めなさい。(　　　　cm^2)

(4)　この直方体を 4 つつなぎ合わせて，立体を作ります。その立体の表面積がいちばん小さくなるようにつなぎ合わせるとき，その表面積は何 cm^2 か求めなさい。(　　　　cm^2)

4 **≪立体の体積・表面積≫**　右の図のような，1 辺の長さが 40cm の立方体から，たて 10cm，横 20cm，高さ 40cm の直方体を 3 つ切り取ってできた立体があります。この立体の体積は ①＿＿＿ cm^3，表面積は ②＿＿＿ cm^2 です。

(智辯学園奈良カレッジ中)

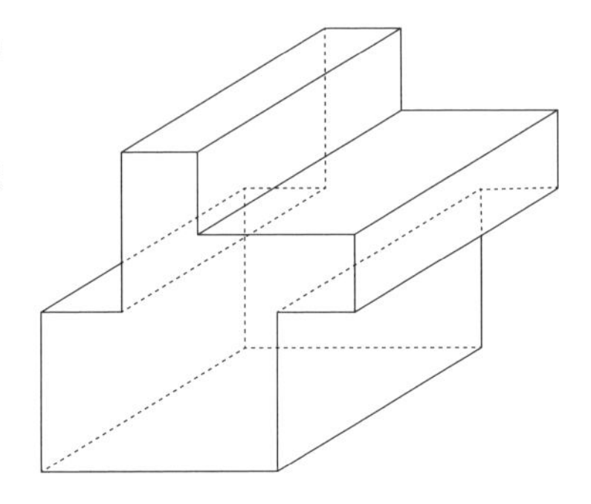

5 **≪立体の体積・表面積≫**　底面の半径が 6 cm，高さが 12cm の円柱を下の図のように切断し，大小 2 つの立体に分けたとき，2 つの立体の表面積の差は＿＿＿ cm^2 である。ただし，円周率は 3.14 とする。

(金蘭千里中)

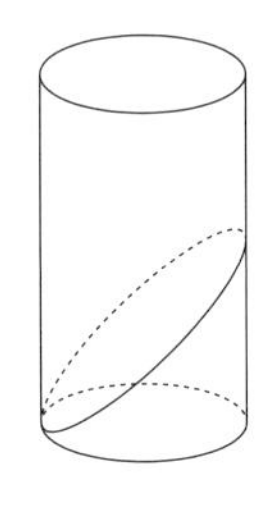

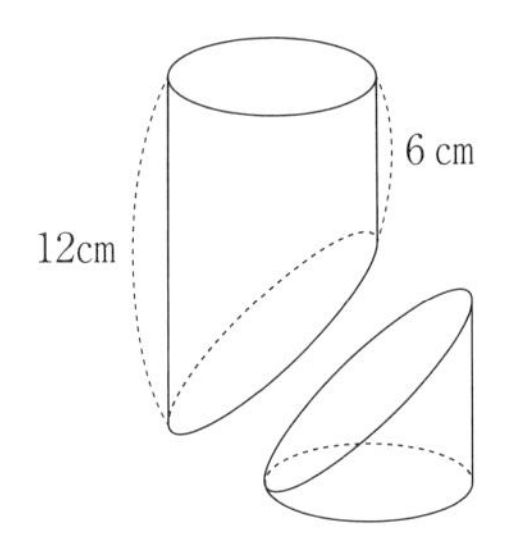

6 **≪立体の体積・表面積≫**　右の図のような，直方体から２つの円柱をくりぬいてできた立体があります。この立体の体積は何 cm^3 ですか。ただし，円周率は 3.14 とします。

（　　　cm^3）（同志社女中）

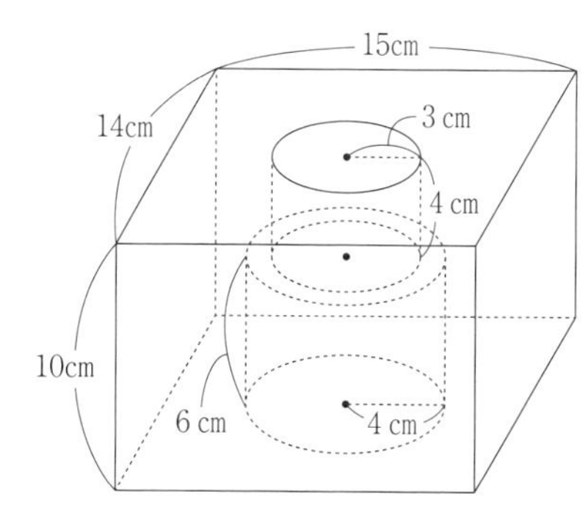

7 **≪立体の体積・表面積≫**　表面に白いペンキをぬった１辺の長さが 12cm の立方体の木材に穴をあけて，反対側までまっすぐくりぬきます。ただし，ペンキをぬった表面以外はペンキはぬられていないものとします。次の問いに答えなさい。（奈良学園登美ヶ丘中）

(1)　図１のように，面の真ん中に正面から直径 10cm の円形の穴をあけて，立体Ａを作りました。

①　立体Ａの体積を求めなさい。（　　　cm^3）

②　立体Ａにおいて，白いペンキがぬられていない部分の面積を求めなさい。（　　　cm^2）

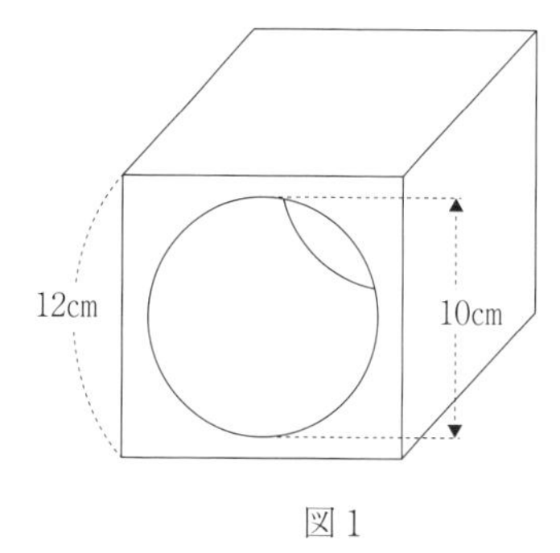

図１

(2)　図２のように，各面の真ん中に以下の３種類の印をつけて穴をあけて，立体Ｂを作ります。

（上から）縦の長さが 8 cm，横の長さが 10cm の長方形の穴

（横から）対角線の長さが 6 cm，8 cm で１辺の長さが 5 cm のひし形の穴

（正面から）直径 8 cm の円形の穴

①　立体Ｂにおいて，白いペンキがぬられている部分の面積を求めなさい。（　　　cm^2）

②　立体Ｂにおいて，白いペンキがぬられていない部分の面積を求めなさい。（　　　cm^2）

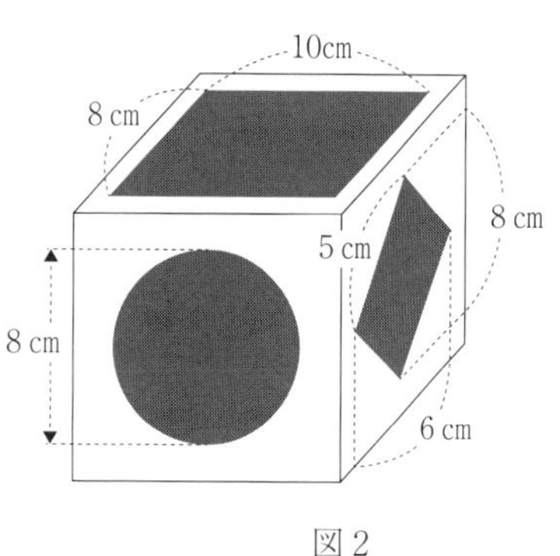

図２

8　≪水の深さ≫　高さが同じ直方体の容器 A，B があります。A と B の底面積の比は 7：4 です。A の容器の高さの半分まで入れた水を B に入れたとき，水の高さは B の容器の高さの ＿＿＿ 倍になります。　（京都女中）

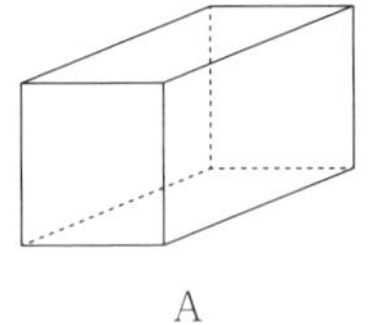

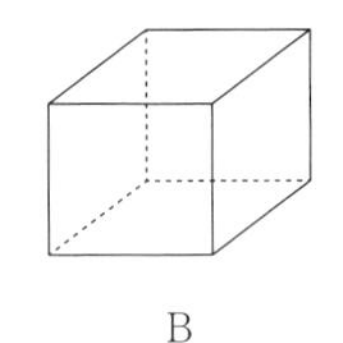

9　≪水の深さ≫　大きな直方体から立方体を 1 か所，直方体を 2 か所くりぬいた形の容器があります。右の図のように，この容器を水平な台の上に 3 点 DEF が下になるように置いたとき，底から 6 cm の高さまで水が入っています。水はどこからもこぼれることなく，容器の厚さは考えないとして次の問いに答えなさい。　（大阪教大附池田中）

(1)　容器に入っている水の体積は何 cm^3 ですか。
（　　　cm^3）

(2)　この容器を 3 点 ABC が下になるように置いたとき，水の高さは底から何 cm ですか。（　　　cm）

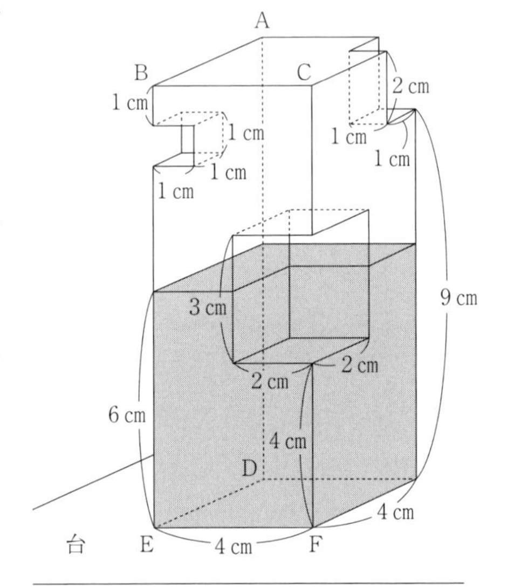

10　≪水の深さ≫　［図 1］のような，縦 8 cm，横 10cm，高さ 12cm の直方体から底面が台形である四角柱を切り取ってできた，ふたのついた容器がある。このとき，次の問いに答えなさい。　（明星中）

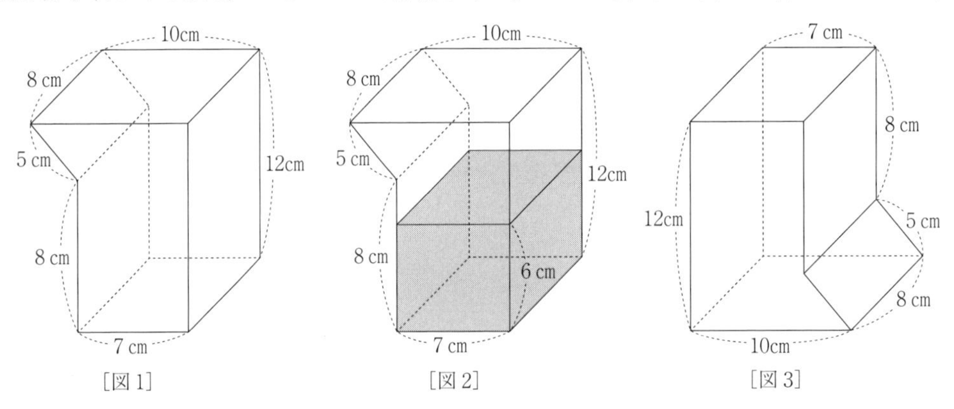

［図 1］　［図 2］　［図 3］

(1)　この容器の容積を求めなさい。（　　　cm^3）

(2)　この容器の表面積を求めなさい。（　　　cm^2）

(3)　［図 2］は，［図 1］の容器を水平な面に置き，高さが 6 cm のところまで水を入れた図である。この状態から，［図 2］の容器の上下を逆にして，［図 3］のように水平な面に置くとき，水面の高さを求めなさい。（　　　cm）

11 《水の深さ》 たて10cm，横10cm，高さ20cmの直方体の容器に，深さ15cmのところまで水が入っています。この容器に1辺の長さが3cmの立方体をしずめていきます。このとき，次の問いに答えなさい。ただし，しずめた立方体は完全に水の中に入っているものとし，浮かんでこないものとします。 (京都橘中)

(1) 立方体を1個しずめると，水面は何cm高くなりますか。(　　　cm)

(2) 同じ体積の立方体を1つずつしずめていくとき，容器の水がはじめてあふれ出すのは立方体を何個しずめたときですか。(　　　個)

12 《水の深さ》 直方体の形をした水そうAが水平な床(ゆか)の上にあります。この水そうに，水，おもりB，おもりCを順に入れると，【図1】，【図2】，【図3】のようになりました。おもりBとおもりCは立方体の形をしており，おもりCの体積はおもりBの体積の$\frac{125}{27}$倍です。また，【図2】では，Bの高さの$\frac{1}{3}$が水面から出ており，【図3】では，Cの高さの$\frac{1}{5}$が水面から出ています。

このとき，次の問いに答えなさい。 (東山中)

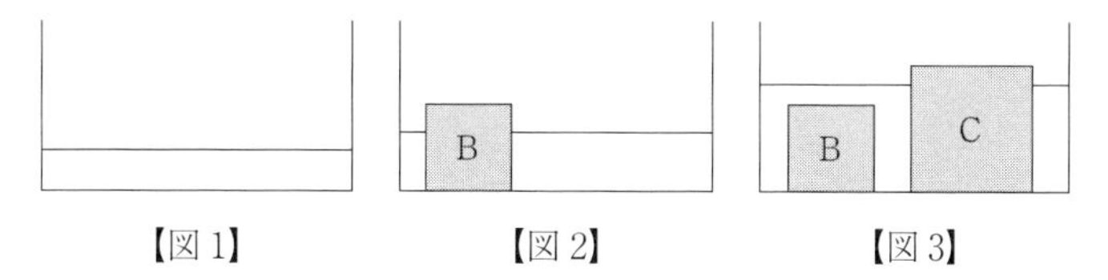

【図1】　【図2】　【図3】

(1) 入れた水の体積はおもりBの体積の何倍ですか。(　　　倍)

(2) 【図1】の水そうAの底面から水面までの高さは，おもりCの一辺の長さの何倍ですか。

(　　　倍)

13 《水の深さ》 2つのブロック①と②があります。この2つのブロックの体積は同じです。

水が入った直方体の水そうに，ブロック①を入れると，ブロックは完全にしずみ，水そうの水面の高さが0.4cm上がりました。次の問いに答えなさい。 (大阪女学院中)

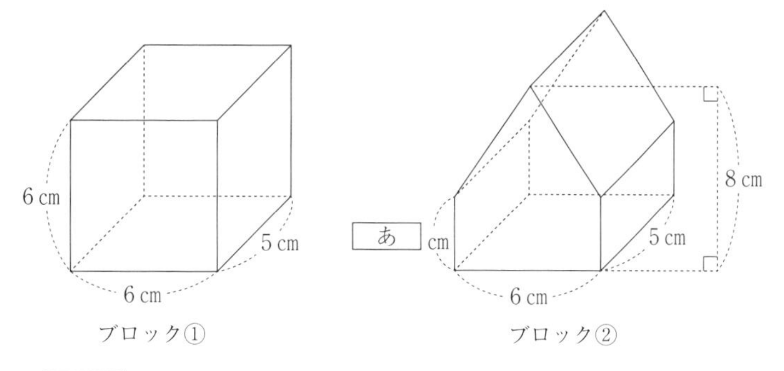

(1) ブロック②の あ の部分の長さは何cmか求めなさい。(　　　)

(2) 水そうの底面の面積は何cm^2か求めなさい。(　　　cm^2)

(3) 右の図のように，ブロック①，②を積み重ねて水そうに入れると，ブロック②の先だけ2cmはみ出しました。水そうに入っている水の体積は何cm^3か求めなさい。(　　　cm^3)

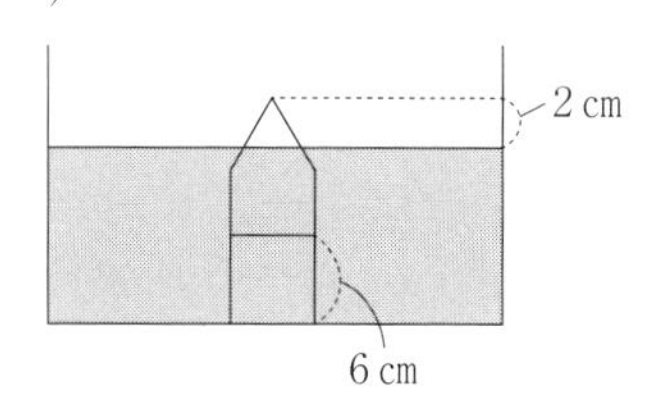

14　≪水の深さ≫　立方体の形をした水そう(い)，1辺が3cmの立方体を4つ組み合わせたおもり(ろ)と三角柱であるおもり(は)があります。水そうは平らな床の上に置かれていて，おもりが水に浮くことはないとします。このとき，次の問いに答えなさい。　　　　　　　　　　　　　　　　　　　　　　（開明中）

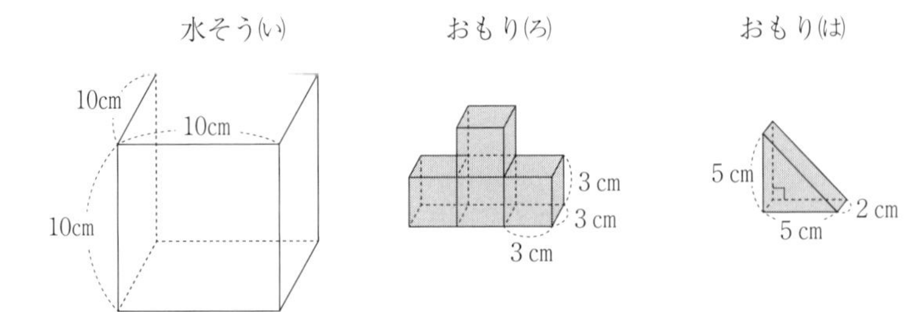

(1)　水でいっぱいの状態の水そう(い)の中におもり(ろ)を水そうの底までゆっくりと沈めます。あふれ出る水の体積は何cm^3ですか。（　　　cm^3）

(2)　水でいっぱいの状態の水そう(い)の中におもり(は)を水そうの底までゆっくりと沈めます。あふれ出る水の体積は何cm^3ですか。（　　　cm^3）

(3)　空の水そう(い)の底面におもり(ろ)を図の状態の向きで置き，水を入れたところ，水面は水そうの底面から5cmのところにありました。入れた水の体積は何cm^3ですか。（　　　cm^3）

(4)　空の水そう(い)の底面におもり(ろ)と(は)を図の状態の向きで置き，水を$376cm^3$入れました。水面は水そうの底面から何cmのところにありますか。ただし，おもり(ろ)と(は)はどちらも水そう(い)の底に置くものとします。（　　　cm）

15　≪水の深さ≫　右の図1のように，1辺4cmの立方体の各面に，1辺1cmの正方形が16個できるように線をひきます。そのあと，斜線部分を反対側までまっすぐくりぬいた立体を考えます。

このとき，次の問いに答えなさい。　　　　　　　　（大阪桐蔭中）

図1

(1)　この立体の体積は何cm^3ですか。（　　　cm^3）

次に右の図2のように，(1)で考えた立体を，たて，横，高さがそれぞれ6cmの空の水そうに入れ，その水そうに1分間に$19.1cm^3$ずつ水を入れていきます。ただし，水を入れても立体は浮かないものとします。

(2)　水そうの中の水の高さを2cmにするには，何cm^3の水が必要ですか。（　　　cm^3）

(3)　水を入れ始めてから2分後に，水そうの中の水の高さは何cmになりますか。（　　　cm）

図2

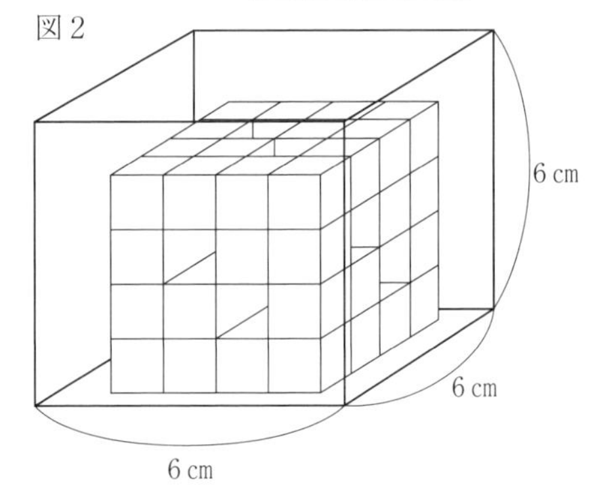

16 ≪展開図≫ 【図 1】のような立方体があります。【図 2】は【図 1】の立方体の展開図です。次の問いに答えなさい。 (大阪教大附平野中)

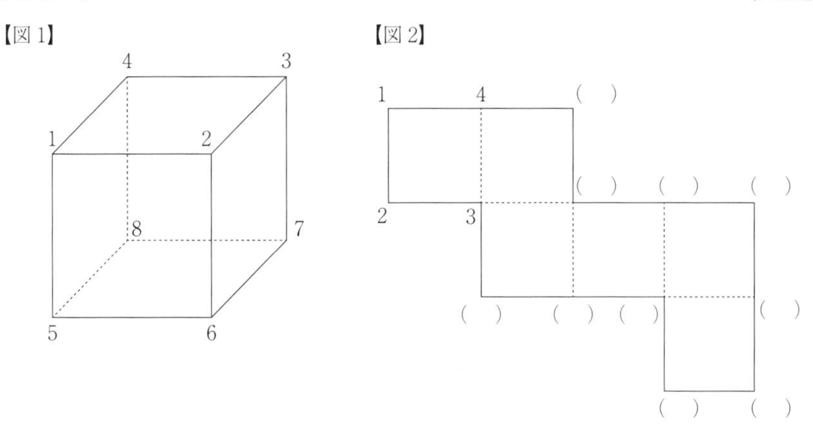

(1) 【図 2】の（　　）は【図 1】の 1～8 のどの頂点になりますか。上の展開図に書き入れなさい。

(2) 【図 1】の立方体を，3 つの頂点 1，3，6 を通る平面で切り分けます。その切り口の線を上の展開図に書き入れなさい。

17 ≪展開図≫ 図のような，縦 6 cm，横 12cm，高さ 15cm の直方体 ABCDEFGH があります。この直方体の面にそって，頂点 A から辺 BF，CG を通って頂点 H までひもをかけ，ひもと辺 BF，CG との交点をそれぞれ P，Q とします。ひもの長さが最も短くなるようにかけたとき，四角形 PFGQ の面積は何 cm^2 ですか。(　　　cm^2) (聖心学園中)

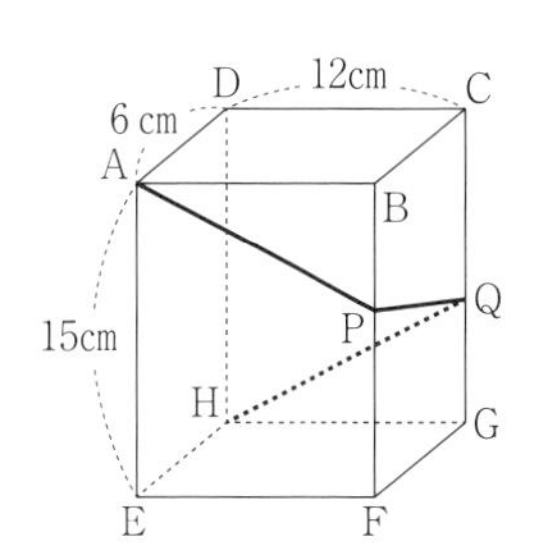

18 ≪展開図≫ 右の展開図を組み立ててできる三角柱と形も大きさも同じ容器に水が入っています。正方形の面が下になるように水平な台の上に置くと水面の高さは 7.2cm になりました。三角形の面が下になるように水平な台の上に置くとき，水面の高さは何 cm になりますか。ただし，どの面を下にしても水がこぼれることはないものとします。

(　　　cm) (同志社女中)

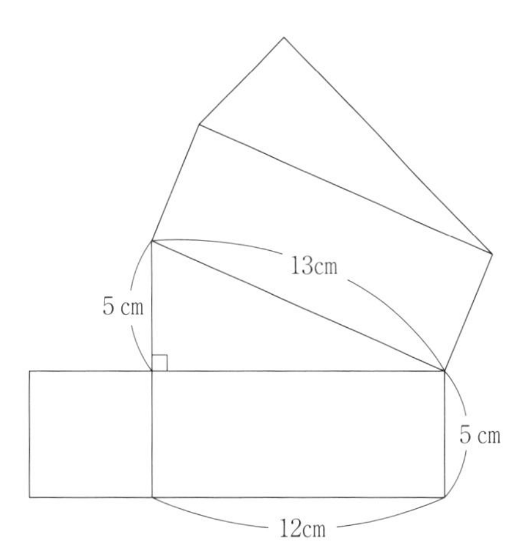

19 **≪展開図≫**　右の図は，三角すいを底面と平行な平面で切ってできた立体の展開図である。このとき，次の問いに答えなさい。ただし，三角すいの体積は，(底面積)×(高さ)×$\frac{1}{3}$で求められる。 (明星中)

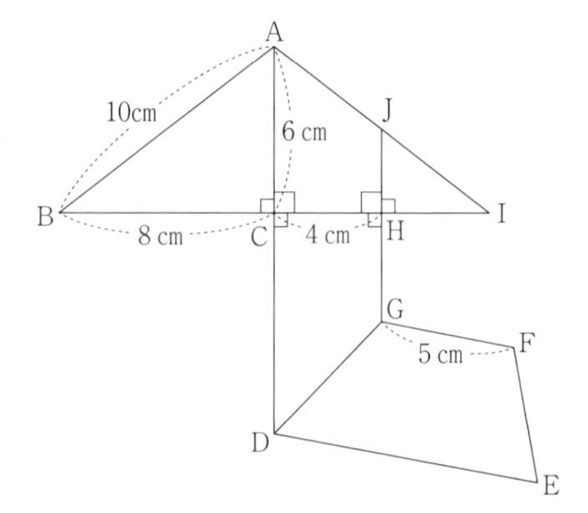

(1)　この展開図を組み立ててできた立体を考える。点Jと重なる点を答えなさい。(点　　　)

(2)　三角形HIJの面積を求めなさい。(　　　cm^2)

(3)　この展開図を組み立ててできる立体の体積を求めなさい。(　　　cm^3)

(4)　この展開図を組み立ててできた立体を3点A，B，Hを通る平面で2つに切ったとき，体積の小さい方の立体の体積を求めなさい。(　　　cm^3)

20 **≪展開図≫**　図1は，底面の半径が1cmの円柱を半分に切った立体で，高さは1cmです。また，図2はある立体の展開図で，半径が1cmの半円，正方形，長方形，直角二等辺三角形をあわせた図形です。ただし，AB = 3cm，BF = 1cm，FE = 2cm，AD = 1cmです。円周率を3.14として，次の問いに答えなさい。 (立命館宇治中)

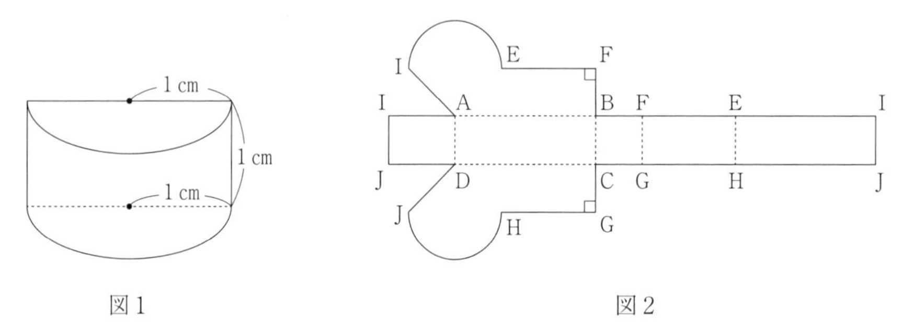

図1　　　　　図2

(1)　図1の立体の体積と表面積を求めなさい。体積(　　　cm^3)　表面積(　　　cm^2)

(2)　図2を組み立ててできる立体の体積を求めなさい。(　　　cm^3)

21 **≪展開図≫**　ある立体の展開図は図のようになっています。この立体の体積は［　　　］cm^3です。ただし，同じ記号がかかれた辺の長さは等しいとします。 (灘中)

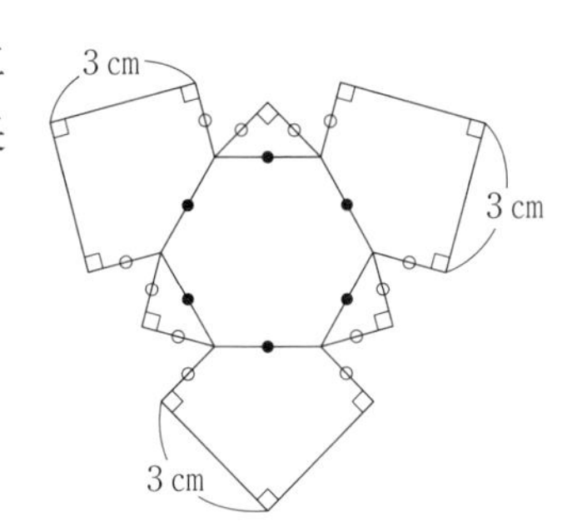

22　**≪直方体・立方体を積んだ形≫**　表面を赤色にぬった1辺6cmの立方体の各辺を3等分する平面で分け，1辺2cmの立方体に分けました。立方体は［ア　　］個でき，そのうち赤い面が1面だけある立方体の個数は［イ　　］個です。　**(雲雀丘学園中)**

23　**≪直方体・立方体を積んだ形≫**　図1のような1辺の長さが3cmの立方体をすきまなく積み上げてできた立体Aがあります。図2は立体Aを真上から見た図です。　**(同志社香里中)**

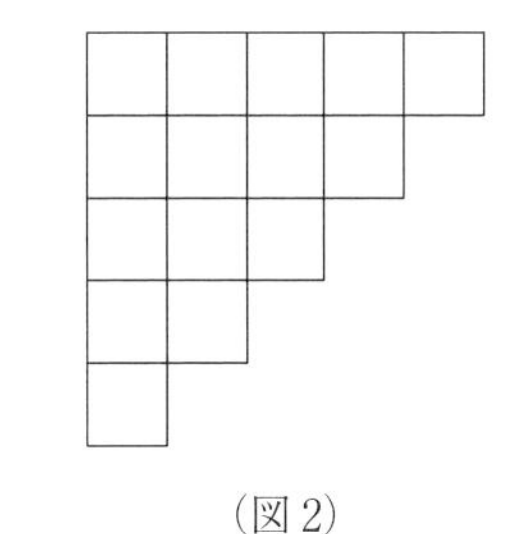

(図1)　(図2)

(1)　立体Aの体積は何cm^3ですか。(　　　cm^3)

(2)　立体Aの表面積は何cm^2ですか。

(　　　cm^2)

(3)　立体Aの表面全体(底もふくむ)にペンキで色をぬるとき，3つの面にだけ色がぬられている立方体は何個ありますか。(　　　個)

24　**≪直方体・立方体を積んだ形≫**　右の図のように1辺の長さが2cmの立方体を下から16個，9個，4個，1個と積み上げました。それぞれの立方体の頂点は，下の段の各立方体の面のまん中にあります。　**(三田学園中)**

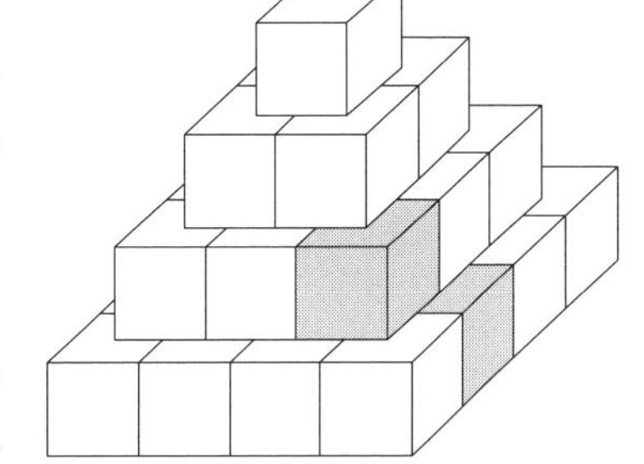

(1)　この立体の表面積を求めなさい。(　　　cm^2)

(2)　色のついた2個の立方体をくずれないように抜き取ります。残った立体の表面積は，もとの立体の表面積とくらべてどれだけ増えるか，またはどれだけ減るかを答えなさい。(あてはまる方に○をつけなさい)

(　　　cm^2)(増える　減る)

25　**≪直方体・立方体を積んだ形≫**　1辺が1cmの立方体を積み重ねて立体を作ります。10個の立方体を積み重ねて立体を作ると，正面から見た図と真上から見た図が右のようになりました。この立体の表面積は何cm^2ですか。(　　　cm^2)　**(智辯学園和歌山中)**

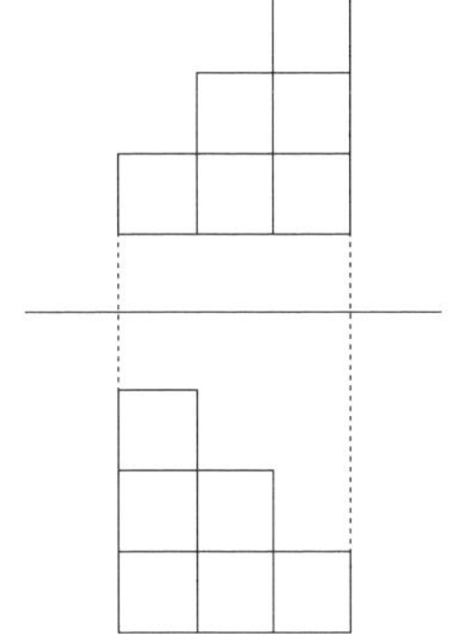

26 ≪直方体・立方体を積んだ形≫　図は，1辺が1cmの立方体の積み木を積み重ねてできた立体を，真正面，真上，右横からそれぞれ見たときのようすを表したものです。この図で使われている積み木の数は，最も少ない場合で何個ですか。(　　　個)

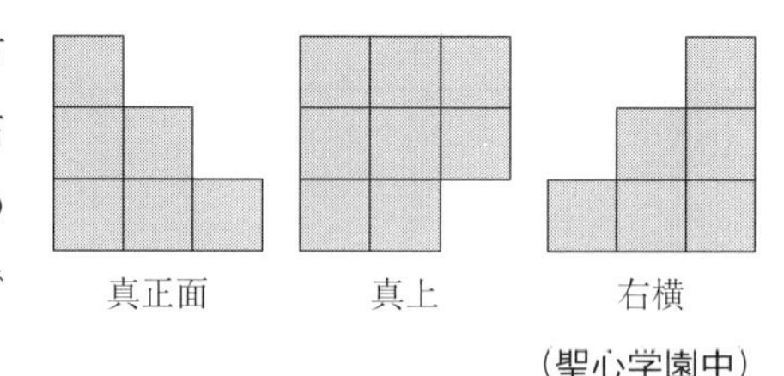

(聖心学園中)

27 ≪直方体・立方体を積んだ形≫　一辺の長さが10cmの立方体の3つの面の一部分に，右の【図1】，【図2】のように色をつけます。そして，色をつけた部分をその面から向かい合う面までまっすぐくりぬいて穴をあけ，くりぬいた部分を取り除いて新しい立体を作ります。このとき，次の問いに答えなさい。ただし，各図の点線は2cmの間隔(かく)で引かれています。

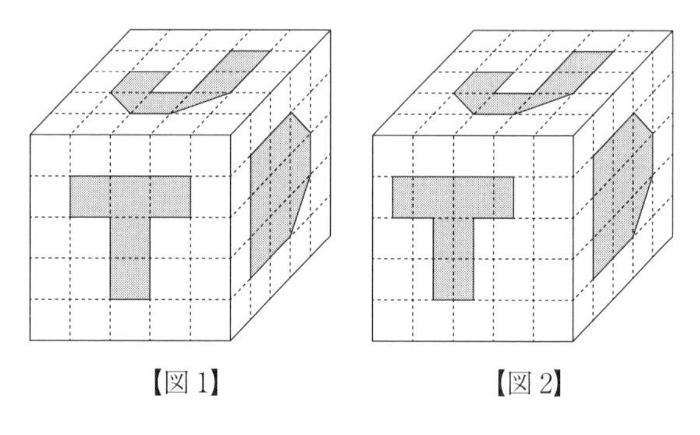

(東大寺学園中)

(1) 【図1】のように色をつけた場合にできる立体の体積を求めなさい。(　　　cm^3)

(2) 【図2】のように色をつけた場合にできる立体の体積を求めなさい。ただし，【図2】の正面から見た面の色のついている部分は，【図1】の正面から見た面の色のついている部分を左へちょうど1cmずらしたものです。(　　　cm^3)

28 ≪さいころ≫　右の図1のような，1辺の長さが2cmの立方体があります。この立方体の各面に1～6までの数字を1回ずつ書きこんで，サイコロをつくります。ただし，書きこむ数字の向きは考えないことにします。

(智辯学園奈良カレッジ中)

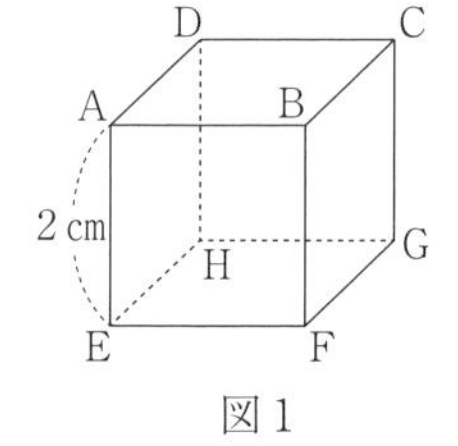

図1

(1) 図1の立方体の体積と表面積を求めなさい。

体積(　　　cm^3)　表面積(　　　cm^2)

サイコロは，向かい合う面に書きこまれた数字の和が7になるようにつくられています。図2のように1～3を書きこんだときと，図3のように1～3を書きこんだときでは，残りの面にあてはまる数字も異なる並び方になるので，図2のサイコロと図3のサイコロは区別して考えます。

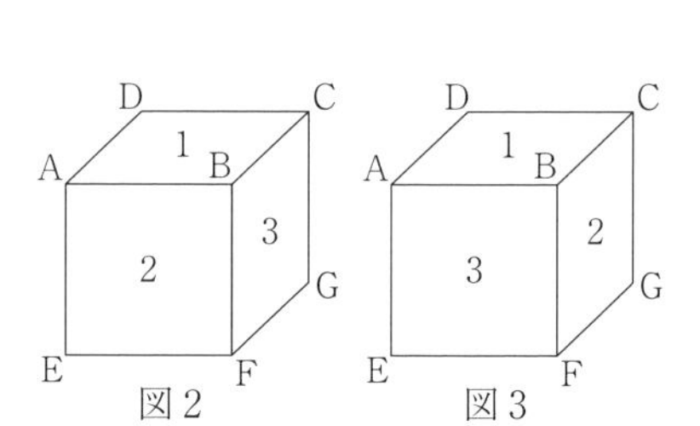

図2　図3

(2) 図2のサイコロの残りの面にあてはまる数字を，解答らんの図に書きこんで答えなさい。

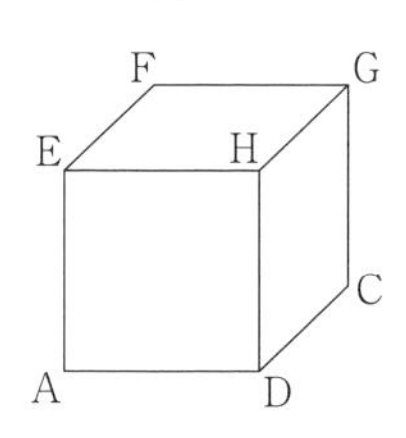

図２と同じサイコロを８個使って，面と面をはり合わせて図４のような１辺の長さが４cm の立方体をつくります。このとき，はり合わせた面に書かれた数字は，立方体をどの向きから見ても，見ることができなくなりました。

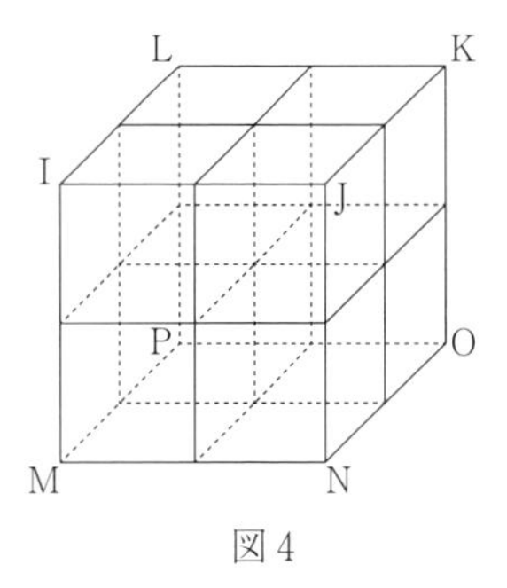

図４

⑶　もとの８個のサイコロにある合計48個の面のうち，図４の立方体をつくったときに見えなくなった面の個数を答えなさい。（　　　個）

図２と同じサイコロを８個使って，面 IMNJ の４つの数字がすべて１になり，面 IJKL の４つの数字の和ができるだけ小さくなるようにはり合わせ，図５のような立方体をつくります。

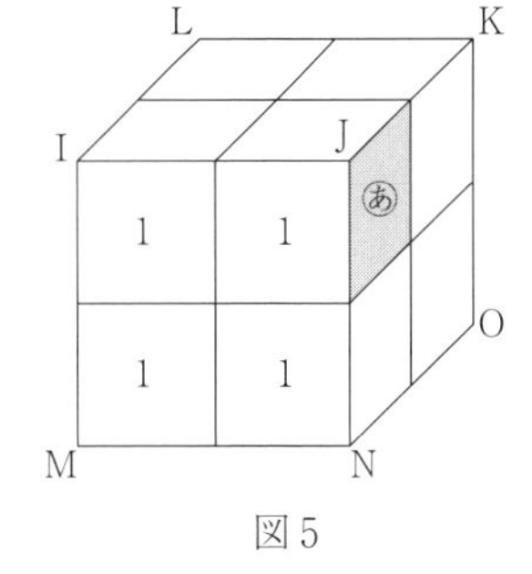

図５

⑷　面 IJKL に書かれている数字を，解答らんの図に書きこんで答えなさい。

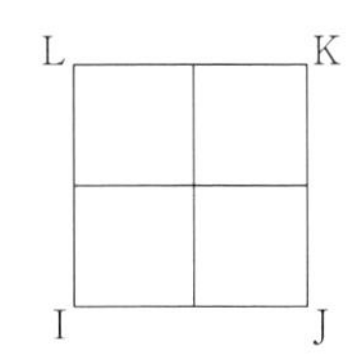

⑸　面ⓐに書かれている数字を答えなさい。（　　　）

図２と同じサイコロを７個使って，立体の表面（ひょうめん）に書かれた数字の和ができるだけ大きくなるようにはり合わせて，図６のような立体をつくります。このとき，面 MNOP に書かれた４つの数字が同じになり，面ⓘ，面ⓤ，面ⓔに書かれた３つの数字が同じになりました。

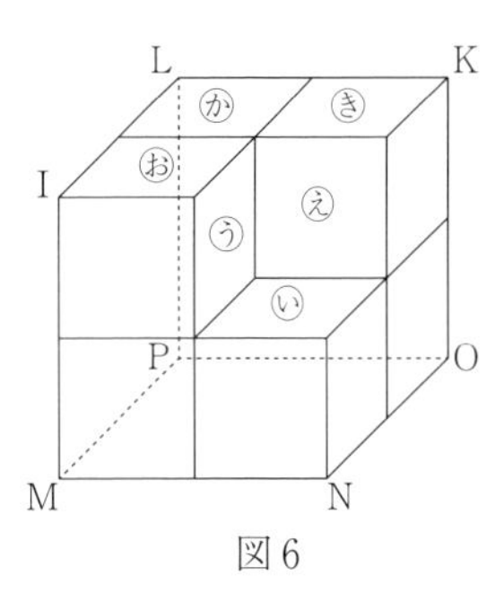

図６

⑹　もとの７個のサイコロにある合計42個の面のうち，図６の立体をつくったときに見えなくなった面の個数を答えなさい。（　　　個）

⑺　面 MNOP には１～６のうち，どの数字が並んでいるか答えなさい。（　　　）

⑻　面ⓞ，面ⓚ，面ⓚⅰに書かれた数字の和をできるだけ小さくするとき，それぞれどの数字が書かれているか答えなさい。ⓞ（　　　）　ⓚ（　　　）　ⓚⅰ（　　　）

29　≪さいころ≫　図１のように，１から４の数字がかかれた４枚の正三角形からできた展開図があります。この展開図を組み立てた立体を，図２のように４の面を下にして正三角形のマス目上に置きました。現在の位置をスタート地点，色がついている位置をゴール地点とし，矢印に沿って㋐と㋑の２通りのコースでゴールまですべることなく転がします。地面とふれた数字をたしていくとき，スタート地点とゴール地点をふくめて合計はそれぞれいくつになりますか。　**(大阪教大附池田中)**

㋐のコースの合計(　　　)　㋑のコースの合計(　　　)

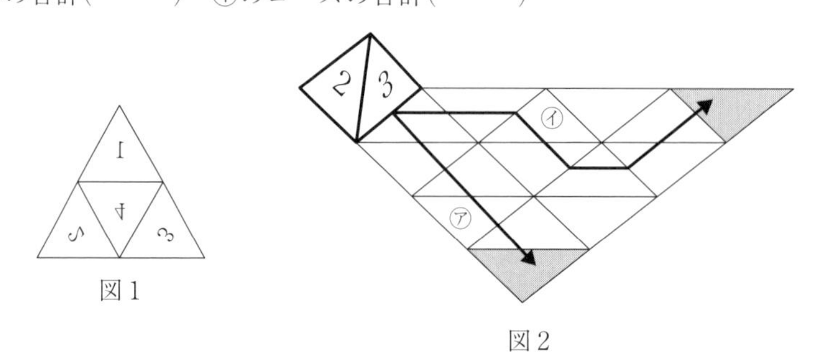

図１　　図２

30　≪角すい・円すい≫　図のような１辺の長さが12cmの正方形ABCDがあり，辺ABの真ん中の点をE，辺BCの真ん中の点をFとします。DE，EF，DFを折り目として３点A，B，Cが１点に集まるようにして正方形を折り，立体を作ります。この立体の体積は[ア　　　]cm^3で，底面を三角形DEFとしたときの高さは[イ　　　]cmです。ただし，三角すいの体積は(底面積)×(高さ)÷３で求めることができます。　**(近大附中)**

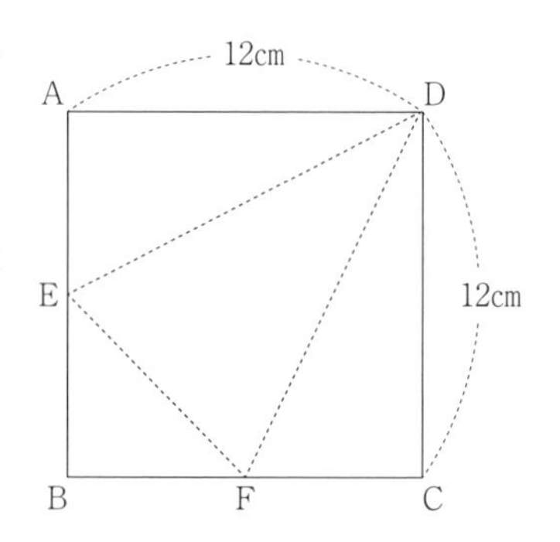

31　≪角すい・円すい≫　右の図のように，１辺の長さが4cmの正方形ABCDと４つの正三角形ABE，BCF，CDG，DAHがあります。

　AとF，BとG，CとH，DとEをそれぞれ直線で結び，直線AFとBG，BGとCH，CHとDE，DEとAFの交わる点をそれぞれP，Q，R，Sとします。このとき，四角形PQRSは正方形になります。次の問いに答えなさい。　**(高槻中)**

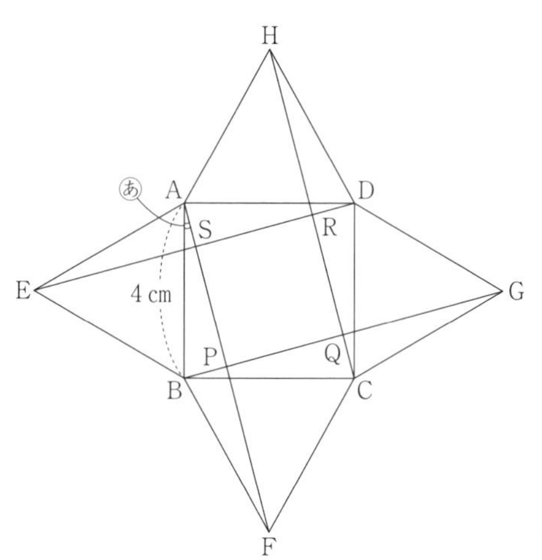

(1)　角㋐の大きさを求めなさい。(　　　)

(2)　正方形PQRSの面積を求めなさい。(　　　cm^2)

(3)　正方形PQRSを底面とする四角すいを考えます。
　その四角すいのすべての辺の長さが等しいとき，この四角すいの体積を求めなさい。
　なお，四角すいの体積は(底面積)×(高さ)÷３で求められます。(　　　cm^3)

32 ≪角すい・円すい≫　図のような，円柱から円すいをくりぬいた立体があります。このとき，次の問いに答えなさい。ただし，円すいの体積は(底面積)×(高さ)×$\frac{1}{3}$で求めることができます。　(奈良学園中)

(1)　くりぬいた円すいの展開図は，おうぎ形と円からできています。そのおうぎ形の中心角は何度ですか。　(　　　)

(2)　この立体の体積は何 cm^3 ですか。(　　　cm^3)

(3)　この立体の表面積は何 cm^2 ですか。(　　　cm^2)

33 ≪角すい・円すい≫　〈図1〉のような，立体アと立体イがあります。立体アは，底面が1辺6cmの正方形で，高さが4cmの四角すいです。立体イは，立体アを底面から高さ2cmのところで底面と平行な平面で切断してできる2つの立体のうち，体積が大きい方の立体です。このとき，次の問いに答えなさい。　(清風中)

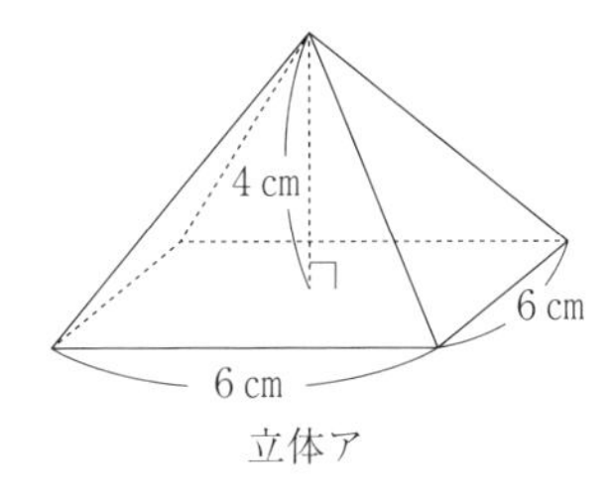

立体ア

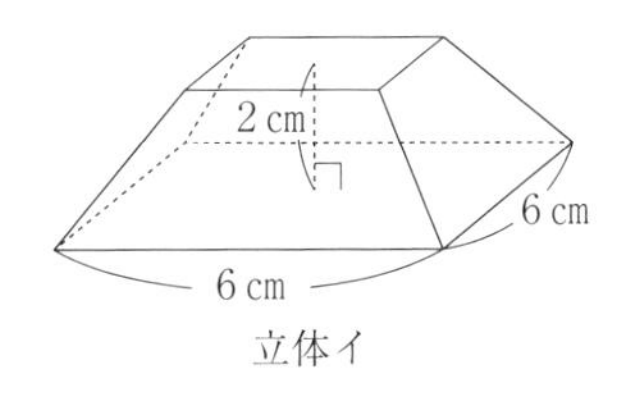

立体イ

〈図1〉

(1)　立体アの体積を求めなさい。(　　　cm^3)

(2)　立体イの体積を求めなさい。(　　　cm^3)

次に，〈図2〉のように，立体アと立体イを1辺6cmの正方形の底面がぴったり重なるようにくっつけて立体ウを作ります。この立体ウを3点B，C，Iを通る平面で切断するとき，

(3)①　切断面が辺EF，GHと交わる点をそれぞれP，Qとします。四角形PFGQの面積を求めなさい。(　　　cm^2)

②　切断してできる2つの立体のうち，点Fを含(ふく)む方の立体の体積を求めなさい。(　　　cm^3)

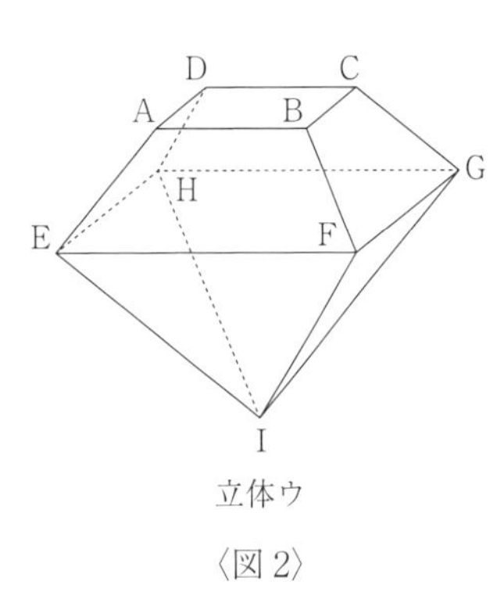

立体ウ

〈図2〉

34 ≪角すい・円すい≫　右の図は立方体で，点Pと点Qはそれぞれ正方形ABCD，EFGHの対角線の交点です。四角すいPEFGHと四角すいQABCDの共通部分の体積は立方体の体積の□倍です。ただし，四角すいPEFGHの体積は立方体の体積の $\frac{1}{3}$ 倍です。

（甲陽学院中）

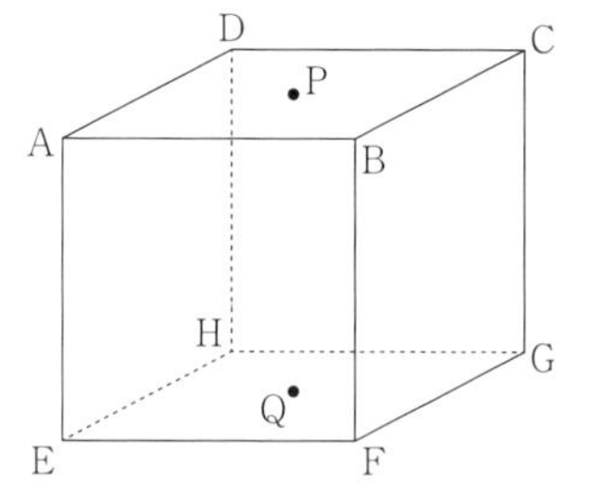

35 ≪角すい・円すい≫　（洛南高附中）

(1) 下の図のように，1辺の長さが1cmの3つの立方体があります。A，B，Cをそれぞれ重ねたとき，立方体の頂点をつないでできる三角柱ア，イ，ウの重なる部分の立体を考えます。

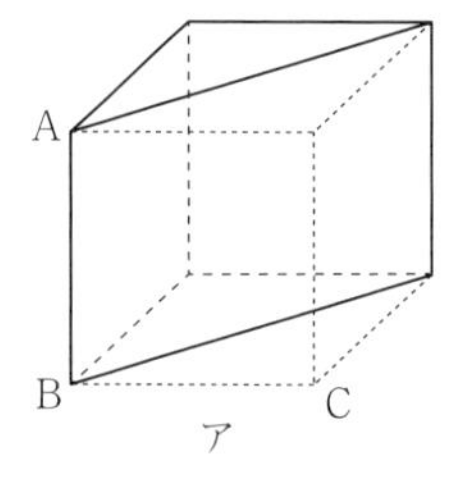

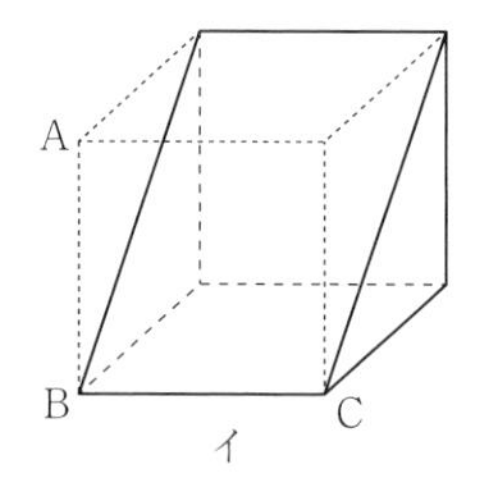

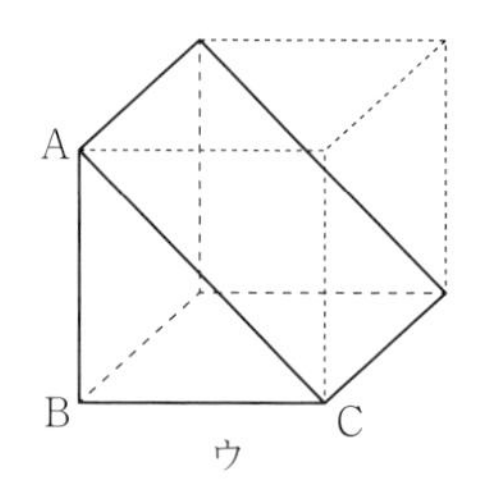

① 面の数はいくつですか。（　　　個）

② 体積は何 cm^3 ですか。（　　　cm^3）

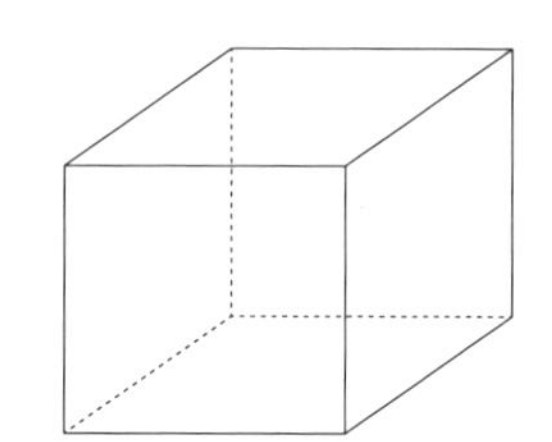

(2) 下の図のように，1辺の長さが3cmの3つの立方体があります。A，B，Cをそれぞれ重ねたとき，立方体の各辺を3等分する点をつないでできる八角柱エ，オ，カの重なる部分の立体を考えます。

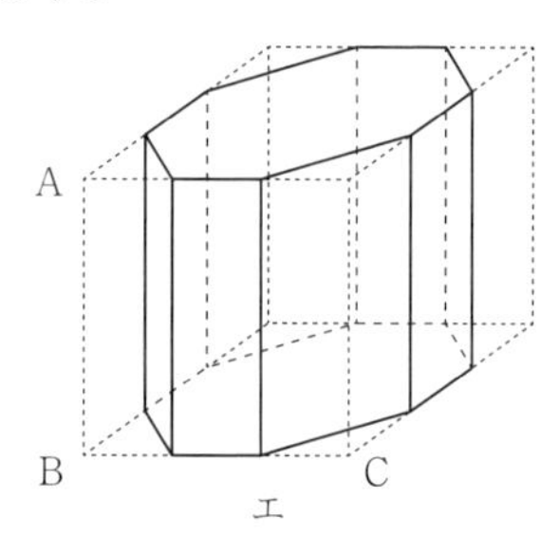

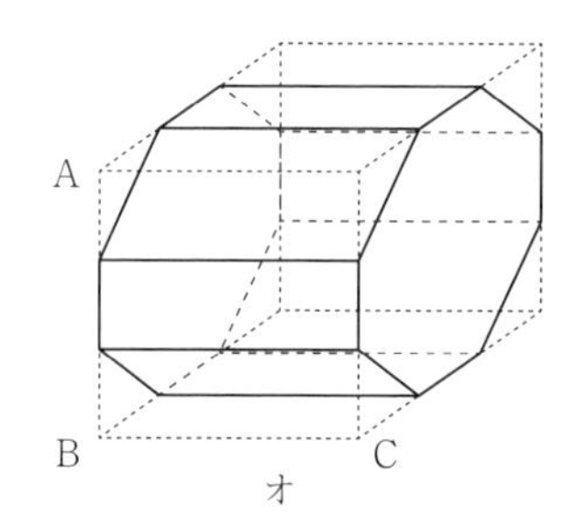

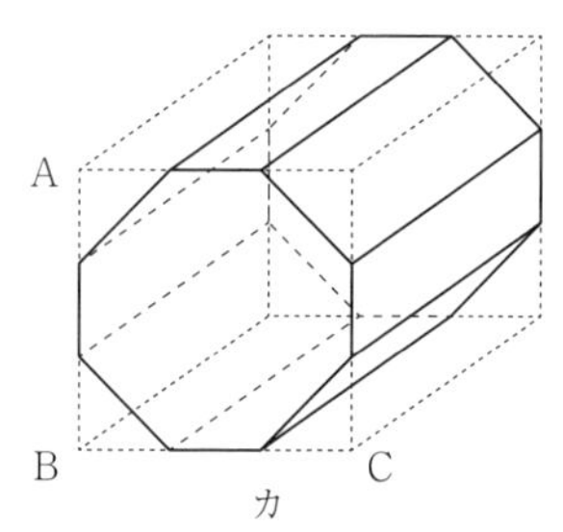

① 面の数はいくつですか。（　　　個）

② 体積は何 cm^3 ですか。（　　　cm^3）

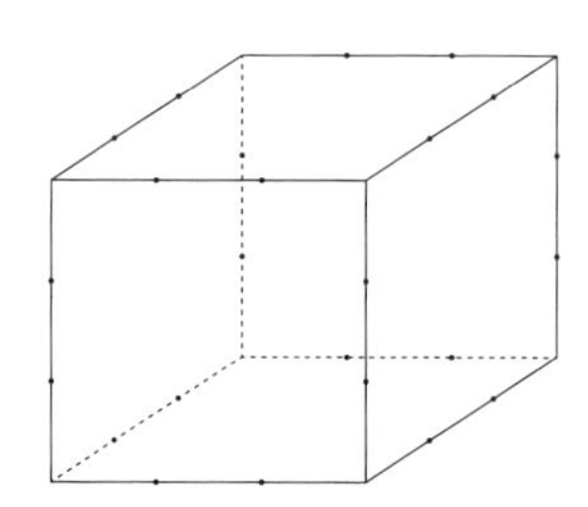

36 ≪立体の切断≫　右の図１のような立方体 ABCD—EFGH があります。図のように辺 AB，AD，AE をそれぞれ１：２に分ける点 I，J，K があります。次の問いに答えなさい。　（神戸海星女中）

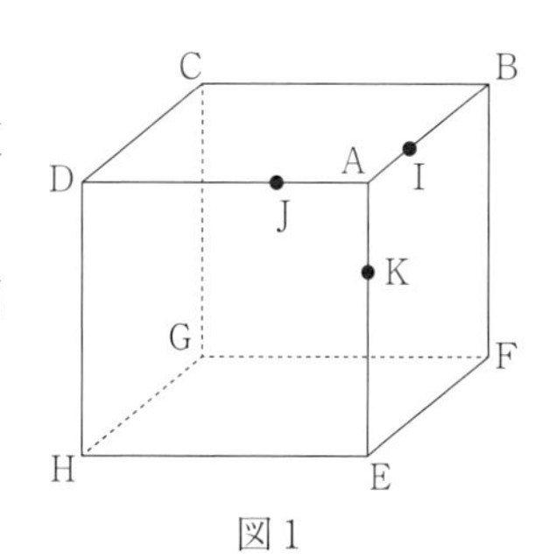

図１

(1)　頂点 B，D，E を通るように切った断面の面積は，切り口 IJK の面積の何倍ですか。（　　　）

(2)　切り口 IJK に平行で辺 DC，BC の中点を通る切り口を考えたところ，右の図２のような正六角形になりました。この切り口の面積は，切り口 IJK の面積の何倍ですか。（　　　）

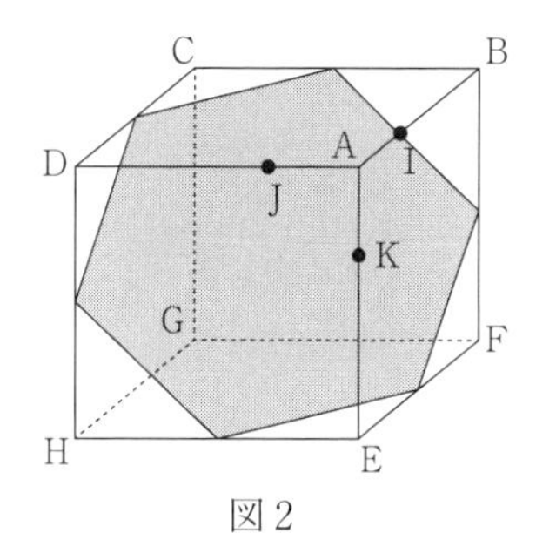

図２

(3)　切り口 IJK に平行で辺 DC，BC を１：２に分ける点を通る切り口を考えたところ，右の図３のような六角形になりました。この切り口の面積は，切り口 IJK の面積の何倍ですか。（　　　）

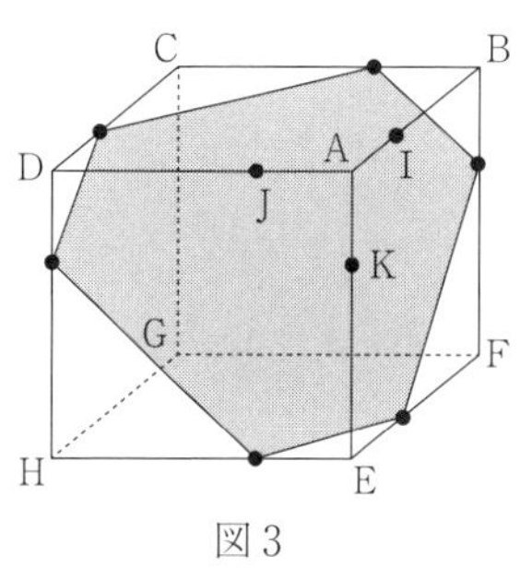

図３

37 ≪立体の切断≫　図のように，縦，横，高さがそれぞれ 6 cm，6 cm，5 cm の直方体があります。点 P は辺 BF を延長して F から 1 cm のところにあります。次の(1)～(3)の問いに答えなさい。ただし，三角すいの体積は，(底面積)×(高さ)÷３で求められます。　（六甲学院中）

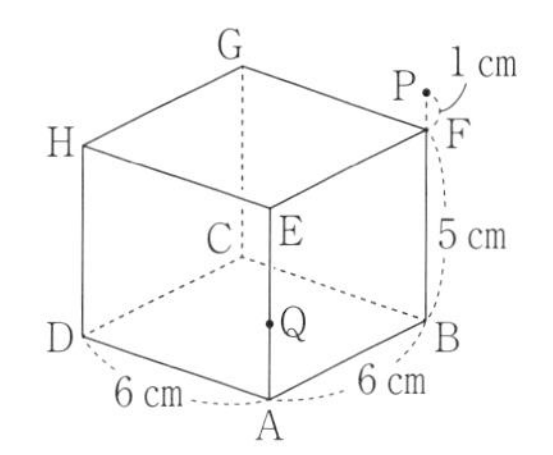

(1)　この直方体を３点 A，H，P を通る平面で切断するとき，点 E を含む立体の体積は何 cm^3 ですか。（　　　cm^3）

(2)　この直方体を３点 A，C，P を通る平面で切断するとき，点 B を含む立体の体積は何 cm^3 ですか。（　　　cm^3）

(3)　この直方体の辺 AE 上の，A から 2 cm のところに点 Q をとります。直方体を３点 A，C，P を通る平面で切断し，さらに，３点 F，H，Q を通る平面で切断するとき，点 B を含む立体の体積は何 cm^3 ですか。（　　　cm^3）

38 ≪立体の切断≫　次の□にあてはまる数を答えなさい。　（奈良学園登美ヶ丘中）

図１のように，１辺の長さが6cmの立方体ABCD—EFGHがあります。BD，FHの真ん中の点をそれぞれ点I，Jとし，IJの真ん中の点をKとします。

三角すいの体積は(底面積)×(高さ)÷３で求められます。

⑴　３点B，D，Gを通る平面でこの立方体を切ってできる２つの立体のうち，Aを含(ふく)む方の立体の体積は，［ア］cm^3です。

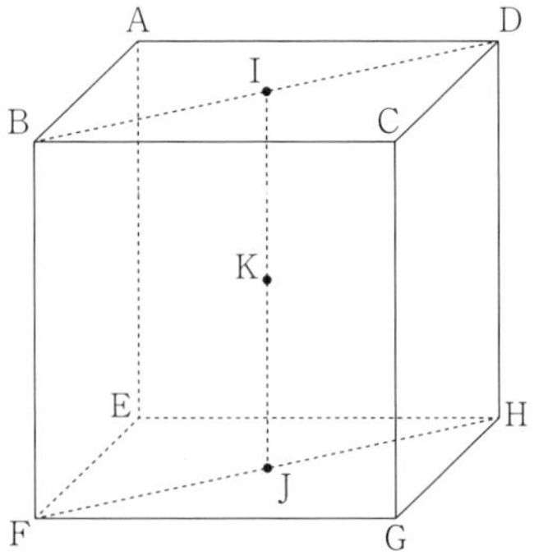

図１

⑵　図２のように，CKとIGの交点をLとします。

CL：LK＝［イ］：［ウ］なので，三角すいBDGCと三角すいBDGKの体積比は，［エ］：［オ］です。

したがって，三角すいBDGKの体積は，［カ］cm^3です。

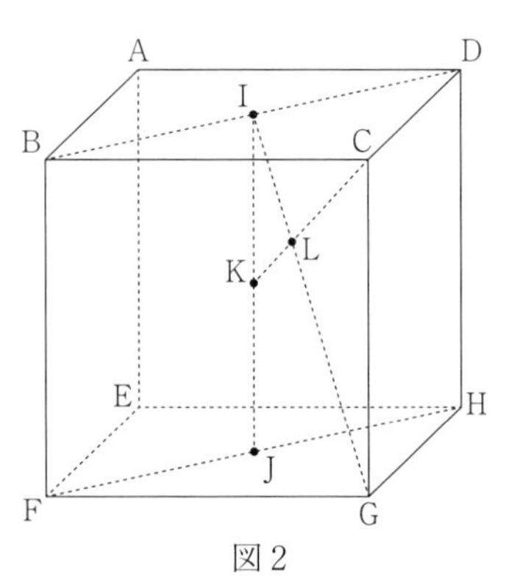

図２

⑶　図３のように，⑴で切ってできる２つの立体のうち，Aを含む方の立体から，三角すいBDGKを取り除きます。KBの長さと同じ長さの棒の片方の端(はし)をKに固定して棒を動かすとき，棒が通過してできる部分の体積は，［キ］cm^3です。ただし，元の立方体の対角線を直径とする球の体積は$588cm^3$とし，棒の太さは考えないものとします。

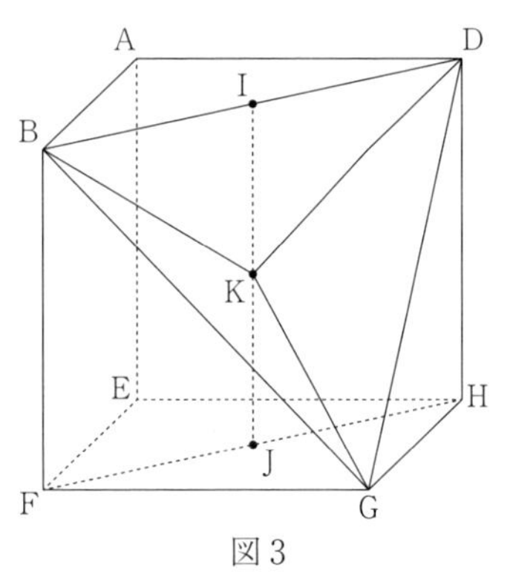

図３

39 ≪立体の切断≫ （灘中）

⑴ 右の図の正方形ABCDにおいて，三角形AEFの面積は［　　　］cm^2 です。

また，4つの面がそれぞれ三角形ABE，ECF，FDA，AEFと合同な三角すいの体積は［　　　］cm^3 です。

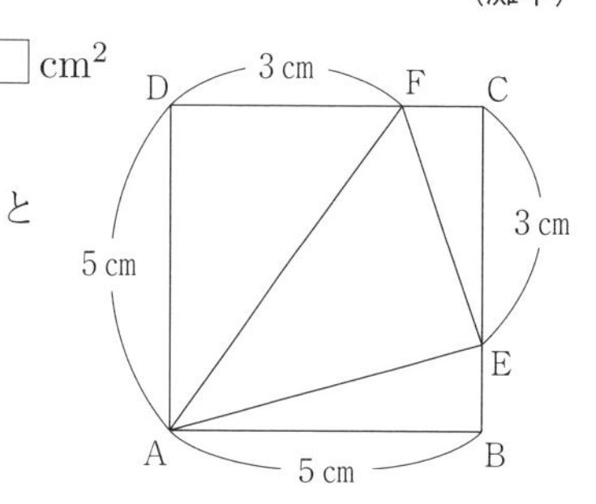

⑵ 右の図のような，1辺の長さが20cmの立方体GHIJ―KLMNがあります。点PはGPの長さが10cmとなる辺GJ上の点，点QはGQの長さが15cmとなる辺GH上の点，点RはKRの長さが3cmとなる辺KL上の点です。

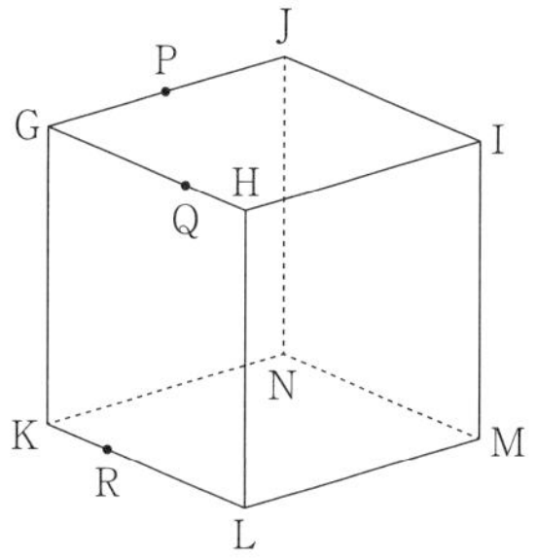

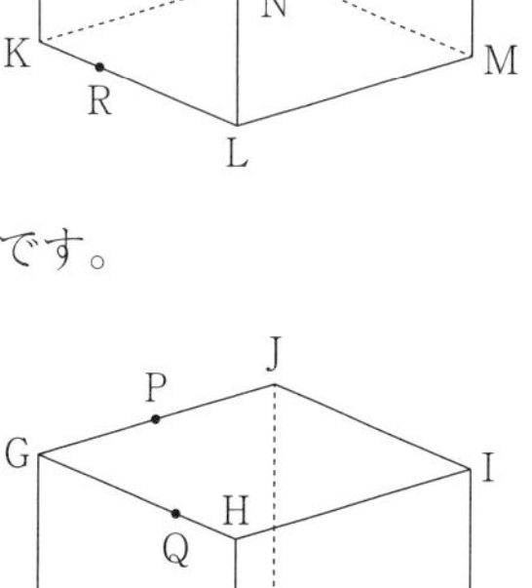

① 3点P，Q，Rを通る平面と辺KNが交わる点をSとします。このとき，KSの長さは［　　　］cmです。

また，3点P，Q，Rを通る平面で立方体GHIJ―KLMNを2つの立体に切り分けたとき，Gを含(ふく)む方の立体の体積は［　　　］cm^3 です。

② 4点G，P，Q，Rを頂点とする三角すいの，三角形PQRを底面とみたときの高さを求めなさい。（　　　cm）

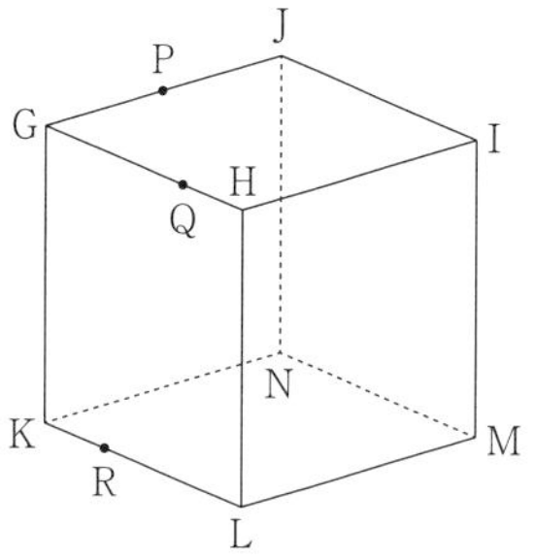

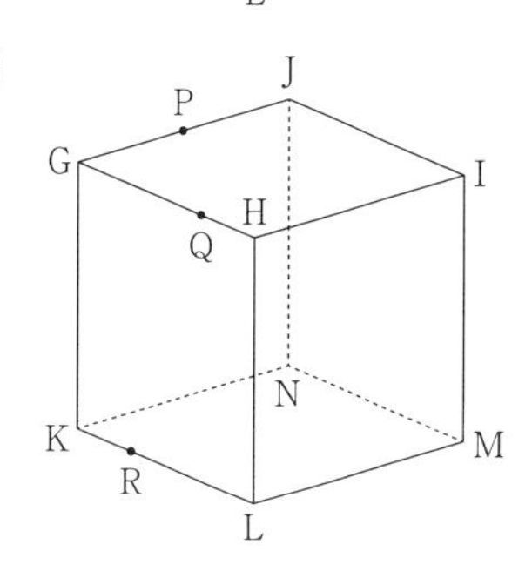

③ 4点M，P，Q，Rを頂点とする三角すいの，三角形PQRを底面とみたときの高さを求めなさい。（　　　cm）

40 **≪回転体≫**　図１のように，たて10cm，よこ５cmの長方形を１辺１cmの正方形でわけました。太線のまわりに１回転してできる立体があります。ただし，円周率は3.14とします。　　**(甲南中)**

図１

⑴　図１を１回転してできる立体の体積を求めなさい。(　　　cm^3)

太郎さんは，図１の長方形から１辺１cmの正方形をいくつかくりぬきました。

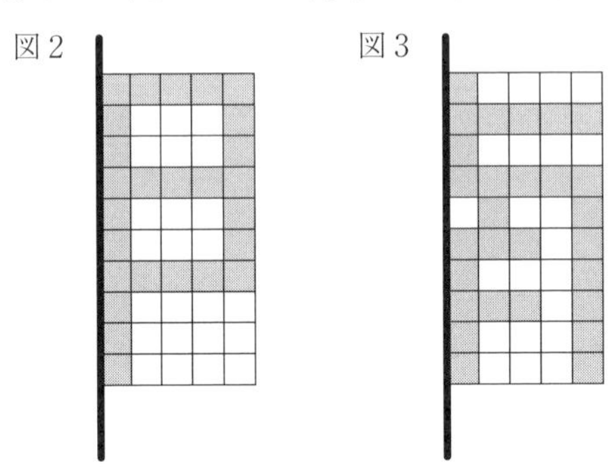

⑵　図２の色のついた部分を１回転したときにできる立体の体積は何cm^3ですか。(　　　cm^3)

⑶　図３の色のついた部分を１回転したときにできる体積は⑵で求めた体積の何倍ですか。

(　　　倍)

41 **≪回転体≫**　右の図で，ABとPQはどちらもBDと垂直です。三角形ACDをPQのまわりに１回転させたときにできる立体の体積を求めなさい。(　　　cm^3)　　**(東大寺学園中)**

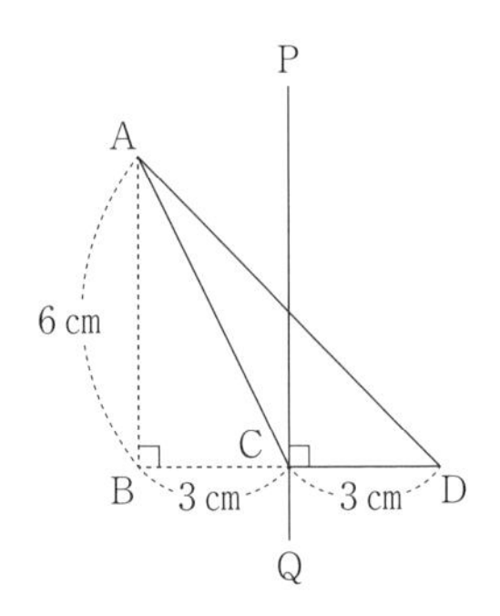

42 **≪回転体≫**　右の図のように，円すいと直線アイがあります。次の問いに答えなさい。ただし，円周率は3.14とし，円すいの体積は(底面積)×(高さ)÷３で求められます。　　**(甲陽学院中)**

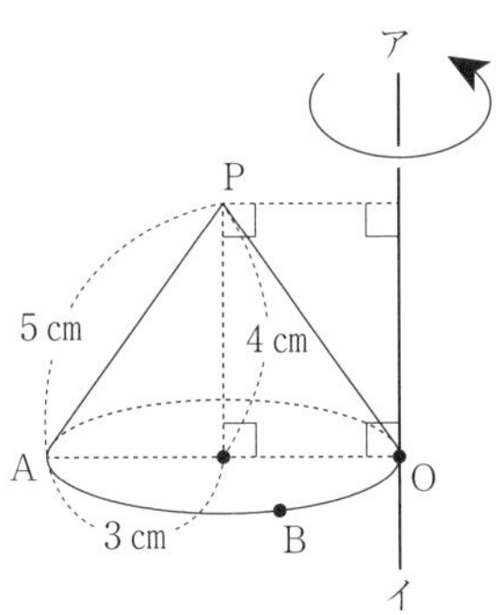

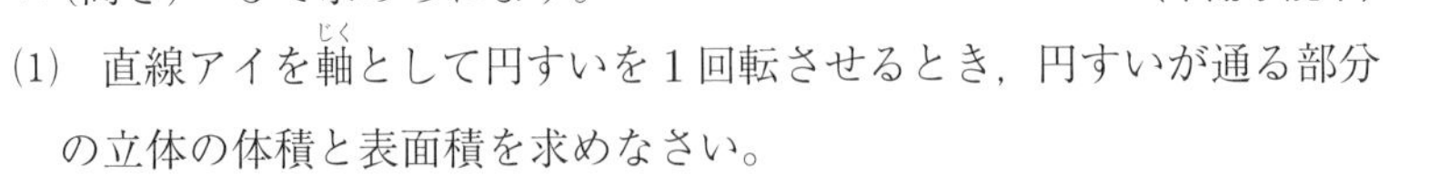

⑴　直線アイを軸(じく)として円すいを１回転させるとき，円すいが通る部分の立体の体積と表面積を求めなさい。

体積(　　　cm^3)　表面積(　　　cm^2)

⑵　円すいの側面（表面から底面を除いたもの）だけを考えます。この側面を直線PAとPOに沿って半分に切り分けたときの，点Bを含む方の曲面をSとします。直線アイを軸としてSを180度だけ回転させるとき，Sが通る部分の立体の体積と表面積を求めなさい。体積(　　　cm^3)　表面積(　　　cm^2)

9　文章題

1 《和差算》 兄と弟が背比べをします。兄が台に乗ると弟より35cm高くなり，弟が台に乗ると兄より5cm高くなります。台の高さを求めなさい。(　　　cm)　（洛星中）

2 《和差算》 十の位の数と一の位の数の和が11の2けたの整数□があります。この整数の十の位の数と一の位の数を入れかえた整数は，もとの整数より45大きくなりました。

（立命館守山中）

3 《和差算》 面積が450m^2の土地をA，B，C，Dの4つに分けます。Bの面積は120m^2で，Aの面積からBの面積を引いた面積は，Bの面積からCの面積を引いた面積と等しいです。また，Cの面積はDの面積と等しいです。このとき，Aの面積は□m^2です。　（智辯学園中）

4 《和差算》 1から500までの500個の整数が小さい順に並んでいる。ある数から順に30個の整数を加えると，合計が5115になった。ある数は□である。　（金蘭千里中）

5 《和差算》 1，2，3，4，5のように連続する5個の整数について考えます。ある連続する5個の整数のうち奇数だけ足した数と偶数だけ足した数の差は31になります。このとき，5個の整数の中でもっとも小さい数は［ア］です。また，これらの5個の整数をすべて足すと［イ］になります。　（近大附中）

6 《和差算》 星子さんは国語，算数，英語のテストを受けました。国語と算数の合計点は90点，算数と英語の合計点は84点，国語と英語の合計点は78点でした。このとき一番得点の高い教科は□で，その得点は□点です。　（神戸海星女中）

7 《和差算》 A，B，Cの順に大きくなる3つの整数があります。BとAの差，CとBの差，CとAの差はすべて異なり，2か3か5のいずれかです。AとBの和が25のとき，Cはいくつですか。(　　)

（親和中）

8 《和差算》 重さの異なる4個のみかんがある。これらのみかんを2個ずつの2組に分けると，2個ずつの重さの平均はそれぞれ116gと118gであった。次に，2個ずつの組み合わせを変えたところ，1組の重さの和が238g，もう1組の重さの差が6gであった。このとき，次の問いに答えなさい。

（明星中）

(1) 4個のみかんの重さの和は何gですか。(　　　g)

(2) 4個のみかんのうち，もっとも軽いものは何gですか。(　　　g)

(3) 4個のみかんのうち，もっとも重いものは何gですか。(　　　g)

9　≪消去算≫　ノート5冊とペン24本を買うと値段は5550円です。ペン3本の値段はノート2冊の値段よりも300円高いです。ペン1本の値段は［　　　］円です。（帝塚山中）

10　≪消去算≫　あるグループには大人と子どもがあわせて40人います。このグループで遊園地に行く計画を立てると，予定では入園料の合計が31200円になりました。

しかし，実際に遊園地に行ってみると，大人と子どもの人数を逆にして計算していたことに気づきました。正しく入園料を計算すると，入園料の合計は28800円でした。大人1人の入園料は920円です。子ども1人の入園料は何円ですか。（　　　円）（武庫川女子大附中）

11　≪消去算≫　2つの数AとBがあります。AはBより大きい数です。AからBの半分の数を引いたら，BからAの4分の1を引いた数の3倍になりました。AはBの何倍ですか。（　　　倍）

（近大附和歌山中）

12　≪消去算≫　A，Bの2種類のおもりがあります。A3個，B4個の重さの合計は670gで，A5個，B2個の重さの合計は720gです。A，Bのおもり1個の重さはそれぞれ何gですか。（淳心学院中）

A（　　　g）　B（　　　g）

13　≪消去算≫　ある店で商品Aと商品Bが売られています。AはBより60円高く，Bを5個買ったときの金額と，Aを2個とBを2個買ったときの金額は同じです。このとき，Aの値段は［①　　　］円，Bの値段は［②　　　］円です。（智辯学園奈良カレッジ中）

14　≪消去算≫　子ども会で，植物園に行くことになりました。この植物園では，大人と子どもの合計人数が20人以上になると，全員に団体割引が適用され，大人も子どもも入園料が2割引きとなります。大人3人と子ども12人の入園料の合計は9450円で，大人6人と子ども16人の入園料の合計は11280円となります。次の問いに答えなさい。（プール学院中）

(1)　団体割引が適用される前の，大人6人と子ども16人の入園料の合計は何円か求めなさい。

（　　　円）

(2)　団体割引が適用されないときの大人1人の入園料と，子ども1人の入園料はそれぞれ何円か求めなさい。大人（　　　円）　子ども（　　　円）

15 《差集め算・過不足算》 あめを［　　　］人の子どもに配るのに，1人3個ずつ配ると9個あまり，1人5個ずつ配ると15個足りなくなります。 （帝塚山学院中）

16 《差集め算・過不足算》 イベントに参加する児童に色紙（いろがみ）を配ります。1人6枚ずつ配るとあまることなく配ることができる枚数の色紙を用意していましたが，予定よりも8人多く参加したので，1人5枚ずつ配ったところ，7枚あまりました。はじめに用意していた色紙の枚数は何枚ですか。
（　　　枚）（同志社女中）

17 《差集め算・過不足算》 子どもたちにノートを配ります。1人に5冊ずつ配ると，最後の1人にはノートを1冊しか配れません。1人に3冊ずつ配ると，ノートは142冊余ります。このとき，ノートは［　　　］冊あります。 （奈良学園登美ヶ丘中）

18 《差集め算・過不足算》 何人かの子どもたちにまんじゅうを配ります。1人に6個ずつ配ると8個不足するので，4人には1人7個ずつ，5人には1人6個ずつ，残りの人には1人5個ずつ配ると，過不足なく配れました。まんじゅうは，最初何個あったか求めなさい。（　　　個） （滝川中）

19 《差集め算・過不足算》 学年全体の生徒を組分けします。最初に7人1組にしようとすると，3組だけ8人1組の組分けになります。次に8人1組とすると，3組だけ7人1組にすることで，最初の組の数より3組少ない組分けになります。学年全体の生徒は［　　　］人です。 （西大和学園中）

20 《つるかめ算》 あるサッカー場の入場料は，大人1人500円，子ども1人300円です。大人と子ども合わせて30人の団体が入場するのに，合計で11400円かかりました。この団体に子どもは［　　　］人います。 （関西大倉中）

21 《つるかめ算》 50円のみかんと170円のももをあわせて30個買いました。ももに払った金額は，みかんに払った金額よりも700円多くなりました。ももは何個買いましたか。（　　　個）
（桃山学院中）

22 《つるかめ算》 10円玉，50円玉，100円玉，500円玉が全部で16枚あり，その総額は3120円である。50円玉と500円玉の枚数をいれかえたところ，その総額は3570円であった。

このとき，100円玉は［　　　］枚ある。 （金蘭千里中）

23 《つるかめ算》 100円硬貨(こうか)，50円硬貨，10円硬貨あわせて26枚の硬貨があり，合計金額が1660円でした。このときの100円硬貨の枚数はもっとも少なくて何枚か答えなさい。(　　　枚)

（関西大学北陽中）

24 《つるかめ算》 Aさんはあめとガムとクッキーを合わせて30個買いに行きました。あめは1個10円，ガムは1個50円，クッキーは1個100円で，これらはすべて消費税をふくんだ値段です。予定していた金額は1300円でしたが，あめとガムとクッキーのうち2種類の買う個数を反対にしてしまい，実際にかかった金額(がく)は1060円でした。実際に買ったあめの個数は［ア　　　］個，クッキーの個数は［イ　　　］個です。 （雲雀丘学園中）

25 《つるかめ算》 修学旅行で，生徒200人がある店で昼食をとることになりました。メニューAは1人500円で，メニューBは1人600円，店内で食事すると消費税が10％，外の公園を利用すると消費税は8％かかります。しかし，この公園は80名までしか使用できません。生徒がメニューを選んだ後，できるだけ費用が安くなるように場所を調整したところ，消費税込みの合計で114600円でした。メニューAを選んだ生徒は何人でしたか。(　　　人) （同志社国際中）

26 《つるかめ算》 ホットコーヒーが1杯(ぱい)300円，アイスコーヒーが1杯350円の店があります。最高気温が20℃の日には，ホットコーヒーが200杯，アイスコーヒーが80杯売れます。最高気温が1℃上がるごとに，売れる数は，ホットコーヒーが10杯ずつ減り，アイスコーヒーが10杯ずつ増えます。アイスコーヒーの売上額がホットコーヒーの売上額よりはじめて大きくなるのは最高気温が［ア　　　］℃のときで，そのときのホットコーヒーとアイスコーヒーの合計売上額は［イ　　　］円です。 （近大附中）

27 ≪つるかめ算≫ パン屋で，120 円，180 円，240 円のパンを何個かずつ買って，合計がちょうど 4800 円になるようにします。ただし，どの種類のパンも少なくとも 1 個は買うものとします。

（神戸女学院中）

(1) 3 種類のパンを合わせて 27 個買うとき，このうち 8 個が 120 円のパンになるようにするには 240 円のパンは何個にすればよいですか。(　　　個)

(2) 120 円のパンと 180 円のパンを同じ個数ずつ買います。買ったパンの個数の合計が一番多くなるようにするには，120 円のパンは何個にすればよいですか。(　　　個)

28 ≪つるかめ算≫ A さん，B さん，C さんは 99 ページある計算ドリルを 7 月 20 日から解き始めることにした。A さんは 1 日に 3 ページずつ毎日解く。また，B さんは 1 日に 4 ページずつ解くが，2 日間解いて，次の 1 日は休むことをくり返す。ただし，A さん，B さん，C さんのそれぞれについて，計算ドリルの残りのページ数が 1 日に解く予定のページ数よりも少ないときは，その残りのページだけを解くこととする。このとき，次の問いに答えなさい。（明星中）

(1) A さんは 8 月何日に計算ドリルを解き終えますか。(8 月　　日)

(2) B さんは 8 月何日に計算ドリルを解き終えますか。(8 月　　日)

(3) C さんは 1 日に 3 ページずつ毎日解いていたが，とちゅうで 1 週間休んだ。休んだ次の日から 1 日に 5 ページずつ休まずに解くと，8 月 22 日に解き終えた。休んだ次の日から C さんが計算ドリルを解いたのは，もっとも短くて何日間で，もっとも長くて何日間ですか。

もっとも短くて(　　　日間)　もっとも長くて(　　　日間)

29 ≪集合算≫ 生徒が 40 人のクラスで通学に利用している乗り物を調べたところ，電車を利用している生徒はクラス全体の 75 %，電車もバスも利用している生徒は電車を利用している生徒の 30 %，どちらも利用していない生徒は 7 人いました。バスを利用している生徒は [　　　] 人です。

（立命館守山中）

30 ≪集合算≫ ある中学校の生徒 100 人に対して，国語と数学の確認テストを行いました。国語の確認テストに合格した生徒は 68 人，数学の確認テストに合格した生徒は 53 人です。国語，数学の両方の確認テストに合格した生徒は少なくとも [　　　] 人以上です。（須磨学園中）

31 **≪集合算≫**　ある学校の生徒に，A，B，Cの3つの町に行ったことがあるかどうかの調査をしたところ，A，B，Cに行ったことがある生徒の割合はそれぞれ全体の $\frac{2}{7}$，$\frac{5}{14}$，$\frac{1}{9}$ でした。AとBの両方に行ったことがある生徒の割合は全体の $\frac{1}{4}$ でした。また，Cに行ったことがある生徒は全員，AにもBにも行ったことがありませんでした。A，B，Cのどの町にも行ったことがない生徒は999人以下でした。

A，B，Cのどの町にも行ったことがない生徒の人数として考えられるもののうち最も多いものは［　　　］人です。　（灘中）

32 **≪集合算≫**　T中学校のある年の中学1年生270人に登校手段として電車，バス，自転車のアンケートを行ったところ，次のようなことがわかりました。

○　自転車を利用している生徒は150人で，そのうち125人は電車も利用している
○　電車を利用している生徒は220人で，そのうち130人はバスも利用している
○　バスを利用している生徒は155人で，そのうち60人は自転車も利用している
○　3つとも利用していない生徒もいました

以下の問いに答えなさい。　（高槻中）

(1)　自転車と電車とバスの3つ全てを利用している生徒の人数が50人であるとします。このとき，自転車と電車とバスの3つのどれも利用せずに登校している生徒の人数を求めなさい。（　　　人）

(2)　自転車と電車とバスの3つ全てを利用している生徒の人数と，その3つのどれも利用せずに登校している生徒の人数の比が3：2であるとします。

このとき，自転車と電車とバスの3つ全てを利用して登校している生徒の人数を求めなさい。

（　　　人）

33 **≪年令算≫**　松子さんは12才です。松子さんのお母さんは42才です。お母さんの年れいが松子さんの年れいの3倍になるのは今から何年後でしょう。（　　　年後）　（松蔭中）

34 **≪年令算≫**　父の年齢（れい）は現在45才で，3人の子どもの年齢は12才，10才，7才である。子どもの年齢の和が父の年齢と等しくなるのは［　　　］年後である。　（金蘭千里中）

35 ≪年令算≫　つばささんは両親と兄と弟の５人家族です。現在，家族の年令の和は111才です。9年後，つばささんをのぞいた家族4人の年令の和は136才になります。次の問いに答えなさい。

（同志社香里中）

(1)　現在，つばささんは何才ですか。(　　　　才)

(2)　9年前，弟は生まれていなかったため，家族の年令の和は68才でした。現在，弟は何才ですか。

(　　　　才)

(3)　父は母より4才年上です。9年前，父の年令は子ども2人の年令の和の4倍でした。両親の年令の和と子ども3人の年令の和が4：3になるのは，現在から何年後ですか。(　　　　年後)

36 ≪年令算≫　今，父は42才で，子どもの年れいの3倍です。父の年れいが子どもの年れいの5倍であったのは ア 年前でした。また，今から イ 年後には父の年れいは子どもの年れいの2倍になります。

（雲雀丘学園中）

37 ≪年令算≫　現在のAさんの父の年齢(れい)は，Aさんの年齢の2倍です。10年前はAさんの父の年齢は，Aさんの年齢の3倍より5歳(さい)下でした。現在のAさんの年齢はいくつですか。(　　　　歳)

（同志社国際中）

38 ≪植木算≫　図のような四角形の土地の周囲に等しい間隔(かんかく)で木を植えます。角には必ず木を植え，できるだけ木の本数を少なくするとき，木は　　　　本必要です。

（関西学院中）

84m
126m
210m
378m

39 ≪植木算≫　池の周りに桜の木を植えるのに，6mおきに植えるのと8mおきに植えるのでは，9本のちがいがあります。このとき，池の周りの長さは　　　　mです。

（常翔学園中）

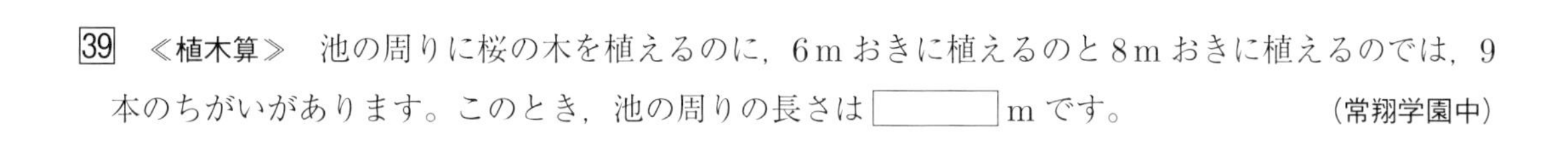

40 ≪植木算≫　学校の花だんのはしからはしまでに20cmおきに花を植えると，25cmおきに植えるときより30本多く花が必要になります。この花だんに24cmおきに花を植えるには花が何本必要ですか。(　　　　本)

（関西大学中）

41 《植木算》 ある道路では，大きな街路樹（がいろじゅ）が等間隔（とうかんかく）に6つ並んでいました。この大きな街路樹と大きな街路樹の間に小さな街路樹を3本ずつ植えたところ，すべての街路樹が等間隔に並びました。大きな街路樹の端（はし）から端まで3kmであるとき，現在のとなりあう街路樹の間隔は何mですか。ただし，街路樹の太さは考えないものとします。(　　　m)　　(桃山学院中)

42 《植木算》 長さ360mの道に，両端（りょうたん）を含（ふく）めて等しい間かくで61本のくいを打つはずでしたが，まちがえて46本のくいを打ってしまいました。最初の予定通りに61本打つために，両端を含めて正しい場所に打ってある[　　　]本はそのままにして，残りを抜（ぬ）き，作業を再開しました。

(帝塚山中)

43 《植木算》 図1の縦20cm，横30cmの画用紙12枚を縦に3枚ずつ，横に4枚ずつ並べてけい示すると図2のようになります。けい示するときは，画用紙の縦と横を重ねるようにし，図2のように画びょうでとめます。(大阪教大附池田中)

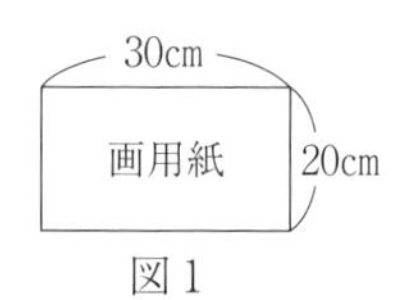

図1

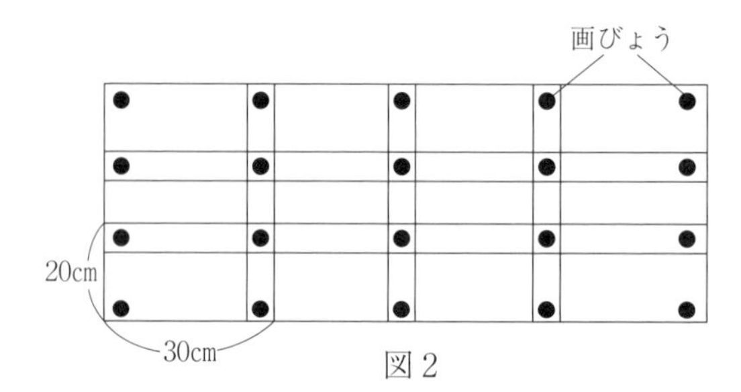

図2

(1) 画用紙40枚を縦に4枚ずつ，横に10枚ずつ並べてけい示するとき，必要な画びょうの個数を求めなさい。(　　　個)

(2) 画用紙36枚を，図2のように画用紙全体が長方形となるようにけい示するとき，けい示された画用紙全体の面積が最小になるときの面積を答えなさい。ただし，重ねる部分の幅は縦，横ともに1cmとします。(　　　cm^2)

44 《ニュートン算》 貯水タンクに水が180L入っています。この貯水タンクに1分間に9Lの割合でじゃ口から水を入れながら，同時に，1分間に12Lの割合で水を出すことができるポンプを使って貯水タンクから水を出すことを考えます。このとき，次の各問いに答えなさい。ただし，水があふれることは考えないものとします。　　(同志社女中)

(1) このポンプを1台だけ使うと，何分後に貯水タンクは空（から）になりますか。(　　　分後)

(2) このポンプを何台か使ったところ，6分40秒後に貯水タンクは空になりました。使ったポンプは何台でしたか。(　　　台)

45 ≪ニュートン算≫　あるコンサート会場では，開場前から行列ができていて，さらに1分間に60人ずつ行列に人が加わっています。入場口を4か所にすると60分，入場口を12か所にすると10分で行列がなくなります。開場のときの行列は何人ですか。答えは**単位**をつけて答えなさい。

（　　　）（神戸龍谷中）

46 ≪ニュートン算≫　ある遊園地のジェットコースターは午前9時に1台目が発車し，その後5分ごとに次のジェットコースターが発車します。このジェットコースターは30人乗りで，待っている人がいるときは，空席ができないように乗っていくものとします。午前8時30分には，待つ人の列ができており，さらに1分間に3人ずつの割合で人が並んでいきます。午前10時にジェットコースターが発車したとき，はじめて待つ人の列がなくなりました。午前8時30分に待っていた人数について，考えられる最も少ない人数は何人ですか。（　　　人）（帝塚山学院泉ヶ丘中）

47 ≪ニュートン算≫　ある牧場には，はじめ牧草が生えていて，その後も1日に一定の量の牧草が生えます。この牧場に牛を5頭放すと120日間で牧草を食べつくし，牛を10頭放すと30日間で牧草を食べつくします。（四天王寺中）

(1)　1日に生える牧草の量は，牛1頭が1日に食べる牧草の量の何倍ですか。（　　　倍）

(2)　この牧場に牛を20頭放すと何日間で牧草を食べつくしますか。（　　　日間）

48 ≪ニュートン算≫　一定の割合で水がわき出ている井戸から水をくみ出すとき，2台のポンプを使うと60分ですべてくみ出すことができ，4台のポンプを使うと10分ですべてくみ出すことができます。このとき，次の問いに答えなさい。ただし，くみ出すのに使うポンプはすべて同じ種類のものを使うものとします。（京都橘中）

(1)　1分間に1台のポンプがくみ出す水の量と，1分間に井戸からわき出る水の量の比はいくらですか。最も簡単な整数の比で表しなさい。（　　　）

(2)　いくつかのポンプを使って井戸の水をくみ出したところ，3分45秒で井戸の水をすべてくみ出すことができました。このとき，使ったポンプの数は何台ですか。（　　　台）

49 **≪当選に関する問題≫**　T 市である選挙が行われました。立候補者は H さん，B さん，R さんの 3 人で，当選するのは 1 人だけです。

T 市の有権者を 50 才未満の人と，50 才以上の人の 2 グループに分け，誰を支持しているか(投票する予定か)を調査しました。それぞれのグループについて，各立候補者を支持する人の割合を「支持率」と呼びます。ただし，有権者全員が立候補者のいずれか 1 人を支持しているとします。

また，それぞれのグループについて，実際に選挙に行って投票した人の割合を「投票率」と呼びます。T 市のそれぞれのグループの人口と，支持率と投票率は次のようになりました。

グループ	人口	H さんの支持率	B さんの支持率	R さんの支持率	投票率
50 才未満	11 万人	42 %	32 %	26 %	ア %
50 才以上	8 万人	イ %	41 %	ウ %	70 %

選挙の結果，B さんが 38800 票で当選しました。また，H さんは R さんより 8480 票多くの票を得ました。

今回の選挙で無効票はありませんでした。投票に行った人の支持率もそれぞれのグループの支持率と同じものとして，次の問いに答えなさい。　**(雲雀丘学園中)**

(1) ア にあてはまる数を求めなさい。(　　　%)

(2) イ にあてはまる数を求めなさい。(　　　%)

(3) 今回の選挙で，50 才未満のグループの投票率が エ %より大きければ，H さんは当選していました。エ にあてはまる最も小さい整数を求めなさい。(　　　%)

50 **≪おまけに関する問題≫**　あるお店では，ビンのジュースを飲んだ後の空きビン 4 本で，新品のビンのジュース 1 本と交換(かん)してもらえる。

例えば，最初にジュースを 14 本買うとする。すべて飲むと 14 本の空きビンができるが，そのうち 12 本で ア 本の新品と交換してもらえる。すべて飲むと，新しくできた空きビン 3 本と残りの空きビン 2 本とで合計の空きビンは 5 本となる。このうち 4 本で 1 本の新品と交換してもらえ，これを飲むと，新しくできた空きビン 1 本と残りの空きビン 1 本とで合計の空きビン 2 本となるが，2 本では新品と交換してもらえない。よって，合計で イ 本のジュースを飲むことができる。

このとき，次の問いに答えなさい。　**(金蘭千里中)**

(1) ア，イにあてはまる数は何ですか。ア(　　　)　イ(　　　)

(2) 最初にジュースを 20 本買うとき，合計何本のジュースを飲むことができますか。(　　　本)

(3) 最初にジュースを 40 本買うとき，合計何本のジュースを飲むことができますか。(　　　本)

10　規則性・推理の問題

きんきの中入 発展編

[1]　≪規則性の問題≫　一辺の長さが10cmの正方形で同じ大きさの青色のタイルと黄色のタイルがあります。辺を共有するタイルは色が異なるものとして，横の長さが70cm，縦の長さが110cmの敷地(しきち)を敷き詰(つ)めることを考えます。左上のタイルが青色であったとき，黄色のタイルは全部で［　　］枚必要です。　（西大和学園中）

[2]　≪規則性の問題≫　下のように，1円，5円，10円，50円の4種類の硬貨(こうか)を①⑩⑤㊿①⑩⑤①の順で繰(く)り返し並べます。

①⑩⑤㊿①⑩⑤①①⑩⑤㊿①⑩……

次の［ア］，［イ］に当てはまる数のうち，もっとも小さい数を答えなさい。　（清風南海中）

(1)　硬貨を［ア］枚並べると，合計金額が1000円を超(こ)えます。(　　　)

(2)　硬貨を［イ］枚並べて，1円硬貨をすべて10円硬貨に取りかえると，取りかえる前に比べて合計金額が1260円増えます。(　　　)

[3]　≪規則性の問題≫　連続する整数が書かれたカードを，

[1] [2] [3] …

と[1]から順に左から何枚か並べます。このカードの列に次の操作をくり返し行います。

操作：左から奇数(きすう)番目のカードをすべて取り，そのまま列の右端(みぎはし)に移動する。

(例)　[1]から[4]まで並べた列にこの操作を2回行うと次のようになります。

1回　　2回

[1] [2] [3] [4] → [2] [4] [1] [3] → [4] [3] [2] [1]

このとき，次の問いに答えなさい。　（立命館中）

(1)　[1]から[4]まで並べた列に操作を何回か行いました。カードがもとの並びにはじめてもどるのは，操作を何回行ったときか，答えなさい。(　　　回)

(2)　[1]から[8]まで並べた列に2024回操作を行った後の，8個の整数の並びを書きなさい。

［　］［　］［　］［　］［　］［　］［　］［　］

(3)　[1]から[32]まで並べた列に2024回操作を行った後の，左端のカードに書かれた数を答えなさい。

(　　　)

4 ≪規則性の問題≫ ［ア］～［オ］にあてはまる数を答えなさい。 (近大附中)

図のように，1辺の長さが1cmの立方体のブロックをある規則にしたがって並べ，立体を作っていきます。

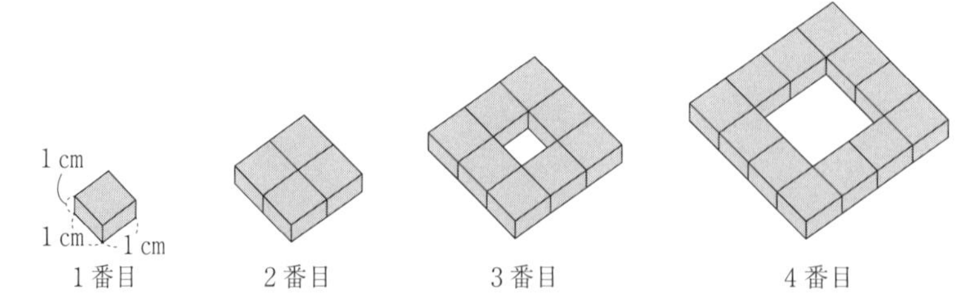

(1) 6番目の立体のとき，1辺の長さが1cmの立方体のブロックを［ア　　］個使用し，表面積は［イ　　］cm^2になります。

(2) ［ウ　　］番目の立体のとき，1辺の長さが1cmの立方体のブロックを2024個使用し，表面積は［エ　　］cm^2になります。

(3) 1番目の立体から50番目の立体までをすべて作るには，1辺の長さが1cmの立方体のブロックが全部で［オ　　］個必要です。

5 ≪規則性の問題≫ 図のように，ご盤(ばん)の目のような枠(わく)に黒石と白石をある規則で並べていきます。

(清教学園中)

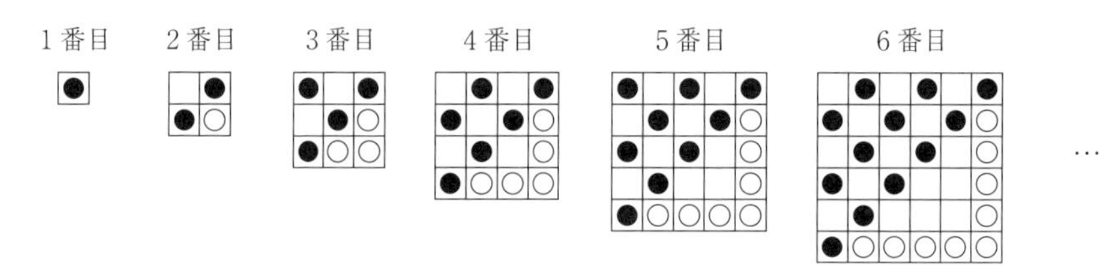

(1) 9番目において，黒石は何個ありますか。(　　　個)

(2) 12番目において，黒石と白石の個数の比を，最も簡単な整数の比で表しなさい。(　　　)

(3) 1番目から(ア)番目までの白石を合わせると，全部で900個になりました。(ア)に当てはまる数は何ですか。(　　　)

(4) 黒石が400個になるのは何番目ですか。(　　　番目)

6 ≪**規則性の問題**≫ 何枚かの紙を重ね，上の紙が内側にくるように半分に折って冊子を作る。

冊子には必ず表紙と裏表紙を作り，残りを1ページ目から順に番号をつけていく。

例えば，3枚の紙で冊子を作るときは，下の図のように冊子ができる。

図　作業①　紙を重ねる　　　作業②　上の紙が内側に来るように半分に折る

作業③　ページ番号をつける

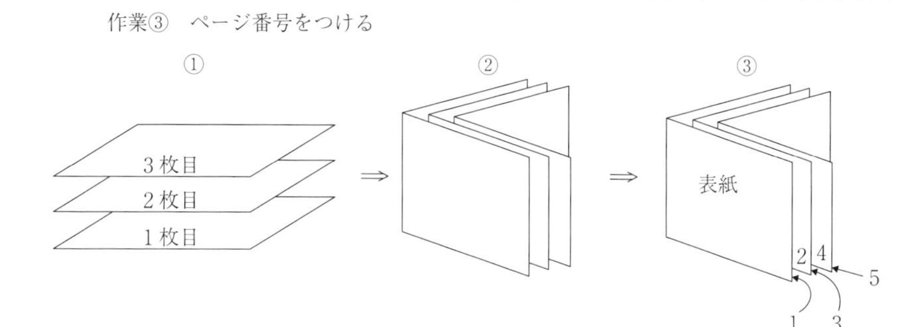

この場合の冊子は，表紙と裏表紙に加えて，1〜10の10ページからなる。

また，作業①の紙を重ねるとき，一番下の紙から1枚目，2枚目，……とし，それぞれの紙の下側の面を【表】，上側の面を【裏】とする。

上の例では，3枚の紙それぞれに書かれたページ番号は以下のようになる。

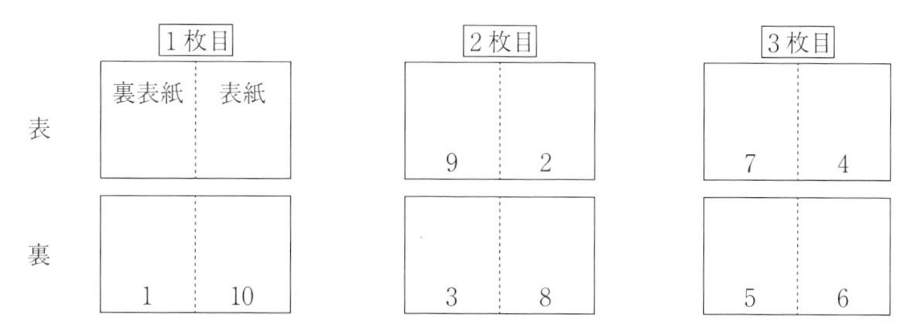

このとき，次の問いに答えなさい。　（金蘭千里中）

(1) 5枚の紙で冊子を作るとき，この冊子の最後のページ番号は何ですか。また，冊子のちょうど真ん中になる見開きのページ番号を答えなさい。

最後のページ番号(　　　)　見開きのページ番号(　　　と　　　)

(2) 50枚の紙で冊子を作るとき，

(ア) ページ番号40と同じ紙，同じ面に書かれているもう一つのページ番号は何ですか。(　　　)

(イ) ページ番号136は下から何枚目の紙に書かれていますか。また，その紙の表と裏のどちらに書かれていますか。(下から　　　枚目の　　　面)

7　≪規則性の問題≫　図1のような1辺の長さが6cmの立方体があります。また，図2はこの立方体の面BCGFを1辺の長さが1cmの正方形のマス目に区切ったものです。頂点Aより図2の点1から25のいずれかの点に向けて光線を発射します。この光線は立方体の面で反射し，頂点，または辺に当たるとそこで止まります。

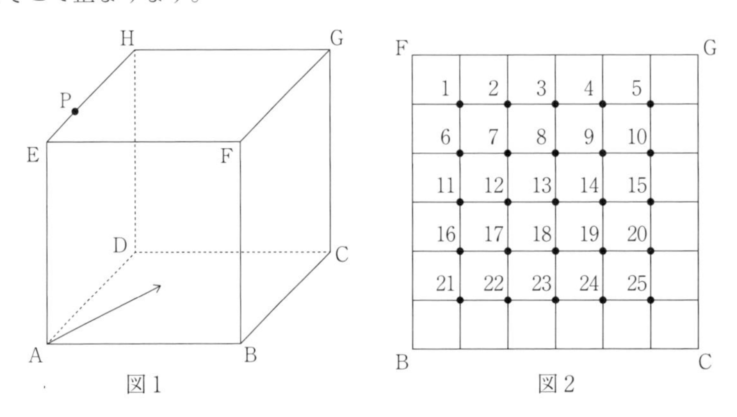

図1　　図2

例えば点13に向けて発射すると，光線は図3のように進み，頂点Hで止まります。このとき反射した回数は1回です。　（洛星中）

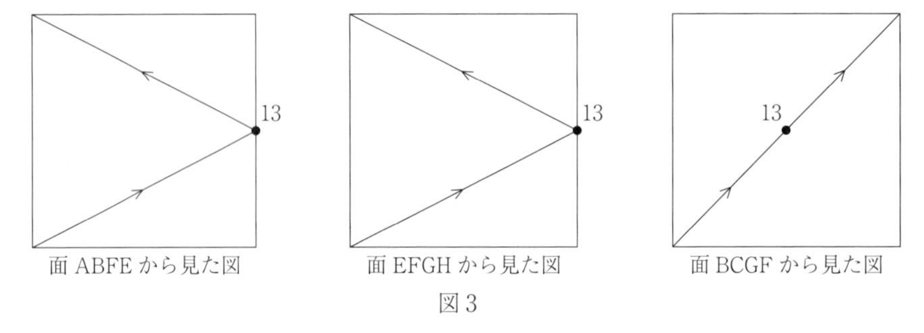

図3

⑴　点21に向けて発射すると，光線はある頂点で止まりました。どの頂点で止まったか答えなさい。また，止まるまでに反射した回数を答えなさい。

止まった頂点(　　　)　反射した回数(　　　回)

⑵　点PをEP = 2cmとなるように辺EH上にとります。点1から25のうちいずれかに向けて頂点Aより発射すると，光線は点Pで止まりました。また，反射した回数は1回でした。このとき，点1から25のうちどの点に向けて発射したか答えなさい。(点　　　)

⑶　点19に向けて発射すると，光線はある頂点で止まりました。どの頂点で止まったか答えなさい。また，止まるまでに反射した回数を答えなさい。

止まった頂点(　　　)　反射した回数(　　　回)

8 ≪条件を考える問題≫ ある店では，2種類のアメA，Bが売られています。アメAは，買う個数が10個以下のときは，1個あたりの値段は70円です。また，買う個数が11個以上のときは，1個あたりの値段は50円です。アメBは，買う個数が何個であっても1個あたりの値段は40円です。代金の合計がちょうど1000円で，2種類のアメの個数の合計が最も多くなるように買うとき，買うことのできるアメの個数は全部で何個ですか。ただし，アメA，Bはどちらも1個以上買うものとし，消費税は考えないものとします。（　　　個）

（同志社女中）

9 ≪条件を考える問題≫ ある小学校は6学年すべてが1～5組まであり，各クラスの人数はすべて25人です。全校児童で劇場に劇を鑑賞（かん）しに行きました。劇場の席は横に21席並んでおり，1番目から21番目まで左から番号がふられています。2列目からも1列目と同じように横に21席並んでおり，番号がふられています。図のように1年1組1番の児童は1列目1番目の席に座り，そこから出席番号順に横に座っていき，列のはしまでうまったら，次の列の1番目の席からまた順番に座っていきます。ただし，5組25番の児童の次はその1つ上の学年の1組1番の児童が座ります。このとき，次の各問いに答えなさい。

（関西大学中）

図

	1番目	2番目	3番目	4番目	5番目	6番目	…	…	19番目	20番目	21番目
1列目	1年1組 1番	1年1組 2番	1年1組 3番	1年1組 4番	1年1組 5番	1年1組 6番	…	…	1年1組 19番	1年1組 20番	1年1組 21番
2列目	1年1組 22番	1年1組 23番	1年1組 24番	1年1組 25番	1年2組 1番	1年2組 2番	…	…	1年2組 15番	1年2組 16番	1年2組 17番
3列目	1年2組 18番	1年2組 19番									
4列目											
⋮											
⋮											
⋮											

(1) 4年3組23番の児童の席は何列目何番目の席ですか。（　　　列目　　　番目）

(2) クラスの座席が3列にまたがるクラスは何クラスありますか。（　　　クラス）

(3) 各列の2番目の座席に座っている児童のうち，出席番号が偶数（ぐう）である児童は何人いますか。

（　　　人）

10　≪条件を考える問題≫　数字が書かれたカードを並べ，次の操作A，B，Cのうちいくつかを行って，カードの位置を入れ替(か)えていきます。以下の問いに答えなさい。　（関西大倉中）

操作A：右端(はし)のカード1枚を左端に動かす
　（例）[1][2][3][4][5] ⇨ [5][1][2][3][4]

操作B：右端のカード2枚の位置を入れ替える
　（例）[1][2][3][4][5] ⇨ [1][2][3][5][4]

操作C：すべてのカードの並びを逆にする
　（例）[1][2][3][4][5] ⇨ [5][4][3][2][1]

(1)　[1][2][3][4][5]の状態からA→B→Cの順に操作を行うと，カードの並びはどのようになりますか。

□□□□□

(2)　[4][3][1][2]の状態から操作を2回行うと，カードの並びは[1][2][3][4]になりました。行った操作を順に答えなさい。（　→　）

(3)　[3][2][4][5][6][1]の状態から操作を4回行うと，カードの並びは[1][2][3][4][5][6]になりました。行った操作を順に答えなさい。（　→　→　→　）

(4)　[4][3][1][2]の状態から操作AとBのみを行い，できる限り少ない回数でカードの並びを[1][2][3][4]にします。このときの操作の回数は何回ですか。（　　回）

11　≪条件を考える問題≫　右の図のように，円周上に①から⑫まで番号が書かれた電球が並んでいます。最初にいずれか1つの電球が光り，すぐに消えます。その後は次の[ルール]にしたがいます。

[ルール]　直前に光った電球から，その電球に書かれた番号の数だけ時計回りに進んだ所にある電球が光り，すぐに消える。

例えば，1回目に光った電球が⑤のとき，2回目に光るのはそこから時計回りに5だけ進んだ⑩の電球であり，3回目に光るのはそこから時計回りに10だけ進んだ⑧の電球で，これ以降も[ルール]にしたがいます。このとき，次の問いに答えなさい。　（清風中）

(1)　1回目に光った電球が⑩のとき，6回目に光る電球の番号を答えなさい。（　　）

(2)　20回目に光った電球が⑫のとき，1回目に光った電球として考えられるものはいくつありますか。（　　個）

(3)　[ア]回目に④の電球が光り，1回目から[ア]回目までに光った電球の番号の数をすべて足すと600になりました。アにあてはまる整数を答えなさい。ただし，同じ番号の電球が2回以上光った場合は，光った回数だけその数を足すものとします。（　　）

(4)　1回目に光った電球が⑩のとき，1回目から[イ]回目までに光った電球の番号の数をすべてかけ合わせてできた数を16で次々に割っていくと，ちょうど2024回割りきることができました。イにあてはまる整数を答えなさい。ただし，同じ番号の電球が2回以上光った場合は，光った回数だけその数をかけ合わせるものとします。（　　）

$\boxed{12}$ ≪条件を考える問題≫　海子さんのクラスで，10 点満点の算数のテストがありました。問題は$\boxed{1}$，$\boxed{2}$，$\boxed{3}$の 3 問で，配点は，$\boxed{1}$が 2 点，$\boxed{2}$が 3 点，$\boxed{3}$が 5 点でどの問題にも部分点がありません。下の表は，海子さんのクラスの算数テストの得点とその人数をまとめたものです。次の問いに答えなさい。

（神戸海星女中）

合計点(点)	0	2	3	5	7	8	10
人数(人)	0	1	4	5	7	7	6

(1)　このテストの平均点を求めなさい。(　　　)

(2)　このテストで，$\boxed{3}$を正解した人数が 23 人のとき，$\boxed{1}$を正解した人数と，$\boxed{2}$を正解した人数はそれぞれ何人ですか。$\boxed{1}$(　　　)　$\boxed{2}$(　　　)

(3)　このテストで$\boxed{1}$を正解した人数は何人以上何人以下ですか。またその中で，$\boxed{1}$を正解した人数が最も少ないとき，$\boxed{2}$を正解した人数と，$\boxed{3}$を正解した人数はそれぞれ何人ですか。

(　　　人以上　　　人以下)　$\boxed{2}$(　　　)　$\boxed{3}$(　　　)

$\boxed{13}$ ≪条件を考える問題≫　A さん，B さん，C さん，D さんの 4 人が，アまたはイで答える二択のクイズに 10 問挑戦(ちょうせん)しました。下の表はそれぞれが答えた解答を記録したものです。

1 つ正解すれば 10 点となっています。この表を見ながら，4 人が以下のような会話をしています。空欄(くうらん)(1)，(2)，(3)に当てはまる数を答えなさい。

（帝塚山中）

	①	②	③	④	⑤	⑥	⑦	⑧	⑨	⑩
A	ア	イ	ア	イ	イ	ア	ア	イ	イ	ア
B	ア	イ	ア	イ	ア	イ	イ	ア	ア	イ
C	イ	ア	イ	ア	イ	イ	ア	ア	イ	イ
D	ア	イ	ア	ア	イ	イ	ア	ア	イ	イ

A：私の結果は 70 点だったよ。

B：私も 70 点。C さんは？

C：私は 60 点だった。D さんは？

D：私の得点は，わからないんです。

A：この問題の答えは公表されてないから，どの問題を正解して，どの問題をまちがえたのかわからないね。

B：いや，私たち 3 人の結果で，それぞれの正解が判定できるよ。

C：え？どうやって？

B：私と A さんはそれぞれ 70 点だから，2 人合わせて [(1)　　　] 個正解していることになる。⑤から⑩はお互(たが)いに異なる解答をしているから，私と A さんが答えた⑤から⑩までの 12 個の解答のうち正解は [(2)　　　] 個。ということは①から④までの答えが分かるよ。

A：なるほど，そうか。

B：C さんは 6 個正解しているから，⑤から⑩までの答えがわかったね。

C：ほんとだ，スゴい！ 10 問とも答えが判定できた。

D：ということは，私は [(3)　　　] 点ということですね。

14 **≪条件を考える問題≫**　横の長さが同じで高さの異なる6個の積み木があり，それぞれの高さは1cm，2cm，3cm，4cm，5cm，6cmです。これら6個の積み木を手前から1列に並べます。並べた積み木の列を手前から見たとき，手前の積み木より高さが低い奥(おく)の積み木は見えないものとします。このとき，見えている積み木の高さの合計をAcmとします。

例えば，〈図1〉のように，手前から順に高さが2cm，4cm，1cm，6cm，5cm，3cmの積み木を並べると，〈図2〉のように，手前からは2cm，4cm，6cmの積み木だけが見えているので，Aの値(あたい)は12になります。このとき，次の問いに答えなさい。　　　（清風中）

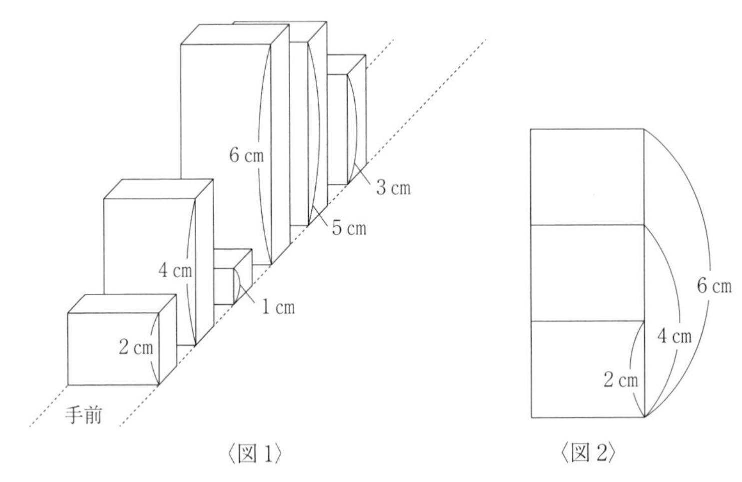

〈図1〉　　〈図2〉

(1)　考えられるAの値のうち，最も大きい値と，最も小さい値を答えなさい。
　最も大きい値(　　　)　最も小さい値(　　　)

(2)　Aの値が7になるような積み木の並べ方は，全部で何通りありますか。(　　　通り)

(3)　Aの値が9以上になるような積み木の並べ方は，全部で何通りありますか。(　　　通り)

(4)　手前から見えている積み木が3個だけで，Aの値が12になるような積み木の並べ方は，全部で何通りありますか。(　　　通り)

15 **≪条件を考える問題≫**　あるロボットは，1から3の命令を入力すると，それぞれ次のように動きながら線を引きます。

命令1：左に90度回転する
命令2：まっすぐ1m進む
命令3：右に90度回転する

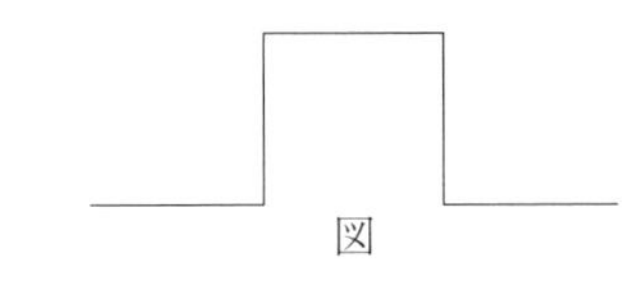
図

例えば「212323212」という命令[あ]を入力すると，図のような線を引きます。[あ]の中にある2を，すべて[あ]におきかえた新たな命令

「212323212 1 212323212 3 212323212 3 212323212 1 212323212」

を[い]とします。さらに，[い]の中にある2を，すべて[あ]におきかえた新たな命令を[う]，[う]の中にある2を，すべて[あ]におきかえた新たな命令を[え]とします。

このとき，次の命令を入力してロボットが引いた線によってできる図形の中に，正方形はそれぞれ何個ありますか。　　　（洛南高附中）

(1) い (　　　個)

(2) う (　　　個)

(3) え (　　　個)

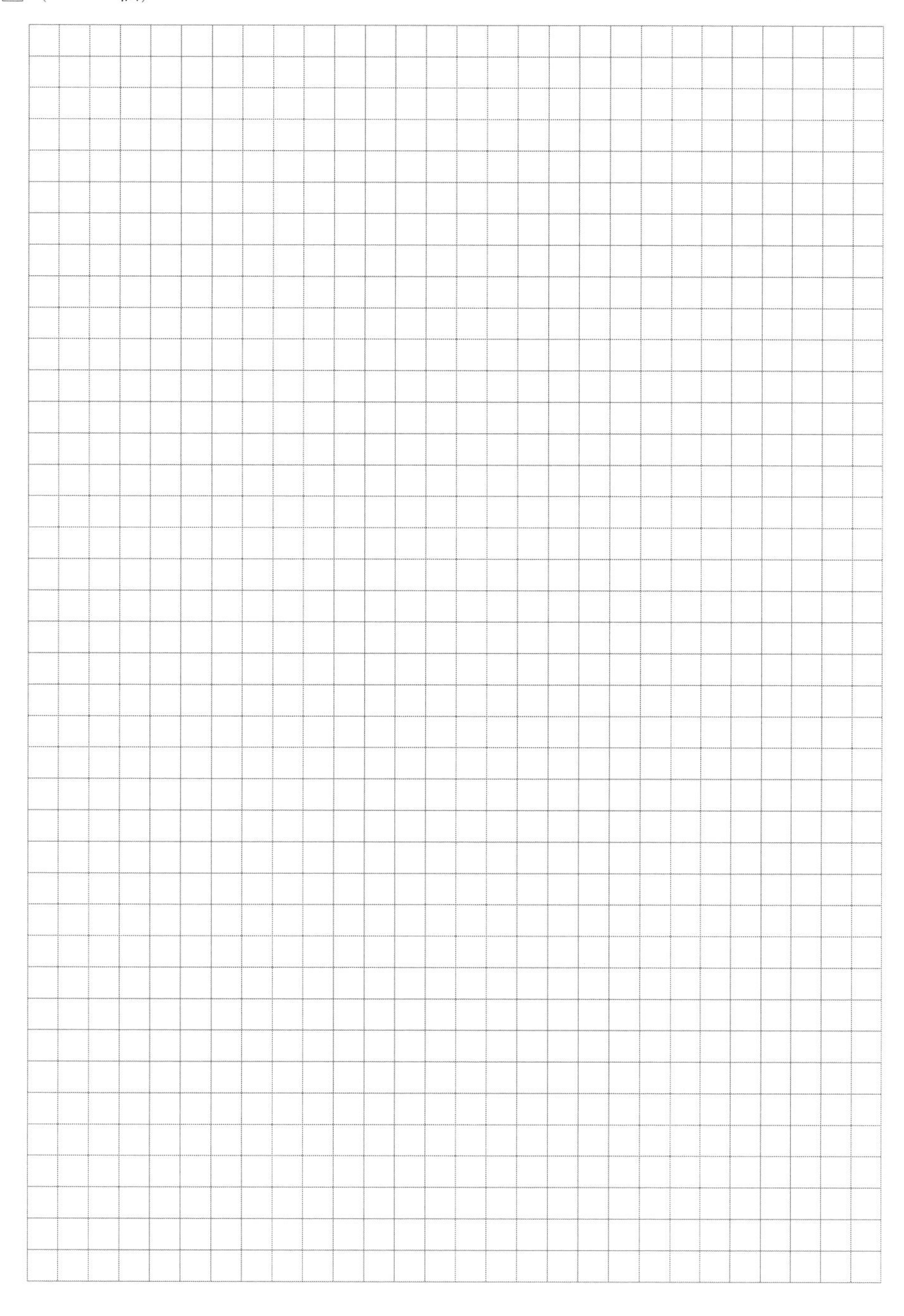

16 ≪条件を考える問題≫　2つの数に対して，下の操作をします。　(清風南海中)

[操作1]　どちらか1つを選んで，その数を5倍し，選ばなかった数を3倍する。

(1) 120と30に対して，[操作1] をします。[操作1] をした後の2つの数の和として考えられる数のうち，大きい方を答えなさい。(　　　)

(2) 和が500である2つの数 ア と イ に対して，[操作1] をした後の2つの数の和を考えます。[操作1] で ア を選んだときの和は， イ を選んだときの和より520大きくなりました。 ア に当てはまる数を求めなさい。(　　　)

[操作1] をした後の2つの数に対して，次の [操作2] をします。

[操作2]　どちらか1つを選んで，その数を2倍し，選ばなかった数はそのままとする。

たとえば，200と100に対して，[操作1] で200を選ぶと1000と300になり，[操作2] で300を選ぶと，1000と600になります。

(3) 120と30に対して，[操作1]，[操作2] をした後の2つの数の和を考えます。その和がもっとも大きくなるときと，もっとも小さくなるときの差はいくつですか。(　　　)

(4) 和が500である2つの数 ウ と エ に対して，[操作1]，[操作2] をした後の2つの数の和を考えます。その和がもっとも大きくなるときと，もっとも小さくなるときの差は980です。 ウ と エ のうち，大きい方の数を答えなさい。(　　　)

17 ≪条件を考える問題≫　各位の数の和が8になる整数を小さい順に並べた

♯：8，17，26，35，44，53，62，71，80，107，……

という列♯を考えます。列♯において，n 番目に現れる数を記号【n：♯】と表すことにします。例えば，【3：♯】= 26です。以下の □ にあてはまる数を求めなさい。　(西大和学園中)

(1) ♯の中で，0を含まない3桁(けた)以下の整数は全部で □ 個あります。

(2) ♯の中で，0を含まない整数は全部で □ 個あります。

(3) ♯の中の4桁以下の整数は全部で □ 個あります。

(4) 【 あ ：♯】= 2024，【288：♯】= い です。

列♯に現れる整数を用いて，次のように列♭を作ります。

列♭：各位に現れる数字の中に，同じ数字がちょうど2回使われているようなものを含む整数だけを小さい順に並べる

列♭を並べて書くと

♭：44，116，161，224，233，……

となります。列♭の中には，2024や，3311，121121なども現れます。

列♭において，n 番目に現れる数を記号【n：♭】と表すことにします。

(5) 列♭に現れる整数のうち，2024以下の整数で，116のように各位に整数1がちょうど2回使われているものは □ 個あります。

(6) 【 □ ：♭】= 2024です。

18 《条件を考える問題》 2つの整数A，Bと1つの円から次のようにして図形を作ります。

まず円周上にA個の点を等間隔(かんかく)にとり，0からAより1小さい数までの番号を時計回りにつけます。

次に0の点から始めて，時計回りにB個進んだ点をとり，直線で結びます。さらに，その点から時計回りにB個進んだ点をとり，直線で結びます。これを繰(く)り返し，再び0の点に戻(もど)るまで続けて図形を作ります。

例えばAが5でBが2のとき，円周上に5個の点を等間隔にとり，0から4までの番号を時計回りにつけ，0→2→4→1→3→0の順に結びます。

また，Aが6でBが4のとき，円周上に6個の点を等間隔にとり，0から5までの番号を時計回りにつけ，0→4→2→0の順に結びます。

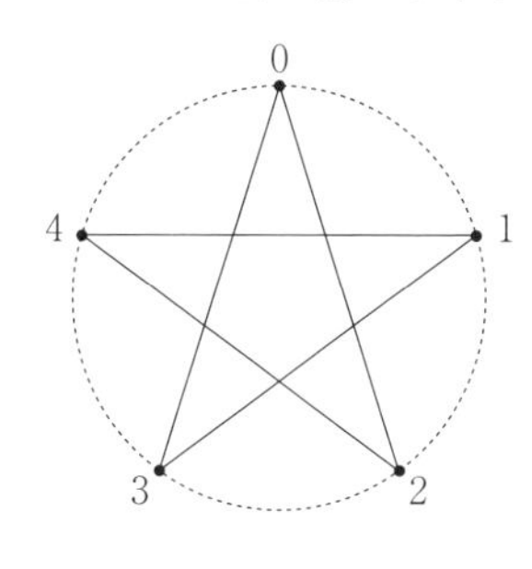

Aが5でBが2のとき

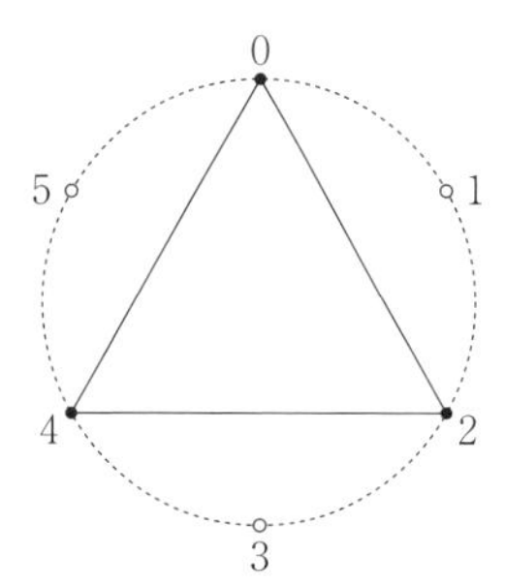

Aが6でBが4のとき

Aが5でBが5なら図形は0の点のみ，Aが6でBが3なら図形は0の点と3の点を結ぶ直線になりますが，このようなものも図形に含(ふく)めることにします。

Aを1つ決めてBをいろいろ変えることで何種類かの図形ができます。例えばAが5のときは次のように全部で3種類の図形ができます。 (洛星中)

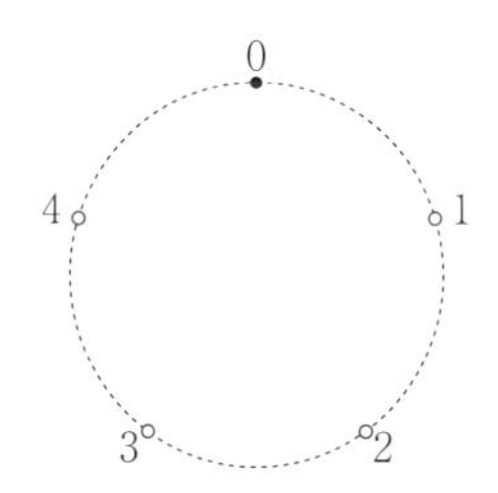

Bが5，10などのとき

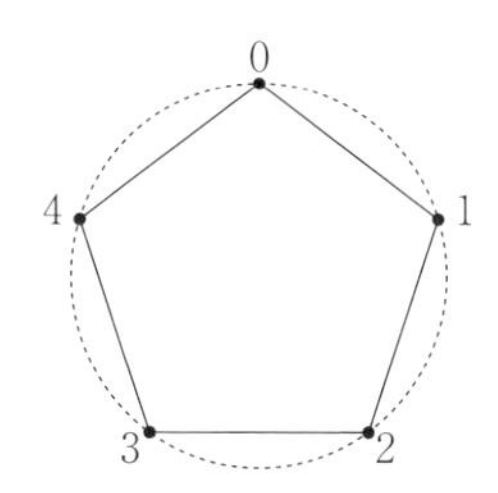

Bが1，4などのとき

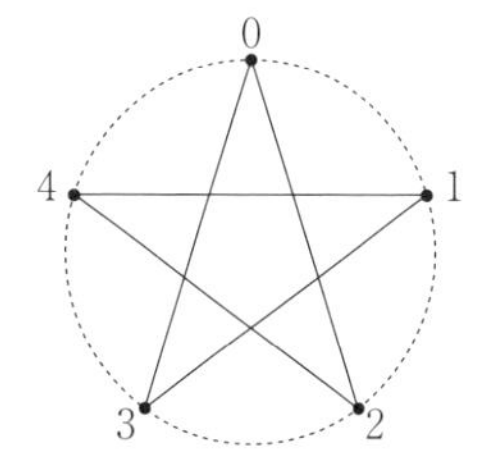

Bが2，3などのとき

(1) Aが10のときは全部で何種類の図形ができますか。(　　　種類)

(2) Aが72のときにできる図形の中で，72個の点をすべて通る図形は何種類ありますか。

(　　　種類)

(3) 円周上の点を頂点とする正35角形と正60角形が両方できるAのうち，1番小さいものを答えなさい。(　　　)

(4) Aが2024のとき，円周上の点を頂点とする正多角形は全部で何種類できますか。

(　　　種類)

19 ≪推理問題≫　A，B，C，D，E，F，G，H，I，J の 10 人の生徒が 10 点満点のテストを受けたところ，3 点，6 点，7 点，9 点，10 点の生徒がそれぞれ 1 人，5 点の生徒が 2 人，8 点の生徒が 3 人いた。

以下のことがわかっている。

・A の得点は 7 点ではない。

・B の得点は A の得点より高い。

・C の得点は B の得点と同じ。

このとき，次の問いに答えなさい。 (金蘭千里中)

(1) 10 人の得点の平均を求めなさい。(　　　点)

(2) A，B，C の得点の組み合わせとして考えられるものは何通りありますか。(　　　通り)

(3) さらに以下のことがわかったとき，A，B，C，D，E，F の得点をそれぞれ求めなさい。

A(　　　点)　B(　　　点)　C(　　　点)　D(　　　点)　E(　　　点)　F(　　　点)

・D 以外の 9 人での平均点は 10 人での平均点より 0.1 点高い。

・E の得点は B の得点より低い。

・F の得点は G の得点と同じ。

20 ≪推理問題≫　A と B と C の 3 人で，『すごろくを 1 回し，ゴールに早く着いた順に 1 位，2 位，3 位とする。そして，1 位の人が 3 点を，2 位の人が 2 点を，3 位の人が 1 点を，それぞれもらえる。』というゲームを何回かしました。その結果，A は 23 点，B は 21 点，C は 22 点でした。

次の問いに答えなさい。 (智辯学園奈良カレッジ中)

(1) ゲームを全部で何回しましたか。(　　　回)

3 人のすごろくの順位の回数について調べると，1 位の回数が他の 2 人より多いのは C で，2 位の回数が他の 2 人より多いのは B でした。

(2) C の 1 位の回数は全部で何回ですか。(　　　回)

(3) A の 1 位の回数，2 位の回数，3 位の回数はそれぞれ何回ですか。

1 位(　　　回)　2 位(　　　回)　3 位(　　　回)

11　場合の数

[1] ≪ならべ方≫　A，B，Cの3人がじゃんけんを3回した結果，次のようになりました。

(ア)　Aは2連勝しました。　　(イ)　Bは3回ともグーを出しました。

(ウ)　Cは1回目はグー，3回目はチョキを出しました。　　(エ)　あいこは1回ありました。

（清風南海中）

(1)　あいこの可能性があるのは何回目と何回目ですか。(　　　回目と　　　回目)

(2)　3回のじゃんけんでAの手の出し方は全部で何通りありますか。(　　　通り)

[2] ≪ならべ方≫　1から9の数字がそれぞれ1つずつ書かれた9枚のカードがあります。この9枚のカードから3枚を取り出して右の図の(あ)，(い)，(う)に並べて，2けたの数と1けたの数の積を考えます。

(あ)(い) × (う)

たとえば，[2][5][6]を取り出したときのカードの並べ方は

[2][5] × [6]　　[2][6] × [5]　　[5][2] × [6]　　[5][6] × [2]　　[6][2] × [5]　　[6][5] × [2]

の6通りが考えられます。

（関西大倉中）

(1)　[1][2][3]の3枚を取り出したとき，積が最も小さくなるようにカードを並べなさい。

[　][　] × [　]

(2)　積が666となるようにカードを並べなさい。

[　][　] × [　]

(3)　積が10の倍数となるようなカードの並べ方は何通りありますか。(　　　通り)

[3] ≪ならべ方≫　1，2，3，4，5，6，7を用いて5けたの数をつくります。ただし，同じ数字を何回用いてもかまいません。

（甲陽学院中）

(1)　15127のように，となり合ったどの2つの位の数字の和も3の倍数となる数を考えます。

①　このような数のうち，一万の位が1であるものは何通りありますか。(　　　通り)

②　このような数は全部で何通りありますか。(　　　通り)

(2)　12345のように，となり合ったどの3つの位の数字の和も3の倍数となる数は何通りありますか。(　　　通り)

4　≪ならべ方≫　あみだくじをなぞることによって数字の列を並べかえることを考えます。右の図1のあみだくじでは，数字の列「12345」が「35412」に並びかわります。また，図2のあみだくじは図1のあみだくじをそのままの向きで2個使って新しいあみだくじを作っています。　（大阪星光学院中）

図1

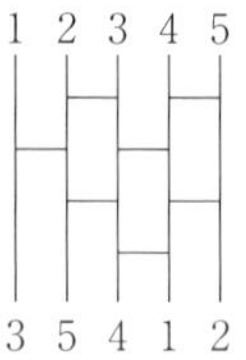

1 2 3 4 5

3 5 4 1 2

図2

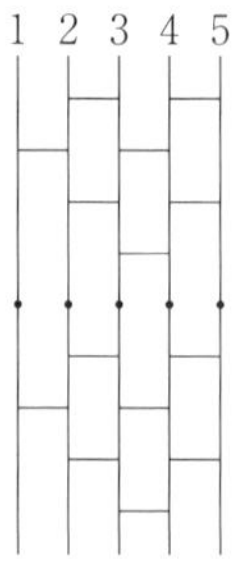

1 2 3 4 5

(1)　図2の数字の列「12345」は「　　　」に並びかわります。

(2)　図1のあみだくじをそのままの向きでいくつか使って新しいあみだくじを作り，数字の列「12345」を並べかえてもとの「12345」にすることを考えます。図1のあみだくじをできるだけ少ない個数を使ってこの新しいあみだくじを作るとき，図1のあみだくじは何個使いますか。（　　　個）

(3)　図1のあみだくじをそのままの向きで50個使って新しいあみだくじを作り，あみだくじをなぞっていきます。2からなぞるとき横に移動するのは□回で，1からなぞるとき横に移動するのは□回です。

5　≪ならべ方≫　1から5までの数字が2個ずつ合計10個あります。この10個の数字を，次の規則にしたがって左から横一列に並べます。

規則　どの隣（とな）り合う3個の数字も，真ん中の数字が両隣の数字よりも大きいか，両隣の数字よりも小さい

たとえば，

4 5 1 3 2 5 3 4 1 2

という並びはこの規則を満たします。このとき，次の問いに答えなさい。ただし，(1)と(2)は答えのみを解答欄に記入しなさい。　（東大寺学園中）

(1)　次の①のように，左から2番目が2，4番目が3，6番目が4，8番目が5であるような数字の並びは1通りだけあります。空欄に入る数字の並びを答えなさい。□2□3□4□5□□

□2□3□4□5□□……①

(2)　次の②のように，左から4番目が4，6番目が3，8番目が2であるような数字の並びはちょうど2通りあります。空欄に入る数字の並びを2通りすべて答えなさい。ただし，解答の順序は問いません。□□□4□3□2□□ と □□□4□3□2□□

□□□4□3□2□□……②

(3)　次の③のように，左から2番目が3，4番目が5，6番目が4，8番目が5であるような数字の並びは全部で何通りありますか。（　　　通り）

□3□5□4□5□□……③

(4)　次の④のように，左から1番目と10番目がどちらも3であるような数字の並びは全部で何通りありますか。（　　　通り）

3□□□□□□□□3……④

6 ≪ならべ方≫ 次のように，規則にしたがって表をかいていきます。（西大和学園中）

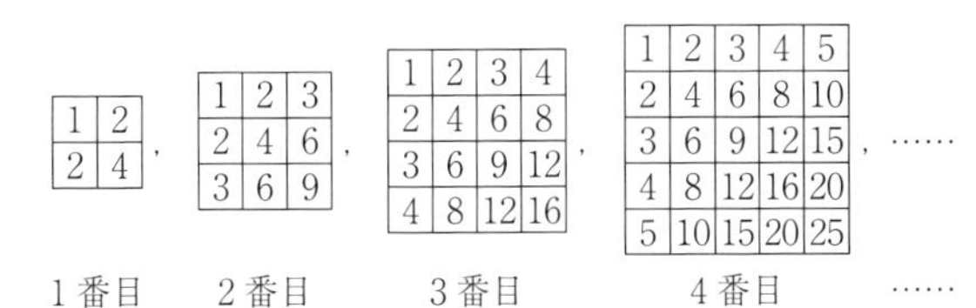

たとえば，1番目の表に現れている数すべての和は $1+2+2+4=9$ です。

(1) 6番目の表に現れている数すべての和を求めなさい。(　　　)

それぞれの表に対して，記号〈X〉，{Y}を次のように定めます。

〈X〉：X番目の表の対角線の数の和

（図1の塗りつぶされた部分の和が〈4〉を表します。）

{Y}：Y番目の表の対角線より右上にある数の和

（図2の塗りつぶされた部分の和が{4}を表します。）

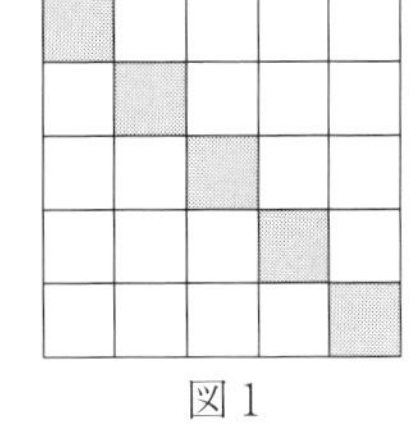
図1

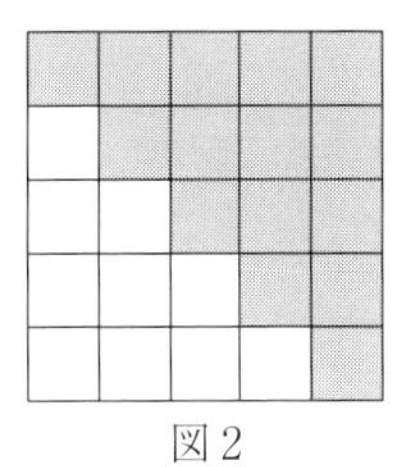
図2

たとえば，$\langle 3\rangle = 1+4+9+16=30$,

$\{3\} = 1+2+3+4+4+6+8+9+12+16=65$

となるので，3番目に現れている数すべての和は ① と表すことができます。

(2) 空らん①にあてはまる，記号〈　〉と{　}を用いた式として正しいものを次のア～エの中から選び，記号で答えなさい。(　　　)

ア．$\{3\}+\langle 3\rangle$　　イ．$2\times\{3\}+\langle 3\rangle$　　ウ．$\{3\}-\langle 3\rangle$　　エ．$2\times\{3\}-\langle 3\rangle$

1からAまでの数がかかれた玉①，②，…，Ⓐが1つずつあり，このA個の玉を横一列に並べます。また，左から2番目以降に並んでいる玉について，次の【性質】を考えます。

【性質】

自分より大きな数がかかれた玉が，自分より左側に少なくとも1個ある

たとえば，$A=10$ のとき，10個の玉が

② ① ③ ⑦ ⑤ ④ ⑧ ⑨ ⑩ ⑥

と並んだ場合，【性質】を満たす玉は①，④，⑤，⑥の4個になります。

このとき，次の問いに答えなさい。

(3) $A=10$ のとき，【性質】を満たす玉がちょうど1個だけになるような並べ方は何通りありますか。(　　　通り)

(4) $A=10$ のとき，【性質】を満たす玉が③と④だけになるような並べ方は何通りありますか。

(　　　通り)

(5) $A=7$ のとき，【性質】を満たす玉がちょうど2個だけになるような並べ方は何通りありますか。(　　　通り)

(6) $A=12$ のとき，【性質】を満たす玉がちょうど2個だけになるような並べ方は何通りありますか。(　　　通り)

7 《色のぬり分け》 図形を形の異なるいくつかの部分に分け，赤，青，緑の３色でぬり分けます。となり合う部分は異なる色でぬるものとし，３色すべてを使わなくてもよいものとします。

次の図において，色のぬり分け方はそれぞれ何通りありますか。 （洛南高附中）

(1) 四角形を①から④の部分に分ける（　　　通り）

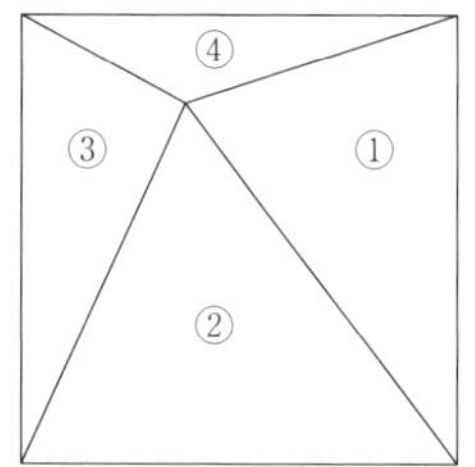

(2) 六角形を①から⑥の部分に分ける（　　　通り）

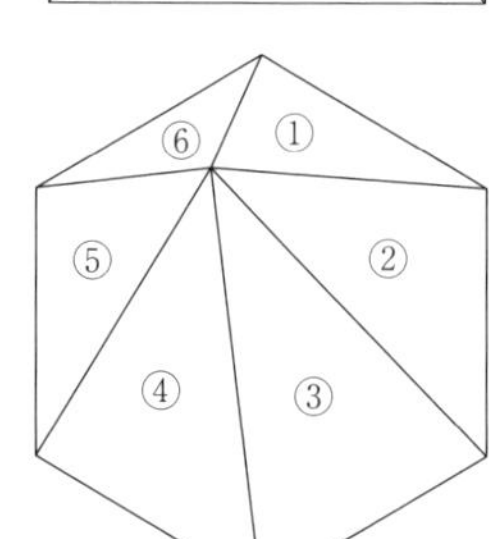

(3) 十角形を①から⑩の部分に分ける（　　　通り）

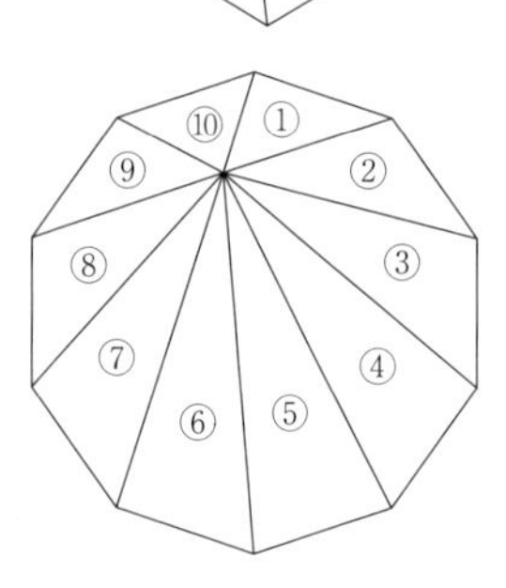

8 《組み合わせ》 さいふの中に10円玉，50円玉，100円玉が２枚ずつ入っています。これら６枚の一部または全部を使ってちょうど支払う（はら）ことのできる金額は全部で何通りありますか。ただし，0円は考えないものとします。（　　　通り） （同志社女中）

9 《組み合わせ》 サッカーワールドカップ，カタール大会では，４か国で１つのグループ（日本は，ドイツ，スペイン，コスタリカと同じグループ）を組み，各グループは，そのグループ内のすべての国と対戦しました。グループは全部で８つありました。そして，各グループの勝敗の結果から，上位２か国が決勝トーナメント戦に進みます。決勝トーナメント戦では，一対一で戦い，勝ったほうが勝ち上がり，この勝者がワールドカップチャンピオンとなりました。この大会において，すべての試合を見ようと思うと，チャンピオンが決まるまで，合計何試合の試合を見ることになるのか答えなさい。ただし，試合の時間に重なりがないものとし，決勝トーナメント戦では，３位決定戦は行わないものとします。（　　　試合） （滋賀大附中）

10 **≪組み合わせ≫** 鉄道研究部では，夏の旅行の２日目に３班に分かれて班行動を行うことになった。参加生徒はＡ君，Ｂ君，Ｃ君，Ｄ君，Ｅ君，Ｆ君，Ｇ君，Ｈ君，Ｉ君の９名で，各班３人ずつに分かれることになっている。このとき，次の各問いに答えなさい。 **（履正社中）**

(1) Ａ君と同じ班に入る２人の選び方は何通りあるか求めなさい。（　　　通り）

(2) Ａ君，Ｂ君，Ｃ君の３名を各班の班長とするとき，残り６名の分かれ方は何通りあるか求めなさい。（　　　通り）

(3) Ａ君，Ｂ君，Ｃ君の３名で１つの班を作るとき，残り６名の分かれ方は何通りあるか求めなさい。（　　　通り）

11 **≪組み合わせ≫** １から３までの整数が１つずつ書かれた３枚のカード1 2 3が箱Ａの中に，４から６までの整数が１つずつ書かれた３枚のカード4 5 6が箱Ｂの中に，７から９までの整数が１つずつ書かれた３枚のカード7 8 9が箱Ｃの中にある。それぞれの箱からカードを１枚ずつ取り出すとき，次の問いに答えなさい。 **（明星中）**

(1) カードの取り出し方は全部で何通りありますか。（　　　通り）

(2) 取り出した３枚のカードに書かれた数の積が奇数となるカードの取り出し方は，何通りありますか。（　　　通り）

(3) 取り出した３枚のカードに書かれた数の積が10の倍数となるカードの取り出し方は，何通りありますか。（　　　通り）

(4) 取り出した３枚のカードに書かれた数の積が４の倍数となるカードの取り出し方は，何通りありますか。（　　　通り）

12 **≪組み合わせ≫** 図のような，電池１個，電球１個，スイッチ７個を含（ふく）む電気回路があります。スイッチのオン・オフの仕方は全部で128通りあり，そのうち電球が点灯するようなスイッチのオン・オフの仕方は全部で［　　　］通りあります。 **（灘中）**

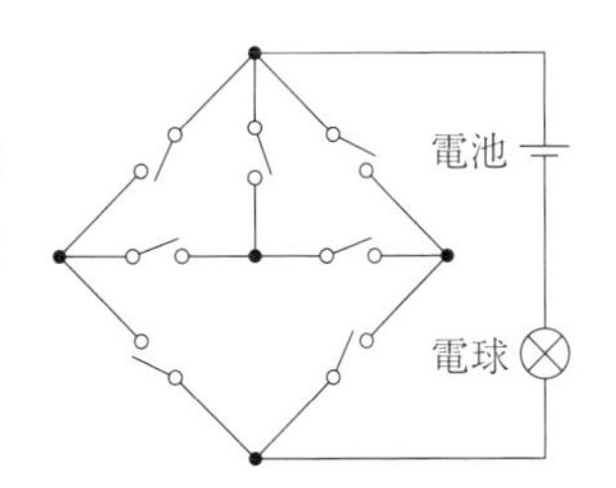

13 ≪組み合わせ≫　図のような的(まと)があり，AからIの9つの場所に1，2，3，4，5，6，7，8，9の9つの数が1つずつ書かれています。また，同じ数は2つ以上の場所に書かれることはありません。 (灘中)

A	B	C
D	E	F
G	H	I

⑴　太郎さんがボールを3つ投げると，A，E，Iに当たり，当たった場所に書かれた数の和は10になりました。次郎さんもボールを3つ投げると，C，E，Gに当たり，当たった場所に書かれた数の和は10になりました。

(ア)　Eに書かれた数が5であるとき，的に書かれた9つの数の並びは全部で［　　　］通りあります。

(イ)　的に書かれた9つの数の並びは，(ア)の場合を含めて全部で［　　　］通りあります。

⑵　太郎さんがボールを3つ投げると，的のどの縦列にも1回ずつ，どの横列にも1回ずつ当たり，当たった場所に書かれた数の和は10になりました。次郎さんもボールを3つ投げると，的のどの縦列にも1回ずつ，どの横列にも1回ずつ当たり，当たった場所に書かれた数の和は10になりました。また，太郎さんが当てて次郎さんが当てなかった場所がありました。このとき，的に書かれた9つの数の並びは，⑴の場合を含めて全部で何通りありますか。(　　　通り)

14 ≪道順≫　次の図のような格子状の道を通って，太郎さんが遠まわりをせず，花子さんの家まで行きます。このとき，次の問いに答えなさい。 (京都橘中)

⑴　太郎さんは，Ⓐの場所にあるお店に寄ってから，花子さんの家に行くことにしました。このとき，太郎さんの家から花子さんの家までの行き方は何通りありますか。(　　　通り)

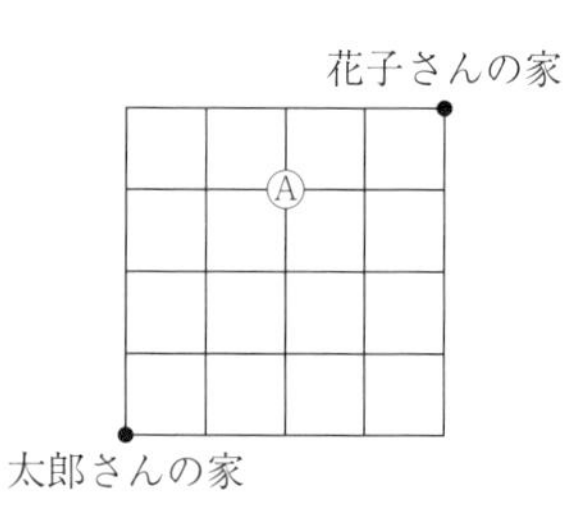

⑵　別の日に太郎さんが花子さんの家まで行こうとしたところ，×の場所が工事中で通れませんでした。このとき，太郎さんの家から花子さんの家までの行き方は何通りありますか。(　　　通り)

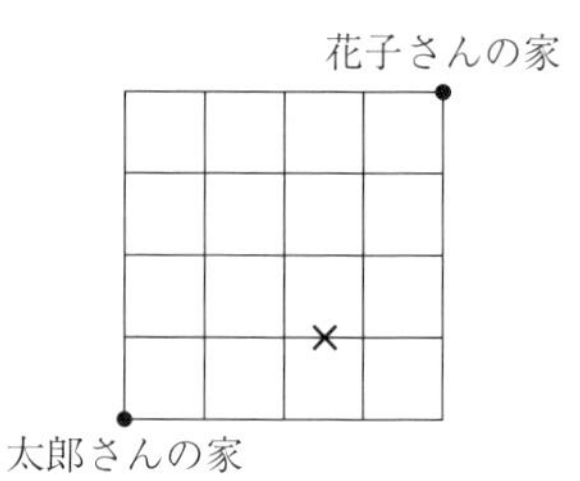

A book for You

赤本バックナンバーのご案内

赤本バックナンバーを1年単位で印刷製本しお届けします!

弊社発行の「**中学校別入試対策シリーズ(赤本)**」の収録から外れた古い年度の過去問を1年単位でご購入いただくことができます。

「**赤本バックナンバー**」はamazon(アマゾン)の*__プリント・オン・デマンドサービス__によりご提供いたします。

定評のあるくわしい解答解説はもちろん赤本そのまま,解答用紙も付けてあります。

志望校の受験対策をさらに万全なものにするために,「**赤本バックナンバー**」をぜひご活用ください。

⚠*プリント・オン・デマンドサービスとは,ご注文に応じて1冊から印刷製本し,お客様にお届けするサービスです。

ご購入の流れ

① 英俊社のウェブサイト https://book.eisyun.jp/ にアクセス

② トップページの「中学受験」 赤本バックナンバー をクリック

③ ご希望の学校・年度をクリックすると,amazon(アマゾン)のウェブサイトの該当書籍のページにジャンプ

④ amazon(アマゾン)のウェブサイトでご購入

⚠ 納期や配送,お支払い等,購入に関するお問い合わせは,amazon(アマゾン)のウェブサイトにてご確認ください。

⚠ 書籍の内容についてのお問い合わせは英俊社(06−7712−4373)まで。

⚠ 表中の×印の学校・年度は,著作権上の事情等により発刊いたしません。あしからずご了承ください。

※価格はすべて税込表示

近畿の中学(五十音順)

学校名	2019年実施問題	2018年実施問題	2017年実施問題	2016年実施問題	2015年実施問題	2014年実施問題	2013年実施問題	2012年実施問題	2011年実施問題	2010年実施問題	2009年実施問題	2008年実施問題	2007年実施問題	2006年実施問題	2005年実施問題	2004年実施問題	2003年実施問題	2002年実施問題
大阪教育大学附属池田中学校	赤本に収録	1,320円 44頁	1,210円 42頁	1,210円 42頁	1,210円 40頁	1,210円 40頁	1,210円 40頁	1,210円 42頁	1,210円 40頁	1,210円 42頁	1,210円 38頁	1,210円 40頁	1,210円 38頁	1,210円 38頁	1,210円 36頁	1,210円 36頁	1,210円 40頁	1,210円 40頁
大阪教育大学附属天王寺中学校	赤本に収録	1,320円 44頁	1,210円 38頁	1,210円 40頁	1,210円 40頁	1,210円 40頁	1,210円 42頁	1,210円 40頁	1,320円 44頁	1,210円 40頁	1,210円 42頁	1,210円 38頁	1,210円 38頁	1,210円 38頁	1,210円 38頁	1,210円 40頁	1,210円 40頁	
大阪教育大学附属平野中学校	赤本に収録	1,210円 42頁	1,320円 44頁	1,210円 36頁	1,210円 36頁	1,210円 34頁	1,210円 38頁	1,210円 38頁	1,210円 36頁	1,210円 34頁	1,210円 36頁	1,210円 36頁	1,210円 34頁	1,210円 32頁	1,210円 30頁	1,210円 26頁	1,210円 26頁	
大阪女学院中学校	1,430円 60頁	1,430円 62頁	1,430円 64頁	1,430円 58頁	1,430円 64頁	1,430円 62頁	1,430円 64頁	1,430円 60頁	1,430円 62頁	1,430円 60頁	1,430円 60頁	1,430円 58頁	1,430円 56頁	1,430円 56頁	1,430円 58頁	1,430円 58頁		
大阪星光学院中学校	赤本に収録	1,320円 50頁	1,320円 48頁	1,320円 48頁	1,320円 46頁	1,320円 44頁	1,320円 44頁	1,320円 46頁	1,320円 46頁	1,320円 44頁	1,320円 44頁	1,210円 42頁	1,210円 42頁	1,320円 44頁	1,210円 40頁	1,210円 40頁	1,210円 42頁	
大阪府立咲くやこの花中学校	赤本に収録	1,210円 36頁	1,210円 38頁	1,210円 38頁	1,210円 36頁	1,210円 36頁	1,430円 62頁	1,210円 42頁	1,320円 46頁	1,320円 44頁	1,320円 50頁							
大阪府立富田林中学校	赤本に収録	1,210円 38頁	1,210円 40頁															
大阪桐蔭中学校	1,980円 116頁	1,980円 122頁	2,090円 134頁	2,090円 134頁	1,870円 110頁	2,090円 130頁	2,090円 130頁	1,980円 122頁	1,980円 114頁	2,200円 138頁	1,650円 84頁	1,760円 90頁	1,650円 84頁	1,650円 80頁	1,650円 88頁	1,650円 84頁	1,650円 80頁	1,210円 38頁
大谷中学校〈大阪〉	1,430円 64頁	1,430円 62頁	1,320円 50頁	1,870円 102頁	1,870円 104頁	1,980円 112頁	1,980円 116頁	1,760円 98頁	1,760円 96頁	1,760円 96頁	1,760円 94頁	1,870円 100頁	1,760円 92頁					
開明中学校	1,650円 78頁	1,870円 106頁	1,870円 106頁	1,870円 110頁	1,870円 108頁	1,870円 104頁	1,870円 102頁	1,870円 104頁	1,870円 102頁	1,870円 100頁	1,870円 102頁	1,870円 104頁	1,870円 104頁	1,760円 96頁	1,760円 96頁	1,870円 100頁		
関西創価中学校	1,210円 34頁	1,210円 34頁	1,210円 36頁	1,210円 32頁	1,210円 32頁	1,210円 34頁	1,210円 32頁	1,210円 32頁	1,210円 32頁									
関西大学中等部	1,760円 92頁	1,650円 84頁	1,650円 84頁	1,650円 80頁	1,320円 44頁	1,210円 42頁	1,320円 44頁	1,210円 42頁	1,320円 44頁	1,320円 44頁								
関西大学第一中学校	1,320円 48頁	1,320円 48頁	1,320円 48頁	1,320円 48頁	1,320円 44頁	1,320円 46頁	1,320円 44頁	1,320円 44頁	1,210円 40頁	1,210円 40頁	1,320円 44頁	1,210円 40頁	1,320円 44頁	1,210円 40頁	1,210円 40頁	1,210円 40頁	1,210円 40頁	
関西大学北陽中学校	1,760円 92頁	1,760円 90頁	1,650円 86頁	1,650円 84頁	1,650円 88頁	1,650円 84頁	1,650円 82頁	1,430円 64頁	1,430円 62頁	1,430円 60頁								
関西学院中学部	1,210円 42頁	1,210円 40頁	1,210円 40頁	1,210円 40頁	1,210円 36頁	1,210円 38頁	1,210円 36頁	1,210円 40頁	1,210円 40頁	1,210円 38頁	1,210円 36頁	1,210円 34頁	1,210円 36頁	1,210円 34頁	1,210円 36頁	1,210円 34頁	1,210円 36頁	1,210円 36頁
京都教育大学附属桃山中学校	1,210円 40頁	1,210円 38頁	1,210円 38頁	1,210円 36頁	1,210円 34頁	1,210円 36頁	1,210円 34頁	1,210円 38頁	1,210円 36頁	1,210円 38頁	1,210円 32頁	1,210円 40頁	1,210円 36頁	1,210円 36頁	1,210円 34頁	1,210円 42頁	1,210円 38頁	

※価格はすべて税込表示

学校名	2019年実施問題	2018年実施問題	2017年実施問題	2016年実施問題	2015年実施問題	2014年実施問題	2013年実施問題	2012年実施問題	2011年実施問題	2010年実施問題	2009年実施問題	2008年実施問題	2007年実施問題	2006年実施問題	2005年実施問題	2004年実施問題	2003年実施問題	2002年実施問題
京都女子中学校	1,540円 68頁	1,760円 92頁	1,760円 90頁	1,650円 86頁	1,650円 86頁	1,650円 80頁	1,650円 84頁	1,430円 62頁	1,430円 60頁	1,430円 62頁	1,430円 60頁	1,430円 58頁	1,430円 58頁	1,430円 56頁	1,430円 56頁	1,430円 56頁		
京都市立西京高校附属中学校	赤本に収録	1,210円 36頁	1,210円 38頁	1,210円 38頁	1,210円 40頁	1,210円 34頁	1,210円 32頁	1,210円 32頁	1,210円 34頁	1,210円 26頁	1,210円 24頁	1,210円 24頁	1,210円 24頁					
京都府立洛北高校附属中学校	赤本に収録	1,210円 40頁	1,210円 40頁	1,210円 40頁	1,210円 36頁	1,210円 34頁	1,210円 32頁	1,210円 32頁	1,210円 36頁	1,210円 28頁	1,210円 24頁	1,210円 26頁	1,210円 26頁					
近畿大学附属中学校	1,650円 86頁	1,650円 80頁	1,650円 82頁	1,650円 84頁	1,650円 80頁	1,650円 80頁	1,650円 78頁	1,650円 78頁	1,540円 76頁	1,650円 78頁	1,540円 70頁	1,540円 76頁	1,540円 74頁	1,540円 74頁	1,540円 70頁	1,540円 68頁		
金蘭千里中学校	1,650円 78頁	1,650円 80頁	1,540円 74頁	1,980円 116頁	1,980円 116頁	1,320円 48頁	1,430円 58頁	1,430円 56頁	1,320円 50頁	1,540円 72頁	1,540円 76頁	1,540円 74頁	1,540円 70頁	1,540円 66頁	1,540円 72頁	1,540円 72頁		
啓明学院中学校	1,320円 44頁	1,320円 46頁	1,320円 46頁	1,320円 46頁	1,320円 48頁	1,320円 44頁	1,320円 44頁	1,320円 46頁	1,320円 46頁	1,320円 44頁	1,320円 44頁	1,210円 42頁	1,210円 42頁					
甲南中学校	1,430円 62頁	1,540円 76頁	1,540円 74頁	1,540円 74頁	1,540円 72頁													
甲南女子中学校	1,650円 84頁	1,540円 76頁	1,650円 82頁	1,650円 78頁	1,650円 80頁	1,540円 74頁	1,540円 72頁	1,540円 72頁	1,540円 72頁	1,540円 70頁	1,540円 74頁	1,540円 72頁	1,430円 56頁					
神戸海星女子学院中学校	1,540円 74頁	1,540円 72頁	1,540円 68頁	1,430円 64頁	1,430円 62頁	1,430円 64頁	1,430円 64頁	1,540円 68頁	1,540円 70頁	1,430円 58頁	1,320円 44頁	1,210円 38頁	1,210円 40頁					
神戸女学院中学部	赤本に収録	1,320円 48頁	1,320円 48頁	1,320円 48頁	1,320円 44頁	1,320円 44頁	1,320円 44頁	1,320円 46頁	1,210円 44頁	1,210円 42頁	1,210円 42頁	1,210円 40頁	1,210円 38頁	1,210円 40頁	1,210円 38頁	1,210円 38頁	1,210円 36頁	1,210円 36頁
神戸大学附属中等教育学校	赤本に収録	1,320円 50頁	1,320円 52頁	1,320円 46頁	1,320円 44頁													
甲陽学院中学校	赤本に収録	1,320円 50頁	1,320円 46頁	1,320円 44頁	1,320円 44頁	1,320円 44頁	1,320円 44頁	1,320円 44頁	1,320円 44頁	1,320円 44頁	1,210円 42頁	1,210円 42頁	1,210円 42頁	1,210円 42頁	1,210円 40頁	1,210円 42頁	1,210円 42頁	1,210円 40頁
三田学園中学校	1,540円 66頁	1,540円 68頁	1,430円 64頁	1,430円 62頁	1,430円 62頁	1,540円 66頁	1,430円 58頁	1,430円 54頁	1,430円 60頁	1,430円 58頁	1,430円 60頁	1,430円 60頁	1,430円 62頁	1,430円 58頁	1,430円 54頁	1,430円 54頁	1,210円 38頁	
滋賀県立中学校(河瀬·水口東·守山)	赤本に収録	1,210円 24頁	1,210円 24頁	1,210円 24頁	1,210円 24頁	1,210円 24頁	1,210円 24頁	1,210円 24頁	1,210円 24頁	1,210円 24頁	1,210円 24頁	1,210円 24頁	1,210円 24頁					
四天王寺中学校	1,320円 52頁	1,320円 46頁	1,320円 50頁	1,320円 50頁	1,320円 50頁	1,320円 48頁	1,320円 44頁	1,320円 48頁	1,320円 46頁	1,210円 42頁	1,320円 44頁	1,320円 46頁	1,320円 48頁	1,430円 62頁	×	1,430円 56頁	1,430円 56頁	1,430円 54頁
淳心学院中学校	1,540円 66頁	1,540円 70頁	1,540円 66頁	1,430円 62頁	1,430円 62頁	1,430円 60頁	1,320円 44頁	1,320円 44頁	1,320円 44頁	1,320円 44頁	1,320円 44頁	1,320円 46頁	1,210円 42頁					
親和中学校	1,760円 94頁	1,870円 108頁	1,760円 94頁	1,540円 76頁	1,540円 74頁	1,540円 76頁	1,540円 74頁	1,540円 74頁	1,430円 56頁	1,430円 54頁	1,430円 54頁	1,430円 54頁	1,430円 56頁					
須磨学園中学校	1,980円 118頁	2,090円 124頁	2,090円 134頁	1,980円 120頁	2,090円 124頁	1,980円 112頁	1,980円 114頁	1,870円 110頁	1,980円 116頁	1,980円 122頁	1,980円 122頁	1,980円 118頁	1,980円 120頁	1,980円 116頁	1,980円 114頁	1,870円 104頁		
清教学園中学校	1,210円 38頁	1,540円 72頁	1,540円 70頁	1,540円 70頁	1,540円 72頁	1,540円 70頁	1,540円 66頁	1,540円 68頁	1,540円 68頁	1,540円 70頁	1,540円 68頁	1,540円 68頁	1,430円 64頁					
清風中学校	2,200円 142頁	2,090円 128頁	2,090円 134頁	2,200円 140頁	2,090円 134頁	2,090円 136頁	2,090円 136頁	2,090円 128頁	1,870円 108頁	1,980円 114頁	1,870円 110頁	1,870円 108頁	1,650円 82頁	1,540円 76頁	1,650円 78頁	1,540円 74頁		
清風南海中学校	赤本に収録	1,760円 98頁	1,760円 96頁	1,760円 94頁	1,760円 92頁	1,760円 92頁	1,760円 90頁	1,760円 92頁	1,760円 98頁	1,760円 96頁	1,760円 90頁	1,760円 90頁	1,760円 94頁	1,650円 88頁	1,650円 86頁	1,760円 90頁	1,650円 82頁	1,650円 82頁
高槻中学校	1,870円 106頁	1,650円 88頁	1,650円 82頁	2,090円 124頁	1,980円 120頁	1,980円 114頁	2,090円 126頁	1,980円 114頁	1,540円 72頁	1,650円 78頁	1,540円 74頁	1,540円 68頁	1,540円 68頁	×	1,540円 76頁	×	1,540円 74頁	1,650円 78頁
滝川中学校	1,760円 96頁	2,090円 128頁	1,870円 104頁	1,870円 100頁	1,760円 98頁													
智辯学園和歌山中学校	1,650円 80頁	1,650円 80頁	1,540円 74頁	1,540円 72頁	1,540円 72頁	1,540円 70頁	1,540円 74頁	1,540円 74頁	1,430円 64頁	1,540円 74頁	1,540円 76頁	1,540円 70頁	1,320円 46頁					
帝塚山中学校	2,090円 124頁	2,310円 156頁	2,310円 156頁	2,310円 154頁	2,310円 152頁	2,090円 124頁	2,090円 130頁	2,090円 148頁	2,090円 154頁	2,310円 148頁	2,090円 150頁	2,090円 152頁	2,200円 140頁	2,310円 156頁	1,540円 66頁	1,430円 62頁	1,430円 60頁	
帝塚山学院中学校	1,210円 42頁	1,210円 38頁	1,210円 36頁	1,210円 36頁	1,210円 38頁	1,210円 36頁	1,210円 36頁	1,210円 34頁	1,210円 36頁	1,210円 34頁	1,210円 34頁	1,210円 34頁	1,210円 36頁					
帝塚山学院泉ヶ丘中学校	1,320円 50頁	1,320円 46頁	1,210円 42頁	1,760円 92頁	1,650円 84頁	1,650円 84頁	1,650円 82頁	1,650円 86頁	1,320円 50頁	1,210円 42頁	1,210円 42頁	1,210円 42頁	1,210円 42頁					
同志社中学校	1,320円 48頁	1,320円 44頁	1,210円 40頁	1,210円 40頁	1,210円 40頁	1,210円 40頁	1,210円 40頁	1,210円 40頁	1,210円 42頁	1,210円 40頁	1,210円 40頁	1,210円 40頁	1,210円 42頁	1,210円 40頁	1,210円 38頁	1,210円 40頁	1,210円 38頁	1,210円 36頁
同志社香里中学校	1,650円 86頁	1,650円 78頁	1,540円 76頁	1,650円 78頁	1,650円 80頁	1,650円 78頁	1,650円 80頁	1,650円 78頁	×	×	1,210円 38頁	1,210円 38頁	1,210円 40頁	1,210円 40頁	1,210円 38頁	1,210円 42頁	1,210円 40頁	
同志社国際中学校	1,320円 52頁	1,320円 52頁	1,320円 48頁	1,320円 46頁	1,320円 44頁	1,210円 42頁	1,210円 36頁	1,210円 34頁	1,210円 36頁	1,210円 34頁	1,210円 34頁	1,210円 32頁	1,210円 34頁					
同志社女子中学校	1,760円 96頁	1,760円 98頁	1,760円 96頁	1,760円 92頁	1,650円 84頁	1,650円 86頁	1,650円 82頁	1,650円 86頁	1,320円 46頁	1,320円 46頁	1,210円 46頁	1,210円 42頁	1,210円 42頁	1,210円 40頁	1,210円 42頁	×	1,320円 44頁	1,320円 44頁

※価格はすべて税込表示

学校名	2019年実施問題	2018年実施問題	2017年実施問題	2016年実施問題	2015年実施問題	2014年実施問題	2013年実施問題	2012年実施問題	2011年実施問題	2010年実施問題	2009年実施問題	2008年実施問題	2007年実施問題	2006年実施問題	2005年実施問題	2004年実施問題	2003年実施問題	2002年実施問題
東大寺学園中学校	赤本に収録	1,430円 58頁	1,430円 58頁	1,430円 54頁	1,430円 54頁	1,430円 56頁	1,320円 50頁	1,320円 52頁	1,320円 52頁	1,320円 48頁	1,320円 46頁	1,320円 44頁	1,320円 46頁	1,320円 48頁	1,210円 42頁	1,320円 46頁	1,320円 44頁	1,320円 46頁
灘中学校	赤本に収録	1,320円 48頁	1,320円 48頁	1,320円 52頁	1,320円 48頁	1,320円 46頁	1,320円 46頁	1,320円 44頁	1,320円 44頁	1,320円 46頁	1,320円 46頁	1,320円 46頁	1,210円 42頁	1,320円 46頁	1,320円 46頁	1,320円 46頁	1,320円 46頁	
奈良学園中学校	2,090円 132頁	1,980円 120頁	1,980円 120頁	1,980円 112頁	1,980円 116頁	1,870円 110頁	1,980円 114頁	1,870円 110頁	1,870円 108頁	1,870円 104頁	1,870円 106頁	1,870円 104頁	1,870円 102頁	1,870円 100頁	1,540円 68頁	1,540円 66頁		
奈良学園登美ヶ丘中学校	1,540円 70頁	1,540円 70頁	1,540円 68頁	1,650円 86頁	1,650円 80頁	1,650円 86頁	2,090円 126頁	2,090円 126頁	1,980円 120頁	1,870円 104頁	1,760円 98頁	1,760円 96頁						
奈良教育大学附属中学校	1,320円 44頁	1,210円 42頁	1,210円 38頁	1,210円 36頁	1,210円 38頁	1,210円 38頁	1,210円 36頁	1,210円 38頁	1,210円 36頁	1,210円 38頁	1,210円 36頁	1,210円 38頁	1,210円 38頁	1,210円 36頁	1,210円 38頁	1,210円 38頁	1,210円 38頁	
奈良女子大学附属中等教育学校	1,210円 24頁	1,210円 24頁	1,210円 24頁	1,210円 24頁	1,210円 24頁	1,210円 24頁	1,210円 24頁	1,210円 24頁	1,210円 24頁	1,210円 24頁	1,210円 24頁	1,210円 24頁	1,210円 24頁					
西大和学園中学校	赤本に収録	2,200円 136頁	2,200円 140頁	1,430円 58頁	1,870円 100頁	1,760円 98頁	1,430円 54頁	1,430円 54頁	1,650円 84頁	1,650円 86頁	×	1,650円 80頁	×	1,650円 84頁	1,320円 48頁	1,320円 44頁	1,320円 46頁	1,320円 46頁
白陵中学校	赤本に収録	1,210円 36頁	1,210円 38頁	1,210円 36頁	1,210円 38頁	1,210円 36頁	1,210円 38頁	1,210円 36頁	1,210円 38頁	1,210円 36頁	1,210円 36頁	1,210円 34頁	1,210円 36頁	1,210円 34頁	1,210円 36頁	1,210円 34頁	1,210円 34頁	1,210円 34頁
東山中学校	1,320円 48頁	1,320円 50頁	1,320円 44頁	1,320円 46頁	1,320円 48頁													
雲雀丘学園中学校	1,650円 78頁	1,650円 80頁	1,650円 80頁	1,650円 78頁	1,430円 60頁	1,210円 32頁	1,210円 30頁	1,210円 30頁	1,210円 32頁	1,210円 30頁	1,210円 28頁	1,210円 28頁	1,210円 26頁	1,210円 26頁	1,210円 26頁	1,210円 26頁	1,210円 28頁	
武庫川女子大学附属中学校	1,650円 88頁	1,650円 78頁	1,650円 80頁	1,760円 90頁	1,650円 88頁	1,760円 92頁	1,760円 94頁	1,760円 96頁	1,760円 90頁	1,760円 94頁	1,650円 88頁	1,430円 56頁	1,430円 56頁					
明星中学校	1,980円 118頁	1,980円 116頁	1,980円 122頁	1,980円 116頁	1,980円 112頁	1,980円 112頁	1,980円 118頁	1,760円 92頁	1,650円 86頁	1,650円 86頁	1,650円 86頁	1,650円 86頁	1,650円 80頁	1,650円 84頁	×	1,650円 84頁		
桃山学院中学校	1,540円 74頁	1,650円 82頁	1,650円 80頁	1,540円 76頁	1,650円 78頁	1,650円 78頁	1,540円 74頁	1,540円 74頁	1,650円 78頁	1,540円 72頁	1,540円 68頁							
洛星中学校	赤本に収録	1,760円 98頁	1,870円 100頁	1,760円 96頁	1,760円 96頁	1,760円 92頁	1,870円 100頁	1,870円 102頁	1,760円 96頁	1,760円 96頁	1,760円 94頁	1,760円 96頁	1,760円 94頁	1,760円 94頁	1,650円 84頁	1,650円 82頁	1,650円 82頁	1,650円 84頁
洛南高等学校附属中学校	赤本に収録	1,430円 56頁	1,430円 56頁	1,430円 54頁	1,320円 52頁	1,320円 52頁	1,430円 54頁	1,430円 56頁	1,320円 52頁	1,430円 54頁	1,320円 50頁	1,320円 48頁	1,320円 52頁	1,320円 48頁	×	1,430円 60頁	1,430円 60頁	1,430円 58頁
立命館中学校	1,650円 82頁	1,650円 82頁	1,650円 78頁	1,650円 86頁	1,650円 80頁	1,540円 76頁	1,540円 72頁	1,540円 74頁	1,540円 72頁	1,540円 70頁	1,540円 66頁	1,540円 70頁	×	1,430円 58頁	1,430円 54頁			
立命館宇治中学校	1,650円 86頁	1,650円 82頁	1,650円 80頁	1,650円 78頁	1,540円 76頁	1,540円 76頁	1,540円 68頁	1,540円 72頁	1,540円 74頁	1,540円 74頁	1,540円 72頁	1,320円 52頁	1,320円 52頁	1,320円 52頁	1,320円 52頁	1,320円 52頁		
立命館守山中学校	1,650円 80頁	1,430円 64頁	1,540円 66頁	1,430円 64頁	1,430円 62頁	1,430円 60頁	1,430円 60頁	1,430円 58頁	1,430円 58頁	1,430円 56頁	1,430円 58頁	1,430円 64頁	1,430円 54頁					
六甲学院中学校	1,430円 58頁	1,430円 56頁	1,430円 56頁	1,430円 60頁	1,430円 56頁	1,320円 52頁	1,430円 56頁	1,320円 52頁	1,430円 54頁	1,430円 56頁	×	1,320円 50頁	1,430円 58頁	1,320円 50頁	1,320円 46頁	1,320円 52頁	1,320円 50頁	
和歌山県立中学校（向陽・古佐田丘・田辺・桐蔭・日高高附中）	1,210円 34頁	1,760円 90頁	1,760円 90頁	1,650円 86頁	1,650円 80頁	1,650円 88頁	1,540円 70頁	1,650円 78頁	1,760円 98頁	1,870円 108頁	1,650円 88頁	1,650円 78頁	1,540円 74頁					
愛知中学校	1,320円 48頁	1,320円 44頁	1,320円 46頁	1,320円 44頁	1,210円 42頁	1,210円 38頁	1,210円 34頁	1,210円 38頁	1,210円 38頁	1,210円 36頁	1,210円 36頁	1,210円 36頁	1,210円 34頁	1,210円 32頁	1,210円 30頁	1,210円 32頁	1,210円 28頁	
愛知工業大学名電中学校	1,320円 46頁	1,650円 86頁	1,980円 122頁	1,650円 82頁	1,650円 86頁													
愛知淑徳中学校	1,430円 54頁	1,320円 48頁	1,320円 46頁	1,320円 46頁	1,320円 44頁	1,210円 42頁	1,320円 46頁	1,320円 44頁	1,320円 44頁	1,320円 44頁	1,210円 42頁	1,210円 42頁	1,210円 40頁					
海陽中等教育学校	赤本に収録	1,760円 90頁	2,090円 132頁	2,090円 126頁	1,980円 122頁	1,980円 116頁	1,980円 112頁	1,980円 112頁	1,980円 112頁	1,540円 74頁	1,430円 64頁	1,760円 96頁	1,870円 110頁	1,870円 100頁				
金城学院中学校	1,320円 46頁	1,320円 44頁	1,210円 40頁	1,210円 42頁	1,210円 42頁	1,210円 38頁	1,210円 40頁	1,210円 42頁	1,210円 42頁	1,210円 38頁	1,210円 40頁	1,210円 40頁	1,210円 38頁	1,210円 36頁	1,210円 36頁	1,210円 24頁		
滝中学校	1,320円 48頁	1,320円 48頁	1,320円 46頁	1,320円 44頁	1,210円 40頁	1,210円 42頁	1,210円 40頁	1,210円 40頁	1,210円 42頁	1,210円 40頁	1,210円 40頁	1,210円 38頁	1,210円 42頁	1,210円 42頁	1,210円 40頁	1,210円 34頁	1,210円 36頁	
東海中学校	1,320円 50頁	1,320円 48頁	1,210円 38頁	1,320円 44頁	1,210円 42頁	1,320円 44頁	1,320円 44頁	1,210円 40頁	1,320円 44頁	1,210円 40頁	1,210円 42頁	1,210円 38頁	1,210円 40頁	1,210円 38頁	1,210円 36頁	1,210円 40頁	1,210円 36頁	
名古屋中学校	1,430円 56頁	1,320円 52頁	1,320円 50頁	1,320円 48頁	1,320円 50頁	1,320円 44頁	1,320円 44頁	1,210円 40頁	1,210円 40頁	1,210円 40頁	1,210円 36頁	1,210円 34頁	1,210円 40頁					
南山中学校女子部	1,430円 56頁	1,320円 50頁	1,320円 52頁	1,320円 50頁	1,320円 48頁	1,320円 46頁	1,320円 48頁	1,320円 46頁	1,320円 44頁	1,210円 42頁	1,320円 44頁	1,320円 46頁	1,320円 46頁	1,320円 44頁	1,210円 42頁	1,210円 42頁		
南山中学校男子部	1,320円 52頁	1,320円 50頁	1,320円 50頁	1,320円 46頁	1,210円 42頁	1,320円 46頁	1,320円 46頁	1,320円 44頁	1,320円 46頁	1,320円 46頁	1,210円 42頁	×	1,210円 40頁	1,210円 38頁	1,210円 40頁	1,210円 36頁		

解　答

1．数の計算

★問題 P．3～15★

1 (1) 与式$=1632+272+64=1968$

(2) 与式$=72391+8532+7609-532+800+(96-16)+8$
$=72391+7609+(8532-352)+800+80+8$
$=80000+8000+800+80+8=88888$

(3) 与式$=(4720-3328)\div24+42$
$=1392\div24+42=58+42=100$

(4) 与式$=49\div2\times6\div7\div7=49\div7\div7\times6\div2=3$

(5) 与式$=(21-15)\div2+2\times5=6\div2+10$
$=3+10=13$

(6) 与式$=(21-18)\times(1+6-4+5)-(35-11)\div6$
$=3\times8-24\div6=24-4=20$

(7) 与式$=24\times35\div(34+8)=24\times35\times\dfrac{1}{42}=20$

(8) 与式$=144-(8+4\times24\div8)\times7$
$=144-(8+12)\times7=144-20\times7$
$=144-140=4$

(9) 与式$=722-(340-170)\div17=722-170\div17$
$=722-10=712$

(10) 与式$=(2546-715\div13)\div53\times2$
$=(2546-55)\div53\times2=2491\div53\times2=94$

答 (1) 1968　(2) 88888　(3) 100　(4) 3　(5) 13
(6) 20　(7) 20　(8) 4　(9) 712　(10) 94

2 (1) 与式$=1+2=3$

(2) 与式$=6.7+15.6-14.2=8.1$

(3) 与式$=42.72-36.1+16.78=23.4$

(4) 与式$=53.12+5.7-55.32=3.5$

(5) 与式$=25\times0.4=10$

(6) 与式$=(1.89+0.21)\div3.5=2.1\div3.5=0.6$

(7) 与式$=3.27\div3-4.1\times0.2=1.09-0.82=0.27$

(8) 与式$=1.26\times7.5=9.45$

(9) 与式$=(6.4\times3.7+0.62)\div1.35$
$=(23.68+0.62)\div1.35=24.3\div1.35=18$

(10) 与式$=\{10-0.25\times(1.05+0.45)\}\div(3-0.25)+0.15$
$=(10-0.25\times1.5)\div2.75+0.15$
$=(10-0.375)\div2.75+0.15$
$=9.625\div2.75+0.15=3.5+0.15=3.65$

答 (1) 3　(2) 8.1　(3) 23.4　(4) 3.5　(5) 10　(6) 0.6
(7) 0.27　(8) 9.45　(9) 18　(10) 3.65

3 (1) 与式$=\dfrac{100}{690}+\dfrac{39}{690}+\dfrac{22}{690}=\dfrac{161}{690}=\dfrac{7}{30}$

(2) 与式$=\dfrac{1}{32}+\dfrac{2}{32}+\dfrac{4}{32}+\dfrac{8}{32}+\dfrac{16}{32}=\dfrac{31}{32}$

(3) 与式$=\dfrac{15}{15}-\dfrac{5}{15}-\dfrac{6}{15}-\dfrac{4}{17}=\dfrac{4}{15}-\dfrac{4}{17}$
$=\dfrac{68}{255}-\dfrac{60}{255}=\dfrac{8}{255}$

(4) $\dfrac{11}{24}-\dfrac{4}{21}=\dfrac{77}{168}-\dfrac{32}{168}=\dfrac{15}{56}$ より，
与式$=\dfrac{75}{280}+\dfrac{21}{280}-\dfrac{96}{280}=0$

(5) 与式$=2\dfrac{4}{6}-\dfrac{3}{6}+1\dfrac{5}{6}=4$

(6) 与式$=1\dfrac{6}{12}+2\dfrac{8}{12}-3\dfrac{9}{12}=\dfrac{5}{12}$

(7) 与式$=2-\left(\dfrac{6}{12}+\dfrac{4}{12}+\dfrac{3}{12}+\dfrac{2}{12}+\dfrac{1}{12}\right)$
$=2-\dfrac{4}{3}=\dfrac{2}{3}$

答 (1) $\dfrac{7}{30}$　(2) $\dfrac{31}{32}$　(3) $\dfrac{8}{255}$　(4) 0　(5) 4　(6) $\dfrac{5}{12}$
(7) $\dfrac{2}{3}$

4 (1) 与式$=\dfrac{8}{15}\div\dfrac{9}{5}\div\dfrac{16}{3}=\dfrac{8}{15}\times\dfrac{5}{9}\times\dfrac{3}{16}=\dfrac{1}{18}$

(2) 与式$=\dfrac{1}{2}\times\dfrac{8}{9}\times\dfrac{27}{32}\times\dfrac{81}{128}\times\dfrac{512}{243}$
$=\dfrac{4}{9}\times\dfrac{27}{32}\times\dfrac{4}{3}=\dfrac{1}{2}$

(3) 与式$=\dfrac{25}{18}\times\dfrac{3}{1}\times\dfrac{1}{10}=\dfrac{5}{12}$

答 (1) $\dfrac{1}{18}$　(2) $\dfrac{1}{2}$　(3) $\dfrac{5}{12}$

5 (1) 与式$=\dfrac{1}{2}+\dfrac{2}{3}\times\dfrac{4}{3}-\dfrac{4}{5}=\dfrac{1}{2}+\dfrac{8}{9}-\dfrac{4}{5}$
$=\dfrac{45}{90}+\dfrac{80}{90}-\dfrac{72}{90}=\dfrac{53}{90}$

(2) 与式$=\dfrac{16}{5}-\dfrac{5}{6}-\dfrac{11}{5}=\dfrac{16}{5}-\dfrac{11}{5}-\dfrac{5}{6}$
$=1-\dfrac{5}{6}=\dfrac{1}{6}$

(3)　与式$=\frac{9}{4}\times\frac{8}{15}-\frac{3}{10}\times\frac{4}{3}=\frac{6}{5}-\frac{2}{5}=\frac{4}{5}$

(4)　与式$=\frac{42}{5}\times\frac{1}{3}-\frac{39}{10}\div\frac{13}{4}=\frac{42}{5}\times\frac{1}{3}-\frac{39}{10}\times\frac{4}{13}$

$=\frac{14}{5}-\frac{6}{5}=\frac{8}{5}$

(5)　与式$=\frac{3}{7}\times\frac{14}{9}-\frac{2}{9}\times\frac{3}{4}\times\frac{1}{2}=\frac{2}{3}-\frac{1}{12}=\frac{7}{12}$

(6)　与式$=2024\div\frac{253}{7}=2024\times\frac{7}{253}=56$

(7)　与式$=\frac{1}{4}-\frac{5}{8}\times\frac{4}{15}=\frac{1}{4}-\frac{1}{6}=\frac{1}{12}$

(8)　与式$=21\times\frac{1}{281}\times37\times\left(\frac{1961-1680}{21\times37}\right)$

$=\frac{21\times37}{281}\times\frac{281}{21\times37}=1$

(9)　与式$=\frac{5}{2}-\frac{62}{15}\div\left(\frac{1}{6}+\frac{14}{9}\right)=\frac{5}{2}-\frac{62}{15}\div\frac{31}{18}$

$=\frac{5}{2}-\frac{12}{5}=\frac{1}{10}$

(10)　$\frac{1}{\bigcirc}=1\div\bigcirc$であることを利用する。

$4+\frac{1}{5}=\frac{21}{5}$ より，

$1\div\frac{21}{5}=\frac{5}{21}$ だから，$3+\frac{5}{21}=\frac{68}{21}$

よって，

$1\div\frac{68}{21}=\frac{21}{68}$ だから，$2+\frac{21}{68}=\frac{157}{68}$

したがって，与式$=1\div\frac{157}{68}=\frac{68}{157}$

答　(1) $\frac{53}{90}$　(2) $\frac{1}{6}$　(3) $\frac{4}{5}$　(4) $\frac{8}{5}$　(5) $\frac{7}{12}$　(6) 56　(7) $\frac{1}{12}$　(8) 1　(9) $\frac{1}{10}$　(10) $\frac{68}{157}$

6 (1)　与式$=4\div\frac{5}{12}=\frac{48}{5}$

(2)　与式$=\frac{11}{12}\div\frac{11}{6}-\frac{6}{25}\times\frac{5}{24}=\frac{1}{2}-\frac{1}{20}=\frac{9}{20}$

(3)　与式$=1-\frac{11}{12}\times\frac{2}{3}\div\frac{2}{3}=1-\frac{11}{12}=\frac{1}{12}$

(4)　与式$=\frac{5}{3}\times\frac{6}{5}\times\left(\frac{7}{12}-\frac{1}{4}\right)=\frac{5}{3}\times\frac{6}{5}\times\frac{1}{3}$

$=\frac{2}{3}$

(5)　与式$=17\times(25-8)\div\frac{1}{7}=17\times17\times7=2023$

(6)　与式$=2\times\frac{11}{44}-\left(\frac{7}{6}\div\frac{7}{2}\right)=\frac{1}{2}-\frac{1}{3}=\frac{1}{6}$

(7)　与式$=\left(\frac{49}{2}\times\frac{3}{14}+\frac{1}{2}\right)\times\frac{2}{13}-\frac{2}{39}$

$=\frac{23}{4}\times\frac{2}{13}-\frac{2}{39}=\frac{23}{26}-\frac{2}{39}=\frac{65}{78}=\frac{5}{6}$

(8)　与式$=\left(\frac{5}{3}\times4-3\right)\times\frac{1}{8}\times\frac{9}{11}$

$=\left(\frac{20}{3}-\frac{9}{3}\right)\times\frac{1}{8}\times\frac{9}{11}$

$=\frac{11}{3}\times\frac{1}{8}\times\frac{9}{11}=\frac{3}{8}$

(9)　与式$=\frac{5}{3}\div\left\{4-\left(\frac{5}{6}+\frac{7}{8}\right)\right\}$

$=\frac{5}{3}\div\left\{4-\left(\frac{20}{24}+\frac{21}{24}\right)\right\}$

$=\frac{5}{3}\div\left(4-\frac{41}{24}\right)=\frac{5}{3}\times\frac{24}{55}=\frac{8}{11}$

(10)　与式$=1-\frac{1}{2}\times\left\{\frac{1}{3}\times\left(\frac{1}{4}\times\frac{1}{30}\right)\right\}$

$=1-\frac{1}{2}\times\left(\frac{1}{3}\times\frac{1}{120}\right)=1-\frac{1}{2}\times\frac{1}{360}$

$=1-\frac{1}{720}=\frac{719}{720}$

答　(1) $\frac{48}{5}$　(2) $\frac{9}{20}$　(3) $\frac{1}{12}$　(4) $\frac{2}{3}$　(5) 2023　(6) $\frac{1}{6}$　(7) $\frac{5}{6}$　(8) $\frac{3}{8}$　(9) $\frac{8}{11}$　(10) $\frac{719}{720}$

7 (1)　与式$=\frac{13}{5}-\frac{7}{4}+\frac{7}{10}\times\frac{5}{2}=\frac{13}{5}-\frac{7}{4}+\frac{7}{4}=\frac{13}{5}$

(2)　与式$=28\times\frac{9}{7}-\frac{5}{9}\times36\times\frac{5}{4}=36-25=11$

(3)　与式$=\frac{31}{40}\times\frac{15}{2}+\frac{11}{2}\times\frac{7}{4}+\frac{63}{4}\times\frac{5}{12}$

$=\frac{93}{16}+\frac{77}{8}+\frac{105}{16}=22$

(4)　与式$=\left(\frac{4}{30}+\frac{24}{30}-\frac{27}{30}\right)\times\frac{15}{4}\div\frac{7}{4}$

$=\frac{1}{30}\times\frac{15}{4}\times\frac{4}{7}=\frac{1}{14}$

(5)　与式$=\frac{5}{9}\times\left(\frac{13}{5}-\frac{2}{7}\right)-\frac{1}{24}\div\frac{1}{8}$

$=\frac{5}{9}\times\frac{81}{35}-\frac{1}{24}\times\frac{8}{1}=\frac{9}{7}-\frac{1}{3}=\frac{20}{21}$

(6)　与式$=\frac{21}{8}\div\frac{3}{4}-\frac{12}{7}\times\frac{7}{6}=\frac{7}{2}-2=\frac{3}{2}$

(7)　与式$=\frac{1}{3}\times\left(\frac{21}{10}+\frac{6}{10}\right)+\frac{3}{10}-\frac{2}{5}\div\frac{5}{4}$

$=\frac{1}{3}\times\frac{27}{10}+\frac{3}{10}-\frac{2}{5}\times\frac{4}{5}$

$=\frac{9}{10}+\frac{3}{10}-\frac{8}{25}=\frac{44}{50}=\frac{22}{25}$

(8)　与式$=2\div\left(\frac{5}{8}+\frac{3}{4}-\frac{1}{8}\right)+\frac{6}{5}=2\div\frac{5}{4}+\frac{6}{5}$

$=\frac{8}{5}+\frac{6}{5}=\frac{14}{5}$

(9)　与式 $=\frac{1}{4}\times\left(\frac{9}{16}+\frac{3}{8}\right)-\left(\frac{1}{24}+\frac{1}{8}+\frac{1}{16}\right)\times\frac{3}{4}$

$=\frac{1}{4}\times\frac{15}{16}-\frac{11}{48}\times\frac{3}{4}=\frac{15}{64}-\frac{11}{64}=\frac{1}{16}$

(10)　与式 $=12\times\left(\frac{4}{5}-\frac{1}{40}\times\frac{1}{3}\times\frac{1}{6}\right)\div(4+20-1)$

$=12\times\left(\frac{4}{5}-\frac{1}{720}\right)\div 23=12\times\frac{575}{720}\times\frac{1}{23}$

$=\frac{5}{12}$

答 (1) $\frac{13}{5}$　(2) 11　(3) 22　(4) $\frac{1}{14}$　(5) $\frac{20}{21}$　(6) $\frac{3}{2}$　(7) $\frac{22}{25}$　(8) $\frac{14}{5}$　(9) $\frac{1}{16}$　(10) $\frac{5}{12}$

8 (1)　与式 $=8\div(1-0.2)\times 10+(2.5-0.875)\times 8$

$=8\div 0.8\times 10+1.625\times 8=100+13=113$

(2)　与式 $=(0.78-0.38)\times\left(2\times\frac{11}{10}\times\frac{3}{2}-\frac{3}{10}\right)$

$=0.4\times 3=1.2$

(3)　与式 $=\left(\frac{1}{2\times 19}+\frac{1}{2\times 13}+\frac{1}{13\times 19}\right)$

$-\left(\frac{2}{5}-\frac{13}{120}+\frac{3}{8}\right)\times\left(\frac{19}{13\times 19}-\frac{13}{13\times 19}\right)$

$=\frac{34}{2\times 13\times 19}-\frac{80}{120}\times\frac{6}{13\times 19}$

$=\frac{17}{13\times 19}-\frac{4}{13\times 19}=\frac{13}{13\times 19}=\frac{1}{19}$

(4)　与式 $=\left\{\left(\frac{11}{5}+\frac{5}{4}\right)\div\frac{23}{10}-1\right\}\times\frac{5}{7}$

$=\left\{\left(\frac{44}{20}+\frac{25}{20}\right)\times\frac{10}{23}-1\right\}\times\frac{5}{7}$

$=\left(\frac{69}{20}\times\frac{10}{23}-1\right)\times\frac{5}{7}=\left(\frac{3}{2}-\frac{2}{2}\right)\times\frac{5}{7}$

$=\frac{1}{2}\times\frac{5}{7}=\frac{5}{14}$

(5)　与式 $=\left(1\frac{3}{4}-\frac{1}{4}\right)\times\frac{4}{21}=\frac{3}{2}\times\frac{4}{21}=\frac{2}{7}$

(6)　与式 $=\frac{9}{14}\times\left(\frac{1}{4}+\frac{5}{3}\times\frac{5}{4}\right)=\frac{9}{14}\times\left(\frac{1}{4}+\frac{25}{12}\right)$

$=\frac{9}{14}\times\frac{7}{3}=\frac{3}{2}$

(7)　与式 $=\left\{\left(\frac{52}{20}-\frac{35}{20}\right)\times\frac{7}{2}-\frac{13}{5}\right\}\times\frac{16}{3}$

$=\left(\frac{17}{20}\times\frac{7}{2}-\frac{13}{5}\right)\times\frac{16}{3}$

$=\left(\frac{119}{40}-\frac{104}{40}\right)\times\frac{16}{3}=\frac{3}{8}\times\frac{16}{3}=2$

(8)　与式 $=\{(6.25-1.75)\times 1.8-2.35\}\div\frac{10}{3}+3.275$

$=(4.5\times 1.8-2.35)\times\frac{3}{10}+3.275$

$=5.75\times\frac{3}{10}+3.275=1.725+3.275=5$

(9)　与式 $=\left(6+\frac{11}{14}\right)\div\left(\frac{114}{91}\times\frac{1}{12}\right)$

$=\frac{95}{14}\div\frac{19}{182}=65$

(10)　与式 $=8.1+\{(2.7-1.2)\div 0.3\}$

$-(0.2+0.5-0.6)$

$=8.1+1.5\div 0.3-0.1=8.1+5-0.1=13$

答 (1) 113　(2) 1.2　(3) $\frac{1}{19}$　(4) $\frac{5}{14}$　(5) $\frac{2}{7}$　(6) $\frac{3}{2}$　(7) 2　(8) 5　(9) 65　(10) 13

9 (1)　与式 $=13\times 3\times 36+13\times 2\times 38-13\times 36$

$=13\times(108+76-36)=13\times 148=1924$

(2)　与式 $=12\times(13+14)+27\times 72+73\times 84$

$=12\times 27+27\times 72+73\times 84$

$=27\times(12+72)+73\times 84$

$=27\times 84+73\times 84=(27+73)\times 84$

$=100\times 84=8400$

(3)　与式 $=11\times 23+23\times 11\times 2+11\times 23\times 3$

$+11\times 2\times 23\times 2+23\times 11\times 5$

$=11\times 23\times(1+2+3+2\times 2+5)$

$=11\times 23\times 15=3795$

(4)　与式 $=2023\times 2024-2022\times(2024+1)$

$=2023\times 2024-2022\times 2024-2022$

$=(2023-2022)\times 2024-2022$

$=2024-2022=2$

(5)　与式 $=(116-1)\times 115-116\times 114$

$+(116+1)\times 113$

$=116\times 115-1\times 115-116\times 114$

$+116\times 113+1\times 113$

$=116\times(115-114+113)-1\times 115$

$+1\times 113$

$=116\times 114-115+113$

$=13224-115+113=13222$

(6)　与式 $=123\times 0.01\times 1000+123\times 0.1\times 350$

$-123\times 25+123\times 2\times 40$

$=123\times 10+123\times 35-123\times 25+123\times 80$

$=123\times(10+35-25+80)$

$=123\times 100=12300$

(7)　与式 $=1.06\times3.19+1.06\times2\times1.46-1.06\times3\times0.37$
$=1.06\times3.19+1.06\times2.92-1.06\times1.11$
$=1.06\times(3.19+2.92-1.11)$
$=1.06\times5=5.3$

(8)　与式 $=1.24\times116-1.24\times2\times57+1.24\times4\times12$
$=1.24\times116-1.24\times114+1.24\times48$
$=1.24\times(116-114+48)=1.24\times50=62$

(9)　与式 $=0.91\times4\times7+0.91\times0.2\times15-0.91\times21$
$=0.91\times28+0.91\times3-0.91\times21$
$=0.91\times(28+3-21)=0.91\times10=9.1$

(10)　与式 $=\left(\frac{3}{2}-\frac{5}{4}\right)+\left(\frac{9}{8}-\frac{17}{16}\right)+\left(\frac{33}{32}-\frac{65}{64}\right)+\left(\frac{129}{128}-\frac{257}{256}\right)$
$=\frac{1}{4}+\frac{1}{16}+\frac{1}{64}+\frac{1}{256}=\frac{85}{256}$

答 (1) 1924　(2) 8400　(3) 3795　(4) 2　(5) 13222　(6) 12300　(7) 5.3　(8) 62　(9) 9.1　(10) $\frac{85}{256}$

10 (1)　与式 $=\frac{1}{2\times3}+\frac{1}{3\times4}+\frac{1}{4\times5}+\frac{1}{5\times6}$
$=\left(\frac{1}{2}-\frac{1}{3}\right)+\left(\frac{1}{3}-\frac{1}{4}\right)+\left(\frac{1}{4}-\frac{1}{5}\right)+\left(\frac{1}{5}-\frac{1}{6}\right)$
$=\frac{1}{2}-\frac{1}{6}=\frac{1}{3}$

(2)　$\frac{1}{1}\times\frac{1}{3}=\frac{1}{2}\times\left(\frac{1}{1}-\frac{1}{3}\right)$ と表せる。
同様に考えると，
与式 $=\frac{1}{2}\times\left(\frac{1}{1}-\frac{1}{3}+\frac{1}{3}-\frac{1}{5}+\frac{1}{5}-\frac{1}{7}+\frac{1}{7}-\frac{1}{9}+\frac{1}{9}-\frac{1}{11}\right)$
$=\frac{1}{2}\times\left(1-\frac{1}{11}\right)=\frac{1}{2}\times\frac{10}{11}=\frac{5}{11}$

(3)　与式 $=\left(1-\frac{1}{5}\right)+\left(\frac{1}{5}-\frac{1}{9}\right)+\left(\frac{1}{9}-\frac{1}{13}\right)+\left(\frac{1}{13}-\frac{1}{17}\right)$
$=1-\frac{1}{17}=\frac{16}{17}$

(4)　与式 $=\left(\frac{1}{1\times3}+\frac{1}{3\times5}+\frac{1}{5\times7}+\frac{1}{7\times9}\right)\times\left(\frac{1}{1\times2}+\frac{1}{2\times3}+\frac{1}{3\times4}+\frac{1}{4\times5}\right)$
$=\left(\frac{1}{1}-\frac{1}{3}+\frac{1}{3}-\frac{1}{5}+\frac{1}{5}-\frac{1}{7}+\frac{1}{7}-\frac{1}{9}\right)\times\frac{1}{2}\times\left(\frac{1}{1}-\frac{1}{2}+\frac{1}{2}-\frac{1}{3}+\frac{1}{3}-\frac{1}{4}+\frac{1}{4}-\frac{1}{5}\right)$
$=\left(\frac{1}{1}-\frac{1}{9}\right)\times\frac{1}{2}\times\left(\frac{1}{1}-\frac{1}{5}\right)$
$=\frac{8}{9}\times\frac{1}{2}\times\frac{4}{5}=\frac{16}{45}$

答 (1) $\frac{1}{3}$　(2) $\frac{5}{11}$　(3) $\frac{16}{17}$　(4) $\frac{16}{45}$

11 (1)　$\frac{5}{4}\div\square=6-2-1=3$
よって，$\square=\frac{5}{4}\div3=\frac{5}{12}$

(2)　$\square=24\times39\div36+54\times38\div36-36\times58\div36$
$=26+57-58=25$

(3)　$52-4\times\square=437\div23=19$ より，
$4\times\square=52-19=33$ なので，
$\square=33\div4=\frac{33}{4}$

(4)　$(\square\times6+24)\div9=15+3=18$ より，
$\square\times6+24=18\times9=162$
よって，$\square\times6=162-24=138$ より，
$\square=138\div6=23$

(5)　$16-4=12$ より，
$14\div(15-3\times\square)=12\div6=2$ だから，
$15-3\times\square=14\div2=7$
よって，$3\times\square=15-7=8$ より，
$\square=8\div3=\frac{8}{3}$

(6)　$(\square-1)$ と $(\square+1)$ の差は 2 で，
$2024=2\times2\times2\times11\times23$ より，
2024 を 2 数の積で表すと，
1×2024，2×1012，4×506，8×253，11×184，22×92，23×88，44×46 だから，$\square=45$

答 (1) $\frac{5}{12}$　(2) 25　(3) $\frac{33}{4}$　(4) 23　(5) $\frac{8}{3}$　(6) 45

12 (1)　$2023\times0.49+2023\times0.11+\square\times4000=2023$ より，
$2023\times(0.49+0.11)+\square\times4000=2023$ だから，
$2023\times0.6+\square\times4000=2023$ より，
$\square\times4000=2023-2023\times0.6$

$=2023\times(1-0.6)=2023\times0.4$

よって，$\square=2023\times0.4\div4000=0.2023$

(2) $\square\times1.8-3.6=0.1\times7.2=0.72$ より，

$\square\times1.8=0.72+3.6=4.32$ なので，

$\square=4.32\div1.8=2.4$

答 (1) 0.2023 (2) 2.4

13 (1) $1\dfrac{2}{3}\div\dfrac{4}{9}=\dfrac{5}{3}\times\dfrac{9}{4}=\dfrac{15}{4}$ だから，

$1\dfrac{13}{17}\times\left(\square-\dfrac{15}{4}\right)=\dfrac{5}{6}+\dfrac{2}{3}=\dfrac{3}{2}$ より，

$\square-\dfrac{15}{4}=\dfrac{3}{2}\div1\dfrac{13}{17}=\dfrac{3}{2}\times\dfrac{17}{30}=\dfrac{17}{20}$

よって，$\square=\dfrac{17}{20}+\dfrac{15}{4}=\dfrac{23}{5}$

(2) $\dfrac{11}{12}\div\left(\square+\dfrac{7}{6}\right)=\dfrac{11}{18}$ より，

$\square+\dfrac{7}{6}=\dfrac{11}{12}\div\dfrac{11}{18}=\dfrac{3}{2}$

よって，$\square=\dfrac{3}{2}-\dfrac{7}{6}=\dfrac{1}{3}$

(3) $\dfrac{18}{5}\times(\square-2)+\dfrac{29}{10}-\dfrac{31}{6}=5\div\dfrac{15}{4}=\dfrac{4}{3}$ より，

$\dfrac{18}{5}\times(\square-2)=\dfrac{4}{3}+\dfrac{31}{6}-\dfrac{29}{10}=\dfrac{18}{5}$ だから，

$\square-2=\dfrac{18}{5}\div\dfrac{18}{5}=1$

よって，$\square=1+2=3$

(4) $119\times\left(\dfrac{5}{17}+\square\right)-35\div\left(\dfrac{3}{13}-\dfrac{2}{65}\right)$

$=2023\div17=119$ より，

$119\times\left(\dfrac{5}{17}+\square\right)=119+35\div\left(\dfrac{3}{13}-\dfrac{2}{65}\right)$

$=294$

よって，$\dfrac{5}{17}+\square=294\div119=\dfrac{42}{17}$ より，

$\square=\dfrac{42}{17}-\dfrac{5}{17}=\dfrac{37}{17}$

(5) $105\times(2024+\square)\times\dfrac{1}{4}\times\dfrac{1}{5}\times\dfrac{1}{6}\times\dfrac{1}{7}$

$\times\dfrac{1}{8}+105\times\dfrac{2}{15}=78$ より，

$(2024+\square)\times\dfrac{1}{64}+14=78$ だから，

$(2024+\square)\times\dfrac{1}{64}=78-14=64$ で，

$2024+\square=64\div\dfrac{1}{64}=4096$

よって，$\square=4096-2024=2072$

(6) $1\div\left\{\dfrac{1}{9}-1\div(35\times35+32\times32)\right\}$

$=1\div\left\{\dfrac{1}{9}-1\div(1225+1024)\right\}$

$=1\div\left(\dfrac{1}{9}-\dfrac{1}{2249}\right)=1\div\dfrac{2249-9}{9\times2249}$

$=1\div\dfrac{2240}{9\times2249}=\dfrac{9\times2249}{2240}=\dfrac{9\times2240+9\times9}{2240}$

$=9+\dfrac{81}{2240}$ だから，$\square=2240$

(7) $\dfrac{26}{11}\times\left\{\left(\dfrac{1}{12}-\dfrac{1}{\square}\right)\times\dfrac{7}{10}+\dfrac{13}{24}\right\}$

$=2-\dfrac{7}{10}=\dfrac{13}{10}$ より，

$\left(\dfrac{1}{12}-\dfrac{1}{\square}\right)\times\dfrac{7}{10}+\dfrac{13}{24}=\dfrac{13}{10}\div\dfrac{26}{11}$

$=\dfrac{11}{20}$ だから，

$\left(\dfrac{1}{12}-\dfrac{1}{\square}\right)\times\dfrac{7}{10}=\dfrac{11}{20}-\dfrac{13}{24}=\dfrac{1}{120}$ より，

$\dfrac{1}{12}-\dfrac{1}{\square}=\dfrac{1}{120}\div\dfrac{7}{10}=\dfrac{1}{84}$ だから，

$\dfrac{1}{\square}=\dfrac{1}{12}-\dfrac{1}{84}=\dfrac{1}{14}$

よって，$\square=14$

(8) $2024\times\dfrac{3}{(2+2)\times2}=759$ より，

$\dfrac{7}{11}\div\left(\dfrac{13}{24}-\dfrac{\square}{9}\right)\div36=138\div759=\dfrac{2}{11}$

したがって，

$\dfrac{7}{11}\div\left(\dfrac{13}{24}-\dfrac{\square}{9}\right)=\dfrac{2}{11}\times36=\dfrac{72}{11}$ より，

$\dfrac{13}{24}-\dfrac{\square}{9}=\dfrac{7}{11}\div\dfrac{72}{11}=\dfrac{7}{72}$

よって，$\dfrac{\square}{9}=\dfrac{13}{24}-\dfrac{7}{72}=\dfrac{4}{9}$ より，$\square=4$

答 (1) $\dfrac{23}{5}$ (2) $\dfrac{1}{3}$ (3) 3 (4) $\dfrac{37}{17}$ (5) 2072

(6) 2240 (7) 14 (8) 4

14 (1) $1\dfrac{2}{3}+1\dfrac{1}{2}\times2.4=\dfrac{5}{3}+\dfrac{18}{5}=\dfrac{79}{15}$ より，

$\dfrac{79}{15}-\square=\dfrac{16}{21}\times5.6=\dfrac{64}{15}$

よって，$\square=\dfrac{79}{15}-\dfrac{64}{15}=1$

(2) $\left(\dfrac{4}{3}+\dfrac{1}{2}\times\square\right)\div\dfrac{5}{4}$

$=\frac{6}{5}+\frac{1}{5}=\frac{7}{5}$ より，

$\frac{4}{3}+\frac{1}{2}\times\square=\frac{7}{5}\times\frac{5}{4}=\frac{7}{4}$ だから，

$\frac{1}{2}\times\square=\frac{7}{4}-\frac{4}{3}=\frac{5}{12}$

よって，$\square=\frac{5}{12}\div\frac{1}{2}=\frac{5}{6}$

(3)　$75\div(\square+3.26)\times\frac{2}{15}+1.2$

$=(1-2\div2.48)\times21.7=4.2$ より，

$75\div(\square+3.26)\times\frac{2}{15}=4.2-1.2=3$

よって，$75\div(\square+3.26)=3\div\frac{2}{15}=\frac{45}{2}$ より，

$\square+3.26=75\div\frac{45}{2}=\frac{10}{3}$

したがって，$\square=\frac{10}{3}-3.26=\frac{11}{150}$

(4)　$350-(1.53+5.45)\times\square=1$ より，

$6.98\times\square=350-1=349$

よって，$\square=349\div6.98=50$

(5)　$\square\div\left(4+1\div\frac{19}{5}\right)=123\frac{37}{81}-100$

$=23\frac{37}{81}$ より，

$\square\div\left(4+\frac{5}{19}\right)=\frac{1900}{81}$ だから，

$\square\div\frac{81}{19}=\frac{1900}{81}$

よって，$\square=\frac{1900}{81}\times\frac{81}{19}=100$

(6)　$\frac{1}{2}-\left(1-\frac{50}{77}\right)\times\left(\frac{1}{2}+\square\right)=\frac{16}{77}$ より，

$\frac{27}{77}\times\left(\frac{1}{2}+\square\right)=\frac{1}{2}-\frac{16}{77}=\frac{45}{154}$ だから，

$\frac{1}{2}+\square=\frac{45}{154}\div\frac{27}{77}=\frac{5}{6}$

よって，$\square=\frac{5}{6}-\frac{1}{2}=\frac{1}{3}$

(7)　$\frac{13}{15}-\left(\frac{1}{20}-\square\right)\times7=\frac{71}{90}$ より，

$\left(\frac{1}{20}-\square\right)\times7=\frac{13}{15}-\frac{71}{90}=\frac{7}{90}$ より，

$\frac{1}{20}-\square=\frac{7}{90}\div7=\frac{1}{90}$

よって，$\square=\frac{1}{20}-\frac{1}{90}=\frac{7}{180}$

(8)　$\frac{3}{13}+\left\{\frac{3}{10}\div(\square-2.75)\right\}$

$=1\div\frac{13}{9}=\frac{9}{13}$ より，

$\frac{3}{10}\div(\square-2.75)=\frac{9}{13}-\frac{3}{13}=\frac{6}{13}$

よって，$\square-2.75=\frac{3}{10}\div\frac{6}{13}=\frac{13}{20}$ より，

$\square=\frac{13}{20}+2.75=\frac{17}{5}$

(9)　$3.2-(\square+1.9)\div1.125=6\div\frac{45}{8}$

$=\frac{16}{15}$ より，

$(\square+1.9)\div1.125=\frac{16}{5}-\frac{16}{15}=\frac{32}{15}$ だから，

$\square+1.9=\frac{32}{15}\times\frac{9}{8}=\frac{12}{5}=2.4$

よって，$\square=2.4-1.9=0.5$

(10)　$\left\{\left(\square+\frac{3}{4}\right)\times3-\frac{7}{5}\times\frac{25}{28}\right\}\div\frac{25}{8}$

$=3-1.72=1.28=\frac{32}{25}$ より，

$\left(\square+\frac{3}{4}\right)\times3-\frac{5}{4}=\frac{32}{25}\times\frac{25}{8}=4$ だから，

$\left(\square+\frac{3}{4}\right)\times3=4+\frac{5}{4}=\frac{21}{4}$ より，

$\square+\frac{3}{4}=\frac{21}{4}\div3=\frac{7}{4}$

よって，$\square=\frac{7}{4}-\frac{3}{4}=1$

答　(1) 1　(2) $\frac{5}{6}$　(3) $\frac{11}{150}$　(4) 50　(5) 100　(6) $\frac{1}{3}$　(7) $\frac{7}{180}$　(8) $\frac{17}{5}$　(9) 0.5　(10) 1

15　ある数を⑤とすると，

⑤−⑤×$\frac{1}{5}$=④と $\frac{1}{5}$ が等しいから，

ある数は，$\frac{1}{5}\div4\times5=\frac{1}{4}$

答　$\frac{1}{4}$

16　正しい答えが 269，1 けた少ない数を引いた答えが 524 より，A と B はどちらも 3 けたの整数。

B の一の位を書き忘れた 1 けた少ない数を C，B の一の位の数を D とおくと，

B=C×10+D と表すことができる。

A−B=269，A−C=524 より，

B−C=524−269=255 だから，

C×10+D−C=C×9+D で，これが 255 だから，

255÷9=28 あまり 3 より，C=28，D=3

したがって，$A=524+28=552$，$B=283$

答 A．552　B．283

17 (1)　$140=2\times2\times5\times7$，$25=5\times5$ より，

$140\times25=2\times2\times5\times5\times5\times7$

0 は，2×5 が 1 組あると 1 個できるから，

$\langle140\times25\rangle=2$

同様にして，

$162\times25=2\times3\times3\times3\times3\times5\times5$ より，

$\langle162\times25\rangle=1$

(2)　2 桁で 100 に近い 6 の倍数は，

$100\div6=16$ あまり 4 より，96 だから，

6 の倍数より 2 大きい 2 桁の整数は，大きい順に，

$96+2=98$，92，86，80，…となる。

よって，求める整数は，80。

(3)　B の下 2 桁は 00 で，8 で割ると 4 余るから，

下 2 桁が，$100-4=96$ となる 8 の倍数を考える。

8 の倍数は，下 3 桁が 8 の倍数となるから，あてはまるのは，096，296，496，696，896 の 5 通り。

このとき，千の位には，1 から 9 のどの数字が入ってもよいので，求める整数は，$5\times9=45$（個）

答 (1)（$\langle140\times25\rangle=$）2　（$\langle162\times25\rangle=$）1

(2) 80　(3) 45（個）

18 (1)　$2024\div111=18$ あまり 26 より，

2024 ★ 111 = 26

(2)　$2024\div111=18$ の商にわる数をかけてあまりをたすので，2024。

(3)　$10000\div123=81$ あまり 37 より，

（　　　☆ 123）× 123 = 10000 − 37 = 9963

よって，最も大きい整数は，123 でわったときのあまりが 122 になるものなので，

　　　= 9963 + 122 = 10085

答 (1) 26　(2) 2024　(3) 10085

19　3 と 4 の最小公倍数が 12 だから，

次図のように，〈1〉から〈12〉までの数の並びが〈13〉以降もくり返される。

よって，$2022\div12=168$ 余り 6 より，

〈1〉から〈2022〉までの和は，

$(1+2+3+1+2+2+3+2+1+2+3+0)\times168$

$+1+2+3+1+2+2=3707$

a	1	2	3	4	5	6	7	8	9	10	11	12	13	14	15	…
3 で割った余り	1	2	0	1	2	0	1	2	0	1	2	0	1	2	0	…
4 で割った余り	1	2	3	0	1	2	3	0	1	2	3	0	1	2	3	…
$\langle a\rangle$	1	2	3	1	2	2	3	2	1	2	3	0	1	2	3	…

答 3707

20 (1)　一の位の数の積は，

$5\times8=40$ なので，一の位は 0。

よって，15 ◎ 18 = 0

(2)　93 ◎ 73 = 9，14 ◎ 36 = 4 より，9 ◎ 4 = 6

(3)　4 との積が 8 になるので，一の位の数は 2 か 7。

よって，十の位の 1 から 9 について，一の位の数がそれぞれ 2 個ずつあるから，$2\times9=18$（個）

答 (1) 0　(2) 6　(3) 18

21 (1)　$18\div b=2$ になるのは，$b=18\div2=9$ のときで，

$18\div b=3$ になるのは，$b=18\div3=6$ のときなので，

7，8，9 の 3 個。

(2)　$a\div11$ が 6 以上 7 未満なので，

a は，$6\times11=66$ 以上，$7\times11=77$ 未満の整数。

よって，66 から 76 までの，$76-66+1=11$（個）

(3)　$a\div b$ が 11 以上 12 未満なので，

a は，$11\times b$ 以上，$12\times b$ 未満の整数。

$b=1$ のとき，a は，$11\times1=11$ 以上，

$12\times1=12$ 未満で，11 の 1 個。

$b=2$ のとき，a は，$11\times2=22$ 以上，

$12\times2=24$ 未満で，22，23 の 2 個。

$b=3$ のとき，a は，$11\times3=33$ 以上，

$12\times3=36$ 未満で，33，34，35 の 3 個。

同様に考えると，

$b=4$ のとき，a は，$11\times4=44$ から 4 個。

$b=5$ のとき，a は，$11\times5=55$ から 5 個。

$b=6$ のとき，a は，$11\times6=66$ から 6 個。

$b=7$ のとき，a は，$11\times7=77$ から 7 個。

$b=8$ のとき，a は，$11\times8=88$ から 8 個。

$b=9$ のとき，a は，$11\times9=99$ と 100 の 2 個で，

b が 10 以上のときはない。

よって，a と b の組は，

$1+2+3+4+5+6+7+8+2=38$（組）

答 (1) 3（個）　(2) 11（個）　(3) 38（組）

2．数の性質

★問題 P．16～30★

1　2024＝2×2×2×11×23 なので，
2024 の約数は小さい順に，
1，2，2×2＝4，2×2×2＝8，11，2×11＝22，23，
2×2×11＝44，…となる。
答　ア．22　イ．23

2 (1)　2024＝2×2×2×11×23 なので，
2024 の約数は，1，2，2×2，2×2×2，11，
2×11，2×2×11，2×2×2×11，23，2×23，
2×2×23，2×2×2×23，11×23，2×11×23，
2×2×11×23，2×2×2×11×23 の 16 個。
この中で一の位が 2 のものは，2，2×11＝22，
2×2×23＝92，2×2×11×23＝1012 の 4 個。
(2)　2024＝2×2×2×11×23 なので，
2024 の約数は大きい順に，2024，2024÷2＝1012，
2024÷(2×2)＝506，2024÷(2×2×2)＝253，
2024÷11＝184，2024÷(2×11)＝92，…となる。
よって，3 けたになる数は 506，253，184 の 3 個。
答　(1) 4　(2) 3

3　あまりがないようにできるだけ多くの子どもに分けるので，子どもの人数は 60，84，96 の最大公約数。
素数のかけ算の式で表すと，60＝2×2×3×5，
84＝2×2×3×7，96＝2×2×2×2×2×3 より，
子どもの人数は，2×2×3＝12（人）なので，
一人分の数は，
ノートが，60÷12＝5（冊），
えんぴつが，84÷12＝7（本），
けしごむが，96÷12＝8（個）
答　（ノート）5（冊）　（えんぴつ）7（本）
（けしごむ）8（個）

4　チョコレートとあめ玉を配ったときの余りが同じなので，子どもの人数は，160－129＝31 の約数。
31 の約数は 1 と 31 のみで，
クッキーを配ったときの余りの枚数より，
子どもの人数は 2 人より多いので，31 人。
129÷31＝4 余り 5 より，
チョコレートとあめ玉を配ったときの余りは 5 個。
答　ア．31　イ．5

5 (1)　2023÷5＝404 あまり 3 より，404 個。
(2)　(1)より，5 の倍数は 404 個。
7 の倍数は，2023÷7＝289（個）
5 と 7 の最小公倍数である 35 の倍数は，
2023÷35＝57 あまり 28 より，57 個。
よって，5 または 7 の倍数は，
404＋289－57＝636（個）
答　(1) 404（個）　(2) 636（個）

6 (1)　1 から 200 までの整数のうち，
3 で割り切れる整数は，
200÷3＝66 余り 2 より，66 個。
1 から 200 までの整数のうち，
3 でも 7 でも割り切れる整数，
つまり 21 で割り切れる整数は，
200÷21＝9 余り 11 より，9 個。
よって，1 から 200 までの整数のうち，
3 で割り切れて，7 で割り切れない整数は，
66－9＝57（個）
(2)　1 から 2024 までの整数のうち，
23 でわりきれる数は，2024÷23＝88（個）
23 と 11 の最小公倍数は，23×11＝253 なので，
1 から 2024 までの整数のうち，
23 でも 11 でもわりきれる数は，
2024÷253＝8（個）
よって，1 から 2024 までの整数のうち，
23 でわりきれるが 11 ではわりきれない数は，
88－8＝80（個）
答　(1) 57（個）　(2) 80（個）

7　2 と 3 の最小公倍数は 6 で，
100÷6＝16 あまり 4 より，
2 と 3 の公倍数は 16 個。
また，6 と 9 の最小公倍数は 18 で，
100÷18＝5 あまり 10 より，
2 と 3 の公倍数のうち，
9 の倍数であるものは 5 個。
よって，16－5＝11（個）
答　11

8　P112 と 1Q84 の和は，
9112＋1984＝11096 以下で，
下 2 けたが，12＋84＝96 なので，
2024×4＝8096 に決まる。
百の位の計算より，
1＋Q＝10 なので，Q＝10－1＝9
1 くり上がって，千の位の計算より，
P＋1＋1＝8 なので，P＝8－1－1＝6
答　（順に）6，9

9 (1)　A 地点は，$50+3+27=80$（秒）周期で，
B 地点は，$60+4+26=90$（秒）周期だから，
80 と 90 の最小公倍数の 720 秒ごとに，
同時に赤から青に変わる。
よって，$720\div 60=12$（分）だから，
午前 9 時 12 分。

(2)　午前 9 時から午前 11 時まで，$11-9=2$（時間），
つまり，$2\times 60=120$（分）あるから，$120\div 12=10$
よって，$10+1=11$（回）

(3)　初めに青色から黄色に変わるのは，
A 地点が 50 秒後で，80 秒の周期より，
50，130，210，…秒後に黄色に変わる。
また，B 地点は 60 秒後で，90 秒の周期より，
60，150，240，…秒後に黄色に変わる。
よって，720 秒の周期で，
どちらも黄色に点灯しているのは，
690 秒後から 693 秒後の，3 秒間なので，
全部で，$3\times 10=30$（秒）

答 (1)（午前 9 時）12（分）　(2) 11（回）
(3) 30（秒）

10 (1)　$5-3=2$，$7-5=2$ より，
5 と 7 の公倍数より 2 小さい数を考えればよい。
よって，一番小さい数は，$35-2=33$
また，小さい方から数えて 5 番目の数は，
$33+35\times(5-1)=173$

(2)　3 で割ると 1 余る数は，
3 の倍数よりも，$3-1=2$ 小さい数。
同様に，5 で割ると 3 余る数は 5 の倍数より，
$5-3=2$ 小さく，
7 で割ると 5 余る数は 7 の倍数より，
$7-5=2$ 小さい数だから，
求める整数は 3 と 5 と 7 の公倍数より 2 小さい数。
3 と 5 と 7 の最小公倍数は，$3\times 5\times 7=105$ で，
$1000\div 105=9$ あまり 55 より，
このような数で 1000 に近い数は，
1000 以下の数が，$105\times 9-2=943$ で，
1000 以上の数が，$105\times 10-2=1048$
$1000-943=57$，$1048-1000=48$ より，
このような整数のうち，
1000 にもっとも近い数は 1048。

(3)　15 で割ると 9 余る数は，
15 の倍数より，$15-9=6$ 小さく，
7 で割ると 1 余る数は，
7 の倍数より，$7-1=6$ 小さい。
15 と 7 の最小公倍数が 105 だから，
15 で割ると 9 余り，7 で割ると 1 余る数は，
105 の倍数より 6 小さい。
このような整数のうち，
99 以下の数は，$(99+6)\div 105=1$（個）
10000 以下の数は，
$(10000+6)\div 105=95$ 余り 31 より，95 個。
よって，
100 以上 10000 以下の数は，$95-1=94$（個）

答 (1) ア．33　イ．173　(2) 1048　(3) 94

11　3 で割ると 1 余る数は，1，4，7，10，13，16，…，
7 で割ると 2 余る数は，2，9，16，…となり，
3 と 7 の最小公倍数は 21 だから，
求める数は，21 で割ると 16 余る数。
よって，$1000\div 21=47$ あまり 13 より，
1000 未満の求める整数は 47 個。
また，$100\div 21=4$ あまり 16 より，
100 未満の求める整数は 4 個。
したがって，$47-4=43$（個）

答 43（個）

12 (1)　縦と横に並べる個数の積が 72 になる。
72 を整数のかけ算の式で表すと，
$72=1\times 72=2\times 36=3\times 24=4\times 18=6\times 12$
$=8\times 9$ なので，
できる長方形は，縦と横に並べた正方形の個数の組み合わせが，1 個と 72 個，2 個と 36 個，3 個と 24 個，4 個と 18 個，6 個と 12 個，8 個と 9 個のものの 6 種類。

(2)　縦と横と上に並べる個数の積が 72 になる。
72 を 3 つの整数のかけ算の式で表すと，
$72=1\times 1\times 72=1\times 2\times 36=1\times 3\times 24$
$=1\times 4\times 18=1\times 6\times 12=1\times 8\times 9=2\times 2\times 18$
$=2\times 3\times 12=2\times 4\times 9=2\times 6\times 6=3\times 3\times 8$
$=3\times 4\times 6$ なので，
できる直方体は，縦と横と上に並べた立方体の個数の組み合わせが，1 個と 1 個と 72 個，
1 個と 2 個と 36 個，1 個と 3 個と 24 個，
1 個と 4 個と 18 個，1 個と 6 個と 12 個，
1 個と 8 個と 9 個，2 個と 2 個と 18 個，
2 個と 3 個と 12 個，2 個と 4 個と 9 個，
2 個と 6 個と 6 個，3 個と 3 個と 8 個，
3 個と 4 個と 6 個のものの 12 種類。

(3)　できる立方体の1辺の長さは3と4と5の最小公倍数，$3\times4\times5=60$ (cm)になる。
このとき，直方体は，
縦に，$60\div3=20$ (個)，
横に，$60\div4=15$ (個)，
上に，$60\div5=12$ (個)並ぶので，
必要な直方体は，$20\times15\times12=3600$ (個)

答 (1) 6 (種類)　(2) 12 (種類)　(3) 3600 (個)

13 (1)　$5\div2=2$ 余り1，$5\div3=1$ 余り2だから，
[5] = 1 + 2 = 3

(2)　[A] = 2となるのは，
(i) 2で割ると割り切れ，3で割ると2余る数，
(ii) 2で割っても3で割っても1余る数である。
(i) 2で割ると割り切れ，3で割ると2余る数は，3の倍数より1小さい数のうち，偶数であるものだから，3×(奇数) − 1で表せる数になる。
$100\div3=33$ 余り1より，$3\times1-1$，$3\times3-1$，$3\times5-1$，…，$3\times33-1$ の17個。
(ii) 2で割っても3で割っても1余る数は，
6の倍数より1大きい数である。
1以上100以下の整数のうち，
6の倍数は，$100\div6=16$ 余り4より，16個で，
最も大きいのは，$6\times16=96$ だから，
6の倍数より1大きい数も16個ある。
これに1を加えて17個。
よって，全部で，$17+17=34$ (個)

(3)①　[A] = 0となるのは，2で割っても3で割っても割り切れる数だから，6の倍数。
〈A〉= 0となるので，2で割っても5で割っても割り切れる数だから，10の倍数。
よって，[A] = 0であり，〈A〉= 0である数は，6と10の公倍数，つまり30の倍数である。
よって，その個数は，
$100\div30=3$ 余り10より，3個。

②　[A]にも〈A〉にもAを2で割った余りが入っているので，[A] = 〈A〉のとき，Aを3で割った余りとAを5で割った余りは等しい。
Aを3で割った余りとして考えられるのは0か1か2だから，Aを3で割った余りとAを5で割った余りがともに0，1，2のときを考えればよい。
余りがともに0となるとき，
Aは3と5の公倍数である15の倍数だから，
$100\div15=6$ 余り10より，6個。
余りがともに1となるとき，Aは3と5の公倍数である15の倍数に1を足した数だから，
$1+15\times0=1$，$1+15\times1=16$…，
$1+15\times6=91$ の7個。
余りがともに2となるとき，Aは3と5の公倍数である15の倍数に2を足した数だから，
$2+15\times0=2$，$2+15\times1=17$…，
$2+15\times6=92$ の7個。
よって，$6+7+7=20$ (個)

答 (1) 3　(2) 34 (個)　(3) ① 3 (個)　② 20 (個)

14 (1)　$2023\div1=2023$，$2023\div7=289$ より，1と7。

(2)　$2023\div17=119$ より，2023の約数は，1，7，17，119，289，2023の6個。
このうち，3けたの整数であるものは119と289。

(3)　1から2023までの整数のうち，7，17，119，289の倍数をのぞいた個数を求めればよい。
7の倍数の個数は289個，
17の倍数の個数は119個，
119の倍数の個数は17個，
289の倍数の個数は7個。
ところが，7と17の最小公倍数は119なので，
7か17の倍数の個数は，
$289+119-17=391$ (個)
17と289の最小公倍数は289なので，289の倍数の個数は17の倍数の個数にふくまれている。
よって，求める個数は，$2023-391=1632$ (個)

答 (1) 1，7　(2) 119，289　(3) 1632 (個)

15　$45=3\times3\times5$ なので，3の倍数でも5の倍数でもなければ45との最大公約数が1になる。
3と5の最小公倍数の15までの数のうち，
3の倍数でも5の倍数でもない数は
{1，2，4，7，8，11，13，14}の8個。
よって，1から始まる整数を15個ずつ組にすると，
45との最大公約数が1となるような整数は
1組に8個あるので，$345\div8=43$ あまり1より，
小さいほうから345番目の数は，
$43+1=44$ (組目)の1番目で，$15\times43+1=646$

答 646

16 (1)　正方形の1辺の長さは，
24と30の最小公倍数である120cm。
よって，必要な枚数は，
$(120\div24)\times(120\div30)=5\times4=20$ (枚)

(2)　正方形の1辺の長さは，
275と385の最大公約数である55cm。
よって，求める枚数は，
(275÷55)×(385÷55)＝5×7＝35（枚）

(3)　1辺の長さが1cmずつ短い正方形の紙で考えると，長方形のかべは，
縦，274－1＝273（cm），
横，456－1＝455（cm）となる。
273と455の最大公約数は91だから，
求める枚数は，
(273÷91)×(455÷91)＝3×5＝15（枚）

答 (1) 20（枚）　(2) 35（枚）　(3) 15（枚）

17　71÷3＝23.6…より，
3倍すると71以上になる整数のうち，
最も小さい数は24だから，
3番目に小さい数は26。

答 26

18　積の一の位が7になる1桁の整数の組み合わせは，1と7，3と9なので，
かけた数は1X7と7X1か，3X9と9X3。
3X9と9X3の積は，300×900＝270000より大きいのであてはまらない。
100×700＝70000，200×800＝160000より，
十の位の数の見当をつけて計算すると，
157×751＝117907，167×761＝127087なので，
この数の十の位は6。

答 6

19　4桁の数ABCDは，
1000×A＋100×B＋10×C＋1×D，
4桁の数DCBAは，
1000×D＋100×C＋10×B＋1×Aだから，
ABCDからDCBAをひくと，
999×A＋90×B－90×C－999×D
＝999×(A－D)＋90×(B－C)となる。
999と90はともに9の倍数だから，
4桁の数EFGHは9の倍数とわかる。
このとき，E＋F＋G＋Hは9の倍数で，
A＋B＋…＋G＋H＝1＋2＋…＋7＋8＝36で
9の倍数だから，A＋B＋C＋Dも9の倍数となる。
また，1，2，3，4，5，6，7，8から異なる4つの数を選ぶと，その4つの数の和は10以上になるから，
A＋B＋C＋DもE＋F＋G＋Hも18になることがわかる。
A＋B＋C＋Dが18となる4桁の数ABCDとして考えられる数は大きい順に，8721，8631，8541，8532，7641，7632，7542，6543がある。
それぞれについて，
ABCD－DCBA＝EFGHを求めると，
8721－1278＝7443，8631－1368＝7263，
8541－1458＝7083，8532－2358＝6174，
7641－1467＝6174，7632－2367＝5265，
7542－2457＝5085，6543－3456＝3087となるので，条件を満たすABCDは8532である。

答 8532

20 (1)　A－B×4＝0より，A＝B×4で，
Bは0から9までの整数。
B＝0のとき，A＝0×4＝0で，当てはまらない。
B＝1のとき，A＝1×4＝4で，L＝41
B＝2のとき，A＝2×4＝8で，L＝82
B＝3のとき，A＝3×4＝12で，L＝123
B＝4のとき，A＝4×4＝16で，L＝164
B＝5のとき，A＝5×4＝20で，L＝205
Bを大きくすると，Aも大きくなるので，
Lも大きくなる。
よって，整数Lとして考えられるものの中で
5番目に小さいものは205。

(2)　(1)より，整数Mは操作(＊)1回で
41，82，123，…になればよい。
操作(＊)1回で41になる数は，
A－B×4＝41より，A＝41＋B×4なので，
B＝0のとき，A＝41＋0×4＝41で，M＝410
B＝1のとき，A＝41＋1×4＝45で，M＝451
同様にして，B＝9までの10個ある。
また，操作(＊)1回で82になる数も10個あるから，整数Mとして考えられる24番目に小さいものは，操作(＊)1回で123になる数のうちB＝3のときの数になる。
よって，A＝123+3×4＝135で，M＝1353

(3)　整数Lは小さいほうから41，82（＝41×2），123（＝41×3），…と41の倍数になていて，
整数Mも，410（＝41×10），451（＝41×11），…，1353（＝41×33），…と41の倍数になっているので，41の倍数であれば，何回かの操作(＊)で0になる。
1，11は41の倍数ではない。
111÷41＝2あまり29，

1111÷41＝27 あまり 4，
11111÷41＝271 より，1 だけが並んだ整数で
いちばん小さい 41 の倍数は 11111 で，
1 が 5 個並んだ数。
111111＝11111×10＋1，
1111111＝11111×100＋11，…と考えていくと，
2 番目に小さい 41 の倍数は，
1111111111＝11111×100000＋11111 で，
1 が 10 個並んだ数。
同様に考えると，1 の個数が 5 の倍数であれば
41 の倍数になるので，整数 N として考えられる
ものの中で 5 番目に小さいものは 1 が，
5×5＝25 (個) 並んでいる。

答 (1) 205　(2) 1353　(3) 25 (個)

21 (1)　整数の積の一の位の数は，
一の位の計算しか関係しないので，
7 を 1 回，2 回，3 回，…とかけあわせていくと，
7，7×7＝49，9×7＝63，
3×7＝21，1×7＝7，…より，
一の位は 7，9，3，1 の順に 4 個の数をくり返す。
よって，50÷4＝12 あまり 2 より，
7 を 50 回かけあわせてできる数の一の位は，
このくり返しの 2 番目の 9。

(2)　一の位に注目すると，
3，3×3＝9，9×3＝27，
7×3＝21，1×3＝3，…のように，
3，9，7，1 の 4 つの数をくり返す。
2024÷4＝506 より，
2024 個かけ合わせてできる数の一の位の数字は，
くり返す 4 つの数のうちの 4 番目だから，1。

答 (1) 9　(2) 1

22 ①　(上段，下段) の組み合わせは，
2×10＝20＝19＋1 より，1 列は (2，10)。
3×13＝39＝19×2＋1 より，2 列は (3，13)。
4×5＝20＝19＋1 より，3 列は (4，5)。
6×16＝96＝19×5＋1 より，4 列は (6，16)。
7×11＝77＝19×4＋1 より，5 列は (7，11)。
8×12＝96＝19×5＋1 より，6 列は (8，12)。
9×17＝153＝19×8＋1 より，7 列は (9，17)。
14×15＝210＝19×11＋1 より，8 列は (14，15)。
よって，8 列目の下段は 15。

②　2 から 99 までで積が 101 の倍数より 1 大きく
なる組ができるので，1 から 100 までの整数の積
を 101 で割った余りは 100。

③　101 で割った余りを考えるので，7 のところを
101 に入れ換える。

④　101 の倍数より 1 大きい数は，
102，203，304，405，506，607，708，…と続き，
最も小さい 12 の倍数は 708 で，
以後，12×101＝1212 ずつ大きくなっていく。
708÷12＝59 より，
708 では (12，59) の組ができる。
708＋1212＝1920＝12×2×2×2×2×2×5 より，
1920＝24×80＝48×40＝60×32
＝96×20 なので，
1920 では (24，80)，(40，48)，(32，60)，
(20，96) の組ができる。
1920＋1212＝3132＝12×3×3×29
＝36×87 より，
3132 では (36，87) の組ができる。
3132＋1212＝4344＝12×2×181 より，
4344 では組はできない。
4344＋1212＝5556＝12×463 より，
5556 では組はできない。
5556＋1212＝6768＝12×2×2×3×47
＝72×94 より，
6768 では (72，94) の組ができる。
6768＋1212＝7980＝12×5×7×19
＝84×95 より，
7980 では (84，95) の組ができる。
12 の倍数の組はこれですべてなので，
下段が 12 の倍数の組は (40，48)，(32，60)，
(20，96) のみで，
その和は，48＋60＋96＝204

答 ① 15　② 100　③ 101　④ 204

23 (1)　A の音がなる間かくは，36÷(5－1)＝9 (分)
A の 40 回目の音がなるのは，
1 回目に音がなった，40－1＝39 (回後) なので，
ボタンを押してから，9×39＝351 (分後) で，
351÷60＝5 あまり 51 より，5 時間 51 分後。

(2)　B の音がなる間かくは，36÷(10－1)＝4 (分)
36 分後までに音がなるのは，
A が 0 分後，9 分後，18 分後，27 分後で，
B が 0 分後，4 分後，8 分後，12 分後，16 分後，
20 分後，24 分後，28 分後，32 分後なので，
0 分後から 36 分後の直前までに音がなる回数は，

0分後，4分後，8分後，9分後，12分後，
16分後，18分後，20分後，24分後，27分後，
28分後，32分後の12回。
これを1組とすると，40回目の音がなるのは，
$40 \div 12 = 3$ あまり4より，4組目の4回目。
4組目の1回目に音がなるのは，
$36 \times 3 = 108$（分後）より，1時間48分後。
4組目の4回目はこの9分後なので，
ボタンを押してから1時間57分後。

答 (1) 5（時間）51（分後） (2) 1（時間）57（分後）

24 (1) 300から始めてこの操作をくり返すと，
1回目は，$300 \div 3 = 100$
2回目は，$100 \div 3 = 33.33\cdots$ より，33
3回目は，$33 \div 3 = 11$
4回目は，$11 \div 3 = 3.66\cdots$ より，3
5回目は，$3 \div 3 = 1$
6回目は，$1 \div 3 = 0.33\cdots$ より，0
よって，6回目に0になる。

(2) 1，2は1回目に0になり，3は3→1→0より
2回目に0になる最も小さい整数である。
よって，1回目に3になる最も小さい整数は，
$3 \times 3 = 9$ より，9→3→1→0となるので，
9は3回目に0になる最も小さい整数である。
同様にして，
$9 \times 3 = 27$ は
4回目に0になる最も小さい整数，
$27 \times 3 = 81$ は
5回目に0になる最も小さい整数，
$81 \times 3 = 243$ は
6回目に0になる最も小さい整数である。
したがって，
5回目に0になる最も大きい整数は，
$243 - 1 = 242$

(3) (2)より，
$243 \times 3 = 729$ は
7回目に0になる最も小さい整数，
$729 \times 3 = 2187$ は
8回目に0になる最も小さい整数，
$2187 \times 3 = 6561$ は
9回目に0になる最も小さい整数である。
よって，
8回目に0になる最も大きい整数は，
$6561 - 1 = 6560$ だから，
求める整数は全部で，
$6560 - 2187 + 1 = 4374$（個）

答 (1) 6（回目） (2) 242 (3) 4374（個）

25 (1) まず，2桁の整数AでA→0になるのは
一の位が0である2桁の整数だから，
10，20，30，40，50，60，70，80，90の9個。
次に，3桁の整数は，$999 - 99 = 900$（個），
B→0とならない整数は，百の位，十の位，一の位
がすべて1から9までの9通りだから，
$9 \times 9 \times 9 = 729$（個）
よって，$900 - 729 = 171$（個）

(2)① Dが2桁の整数の場合，Dは12，21。
$12 = 2 \times 2 \times 3$ だから，$D = 12$ のとき，
Cになる数の組み合わせは，
(1，2，6)，(1，3，4)，(2，2，3)がある。
(1，2，6)からできるCは，
126，162，216，261，612，621の6通り，
(1，3，4)も6通り，
(2，2，3)は，223，232，322の3通り。
$21 = 3 \times 7$ だから，$D = 21$ のとき，
Cになる数の組み合わせは，
(1，3，7)があり，6通り。
Dが3桁の整数の場合，Dは112，121，211。
$112 = 2 \times 2 \times 2 \times 2 \times 7$ だから，$D = 112$ のとき，
Cになる数の組み合わせは，
(2，7，8)，(4，4，7)がある。
(2，7，8)は6通り，(4，4，7)は3通りある。
$121 = 11 \times 11$，211は素数だから，
$D = 121$，211のとき，Cはない。
また，$9 \times 9 \times 9 = 729$ より，
Dが4桁以上の整数になることはない。
よって，整数Cのうち，
最も小さいものは126，
最も大きいものは872。

② ①より，整数Cは全部で，
$6 + 6 + 3 + 6 + 6 + 3 = 30$（個）ある。

答 (1)（順に）9，171
(2) ①（順に）126，872 ② 30（個）

26 (1) 0を加えても和は変わらないので，
0から100までの整数で考える。
8を08というように考えると，
0から99までの100個の整数は，
一の位も十の位も0から9までが，

100÷10＝10（個）ずつある。
0＋1＋2＋…＋9＝45
よって，0 から 99 までの各位の数字の和は，
一の位，十の位とも，45×10＝450
100 の各位の数字の和は，1＋0＋0＝1 なので，
1 から 100 までの各位の数字の和は，
450×2＋1＝901

(2) (1)と同様に考えると，
0 から 9999 までの 10000 個の整数は，
どの位も 0 から 9 までが，
10000÷10＝1000（個）ずつあるので，
0 から 9999 までの各位の数字の和はどれも，
45×1000＝45000
10000 の各位の数字の和は，
1＋0＋0＋0＋0＝1 なので，
1 から 10000 までの各位の数字の和は，
45000×4＋1＝180001

(3) 0 から 1999 までの 2000 個の整数は，
一の位・十の位・百の位とも 0 から 9 までが，
2000÷10＝200（個）ずつで，
千の位は 1 が 1000 個なので，
各位の数字の和は，
45×200×3＋1×1000＝28000
2000 から 2024 までの 25 個は，
一の位は 0 から 9 までが 2 組と 0，1，2，3，4 で，
和は，45×2＋0＋1＋2＋3＋4＝100
十の位は 0 が 10 個，1 が 10 個，2 が 5 個なので，
その和は，(0＋1)×10＋2×5＝20
百の位はすべて 0 なので，和も 0。
千の位は 2 が 25 個なので，
その和は，2×25＝50
よって，1 から 2024 までの各位の数字の和は，
28000＋100＋20＋50＝28170

答 (1) 901　(2) 180001　(3) 28170

27 (1) 5 を整数のかけ算で表すと，
1×5 のみなので，〈5〉＝5－1＝4

(2) 24 を整数のかけ算で表すと，
1×24，2×12，3×8，4×6 で，
この中で差がもっとも小さいのは 4×6 なので，
〈24〉＝6－4＝2

(3) 差が 6 になる 2 つの整数のかけ算を，
積が小さい順に調べていく。
1×7＝7 はあてはまる。
2×8＝16 は，16＝4×4 の差がもっとも小さいのであてはまらない。
3×9＝27 はあてはまる。
4×10＝40 は，40＝5×8 の差がもっとも小さいのであてはまらない。
5×11＝55 はあてはまる。
よって，小さい順に 7，27，55。

(4) 整数 A は，差が 1 の 2 つの整数のかけ算であらわされる。
したがって，もっとも小さいものは，1×2＝2
また，30×31＝930，31×32＝992，
32×33＝1056 より，
もっとも大きいものは，31×32＝992
よって，かけ合わせる数のうち小さい方が 1 から 31 までなので，このような整数 A は 31 個。

答 (1) 4　(2) 2　(3) 7，27，55　(4) 31（個）

28 (1) 10＝2×5 より，
10 で割り切れる回数は 2 で割り切れる回数と
5 で割り切れる回数のうちの少ない方，
すなわち，5 で割り切れる回数と同じになる。
1 から 100 までの整数のうち，
5 で割り切れる数は，100÷5＝20（個）
5×5＝25 で割り切れる数は，100÷25＝4（個）
5×5×5＝125 で割り切れる数はないから，
[100]を 5 で割り切れる回数は，20＋4＝24（回）
よって，10 で割り切れる回数も 24 回。

(2) 1 から 50 までの整数のうち，
2 で割り切れる数は，50÷2＝25（個）
2×2＝4 で割り切れる数は，
50÷4＝12 あまり 2 より，12 個。
2×2×2＝8 で割り切れる数は，
50÷8＝6 あまり 2 より，6 個。
2×2×2×2＝16 で割り切れる数は，
50÷16＝3 あまり 2 より，3 個。
2×2×2×2×2＝32 で割り切れる数は，
50÷32＝1 あまり 18 より，1 個。
2×2×2×2×2×2＝64 で割り切れる数はないから，[50]を 2 で割り切れる回数は，
25＋12＋6＋3＋1＝47（回）

(3) 36＝2×2×3×3 より，
36 で割り切れる回数は，
2×2＝4 で割り切れる回数と，
3×3＝9 で割り切れる回数のうちの少ない方，

すなわち9で割り切れる回数と同じになる。
1から100までの整数のうち，
3で割り切れる数は，
$100\div3=33$ あまり1より，33個。
$3\times3=9$ で割り切れる数は，
$100\div9=11$ あまり1より，11個。
$3\times3\times3=27$ で割り切れる数は，
$100\div27=3$ あまり19より，3個。
$3\times3\times3\times3=81$ で割り切れる数は，
$100\div81=1$ あまり19より，1個。
$3\times3\times3\times3\times3=243$ で割り切れる数はないから，
[100]を3で割り切れる回数は，
$33+11+3+1=48$（回）
また，1から50までの整数のうち，
3で割り切れる数は，
$50\div3=16$ あまり2より，16個。
$3\times3=9$ で割り切れる数は，
$50\div9=5$ あまり5より，5個。
$3\times3\times3=27$ で割り切れる数は，
$50\div27=1$ あまり23より，1個。
$3\times3\times3\times3=81$ で割り切れる数はないから，
[50]を3で割り切れる回数は，
$16+5+1=22$（回）
よって，[100]÷[50]を3で割り切れる回数は，
$48-22=26$（回）
したがって，9で割り切れる回数は，
$26\div2=13$（回）だから，
36で割り切れる回数も13回。

答 (1) 24（回）　(2) 47（回）　(3) 13（回）

29 (1)　$10\times9\div2=45$ だから，[9]＝5
また，$14\times13\div2=91$ だから，[13]＝1

(2)　[N]は，1からNまでの整数の和を10で割ったときの余りになる。
[N]＝0となるのは，1からNまでの整数の和が10の倍数になるときだから，
$1+2+3+4=10$ より，N＝4
他に，N＝15，N＝19など。

(3)　1からNまでの整数の和は，
N＋1にNをかけて2で割った数になるから，
[N]＝6となるのは，N＋1にNをかけて
2で割った数の一の位の数が6，
つまり，N＋1にNをかけた数の一の位は，
$6\times2=12$ より，2になる。
N＋1とNは連続する2つの整数だから，
連続する2つの1けたの整数で，
その積の一の位が2になるものを考えると，
2と1，4と3，7と6，9と8がある。
Nは113以上の整数だから，
Nが113のときを考えると，
$114\times113\div2=6441$ となり，条件に合わない。
N＝116のとき，
$117\times116\div2=6786$ だから，条件に合う。
N＝118のとき，
$119\times118\div2=7021$ だから，条件に合わない，
N＝121のとき，
$122\times121\div2=7381$ だから，条件に合わない。
N＝123のとき，
$124\times123\div2=7626$ だから，条件に合う。
よって，求める整数Nは，123。

(4)　[N]＝0となるのは，N＋1にNをかけて
2で割った数が10の倍数なので，
N＋1にNをかけた数は20の倍数になる。
連続する2つの1けたの整数で，
その積の一の位が0になるものを考えると，
1と0，5と4，6と5，0と9がある。
連続する2つの1けたの整数が1と0のとき，一の位が0である数(N)が20の倍数でなくてはならないから，N＝20，40，…，2020の101個。
連続する2つの1けたの整数が5と4のとき，一の位が4である数(N)が4の倍数でなくてはならないから，N＝4，24，…，2024の102個。
連続する2つの1けたの整数が6と5のとき，一の位が6である数(N＋1)が4の倍数でなくてはならないから，N＋1＝16，36，…，2016の101個。
よって，Nの個数は101個。
連続する2つの1けたの整数が0と9のとき，一の位が0である数(N＋1)が20の倍数でなくてはならないから，N＋1＝20，40，…，2020の101個。
よって，Nの個数は101個。
よって，全部で，$101+102+101+101=405$（個）

答 (1) [9] 5　[13] 1　(2)（例）4　(3) 123
(4) 405（個）

30 (1)　百の位と一の位が同じ数字であることから，
【ア】と【イ】の差の一の位の数は0になる。
このことから，
【ア】と【イ】の差として考えられる数は，

$2\times3\times4\times5=120$,
$3\times4\times5\times6=360$,
$4\times5\times6\times7=840$,
$5\times6\times7\times8=1680$,
$7\times8\times9\times10=5040$,
$8\times9\times10\times11=7920$ である。
千の位の数を P,
百の位と一の位の数を Q,
十の位の数を R とすると,
【ア】は，$1000\times P+100\times Q+10\times R+1\times Q$
と表せ,
【イ】は，$1000\times R+100\times Q+10\times P+1\times Q$
と表せるから，【ア】と【イ】の差は,
$990\times P-990\times R=990\times(P-R)$ となり,
990 の倍数であることがわかる。
【ア】と【イ】の差として考えられる数のうち,
990 の倍数であるものは,
$8\times9\times10\times11=7920$ で，$7920\div990=8$ より,
$P-R=8$ であることがわかる。
よって，$P=9$，$R=1$ となるから,
【ア】として考えられる最大の数は,
$Q=8$ のときで，9818。

(2) 【ウ】として考えられる最小の数を求めるので,
まず,【ウ】の千の位の数が 1 の場合について
考える。
ここで仮に，相異なる 2 桁の数字のうち,
片方が千の位だったとすると,
【ウ】よりも【エ】が大きくなるため，題意に反する。
したがって,
相異なる 2 桁の数字がどの位であるかは,
(百の位，十の位),(百の位，一の位),
(十の位，一の位)の 3 つに分かれる。
相異なる 2 桁の数字を
大きい方から S，T とすると,
相異なる 2 桁の数字が
百の位，十の位にあった場合,
【ウ】−【エ】$=S\times100+T\times10-(T\times100+S\times10)$
$=S\times90-T\times90$
$=90\times(S-T)$ となる。
同様に，相異なる 2 桁の数字が
百の位，一の位にあった場合,
【ウ】−【エ】$=S\times100+T-(T\times100+S)$
$=S\times99-T\times99$
$=99\times(S-T)$,
相異なる 2 桁の数字が
十の位，一の位にあった場合,
【ウ】−【エ】$=S\times10+T-(T\times10+S)$
$=S\times9-T\times9$
$=9\times(S-T)$ となる。
したがって,
$90\times(S-T)$，$99\times(S-T)$，$9\times(S-T)$ が
連続する 4 つの整数の積で表せるか考える。
ここで，$S-T$ は最大でも，$9-2=7$ で,
$90=3\times3\times2\times5$ だから,
$3\times5\times6$ と変形できるので,
$S-T$ が 4 であったとき 4 つの整数の積で表せる。
S，T はなるべく小さい数であればよく,
1 は使えないので，T は 2，S は，$2+4=6$ で,
【ウ】は 1621 となる。
次に，$99=9\times11$ だから，$S-T$ がたとえば,
$8\times10=80$ などであれば 4 つの整数の積で表せる
が，$S-T$ は最大でも 7 なので不適。
$9=3\times3$ で，$S-T$ が，$4\times5\times2=40$ であると
4 つの整数の積で表せるが,
これも $S-T$ の範囲より不適。
また,【ウ】の千の位の数が 2 以上について考えて
も最小の【ウ】は 1621 で変わらない。
よって，1621。

答 (1) あ．9818　(2) い．1621

31 0，2，2，4でできる 4 桁の整数は，2024，2042，2204，2240，2402，2420，4022，4202，4220。
このうち，2024 は 11 の倍数である。
残りの整数は，2024 に 11 の倍数を加えてできる数かどうかを考える。
まず，2042 は 2024 との差が 11 の倍数ではないので，11 の倍数ではない。
次に，$2024+220=2244$ は 11 の倍数で，2204，2240 は 2244 との差が 11 の倍数ではないので,
11 の倍数ではない。
次に，$2024+440=2464$ は 11 の倍数だから，2402 は 11 の倍数ではなく，2420 は 11 の倍数である。
次に，$2024+2024=4048$ は 11 の倍数だから,
4022 は 11 の倍数ではない。
次に，$4048+220=4268$ は 11 の倍数だから,
4202 は 11 の倍数であり,

4220は11の倍数ではない。
よって，11の倍数は，2024，2420，4202の3個。
また，[0]，[2]，[2]，[4]，[6]があるとき，
[6]を使わない4桁の整数のうち，11の倍数は3個，
[6]を使う場合，
千の位が2，百の位が0のとき，
2026，2046，2062，2064があり，
このうち11の倍数は，2024との差から，
2046が11の倍数とわかる。
千の位が2，百の位が2のとき，
2206，2246，2260，2264があり，
2244との差で考えると，11の倍数はない。
千の位が2，百の位が4のとき，
2406，2426，2460，2462があり，
2464との差で考えると，11の倍数はない。
千の位が2，百の位が6のとき，
2602，2604，2620，2624，2640，2642があり，
$2464+220=2684$との差で考えると，
2640が11の倍数である。
千の位が4，百の位が0のとき，
4026，4062があり，
4048との差で考えると，
4026が11の倍数である。
千の位が4，百の位が2のとき，
4206，4226，4260，4262があり，
4268との差で考えると，11の倍数はない。
千の位が4，百の位が6のとき，
4602，4620，4622があり，
$4268+440=4708$が11の倍数なので，
4708との差で考えると，4620は11の倍数である。
千の位が6，百の位が0のとき，
6022，6024，6042があり，
$4048+2024=6072$が11の倍数なので，
6072との差で考えると，11の倍数はない，
千の位が6，百の位が2のとき，
6202，6204，6220，6224，6240，6242があり，
$6072+220=6292$が11の倍数なので，
6292との差で考えると，6204は11の倍数である。
千の位が6，百の位が4のとき，
6402，6420，6422があり，
$6292+110=6402$が11の倍数なので，
6402との差で考えると，6402は11の倍数である。
よって，2024，2420，4202，2046，2640，4026，
4620，6204，6402の9個。
【別解】4桁の整数について，
千の位の数をA，百の位の数をB，
十の位の数をC，一の位の数をDとすると，
$A+C$と$B+D$の差が0か11の倍数になるとき，
その4桁の整数は11の倍数になる。
よって，11の倍数は，2024，2420，4202の3個。
同じように考えると，[0]，[2]，[2]，[4]，[6]があるときにできる11の倍数は，2024，2420，4202，2046，2640，4026，4620，6204，6402の9個。

答 ①3　②9

[32] $\frac{11}{35}$の分母と分子に同じ数をたしても，
分母と分子の差は，$35-11=24$のまま変わらない。
これを約分してできた$\frac{3}{5}$の分母と分子の差が，
$5-3=2$だから，$24\div2=12$で割って約分したことになる。
よって，約分する前の分母は，$5\times12=60$だから，
分母と分子にたした数は，$60-35=25$

答 25

[33] 約分する前の2つの分数は，分母と分子の和が等しいから，$7+4=11$，$5+1=6$より，
11と6の最小公倍数である66にそろえると，
$\frac{4}{7}=\frac{24}{42}$，$\frac{1}{5}=\frac{11}{55}$
$55-13=42$，$24-13=11$より，
この2つの分数は条件に合う。
よって，求める分数は，$\frac{24}{55}$。

答 $\frac{24}{55}$

[34] 40の約数は1，2，4，5，8，10，20，40だから，
分子は2の倍数ではなく，5の倍数でもないもの。
よって，求める分数の分子の和は，
$1+3+7+9+11+13+17+19+21+23+27+29$
$+31+33+37+39=320$だから，
求める答えは，$\frac{320}{40}=8$

答 8

[35] 求める分数の分子は，
$1\div3\times5=1.66\cdots$より大きく，
$17\div21\times5=4.04\cdots$より小さい。
よって，$\frac{2}{5}$，$\frac{3}{5}$，$\frac{4}{5}$。

答 $\frac{2}{5}$，$\frac{3}{5}$，$\frac{4}{5}$

36 (1)　$\frac{1}{3}=\frac{1\times4}{3\times4}=\frac{4}{12}$，$\frac{2}{5}=\frac{2\times2}{5\times2}=\frac{4}{10}$ より，

あてはまる分数は，分子が 4 で，

分母が 11 である $\frac{4}{11}$。

(2)　$2023\div4=505.75$ より，

$\frac{4}{7}$ の分子を 2023 にすると，

分母は，$7\times505.75=3540.25$

同様に，$2023\div5=404.6$ より，

$\frac{5}{6}$ の分子を 2023 にすると，

分母は，$6\times404.6=2427.6$

よって，あてはまる分数は，分子が 2023 で，

分母が 2428 から 3540 までの，

$3540-2428+1=1113$（個）

(3)　$2023=7\times17\times17$ なので，

分母が 7 か 17 の倍数のものは約分ができる。

$3540\div7=505$ あまり 5，

$2427\div7=346$ あまり 5 より，

7 で約分できる分数は，$505-346=159$（個）

同様に，

$3540\div17=208$ あまり 4，

$2427\div17=142$ あまり 13 より，

17 で約分できる分数は，$208-142=66$（個）

このうち，$7\times17=119$ の倍数が，

$3540\div119=29$ あまり 89，

$2427\div119=20$ あまり 47 より，

$29-20=9$（個）あり，

両方に共通するので，約分できる分数は，

$159+66-9=216$（個）

よって，約分できない分数は，

$1113-216=897$（個）

答 (1) $\frac{4}{11}$　(2) 1113（個）　(3) 897（個）

37　$2\frac{2}{7}=\frac{16}{7}$ で割るのは，

$\frac{7}{16}$ をかけるのと同じなので，

$1\frac{2}{3}=\frac{5}{3}$ をかけても，

$\frac{7}{16}$ をかけても整数になる 0 以外の数を，

できるだけ小さくするためには，

分母は 5 と 7 の最大公約数の 1，

分子は 3 と 16 の最小公倍数の 48 にすればよいので，

求める数は，$\frac{48}{1}=48$

答 48

38　2024 の約数は 1，2，4，8，11，22，23，44，46，88，92，184，253，506，1012，2024 だから，

約分すると分子が 1 になる分数は，$\frac{2}{2024}=\frac{1}{1012}$，

$\frac{4}{2024}=\frac{1}{506}$，$\frac{8}{2024}=\frac{1}{253}$，…，$\frac{1012}{2024}=\frac{1}{2}$

よって，

$A=1012\times506\times253\times184\times92\times88\times46\times44\times23\times22\times11\times8\times4\times2$ となる。

これより A には

2 が，$1+2+3+1+2+1+3+2+3+1+2=21$（個）

含まれているから，

4 は，$21\div2=10$ 余り 1 より，10 個含まれている。

よって，A は 4 で最大 10 回割り切れる。

答 10

39 (1)　$0\oplus2=\frac{1}{5}+\frac{2}{5}+\frac{3}{5}+\frac{4}{5}+1\frac{1}{5}+1\frac{2}{5}+1\frac{3}{5}+1\frac{4}{5}$

$=\left(\frac{1}{5}+1\frac{4}{5}\right)\times8\div2=2\times4=8$

$0\oplus3=\frac{1}{5}+\frac{2}{5}+\frac{3}{5}+\frac{4}{5}+1\frac{1}{5}+1\frac{2}{5}+1\frac{3}{5}+1\frac{4}{5}+2\frac{1}{5}+2\frac{2}{5}+2\frac{3}{5}+2\frac{4}{5}$

$=\left(\frac{1}{5}+2\frac{4}{5}\right)\times12\div2=3\times6=18$

$1\oplus3=1\frac{1}{5}+1\frac{2}{5}+1\frac{3}{5}+1\frac{4}{5}+2\frac{1}{5}+2\frac{2}{5}+2\frac{3}{5}+2\frac{4}{5}$

$=\left(1\frac{1}{5}+2\frac{4}{5}\right)\times8\div2=4\times4=16$

(2)　5 を分母とするそれ以上約分できない分数のうち，0 より大きく 80 より小さい分数は，

$\frac{1}{5}$ から $79\frac{4}{5}$ までに，$4\times80=320$（個）ある。

よって，

$0\oplus80=\left(\frac{1}{5}+79\frac{4}{5}\right)\times320\div2$

$=80\times160=12800$

(3)　$0\oplus80=12800$ より，

A ⊕ 80＝12350 となるとき，
0 ⊕ A＝12800－12350＝450 となる。
また，0 ⊕ 2＝2×4＝8，0 ⊕ 3＝3×6＝18，
0 ⊕ 80＝80×160＝12800 のように，
0 ⊕ A＝A×(A×2)＝450 となるから，
A×A＝450÷2＝225＝15×15
よって，A＝15

答 (1) (0 ⊕ 2) 8　(0 ⊕ 3) 18　(1 ⊕ 3) 16
(2) 12800　(3) 15

40 (1)　2024÷7＝289.1428571…のように，小数点以下は 1，4，2，8，5，7 の 6 個の数をくり返す。
2024÷6＝337 余り 2 だから，
小数第 2024 位の数は，
くり返す 6 個の数の 2 番目だから，4。
(2)　45÷222＝0.2027027027…より，小数第 2 位から {0，2，7} の 3 個の数をくり返す。
(100－1)÷3＝33 より，小数第 100 位は，
このくり返し 33 組目の最後の数なので，7。

答 (1) 4　(2) 7

41 (1)　1÷7＝0.1428571428…より，求める数は 1。
(2)　小数点以下は 1，4，2，8，5，7 の 6 つの数字がくり返され，その和は，1＋4＋2＋8＋5＋7＝27
よって，200÷6＝33 あまり 2 より，
求める数の和は，27×33＋1＋4＝896
(3)　5000÷27＝185 あまり 5 より，
6 つの数字が 185 回くり返され，
1＋4＝5 より，あと 1，4 と続けばよい。
よって，6×185＋2＝1112 より，
小数第 1112 位。

答 (1) 1　(2) 896　(3) (小数第) 1112 (位)

42 (1)　並べた数を，(1)，(1，2)，(1，2，3)，
(1，2，3，4)，(1，2，3，4，5)，…
のような組に分けると，1 から始まる連続する数が組ごとに 1 個ずつ増えているのが分かる。
よって，左から 30 番目の数は，
30＝(1＋2＋3＋4＋5＋6＋7)＋2 より，
8 組目の 2 番目だから，2。
(2)　9 が初めて出てくるのは 9 組目の最後だから，
1＋2＋3＋4＋5＋6＋7＋8＋9＝45 (番目)

答 (1) 2　(2) 45 (番目)

43 (1)　{1}，{1，4}，{1，4，9}，…と組にしていくと，
○組目には 1×1 から○×○までの同じ整数をかけた数が○個並ぶ。
20＝1＋2＋3＋4＋5＋5 より，
20 番目は 6 組目の 5 番目なので，5×5＝25
(2)　36＝1＋2＋3＋4＋5＋6＋7＋8 より，
36 番目は 8 組目の最後の数。
各組の数の和は，
1 組目が 1，
2 組目が，1＋2×2＝5，
3 組目が，5＋3×3＝14，
4 組目が，14＋4×4＝30，
5 組目が，30＋5×5＝55，
6 組目が，55＋6×6＝91，
7 組目が，91＋7×7＝140，
8 組目が，140＋8×8＝204
よって，1 番目から 36 番目までの数字の和は，
1＋5＋14＋30＋55＋91＋140＋204＝540
(3)　9 組目の数の和は，204＋9×9＝285 で，
ここまでの和は，540＋285＝825
10 組目の数の和は，285＋10×10＝385 で，
ここまでの数の和は，825＋385＝1210
11 組目の数の和は，385＋11×11＝506 で，
ここまでの数の和は，1210＋506＝1716
1716＋285＝2001，1716＋385＝2101 より，
はじめて 2024 をこえるのは，
12 組目の 10 番目(10×10)まで加えたときなので，
これは，1＋2＋3＋…＋11＋10
＝(1＋11)×11÷2＋10＝76 (番目)

答 (1) 25　(2) 540　(3) 76 (番目)

44　各位の数字の和が 8 になる整数のうち，
1 けたの整数は 8 の 1 個。
2 けたの整数は
17，26，35，44，53，62，71，80 の 8 個。
3 けたの整数のうち，百の位が 1 の数は，
107，116，125，134，143，152，161，170 の 8 個。
百の位が 2 の数は，
206，215，224，233，242，251，260 の 7 個。
百の位が 3 の数は，
305，314，323，332，341，350 の 6 個。
この後も同様に，百の位の数字を 1 大きくするごとに個数が 1 個少なくなるから，
3 けたの整数は全部で，
8＋7＋6＋…＋1＝36 (個)
4 けたの整数のうち，
千の位が 1 で百の位が 0 の数は，1007，1016，

1025，1034，1043，1052，1061，1070 の 8 個。
百の位が 1 の数は，1106，1115，1124，1133，
1142，1151，1160 の 7 個。
3 けたの整数のときと同様に考えると，
千の位が 1 の数は全部で，
$8+7+6+\cdots+1=36$（個）
千の位が 2 の数は，
小さい順に 2006，2015，2024，…となるから，
2024 はこの列の，$1+8+36+36+3=84$（番目）
答 84（番目）

45 (1)　{1，5}，{7，11}，{13，17}，…と
2 個ずつ組にしていくと，
○組目の 2 つの整数は，6 で割ると，
商が(○－1)で，あまりが 1 と 5 になる。
$100\div6=16$ あまり 4 より，100 以下の整数は，
$16+1=17$（組目）の 1 個目までなので，
そのような整数は，$2\times16+1=33$（個）
(2)　$91\div2=45$ あまり 1 より，左から 91 番目は，
$45+1=46$（組目）の 1 個目なので，
$6\times45+1=271$
(3)　6 で割ると 1 あまる整数は 1，7，13，19，…で，
この中で 7 の倍数は 7 から始まり，
6 と 7 の最小公倍数の，
$6\times7=42$ ずつ大きくなっていくので，
1000 以下には，
$(1000-7)\div42=23$ あまり 27 より，
$1+23=24$（個）
6 で割ると 5 あまる整数は
5，11，17，23，29，35，…で，
この中で 7 の倍数は 35 から始まり，
42 ずつ大きくなっていくので，
1000 以下には，
$(1000-35)\div42=22$ あまり 41 より，
$1+22=23$（個）
よって，並べた整数のうち，
1000 以下で，7 で割り切れる整数は，
$24+23=47$（個）
答 (1) 33（個）　(2) 271　(3) 47（個）

46 (1)　3 と 5 の最小公倍数が 15 なので，
1 から 15 までの数で考えると，
3 の倍数が，$15\div3=5$（個），
5 の倍数が，$15\div5=3$（個），
15 の倍数が，$15\div15=1$（個）あるので，
3 の倍数と 5 の倍数を除いた数は全部で，
$15-(5+3-1)=8$（個）
つまり，1，2，4，7，8，11，13，14 となる。
よって，8 個ずつの周期で考えると，
最初から 17 番目の数は，
$17\div8=2$ あまり 1 より，
$2+1=3$（周期目）の 1 番目だから，
$16+15\times2=46$
(2)　$97\div8=12$ あまり 1 より，
$12+1=13$（周期目）の 1 番目だから，
$16+15\times12=196$
(3)　$1543\div15=102$ あまり 13 なので，
102 周期目の 7 番目だから，
$8\times(102-1)+7=815$（番目）
答 (1) 46　(2) 196　(3) 815（番目）

47 (1)　分母が 1 の分数が 1 個，分母が 2 の分数が 2 個，
分母が 3 の分数が 3 個，…のように，分母の数と
並んでいる分数の個数は同じになっている。
$1+2+3+4+5=15$ より，
15 番目の分数は $\frac{1}{5}$ なので，16 番目は $\frac{1}{6}$。
(2)　15 番目までの分数の和は，
$1+\frac{1}{2}\times2+\frac{1}{3}\times3+\frac{1}{4}\times4+\frac{1}{5}\times5=1\times5=5$
よって，求める分数の和は，$5+\frac{1}{6}=5\frac{1}{6}$
(3)　$1+2+\cdots+19+20=210$ より，
210 番目までの分数の和は，$1\times20=20$
また，211 番目から，
$210+21=231$（番目）までは $\frac{1}{21}$ が 21 個並ぶ。
よって，求める分数の和は，$20+\frac{1}{21}\times20=20\frac{20}{21}$
答 (1) $\frac{1}{6}$　(2) $5\frac{1}{6}$　(3) $20\frac{20}{21}$

48 (1)　$\left\{\frac{1}{1}\right\}\left\{\frac{1}{2}\ \ \frac{2}{2}\right\}\left\{\frac{1}{3}\ \ \frac{2}{3}\ \ \frac{3}{3}\right\}$…と組にし
ていくと，○組目には分母が○の○個の分数が小
さい順に並ぶ。
$\frac{3}{8}$ は 8 組目の 3 番目なので，最初から数えて，
$1+2+3+\cdots+7+3=31$（番目）
(2)　$1+2+3+\cdots+9=45$ より，
最初から数えて 50 番目の分数は，10 組目の，
$50-45=5$（番目）の分数で $\frac{5}{10}$。

(3) 分母が 128 の分数は

$\frac{1}{128}$ から $\frac{128}{128}$ までの 128 個。

素数のかけ算で表すと，

$128=2\times2\times2\times2\times2\times2\times2$ なので，

分子が 2 の倍数であれば約分できる。

よって，約分できる分数は，$128\div2=64$（個）

(4) 分母が 108 の分数は

$\frac{1}{108}$ から $\frac{108}{108}$ までの 108 個。

素数のかけ算で表すと，

$108=2\times2\times3\times3\times3$ なので，

分子が 2 か 3 の倍数であれば約分できる。

1 から 108 までの整数に

2 の倍数は，$108\div2=54$（個），

3 の倍数は，$108\div3=36$（個）あり，

これらには，$2\times3=6$ の倍数，

$108\div6=18$（個）が重複している。

よって，約分できる分数は，

$54+36-18=72$（個）なので，

約分できない分数は，$108-72=36$（個）

答 (1) 31 番目 (2) $\frac{5}{10}$ (3) 64 個 (4) 36 個

49 (1) 上下に並んだ 2 つのカードに書かれた数の和は，

1 列目から，$2+4=6$，$8+6=14$，

$10+12=22$，$16+14=30$，…となり，

6 から始まり 8 ずつ大きくなっていく。

よって，上下に並んだ 2 つのカードに書かれた数の和が 118 になるのは，

1 列目の，$(118-6)\div8=14$（列後）で，

$1+14=15$（列目）

(2) 1 行目で，1 列目と 2 列目，2 列目と 3 列目，3 列目と 4 列目，4 列目と 5 列目，…に並んだカードに書かれた数の和は，$2+8=10$，$8+10=18$，

$10+16=26$，$16+18=34$，…となり，

10 から始まり 8 ずつ大きくなっていく。

よって，左右に並んだ 2 つのカードに書かれた数の和が 610 になるのは，1 列目と 2 列目の，

それぞれ，$(610-10)\div8=75$（列後）で，

$1+75=76$（列目）と，$2+75=77$（列目）

(3) 2 の倍数が 1 列目から小さい順に

2 個ずつ並んでいる。

2024 は，$2024\div2=1012$（番目）に

小さい 2 の倍数なので，

$1012\div2=506$（列目）に並ぶ大きい方の数。

偶数列目は 1 行目の方が大きい数なので，

2024 が書かれたカードが並ぶのは

1 行目の 506 列目。

答 (1) 15（列目） (2) 76（列目と）77（列目）

(3) 1（行目の）506（列目）

50 (1) 次図の C に入る数は，A と B の数の和で，

D に入る数は B と C の数の和。このように，

線で結ばれた 2 つの数を足していけばよい。

下の段の左から 5 番目の枠に入る数は，

8 回計算すればよいから，$1+3=4$，$3+4=7$，

$4+7=11$，$7+11=18$，$11+18=29$，$18+29=47$，

$29+47=76$，$47+76=123$ より，求める数は 123。

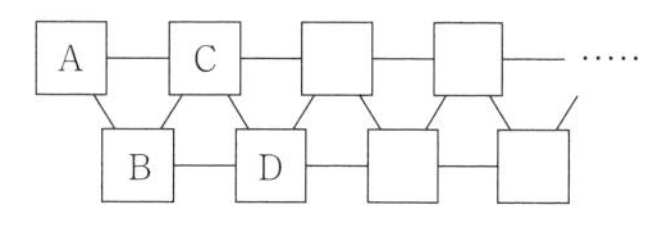

(2) 下の段の左から 3 番目に入る数は，

$67-26=41$ なので，

下の段の左から 2 番目に入る数は，

$41-26=15$

したがって，上の段の左から 2 番目に入る数は，

$26-15=11$ なので，

B に入れた数は，$15-11=4$

また，A に入れた数は，$11-4=7$

(3) 上の段の左から 2 番目の数は，

$\frac{1}{4}+\frac{3}{4}=1$ でこれがもっとも小さい整数。

順に計算していくと，$\frac{3}{4}+1=1\frac{3}{4}$，

$1+1\frac{3}{4}=2\frac{3}{4}$，$1\frac{3}{4}+2\frac{3}{4}=4\frac{1}{2}$，

$2\frac{3}{4}+4\frac{1}{2}=7\frac{1}{4}$，$4\frac{1}{2}+7\frac{1}{4}=11\frac{3}{4}$，

$7\frac{1}{4}+11\frac{3}{4}=19$ で，

これが 2 番目に小さい整数。

このように 6 回計算をするたびに整数となるから，

上の段の左から 2 番目，5 番目，…のように番目の数が 3 大きくなるたびに整数が入る。

よって，10 番目に小さい整数が入るのは，

上の段の左から，$2+3\times(10-1)=29$（番目）

答 (1) 123 (2) A. 7 B. 4

(3) 上（の段の左から）29（番目）

51 (1) 9 段目の一番右にある数は，

$1+2+3+\cdots+9=(1+9)\times9\div2=45$

よって，10段目の一番左にある数は，$45+1=46$

(2)　13段目の一番右にある数は，

$1+2+3+\cdots+13=(1+13)\times13\div2=91$

14段目の一番右にある数は，$91+14=105$

よって，100は14段目にある。

(3)　ひし形の左の数が100のとき，右の数は101。

100と101は14段目の数だから，

ひし形の下の数は，$101+14=115$

また，ひし形の上の数は13段目の数だから，

$100-13=87$

よって，ひし形の4つの数の平均値は，

$(87+100+101+115)\div4=100.75$

(4)　ひし形の4つの数のうち，

右の数は左の数より1大きく，

上の数と下の数の和は，

左の数と右の数の和より1大きい。

よって，4つの数の和が2023のとき，

左の数と右の数の和は，

$(2023-1)\div2=1011$ となるから，

左の数は，$(1011-1)\div2=505$

505が何段目にあるかを調べると，

31段目の一番右の数は，$(1+31)\times31\div2=496$，

32段目の一番右の数は，$496+32=528$ だから，

505は32段目の数。

よって，ひし形の上の数は31段目の数で，

$505-31=474$

答 (1) 46　(2) 14（段目）　(3) 100.75　(4) 474

3．単位と量

★問題 P．31～36★

1 (1)　与式 $=3.3\text{g}-2.125\text{g}+0.443\text{g}=1.618\text{g}$

(2)　与式 $=5000\text{cm}^3-(4250\text{cm}^3+375\text{cm}^3)$

$=5000\text{cm}^3-4625\text{cm}^3=375\text{cm}^3$

(3)　m^2 にそろえると，

$\frac{19}{500000}\times1000000-\square\div10000+4.4$

$=0.00004\times1000000$ より，

$38-\square\div10000+4.4=40$

よって，

$\square\div10000=38+4.4-40=2.4$ より，

$\square=2.4\times10000=24000$

答 (1) 1.618　(2) 375　(3) 24000

2 (1)　$1\div0.454=2.20\cdots$ より，

小数第2位を四捨五入して，2.2ポンド。

(2)　$0.5\times2\frac{1}{4}\div1000=\frac{1}{2}\times\frac{9}{4}\times\frac{1}{1000}$

$=\frac{9}{8000}$ (kg)が $\frac{1}{10\text{万}}$ となる重さだから，

$\frac{9}{8000}\div\frac{1}{100000}=\frac{225}{2}$ (kg)

答 (1) 2.2（ポンド）　(2) $\frac{225}{2}$

3 (1)　$9876\div60=164$ あまり36，

$164\div60=2$ あまり44より，

2時間44分36秒。

(2)　3180秒は，$3180\div60=53$（分）

1.7時間は，$1.7\times60=102$（分）

よって，与式 $=53$分 $+102$分 -35分 $=120$分

(3)　与式 $=15$時間45分 $+10$時間30分

-4時間22分30秒

$=21$時間52分30秒

(4)　365日は，$365\times24=8760$（時間）で，

$8760\div500=17$ あまり260

260時間は，$260\times60=15600$（分）で，

$15600\div500=31$ あまり100

100分は，$100\times60=6000$（秒）で，

$6000\div500=12$

よって，与式 $=17$時間31分12秒

(5)　この日の昼の時間は，$24\times\frac{29}{29+19}=14.5$（時間）

よって，日の入りは，4時45分の14.5時間後より，

19時15分。

答 ⑴（順に）2，44，36　⑵ 120
⑶（順に）21，52，30
⑷（順に）17，31，12　⑸（順に）19，15

4　2013 年 2 月 3 日は 2023 年 2 月 3 日のちょうど，
2023－2013＝10（年前）
この 10 年間に，うるう年の 2 月 29 日が 2016 年と 2020 年の 2 日あったから，2013 年 2 月 3 日は 2023 年 2 月 3 日の，365×10＋2＝3652（日前）
よって，2013 年 2 月 3 日は，
3652÷7＝521 あまり 5 より，
金曜日の 5 日前の曜日になるから，日曜日。
答 日

5 ⑴　2023 年はうるう年ではないので，
2023 年 1 月 13 日は，今日から 365 日前。
2023 年 2 月 22 日は，2023 年 1 月 13 日の，
31＋22－13＝40（日後）なので，
今日から，365－40＝325（日前）
また，325÷7＝46 あまり 3 より，
土曜日の 3 日前なので，水曜日。
⑵　2024 年はうるう年なので，
2025 年 1 月 13 日は，今日から 366 日後。
2025 年 2 月 1 日は，
今日から，366＋(31－13＋1)＝385（日後）
2025 年はうるう年ではないので，
2025 年 3 月 1 日は，
今日から，385＋28＝413（日後）
2025 年 4 月 1 日は，
今日から，413＋31＝444（日後）
2025 年 5 月 1 日は，
今日から，444＋30＝474（日後）
よって，1＋(500－474)＝27 より，
今日から 500 日後は，2025 年 5 月 27 日。
また，500÷7＝71 あまり 3 より，
土曜日の 3 日後なので，火曜日。
⑶　うるう年は 4 年に 1 回なので，
2024 年 2 月 29 日の次の 2 月 29 日は，
365×4＋1＝1461（日後）
これは，1461÷7＝208 あまり 5 より，
木曜日の 5 日後。
5 と 7 の最小公倍数は，5×7＝35 だから，
35÷5＝7（回目）のうるう年となるので，
2024＋4×7＝2052（年）
答 ⑴ ア．325，イ．水
⑵ ウ．5，エ．27，オ．火　⑶ 2052

6　時速 80km で走ったときに使ったガソリンは，
180÷12＝15（L）
時速 60km で 80 分間走ると，
$60\times\frac{80}{60}=80$（km）進むので，
時速 60km で走ったときに使ったガソリンは，
80÷16＝5（L）
よって，使ったガソリンは全部で，
15＋5＝20（L）
答 20（L）

7　1 m^2 の畑にまく肥料は，
$0.2\div2\frac{2}{3}=\frac{3}{40}$（kg）なので，
20m^2 の畑にまくのに必要な肥料は，
$\frac{3}{40}\times20=1.5$（kg）
答 1.5

8　この農場の畑 1 m^2 からとれるジャガイモは，
$85\div34=\frac{5}{2}$（kg）
18ha は，18×10000＝180000（m^2）なので，
この農場の 18ha の畑からとれるジャガイモは，
$\frac{5}{2}\times180000=450000$（kg）より，
450000÷1000＝450（t）
答 450（t）

9　1 人あたりの面積で比べると，
A 町は，320000÷2000＝160（m^2），
B 町は，650000÷3000＝216.6…より，
小数第一位を四捨五入すると 217m^2，
C 町は，3×1000×1000÷10000＝300（m^2）
よって，求める答えは，A 町。
答 A

10　牛肉 350g は，$690\times\frac{350}{150}=1610$（円）だから，
牛肉 1 円当たり，$920\div1610=\frac{92}{161}$（キロカロリー）
したがって，2450 円分の牛肉は，
$\frac{92}{161}\times2450=1400$（キロカロリー）
答 1400

11 ⑴　100÷50＝2 より，
求める面積は，300×2＝600（m^2）
⑵　300÷50＝6 より，30 年前の B 町の土地 1 m^2 あたりの価格を 1 とすると，A 町の土地 1 m^2 あ

たりの価格は 6 と表せる。
したがって，現在の A 町の土地 1 m^2 あたりの価格は，$6\times1.1=6.6$ なので，
100m^2 では，$6.6\times100=660$
よって，現在の B 町の土地 1 m^2 あたりの価格は，
$660\div330=2$ となる。
よって，2 倍。

答 (1) 600 (m^2)　(2) 2 (倍)

12 (1) フランクフルト 1 本は，$800\div20=40$ (円) で，
ケチャップ 1 個は，$2000\div200=10$ (円)
よって，求める金額は，$40+10=50$ (円)

(2) 材料費は，$800\times5+2000=6000$ (円) で，
レンタル費は 10500 円なので，
準備に，$6000+10500=16500$ (円) かかる。
$20\times5=100$ (セット) 売るので，
売り上げは，$140\times100=14000$ (円)
よって，利益はでない。

(3) フランクフルトを 5 箱買ったとき，
$16500-14000=2500$ (円) の損。
1 箱買い足すと，売り上げは，
$140\times20=2800$ (円) 増えるので，
$2800-800=2000$ (円) だけ損が少なくなる。
よって，$2500\div2000=1$ あまり 500 より，
最低，$5+2=7$ (箱)

(4) $20\times25=500$ (セット) 完売する予定だったので，
$500\div200=2$ あまり 100 より，
仕入れたケチャップは 3 箱。
したがって，準備にかかる費用は，
$10500+800\times25+2000\times3=36500$ (円) だから，
売り上げ金額は，$36500+30500=67000$ (円)
$500-50=450$ (セット) の売り上げは，
$140\times450=63000$ (円) なので，
残り 50 セットの売り上げは，
$67000-63000=4000$ (円)
よって，求める金額は，$4000\div50=80$ (円)

答 (1) 50 (円)　(2) でない　(3) (最低) 7 (箱)
(4) 80 (円)

13 (1) 高速モードは 63m^2 を 14 分でそうじすることができるから，1 分間に，$63\div14=4.5$ (m^2) のそうじができる。
よって，[あ] は 4.5。
次に，静音モードは高速モードの $\frac{5}{3}$ 倍の時間がかかるから，1 分間にそうじができる面積は高速モードの $\frac{3}{5}$ 倍になる。
よって，$4.5\times\frac{3}{5}=2.7$ (m^2) だから，
[い] は 2.7。
次に，高速モードでそうじをした面積は，
$63\times\frac{1}{4}=15.75$ (m^2) だから，
高速モードを使った時間は，
$15.75\div4.5=3.5$ (分)
静音モードでそうじをした面積は，
$63-15.75=47.25$ (m^2) だから，
静音モードを使った時間は，
$47.25\div2.7=17.5$ (分)
よって，そうじにかかった時間は，
$3.5+17.5=21$ (分) だから，[う] は 21。
次に，84m^2 のフロアについて，
24 分間すべてを静音モードでそうじすると，
そうじができる面積は，$2.7\times24=64.8$ (m^2)
高速モードを使う時間が 1 分増えるごとに，
24 分間でそうじができる面積は，
$4.5-2.7=1.8$ (m^2) ずつ広くなるから，
高速モードを使った時間は，
$(84-64.8)\div1.8=\frac{32}{3}$ (分)
よって，高速モードでそうじをした面積は，
$4.5\times\frac{32}{3}=48$ (m^2) だから，[え] は 48。
次に，84m^2 をすべて高速モードでそうじをすると，$84\div4.5=18\frac{2}{3}$ (分)，
つまり 18 分 40 秒かかるから，
[お] は 18，[か] は 40。

(2) 2 台とも高速モードで 10 分使うと，
そうじができる面積の合計は，
$4.5\times10\times2=90$ (m^2) だから，
重なってそうじをする部分の面積は，
$90-63=27$ (m^2)

答 (1) あ．4.5　い．2.7　う．21　え．48
お．18　か．40　(2) 27 (m^2)

14 5 回の合計は，$25.2\times5=126$ (m)，
8 回の合計は，$25.5\times8=204$ (m)
よって，追加で投げた 3 回の合計は，
$204-126=78$ (m) で，

その平均は，$78 \div 3 = 26$（m）

答 26

15　学年全体の点数の合計は，

$83 \times (40 + 35) = 83 \times 75$（点）だから，

A 組の点数の合計は，

$83 \times 75 - 75 \times 35 = 48 \times 75$（点）

よって，A 組の平均点は，

$48 \times 75 \div 40 = 90$（点）

答 90（点）

16　女子の平均点が男子の平均点と同じだったとすると，クラス全体の合計点は，

$2.5 \times 13 = 32.5$（点）高くなって，

平均点は，$32.5 \div (13 + 12) = 1.3$（点）高くなる。

この高くなった平均点は男子の平均点と同じなので，

男子の平均点は，もともとのクラス全体の平均点より 1.3 点高い。

答 1.3（点）

17　男子の合計点は，$62.8 \times 20 = 1256$（点）

女子の合計点は，$68.4 \times 15 = 1026$（点）

よって，

クラス全体の合計点は，$1256 + 1026 = 2282$（点）

クラス全体の人数は，$20 + 15 = 35$（人）だから，

クラス全体の平均点は，$2282 \div 35 = 65.2$（点）

また，

男子の点数を変更した後のクラス全体の合計点は変更前よりも，$(66.8 - 65.2) \times 35 = 56$（点）高い。

よって，男子の合計点は変更前よりも 56 点高いから，男子の平均点は，$62.8 + 56 \div 20 = 65.6$（点）

答 ア．65.2　イ．65.6

18　1 番から 10 番までの生徒の合計点が，

$82.5 \times 10 = 825$（点）で，

1 番から 12 番までの生徒の合計点が，

$80 \times 12 = 960$（点）なので，

11 番と 12 番の生徒は，

合計点が，$960 - 825 = 135$（点）で，

平均点が，$135 \div 2 = 67.5$（点）

12 番の生徒の点数があと 5 点高かったとすると，

11 番と 12 番の生徒の合計点は，$135 + 5 = 140$（点）

これは 11 番の生徒の点数の 2 倍なので，

11 番の生徒の点数は，$140 \div 2 = 70$（点）

答 ア．67.5　イ．70

19　5 人の合計点は，N さんの点数に誤りがあるときが，$65 + 70 + 75 + 82 + 88 = 380$（点）で，

N さんの点数を修正したときが，

$78 \times 5 = 390$（点）なので，

N さんの点数は修正で，

$390 - 380 = 10$（点）上がった。

$82 + 10 = 92$（点），$75 + 10 = 85$（点），

$70 + 10 = 80$（点）より，

点数が 10 点上がると 2 番目に高い点数になるのは 75 点のみなので，N さんの正しい点数は 85 点。

答 85

20　5 人の合計点は，$60 \times 5 = 300$（点）なので，

B と D の合計点は，$300 \times \dfrac{40}{100} = 120$（点）より，

D は，$120 - 70 = 50$（点）

よって，D と E の合計点は，

$300 - (82 + 70 + 47) = 300 - 199 = 101$（点）なので，

E は，$101 - 50 = 51$（点）

答 51（点）

21　A さん，B さん，C さんの合計点が，

$63 \times 3 = 189$（点），

A さん，B さん，D さんの合計点が，

$45 \times 3 = 135$（点），

A さん，C さん，D さんの合計点が，

$51 \times 3 = 153$（点），

B さん，C さん，D さんの合計点が，

$54 \times 3 = 162$（点）なので，これらを合わせた，

$189 + 135 + 153 + 162 = 639$（点）は

4 人の合計点の 3 倍で，

4 人の合計点は，$639 \div 3 = 213$（点）

よって，A さんの点数は，$213 - 162 = 51$（点）

答 51

22　4 教科の合計点は，$75 \times 4 = 300$（点）

国語の点数を 10 とすると，

算数の点数は 9，理科の点数は 8，

社会の点数は 10 より 4 点高いので，

$10 + 9 + 8 + 10 = 37$ にあたる点数が，

$300 - 4 = 296$（点）

よって，1 にあたる点数が，$296 \div 37 = 8$（点）なので，

9 にあたる算数の点数は，$8 \times 9 = 72$（点）

答 72

23　子ども全員が女子だったら，合計点は実際よりも，

$80 \times 63 - 69 \times 63 = 11 \times 63$（点）高い。

男子が 1 人いるごとに，

合計点は，$80 - 59 = 21$（点）低くなるので，

男子の人数は，$11 \times 63 \div 21 = 33$（人）

33

24　□回の平均点が 68 点として面積図に表すと次図のようになる。

図のかげをつけた部分の長方形の面積は等しいから，

$(70-68) \times \square = (80-70) \times 1$ より，

$\square = 10 \div 2 = 5$（回）

よって，求める回数は今回もふくめて，

$5 + 1 = 6$（回）

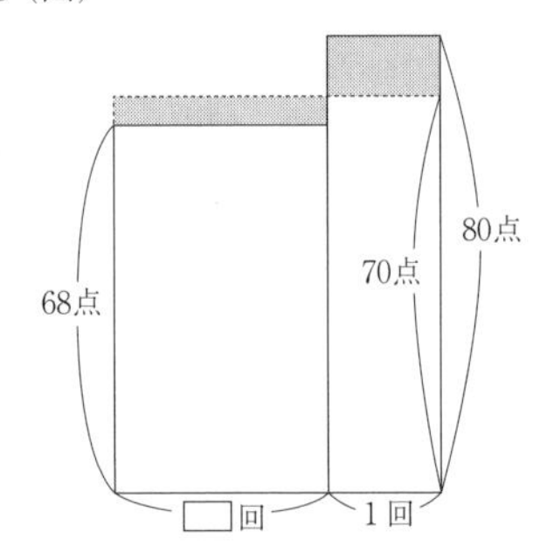

答 6（回）

25　得点について面積図に表すと次図のようになる。

色のついた部分の長方形の面積は等しいから，

ア $\times (240-45) =$ イ $\times 45$ より，

ア：イ $= 45 : 195 = 3 : 13$

したがって，イ $= 40 \times \dfrac{13}{3+13} = 32.5$（点）

よって，求める平均点は，$45.5 + 32.5 = 78$（点）

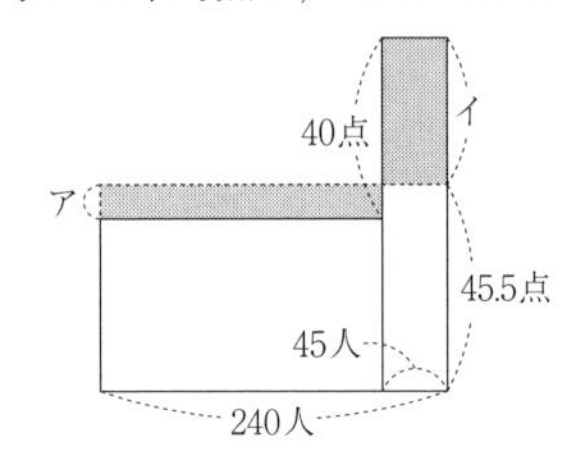

答 78

26(1)　5 人の合計点は，$78 \times 5 = 390$（点）なので，

A さんと C さんの合計点は，

$390 - (71 + 89 + 84) = 146$（点）

よって，求める平均点は，$146 \div 2 = 73$（点）

(2)　A さんが最高点だとすると，

A さんの点数は 90 点以上で，

C さんは，$146 - 90 = 56$（点）以下で，

最高点と最低点の差は 18 点にならない。

したがって，最高点は D さんで，

$89 - 18 = 71$ より，最低点は B さん。

よって，A さんと C さんはともに 72 点以上で，

A さんと C さんがともに 73 点の場合は

条件に合わないので，A さんが 74 点で，

C さんは，$146 - 74 = 72$（点）

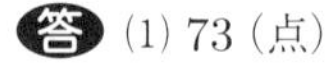
答 (1) 73（点）

(2)（A さん）74（点）　（C さん）72（点）

4．割　合

★問題 P．37～52★

1　A さんの身長は
B さんの身長の，$1+0.04=1.04$（倍）で，
C さんの身長の，$1+0.3=1.3$（倍）
よって，B さんの身長は
C さんの身長の，$1.3\div1.04=1.25$（倍）だから，
C さんの身長と比べて，
$(1.25-1)\times100=25$（%）高い。

 25

2　次図の太線で囲んだ部分のように 1 cm の間隔も含んでクッキーをくりぬく部分を，
1 辺が，$2\times2+1=5$（cm）の正方形として考えると，
この正方形は，$(15+1)\div5=3$ あまり 1 より，
縦に 3 個ずつ，$(25+1)\div5=5$ あまり 1 より，
横に 5 個ずつ並んで，合計，$3\times5=15$（個）ある。
したがって，くりぬけるクッキーも 15 個で，
その面積の合計は，$2\times2\times3.14\times15=188.4$（$cm^2$）
もとの生地の面積は，$15\times25=375$（cm^2）で，
残った部分の面積は，$375-188.4=186.6$（cm^2）なので，$186.6\div375\times100=49.76$ より，
その割合はもとの生地のうちのおよそ 49.8 %。

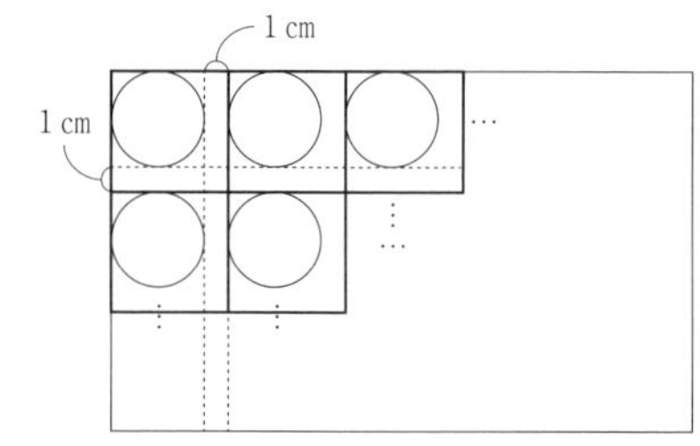

答 49.8（%）

3（1）$25\times\frac{2}{5}\times\frac{2}{5}\times\frac{2}{5}=\frac{8}{5}$（cm）

（2）1 回はね上がるごとに
高さは，$\frac{2}{5}=0.4$（倍）になるので，
$100\times0.4=40$（cm）
$40\times0.4=16$（cm）
$16\times0.4=6.4$（cm）
$6.4\times0.4=2.56$（cm）
$2.56\times0.4=1.024$（cm）
$1.024\times0.4=0.4096$（cm）だから，
この次に 0.4cm 以下になる。
よって，7 回目。

（3）5 回目に 0.4cm はね上がったとすると，
4 回目にはね上がった高さは，$0.4\div\frac{2}{5}=1$（cm），
3 回目にはね上がった高さは，$1\div\frac{2}{5}=\frac{5}{2}$（cm），
2 回目にはね上がった高さは，$\frac{5}{2}\div\frac{2}{5}=\frac{25}{4}$（cm），
1 回目にはね上がった高さは，$\frac{25}{4}\div\frac{2}{5}=\frac{125}{8}$（cm）
となるので，ボールを落とした高さは，
$\frac{125}{8}\div\frac{2}{5}=\frac{625}{16}=39\frac{1}{16}$（cm）となる。
よって，考えられる最も大きい整数は 39cm。

（4）5 回目に 0.4cm はね上がったとすると，
4 回目にはね上がった高さは，$0.4\div\frac{2}{5}=1$（cm），
4 回目はシートに落ちているから，
3 回目にはね上がった高さは，$1\div\frac{1}{6}=6$（cm），
2 回目にはね上がった高さは，$6\div\frac{2}{5}=15$（cm），
2 回目はシートに落ちているから，
1 回目にはね上がった高さは，$15\div\frac{1}{6}=90$（cm）
よって，はね上がった 5 回の高さの合計は，
$90+15+6+1+0.4=112.4$（cm）だから，
1124mm。

答（1）$\frac{8}{5}$（cm）（2）7（回）（3）39（cm）
（4）1124（mm）

4（1）1 日に出る不良品の個数は，
工場 A が，$2000\times\frac{7}{1000}=14$（個），
工場 B が，$3000\times\frac{12}{1000}=36$（個）だから，
合わせて，$14+36=50$（個）
よって，期間は，$1000\div50=20$（日間）だから，
求める不良品の個数は，
$14\times20=280$（個）と推測される。

（2）$\frac{80}{10000}=\frac{8}{1000}$ より，取り出した製品 P の不良品の面積図は次図のようになる。
かげをつけた 2 つの長方形の面積は等しいから，
$A:B=\left(\frac{12}{1000}-\frac{8}{1000}\right):\left(\frac{8}{1000}-\frac{7}{1000}\right)=4:1$
よって，10000 個のうち，
工場 A で生産した製品 P の個数は，

$10000\times\dfrac{4}{4+1}=8000$（個）だから，

不良品の個数は，

$8000\times\dfrac{7}{1000}=56$（個）と推測される。

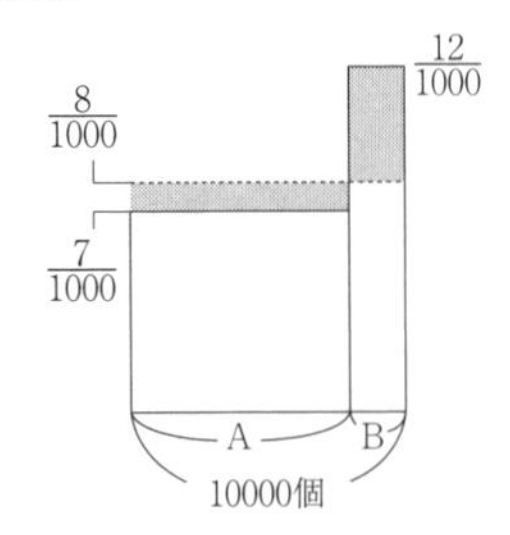

答 (1) 280　(2) 56（個）

5 (1)　利益が前年に比べて 10 %ずつ増えていくと，

1 年後には，$1+0.1=1.1$（倍），

2 年後には，$1.1\times1.1=1.21$（倍），

3 年後には，$1.21\times1.1=1.331$（倍）になる。

よって，2022 年の利益は 2019 年の利益に比べて，

$(1.331-1)\times100=33.1$（%）増えている。

(2)　2020 年の利益に比べて，

2022 年の利益は 1.21 倍，

2023 年の利益は，$1.21\times(1-0.1)=1.089$（倍）

よって，2023 年の利益と 2020 年の利益の差が 2848 万円だから，2020 年の利益は，

$2848\div(1.089-1)=32000$（万円）

すなわち，3 億 2000 万円。

答 (1) 33.1（%）　(2) 3（億）2000（万円）

6 (1)　定価は，$2024\div1.1=1840$（円）だから，

消費税は，$1840\times0.1=184$（円）

(2)　$1000\div1.1=909.0\cdots$より，最大の定価は 909 円。

(3)　支払う金額が 1000 円以上になるのは，

定価が 910 円以上の場合だから，

支払う金額が 1000 円以上 2024 円以下になるような定価は，$1840-910+1=931$（通り）

1000 以上 2024 以下の整数は，

$2024-1000+1=1025$（通り）あるから，

支払う金額とならないものは，

$1025-931=94$（通り）

答 (1) 184（円）　(2) 909（円）　(3) 94（通り）

7　定価は，$4000\times(1+0.2)=4800$（円）で，

売り値は，$4800\times(1-0.15)=4080$（円）

よって，求める利益は，$4080-4000=80$（円）

答 80

8　売り値は，$1200+42=1242$（円）で，

これは定価である，$1200\times(1+0.15)=1380$（円）の，

$1242\div1380\times100=90$（%）なので，

$100-90=10$（%）値下げした。

答 10

9　定価を 1 とすると，

5 %引きと 14 %引きはそれぞれ，

$1\times\left(1-\dfrac{5}{100}\right)=0.95$, $1\times\left(1-\dfrac{14}{100}\right)=0.86$ だから，

$0.95-0.86=0.09$ が，

$185+22=207$（円）にあたるので，

定価は，$207\div0.09=2300$（円）

定価の 5 %引きが，

$2300\times0.95=2185$（円）なので，

原価は，$2185-185=2000$（円）

よって，$\dfrac{2300-2000}{2000}\times100=15$（%）

答 15（%）

10　原価を 1 とすると，定価は，$1+0.3=1.3$ で，

2 割引きの売り値は，$1.3\times(1-0.2)=1.04$ なので，

利益は，$1.04-1=0.04$

これが 60 円なので，

この商品の原価は，$60\div0.04=1500$（円）

答 1500

11　この洋服の仕入れ値を 1 とすると，

定価は，$1+0.3=1.3$,

実際の売り値は，$1.3\times(1-0.1)=1.17$ なので，

利益は，$1.17-1=0.17$ であり，

これが 1020 円にあたる。

よって，この洋服の仕入れ値は，

$1020\div0.17=6000$（円）で，

定価は，$6000\times1.3=7800$（円）

答 （順に）6000，7800

12　この品物の仕入れ値を 1 とすると，

定価は，$1+0.2=1.2$ で，

2 割引の売り値は，$1.2\times(1-0.2)=0.96$ なので，

$1-0.96=0.04$ が 200 円にあたる。

よって，この品物の仕入れ値は，

$200\div0.04=5000$（円）

定価は，$5000\times1.2=6000$（円）で，

利益が 400 円になるときの売り値は，

$5000+400=5400$（円）なので，

これは定価の，$5400\div6000\times100=90$（%）で，

定価の，$100-90=10$（%）引き。

答 ア．5000　イ．10

13　150 円の 2 割引きの値段は，
$150\times(1-0.2)=120$（円）
したがって，仕入れた当日の売り上げは，
$5000+1570-120\times6=5850$（円）で，
売った個数は，$5850\div150=39$（個）
よって，求める個数は，$39+6=45$（個）

答 45（個）

14　定価は，$81\div(1-0.1)=90$（円）で，
原価は，$90\div(1+0.2)=75$（円）なので，
1 個あたりの利益は，
午前中が，$90-75=15$（円）で，
午後が，$81-75=6$（円）
300 個とも午後に売れたとすると，
利益は，$6\times300=1800$（円）で，
実際の利益より，$3600-1800=1800$（円）少ない。
午後に売れた 1 個の代わりに午前中に 1 個売れるごとに利益は，$15-6=9$（円）多くなるので，
午前中に売れたドーナツは全部で，
$1800\div9=200$（個）

答 200

15（1）定価の，$0.5-0.3=0.2$（倍）が，
$340+700=1040$（円）なので，
定価は，$1040\div0.2=5200$（円）
（2）定価の半額は，$5200\div2=2600$（円）で，
このときの損失が 700 円なので，
仕入れ値は，$2600+700=3300$（円）
（3）売り値は，$3300+600=3900$（円）
これは定価の，$3900\div5200\times100=75$（%）なので，
定価の，$100-75=25$（%）引き。

答（1）5200 円　（2）3300 円　（3）25 %引き

16（1）$14\times30=420$（個）
（2）1 個あたりの利益は，
$500\times0.3=150$（円）なので，
1 ヶ月間の利益は，
$150\times420=63000$（円）
（3）定価を 700 円にすると，
$700-(500+150)=50$（円）上がるので，
販売個数が 10 %減少して，
1 ヶ月の販売個数は，$420\times(1-0.1)=378$（個）
1 個あたりの利益は，$150+50=200$（円）で，
1 ヶ月の利益は，$200\times378=75600$（円）
よって，1 ヶ月間の利益は，（2）より，
$(75600\div63000-1)\times100=20$（%）増加する。

答（1）420（個）　（2）63000（円）　（3）20（%）

17（1）11 月に売れたお菓子 A の個数を 1 とおくと，
11 月に売れたお菓子 A，B の個数の合計は，
$1\times\dfrac{2+3}{2}=\dfrac{5}{2}$
12 月に売れたお菓子 A，B の個数の合計は，
$\dfrac{5}{2}\times1.6=4$
よって，12 月に売れたお菓子 A の個数は，
$4\times\dfrac{4}{4+3}=\dfrac{16}{7}$ となるから，
11 月に売れたお菓子 A の個数の $\dfrac{16}{7}$ 倍。
（2）12 月のお菓子 A の売り値は，
$100\times(1-0.2)=80$（円）
11 月のお菓子 A の売上額と 12 月のお菓子 A の売上額の比は，$(100\times1):\left(80\times\dfrac{16}{7}\right)=35:64$
よって，11 月のお菓子 A の売上額は，
$11600\times\dfrac{35}{64-35}=14000$（円）
したがって，11 月に売れたお菓子 A の個数は，
$14000\div100=140$（個）
（3）12 月に売れたお菓子 A の個数は，
$140\times\dfrac{16}{7}=320$（個）
12 月に売れたお菓子 B の個数は，
$320\times\dfrac{3}{4}=240$（個）
よって，12 月のお菓子 A，B の売上額の合計は，
$80\times320+80\times(1-0.2)\times240=40960$（円）

答（1）$\dfrac{16}{7}$（倍）　（2）140（個）　（3）40960（円）

18（1）$10\div\dfrac{4}{7}=17.5$ より，
$\square=0.2\times17.5=3.5$
（2）$\left(2\dfrac{1}{5}-\square\right)\times3=\dfrac{3}{20}\times11$ より，
$2\dfrac{1}{5}-\square=\dfrac{3}{20}\times11\div3=\dfrac{11}{20}$
よって，$\square=2\dfrac{1}{5}-\dfrac{11}{20}=1\dfrac{13}{20}$
（3）$\left(\dfrac{7}{2}-\dfrac{6}{5}\div\square\right)\times\left(\dfrac{1}{6}+\dfrac{1}{4}\right)$

$=\dfrac{3}{4}\times\dfrac{1}{6}$ より，

$\left(\dfrac{7}{2}-\dfrac{6}{5}\div\boxed{}\right)\times\dfrac{5}{12}=\dfrac{1}{8}$ なので，

$\dfrac{7}{2}-\dfrac{6}{5}\div\boxed{}=\dfrac{1}{8}\div\dfrac{5}{12}=\dfrac{1}{8}\times\dfrac{12}{5}=\dfrac{3}{10}$

よって，

$\dfrac{6}{5}\div\boxed{}=\dfrac{7}{2}-\dfrac{3}{10}=\dfrac{35}{10}-\dfrac{3}{10}=\dfrac{16}{5}$ なので，

$\boxed{}=\dfrac{6}{5}\div\dfrac{16}{5}=\dfrac{6}{5}\times\dfrac{5}{16}=\dfrac{3}{8}$

答 (1) 3.5　(2) $1\dfrac{13}{20}$　(3) $\dfrac{3}{8}$

19 (1)　B を 3 と 5 の最小公倍数である 15 にそろえると，A：B：C＝20：15：6

よって，A：C＝20：6＝10：3

(2)　比の 1 が，4.5÷(2＋3＋4)＝0.5 (kg)にあたる。

よって，C さんの米の量は，0.5×4＝2 (kg)

答 (1) 10：3　(2) 2

20　12＋42＝54 (個)のボールを 1：2 に分けると，

A のボールの個数は，$54\times\dfrac{1}{1+2}=18$ (個)

よって，求めるボールの個数は，18－12＝6 (個)

答 6 (個)

21　A と B の容積の比は，

(3×1×5)：(2×2×3)＝5：4 なので，

B が満水のとき，A の高さは全体の $\dfrac{4}{5}$。

よって，A の容器の高さは，$68\div\dfrac{4}{5}=85$ (cm)

答 85 (cm)

22　ノート 1 冊と消しゴム 1 個の値段の比は，

$\dfrac{1}{12}:\dfrac{1}{20}=5:3$

ノート 1 冊の値段を 5 とすると，

持っているお金は，5×12＝60 で，

ノートを 9 冊買ったときの残りの金額は，

60－5×9＝15

よって，残りの金額で買うことができる消しゴムは最大で，15÷3＝5 (個)

答 5

23 (1)　A，B 2 社の仕入れ値の比は，

1：(1－0.2)＝1：0.8＝5：4

また，仕入れた個数の比は，

1：(1＋0.2)＝1：1.2＝5：6

よって，仕入れ値の合計の比は，

(5×5)：(4×6)＝25：24

B 社から仕入れた個数を 6 とすると，

仕入れ値の総額は，

490×(5＋6)＝5390

だから，B 社からの仕入れ値の合計は，

$5390\times\dfrac{24}{25+24}=2640$

よって，1 個あたりの仕入れ値は，

2640÷6＝440 (円)

(2)　A，C 2 社の商品 1 個あたりの仕入れ値はそれぞれ，440÷0.8＝550 (円)，440×1.3＝572 (円)

次図のように，横を仕入れ個数，縦を 1 個あたりの仕入れ値とすると，3 社の 1 個あたりの仕入れ値の平均が A 社の仕入れ値と等しいとき，かげをつけた 2 つの長方形の面積は等しくなるから，

A，B 2 社からの仕入れ個数の合計と C 社からの仕入れ個数の比は，

(572－550)：(550－490)＝11：30

A，B 2 社からの仕入れ個数の比は 5：6 だから，

A，B，C 3 社からの仕入れ個数の比は 5：6：30 となる。

よって，最大，30÷5＝6 (倍)

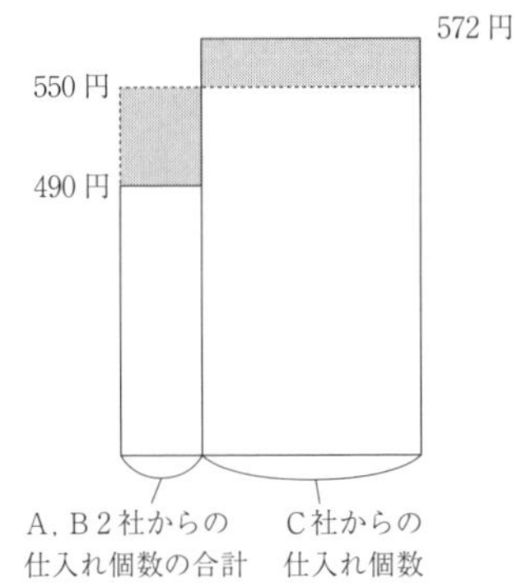

答 (1) 440 (円)　(2) 6 (倍)

24　今日の A と B の値段の比が 5：3 なので，

A 3 個と B 5 個の値段は等しい。

今日の A 3 個の値段は昨日よりも，

100×3＝300 (円)高く，

今日の B 5 個の値段は昨日よりも，

20×5＝100 (円)低いから，

昨日の A 3 個と B 5 個の値段の差は，

300＋100＝400 (円)

ここで，昨日の A 3 個と B 5 個の値段の比は，

(10×3)：(7×5)＝6：7 だから，

この比の，$7-6=1$ が400円なので，
昨日のA3個の値段は，$400\times6=2400$（円）で，
昨日のA1個の値段は，$2400\div3=800$（円）
よって，昨日のCの値段は，$800\times\frac{4}{10}=320$（円）

答 320

25　次図のように面積図で表すと，
色のついた部分は，$464-1\times80=384$（円）
また，色のついた部分の2つの長方形ア，イの面積比は，$\{(5-1)\times3\}:\{(10-1)\times4\}=1:3$ だから，
アの部分は，$384\times\frac{1}{1+3}=96$（円）
よって，5円硬貨は，$96\div(5-1)=24$（枚），
10円硬貨は，$24\times\frac{4}{3}=32$（枚）
したがって，1円硬貨は，$80-(24+32)=24$（枚）

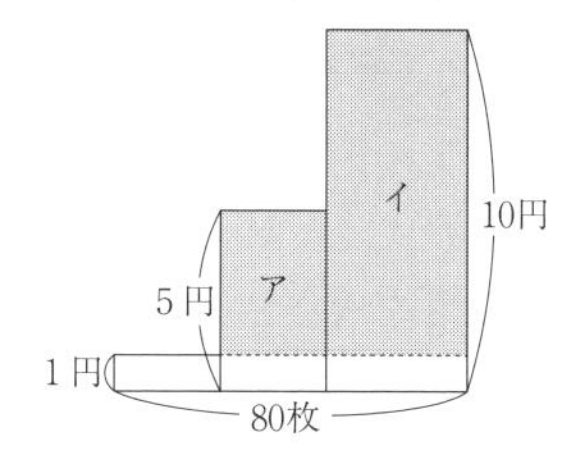

答 24（枚）

26　Aの濃さを1とすると，Bにその3倍の量の水を加えるとAと同じ濃さになることから，Bの濃さは4と表せる。
また，Cにその5倍の量の水を加えるとAと同じ濃さになることから，Cの濃さは6と表せる。
A，B，Cの量の合計は，$2400-1700=700$（mL）
AとBを2：1の割合で入れると，
濃さが，$\frac{1\times2+4\times1}{2+1}=2$ のスープになる。
これをDとし，DをAと同じ濃さにするには，
同じ量の水を加えればよい。
700mLすべてがDだとすると，
加える水の量は，$700\times(2-1)=700$（mL）
Dを1mL減らし，Cを1mL増やすと
加える水の量は，$1\times5-1\times1=4$（mL）増えるから，
Cの量は，$(1700-700)\div4=250$（mL）
これより，
AとBの量の合計は，$700-250=450$（mL）だから，
Aの量は，$450\times\frac{2}{2+1}=300$（mL）

答（Aの量）300（mL）　（Cの量）250（mL）

27（1）　Aの容積の，$\frac{3}{4}\times\frac{7}{9}=\frac{7}{12}$ が，
Cの容積の，$\frac{1}{2}-\frac{1}{6}=\frac{1}{3}$ にあたる。
よって，逆比より，$A:C=\frac{1}{3}:\frac{7}{12}=4:7$

（2）　Aの容積の，$\frac{3}{4}\times\left(1-\frac{7}{9}\right)=\frac{1}{6}$ が，
Bの容積の，$1-\frac{2}{7}=\frac{5}{7}$ にあたる。
したがってAとBの容積比は，
$A:B=\frac{5}{7}:\frac{1}{6}=30:7$
Aの比を60にそろえて，
$A:B:C=60:14:105$

（3）　Cの容積は，$157.5\div\frac{1}{2}=315$（mL）
したがって，Cの比の1は，
$315\div105=3$（mL）にあたる。
よって，求める容積の和は，
$(60+14)\times3=222$（mL）

答（1）4：7　（2）60：14：105　（3）222（mL）

28（1）　入れた水の量を1とすると，
Aの容積は，$1\div\frac{1}{5}=5$，
Bの容積は，$1\div\frac{2}{3}=\frac{3}{2}$ と表される。
よって，求める比は，$5:\frac{3}{2}=10:3$

（2）　Cの容積は，$1\div\frac{1}{2}=2$ と表されるから，
$5-\left(\frac{3}{2}+2\right)=\frac{3}{2}$ が $12cm^3$ にあたる。
よって，求める容積は，$12\div\frac{3}{2}\times2=16$（$cm^3$）

答（1）10：3　（2）16（cm^3）

29（1）　BとCに入っている水の量は合わせて，
$13-9.1=3.9$（L）なので，
Bに入っている水の量は，$3.9\times\frac{7}{7+6}=2.1$（L）

（2）　はじめにBに注いだ水の量を□Lとすると，
最後に入っている水の量は，
Bが（□＋0.5）L，
Cが（□＋1）L，
Aが，（□＋0.5）×3＝□×3＋1.5（L）なので，
合わせると，
□＋0.5＋□＋1＋□×3＋1.5＝□×5＋3（L）

これが 13L なので，□＝(13－3)÷5＝2 (L)
よって，最後に B に入っている水の量は，
$2+0.5=2.5$ (L)

答 (1) 2.1 (L)　(2) 2.5 (L)

30　B の，$1+1+2=4$ (倍) は，
$67-7+4=64$ なので，B は，$64\div4=16$
よって，A は，$16+7=23$

答 23

31　配った個数は，
ミカンが，$2\times36=72$ (個)，
リンゴが，$1\times36=36$ (個) なので，
残ったミカンとリンゴの個数の合計は，
$168-(72+36)=60$ (個)
よって，残ったミカンの個数が，
$60\times\dfrac{3}{3+2}=36$ (個) なので，
はじめにあったミカンの個数は，
$72+36=108$ (個)

答 108

32　ブドウ味のあめの個数は，
メロン味のあめの個数の，$2\times1.2=2.4$ (倍) なので，
メロン味のあめの個数の，$1+2+2.4=5.4$ (倍) が
81 個にあたる。
よって，
メロン味のあめの個数が，$81\div5.4=15$ (個) なので，
ブドウ味のあめの個数は，$15\times2.4=36$ (個)

答 36 (個)

33　3 人の貯金をそれぞれ 1 とおくと，
B さんの元の所持金は，$1\div\left(1-\dfrac{1}{4}\right)=\dfrac{4}{3}$，
C さんの元の所持金は，$1\div\left(1-\dfrac{1}{16}\right)=\dfrac{16}{15}$ となる。
3 人の元の所持金の合計は 16500 円で，
A さんの残りの所持金は 1200 円だから，
$1+\dfrac{4}{3}+\dfrac{16}{15}=\dfrac{17}{5}$ が，
$16500-1200=15300$ (円) にあたる。
よって，3 人の貯金はそれぞれ，
$15300\div\dfrac{17}{5}=4500$ (円) で，
その合計は，$4500\times3=13500$ (円)

答 13500

34 (1)　食塩水の重さは，$100+25=125$ (g) なので，
$25\div125\times100=20$ (%)

(2)　ふくまれる食塩が，$300\times0.08=24$ (g) の，
$300+100=400$ (g) の食塩水ができるので，
そのこさは，$24\div400\times100=6$ (%)

(3)　食塩の重さは，
$0.04\times250=10$ (g) で変わらない。
よって，$10\div(250-50)\times100=5$ (%)

答 (1) 20　(2) 6 (%)　(3) 5

35　20 %の食塩水 100g にふくまれる水の量は，
$100\times(1-0.2)=80$ (g) なので，
$100-80=20$ (g) の水を捨てればよい。
これは使った水の量の，$\dfrac{20}{100}=\dfrac{1}{5}$ なので，
捨てた食塩水の量は，$(100+20)\times\dfrac{1}{5}=24$ (g)

答 24 (g)

36 (1)　10 %の食塩水，$200-20=180$ (g) に水を 20g
加えるので，できる食塩水は，$180\times0.1=18$ (g)
の食塩がふくまれる 200g の食塩水になる。
よって，その濃度は，$18\div200\times100=9$ (%)

(2)　容器から 20g を取り出すと，食塩水の量は，
$180\div200=0.9$ (倍) になるので，ふくまれる食塩
の量も 0.9 倍になり，水を 20g 加えて 200g の食
塩水にしたときの濃度も 0.9 倍になる。
操作の後の食塩水の濃度は，
2 回目が，$9\times0.9=8.1$ (%)，
3 回目が，$8.1\times0.9=7.29$ (%)，
4 回目が，$7.29\times0.9=6.561$ (%)
よって，食塩水の濃度がはじめて 7 %以下になる
のは，4 回目の操作の後。

(3)　できた食塩水の濃度が 7.29 %なので，
ふくまれる食塩の量は，
$200\times0.0729=14.58$ (g)
1 回目の操作の後にできる食塩水にふくまれる
食塩の量は 18g なので，取り出した食塩水には，
$18-14.58=3.42$ (g) の食塩がふくまれている。
この食塩水の濃度は 9 %なので，
まちがえて取り出した食塩水の量は，
$3.42\div0.09=38$ (g)

答 (1) 9 %　(2) 4 回目　(3) 38g

37 (1)　食塩水にふくまれる食塩の量は，
$450\times0.08=36$ (g) で変わらないので，
濃さが 9 %になったときの食塩水の量は，
$36\div0.09=400$ (g) で，

濃さが 7.5 %になったときの食塩水の量は，

$36 \div 0.075 = 480$（g）

よって，加えた水の量は，

$480 - 400 = 80$（g）

(2)　半分に分けた食塩水は，

$36 \div 2 = 18$（g）の食塩がふくまれる，

$480 \div 2 = 240$（g）の食塩水なので，

食塩をとかしている水の量は，$240 - 18 = 222$（g）

これに食塩を加えても水の量は変わらない。

濃さが 11.2 %になったときの水の割合は，

$100 - 11.2 = 88.8$（%）なので，

このときの食塩水の量は，

$222 \div 0.888 = 250$（g）

よって，加えた食塩の量は，

$250 - 240 = 10$（g）

(3)　できた食塩水にふくまれる食塩の量は，

$240 \times 0.063 = 15.12$（g）なので，

$18 - 15.12 = 2.88$（g）の食塩が減っている。

食塩が 2.88g ふくまれる濃さが 7.5 %の食塩水の量だけ取り出したので，

その量は，$2.88 \div 0.075 = 38.4$（g）

答 (1) 80（g）　(2) 10（g）　(3) 38.4（g）

38　8 %の食塩水 150g にふくまれる食塩は，

$150 \times 0.08 = 12$（g）で，

15 %の食塩水 200g にふくまれる食塩は，

$200 \times 0.15 = 30$（g）なので，

混ぜ合わせると，

$12 + 30 = 42$（g）の食塩がふくまれる，

$150 + 200 = 350$（g）の食塩水ができる。

よって，その濃度は，$42 \div 350 \times 100 = 12$（%）

答 12（%）

39　濃度 5 %の食塩水と濃度 10 %の食塩水を混ぜたときにふくまれる食塩の重さを面積図に表すと，右図のようになる。

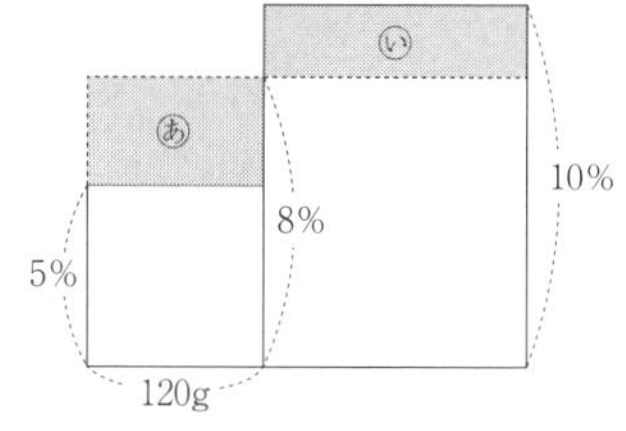

この図で，あといの面積は等しく，たての長さの比は，$(8-5):(10-8) = 3:2$ なので，

横の長さの比は，$\dfrac{1}{3} : \dfrac{1}{2} = 2:3$

よって，混ぜた濃度 10 %の食塩水の重さ（いの横の長さ）は，$120 \times \dfrac{3}{2} = 180$（g）

これに水を 900g 加えると，

$(120 + 180) \times 0.08 = 24$（g）の食塩がふくまれる，

$120 + 180 + 900 = 1200$（g）の食塩水になるので，

その濃度は，$24 \div 1200 \times 100 = 2$（%）

答 ア．180　イ．2

40　濃度 2 %の食塩水 200g に溶けている食塩は，

$200 \times 0.02 = 4$（g）で，

濃度 5 %の食塩水 300g に溶けている食塩は，

$300 \times 0.05 = 15$（g）なので，

混ぜると，$4 + 15 = 19$（g）の食塩が溶けている，

$200 + 300 = 500$（g）の食塩水ができる。

この食塩水の濃度が，

$19 \div 500 \times 100 = 3.8$（%）なので，

150g 取り出したときに溶けている食塩は，

$150 \times 0.038 = 5.7$（g）

答 5.7

41　8 %の食塩水 300g にふくまれる食塩の量は，

$300 \times 0.08 = 24$（g），

4 %の食塩水 500g にふくまれる食塩の量は，

$500 \times 0.04 = 20$（g）だから，

できた食塩水，$300 + 500 + 10 = 810$（g）にふくまれる食塩の量は，$24 + 20 + 10 = 54$（g）

よって，できた食塩水 120g にふくまれる食塩の量は，$54 \times \dfrac{120}{810} = 8$（g）

答 8

42　A 100g と水 50g を混ぜた食塩水に含まれる食塩の量は，$(100 + 50) \times \dfrac{6}{100} = 9$（g）なので，

A の食塩水 50g に含まれる食塩の量は，

$9 \times \dfrac{50}{100} = 4.5$（g）

A 50g と B 75g を混ぜた食塩水に含まれる食塩の量は，$(50 + 75) \times \dfrac{6.6}{100} = 8.25$（g）だから，

B の食塩水 75g に含まれる食塩の量は，

$8.25 - 4.5 = 3.75$（g）

したがって，B の食塩水の濃さは，

$3.75 \div 75 \times 100 = 5$（%）

答 5（%）

43　B に入っている 10 %の食塩水 300g にふくまれる食塩の重さは，$300 \times 0.1 = 30$（g）

まず，A から 100g の食塩水を B に移すと，
A から B に移った食塩の重さは，

$100\times\dfrac{\square}{100}=\square$（g）だから，

このとき，B の食塩水の重さは，
$300+100=400$（g）で，
ふくまれる食塩の重さは，$30\text{g}+\square\text{g}$ である。
また，このとき A に残っている食塩水，
$400-100=300$（g）にふくまれる食塩の重さは，

$300\times\dfrac{\square}{100}=3\times\square$（g）である。

次に，B から 300g の食塩水を A に移すと，
B から A に移った食塩の重さは，

$30\times\dfrac{300}{400}=22.5$（g）と，

$\square\times\dfrac{300}{400}=\dfrac{3}{4}\times\square$（g）である。

このとき，A の食塩水の重さは，
$300+300=600$（g）で，
ふくまれる食塩の重さは，22.5g と，

$3\times\square+\dfrac{3}{4}\times\square$

$=\dfrac{15}{4}\times\square$（g）である。

このときの A の食塩水の濃度は 15 ％だから，
ふくまれる食塩の重さは，$600\times0.15=90$（g）

よって，$\dfrac{15}{4}\times\square$ が，

$90-22.5=67.5$（g）にあたるから，

$\square$ は，$67.5\div\dfrac{15}{4}=18$

答 18

44 (1)　容器 A にはじめに入っていた食塩水の重さを $\square$ g とする。食塩の量について面積図を表すと次図のようになる。
かげをつけた部分の長方形の面積は等しいから，
$(12-11)\times\square=(11-7)\times50$ より，
$\square=4\times50=200$（g）

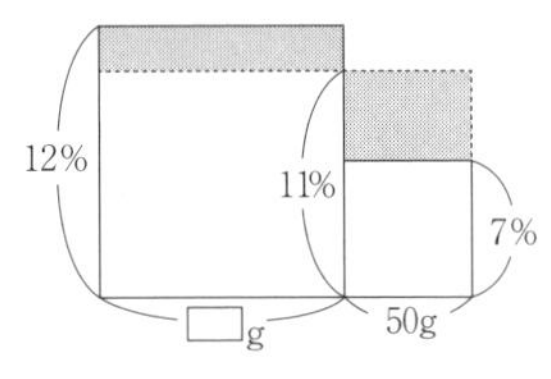

(2)　加えた食塩水 50g にふくまれる食塩の重さは，
$0.1\times(250+50)-0.11\times250=2.5$（g）
したがって，水を加えた容器 B の食塩水のこさは，
$2.5\div50\times100=5$（％）
容器 B にふくまれていた食塩の重さは，
$0.07\times(350-50)=21$（g）なので，
容器 B の食塩水の重さは，$21\div0.05=420$（g）
よって，加えた水の重さは，$420-300=120$（g）

答 (1) 200（g）　(2) 120（g）

45　6 ％の食塩水を，$600\times\dfrac{1}{1+2}=200$（g）と
3 ％の食塩水を，$600-200=400$（g）混ぜた。
その中にふくまれる食塩の重さは，
$200\times0.06+400\times0.03=24$（g）なので，
食塩水の濃さは，$24\div600\times100=4$（％）
これに 8 ％の食塩水 $\square$ g を加えて 5 ％の食塩水ができたときの面積図は次図のようになる。
しゃ線部分の 2 つの長方形の面積が等しくなるので，
$(8-5)\times\square=(5-4)\times600$ より，
$\square=600\div3=200$

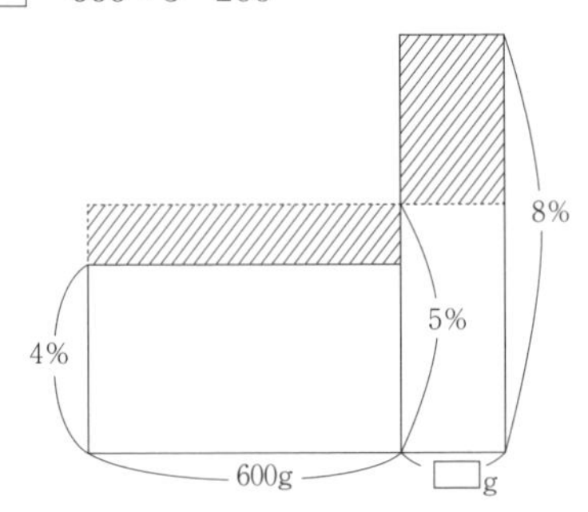

答 200

46　A 100g と B 150g を混ぜ合わせてできた 9 ％の食塩水にふくまれる食塩の量は，
$(100+150)\times0.09=22.5$（g）
また，A 200g と B 50g を混ぜ合わせると 5 ％の食塩水ができるから，食塩水の量を 3 倍にし，A 600g と B 150g を混ぜ合わせても 5 ％の食塩水ができる。
このときできた食塩水にふくまれる食塩の量は，
$(600+150)\times0.05=37.5$（g）
よって，A，$600-100=500$（g）にふくまれる食塩の量は，$37.5-22.5=15$（g）だから，
A の濃度は，$15\div500\times100=3$（％）
また，A 90g と C 160g を混ぜ合わせてできた 6.2 ％の食塩水にふくまれる食塩の量は，
$(90+160)\times0.062=15.5$（g）
よって，C 160g にふくまれる食塩の量は，
$15.5-90\times0.03=12.8$（g）だから，

Cの濃度は，$12.8 \div 160 \times 100 = 8$（%）

答 8（%）

47　食塩水Bを140gと水210gを混ぜると，
食塩水Aと同じ濃度の食塩水が，
$140 + 210 = 350$（g）できる。
これを，食塩水A′とする。
食塩水Bと食塩10gを混ぜると，
食塩水Cと同じ濃度の食塩水が，
$140 + 10 = 150$（g）できる。
これを，食塩水C′とする。
食塩水A′を150g作るには，
食塩水Bを，$140 \times \frac{150}{350} = 60$（g），
水を，$210 \times \frac{150}{350} = 90$（g）混ぜればよく，
これに食塩水C′150gを混ぜたものは，
食塩水Bを，$60 + 140 = 200$（g）と食塩を10g，
水を90g混ぜたものである。
これが食塩水Bと同じ濃度なので，
食塩水Bは食塩10gを水90gに溶かした食塩と
同じ濃度となるから，その濃度は，
$10 \div (90 + 10) = 10$（%）

 10

48 (1)　食塩水Pは重さが，$300 + 100 = 400$（g）で，
そこに含まれる食塩の重さが，$400 \times 0.04 = 16$（g）
食塩水Qは重さが，$100 + 100 = 200$（g）で，
そこに含まれる食塩の重さが，$200 \times 0.07 = 14$（g）
よって，PとQを混ぜると，
$16 + 14 = 30$（g）の食塩が含まれる，
$400 + 200 = 600$（g）の食塩水になるので，
そのこさは，$30 \div 600 \times 100 = 5$（%）

(2)　Aを，$300 \times 3 = 900$（g）と
Bを，$100 \times 3 = 300$（g）混ぜると，
Pと同じ4%の食塩水が，
$900 + 300 = 1200$（g）でき，
Bを，$100 \times 4 = 400$（g）と
Cを，$100 \times 4 = 400$（g）混ぜると，
Qと同じ7%の食塩水が，
$400 + 400 = 800$（g）できる。
これを合わせると，Aを900g，
Bを，$300 + 400 = 700$（g），
Cを400g混ぜた，$1200 + 800 = 2000$（g）の
食塩水ができる。
この食塩水に含まれる食塩の重さは，
$1200 \times 0.04 + 800 \times 0.07 = 104$（g）なので，
そのこさは，$104 \div 2000 \times 100 = 5.2$（%）

答 (1) 5（%）　(2) 5.2（%）

49　Dは，$100 + 200 = 300$（g），
Eは，$300 + 100 = 400$（g）できる。
濃度をそれぞれ，A，Bは○%，Cは△%，
Dは□%，Eは☆%とすると，○>△で，
AとCを混ぜてDができるので，○>□>△，
BとDを混ぜてEができるので，○>☆>□>△
B：D＝100：300＝1：3より，
(○－☆)：(☆－□)＝3：1で，
(○－☆)は3%だから，
(☆－□)は，$3 \times \frac{1}{3} = 1$（%）
よって，アは1。
A：C＝100：200＝1：2より，
(○－□)：(□－△)＝2：1で，
(○－□)は，$3 + 1 = 4$（%）だから，
(□－△)は，$4 \times \frac{1}{2} = 2$（%）
よって，イは2。
E：水＝400：150＝8：3より，
(☆－△)：(△－0)＝(☆－△)：△＝3：8で，
(☆－△)は，$1 + 2 = 3$（%）だから，
△は，$3 \times \frac{8}{3} = 8$（%）
よって，○は，$8 + 4 + 2 = 14$（%）だから，
ウは14。

答 ア．1　イ．2　ウ．14

50 (1)　Bにできた食塩水(イ% 300g＋ア% 100g)にふくまれる食塩は，Aにできる予定だった食塩水(ア% 300g＋イ% 100g)にふくまれる食塩よりも，
$400 \times 0.016 = 6.4$（g）多いので，
共通部分を除くと，イ%，
$300 - 100 = 200$（g）にふくまれる食塩，
$200 \times$ イ $\div 100 = 2 \times$ イ（g）は，ア%，
$300 - 100 = 200$（g）にふくまれる食塩，
$200 \times$ ア $\div 100 = 2 \times$ ア（g）よりも6.4g多い。
よって，イ－ア＝$6.4 \div 2 = 3.2$
また，Aにできた食塩水(ア% 300g＋ウ% 100g)にふくまれる食塩は，Aにできる予定だった食塩水(ア% 300g＋イ% 100g)にふくまれる食塩よりも6.4g多いので，

共通部分除くと，ウ％ 100g にふくまれる食塩，
$100 \times ウ \div 100 = ウ(g)$は，
イ％ 100g にふくまれる食塩，
$2 \times イ \div 2 = イ(g)$よりも 6.4g 多い。
よって，$ウ - イ = 6.4$ なので，
$ウ - ア = 6.4 + 3.2 = 9.6$

(2)　ア＝⑯とすると，
ア％ 100g にふくまれる食塩は，
$⑯ \div 100 \times 100 = ⑯(g)$
$ウ - ア = 9.6$ より，$ウ = ア + 9.6$ なので，
ウ％ 300g にふくまれる食塩は，
$(⑯ + 9.6) \div 100 \times 300 = ㊽ + 28.8$ (g)
$イ - ア = 3.2$ より，$イ = ア + 3.2$ なので，
イ％ 100g にふくまれる食塩は，
$(⑯ + 3.2) \div 100 \times 100 = ⑯ + 3.2$ (g)
C にできる予定だった食塩水(ウ％ 300g＋ア％ 100g)にふくまれる食塩の $\frac{17}{16}$ 倍が，
C にできた食塩水(ウ％ 300g＋イ％ 100g)にふくまれる食塩なので，
$(㊽ + 28.8 + ⑯) \times \frac{17}{16} = ㊽ + 28.8 + ⑯ + 3.2$ より，
$㊳ + 30.6 = ㊹ + 32$ なので，
$㊳ - ㊹ = 32 - 30.6$ だから，$④ = 1.4$
よって，$① = 1.4 \div 4 = 0.35$ なので，
$ア = ⑯ = 0.35 \times 16 = 5.6$

答 (1) (イ － ア ＝) 3.2
(ウ － ア ＝) 9.6　(2) 5.6

51　1 人目が飲んだ残りの半分が，
$100 + 120 = 220$ (mL)なので，
1 人目が飲んだ残りは，$220 \times 2 = 440$ (mL)
よって，1 人目が飲んだ量は，$840 - 440 = 400$ (mL)
答 400

52　太郎君がパンを買って残った金額を 1 とすると，
900 円は，$1 + \frac{1}{5} = \frac{6}{5}$ にあたるので，
太郎君がパンを買って残った金額は，
$900 \div \frac{6}{5} = 750$ (円)
よって，太郎君が買ったパンは，
$1000 - 750 = 250$ (円)
答 250 (円)

53　兄に配ったあとに残った分の，
$1 - \frac{2}{3} = \frac{1}{3}$ が 8 本だから，
兄に配ったあとに残った本数は，
$8 \div \frac{1}{3} = 24$ (本)
これが全体の，$1 - \frac{2}{5} = \frac{3}{5}$ だから，
全体の本数は，$24 \div \frac{3}{5} = 40$ (本)
答 40 (本)

54　国語の点数の，$1 + 1 + 0.8 + 1 = 3.8$ (倍)にあたるのが，$278 + 10 - 3 = 285$ (点)
よって，国語の得点は，$285 \div 3.8 = 75$ (点)
答 75

55　全体の，$1 - \left(\frac{8}{15} + \frac{5}{14}\right) = \frac{23}{210}$ にあたる人数が，
$22 + 24 = 46$ (人)なので，
子ども会の人数は全員で，$46 \div \frac{23}{210} = 420$ (人)
答 420

56　$26 \times 2 = 52$ (本)は，
最初に A さんが持っていた鉛筆の本数の，
$\frac{1}{2} \times 2 = 1$ より全部と，
B さんが持っていた鉛筆の本数の，
$\frac{1}{3} \times 2 = \frac{2}{3}$ を合わせた本数なので，
最初に B さんが持っていた鉛筆の本数の，
$1 - \frac{2}{3} = \frac{1}{3}$ が，$60 - 52 = 8$ (本)
よって，最初に持っていた鉛筆の本数は，
B さんが，$8 \div \frac{1}{3} = 24$ (本)で，
A さんが，$60 - 24 = 36$ (本)
答 36

57　880 人全員が男子生徒だとすると，
欠席した人数は，$880 \times 0.08 = 70.4$ (人)
実際に欠席した人数は 56 人だから，
女子生徒の人数は，
$(70.4 - 56) \div (0.08 - 0.05) = 480$ (人)
答 480 (人)

58　5 円硬貨の枚数を 1 とすると，
5 円硬貨だけの合計金額は，$5 \times 1 = 5$ でなので，
1 円硬貨だけの合計金額は，$5 \times (1 + 0.4) = 7$，
10 円硬貨だけの合計金額は，$10 \times (1 \times 3) = 30$
よって，3 つの硬貨の合計金額は，

$5+7+30=42$ より，これが 252 円にあたるので，
5 円硬貨の枚数は，$252\div42=6$（枚），
1 円硬貨の枚数は，$6\times7\div1=42$（枚），
10 円硬貨の枚数は，$6\times30\div10=18$（枚）
したがって，枚数は全部で，$6+42+18=66$（枚）
答 66（枚）

59　1 つのじゃ口から 1 分間に入る水の量を 1 とすると，満水の水の量は，$1\times20=20$ より 10L 多い量になる。
また，1 つのじゃ口から水を入れ，排水口から水を出すと 10 分でもとから入っていた 10L の水がなくなることから，1 分間に排水口から出る水の量は 1 より，$10\div10=1$（L）多い量になる。
これより，2 つのじゃ口から水を入れ，
排水口から水を出したとき，18 分後には，
水は 2 つのじゃ口から，$2\times18=36$ 入り，
排水口から，$1\times18=18$ より，
$1\times18=18$（L）
多い量が出るから，水そうに残っている水の量は，
$36-18=18$ より，$18-10=8$（L）少ない量になる。
これが満水の $\frac{4}{5}$ で，この量は，$20\times\frac{4}{5}=16$ より，
$10\times\frac{4}{5}=8$（L）多い量でもあるから，
$18-16=2$ が，$8+8=16$（L）にあたる。
よって，1 にあたる量は，$16\div2=8$（L）だから，
満水の水の量，つまり水そうの容積は，
$8\times20+10=170$（L）
答 170（L）

60　弟の最後の所持金を 1 とすると，
兄の最後の所持金は 2 にあたり，最初の所持金は，
弟が，$1\div\left(1-\frac{1}{3}\right)=\frac{3}{2}$，
兄が，$2\div\left(1-\frac{1}{2}\right)=4$ にあたるので，
1 にあたる金額が，
$7700\div\left(\frac{3}{2}+4\right)=1400$（円）
プレゼントの値段は，
$4\times\frac{1}{2}+\frac{3}{2}\times\frac{1}{3}=\frac{5}{2}$ にあたるので，
$1400\times\frac{5}{2}=3500$（円）
答 3500

61　昨年残ったお年玉の金額は，
$6000\div(1+0.5)=4000$（円）
これが昨年，本を買って残った金額の，
$1-\frac{2}{3}=\frac{1}{3}$ なので，
昨年，本を買って残った金額は，
$4000\div\frac{1}{3}=12000$（円）で，
チケットの代金は，$12000-4000=8000$（円）
また，12000 円は昨年もらったお年玉の金額の，
$1-0.2=0.8$（倍）なので，
昨年もらったお年玉の金額は，
$12000\div0.8=15000$（円）で，
本の代金は，$15000-12000=3000$（円）
今年は，チケット 2 枚と本を買って 6000 円残ったので，今年のお年玉の金額は，
$8000\times2+3000+6000=25000$（円）
答 25000（円）

62　最後に残ったカードの枚数は，はじめのカードの枚数の，$\left(1-\frac{1}{3}\right)\times\left(1-\frac{1}{7}\right)=\frac{2}{3}\times\frac{6}{7}=\frac{4}{7}$ より 5 枚少なく，これは，はじめのカードの枚数の $\frac{1}{2}$ より 4 枚多い。
したがって，はじめのカードの枚数の，
$\frac{4}{7}-\frac{1}{2}=\frac{1}{14}$ が，$5+4=9$（枚）
よって，A さんがはじめに持っていたカードは，
$9\div\frac{1}{14}=126$（枚）
答 126（枚）

63　2 回目に使って残った金額の，
$1-\frac{4}{5}=\frac{1}{5}$ が 400 円なので，
3 回目に使った金額（2 回目に使って残った金額）は，
$400\div\frac{1}{5}=2000$（円）
よって，1 回目に使って残った金額の，
$1-\frac{1}{4}=\frac{3}{4}$ が，$100+2000=2100$（円）なので，
1 回目に使って残った金額は，
$2100\div\frac{3}{4}=2800$（円）
したがって，はじめの所持金の，
$1-\frac{1}{2}=\frac{1}{2}$ が，$50+2800=2850$（円）なので，
はじめの所持金は，$2850\div\frac{1}{2}=5700$（円）

答 ア．2000　イ．5700

64　加えた黄色と緑色の絵の具の量が同じなので，
比の数の差を，$123-89=34$ にそろえると，
黄色と緑色の絵の具の量の割合は，
最初が $89:123$ で，加えたあとが，
$(4\times34):(5\times34)=136:170$
これらの比の1にあたる量が1mLだから，それぞれ，
$1\times(136-89)=47$ (mL)ずつ増やせばよい。

答 47 (mL)

65　2人の合計金額は変わらないので，
所持金の比の合計を15にそろえると，
$3:2=9:6$ から $8:7$ に変わった。
よって，比の，$9-8=1$ が100円にあたるので，
求める金額は，$100\times9=900$ (円)

答 900 (円)

66　はじめのAさんとBさんの所持金の比は $2:1$ で，Bさんが A さんに300円渡したあとの2人の所持金の比は $3:1$。
Bさんが A さんに300円渡しても2人の所持金の和は変わらないから，はじめの所持金の比の，
$2+1=3$ と渡したあとの所持金の比の，$3+1=4$ を最小公倍数の12にそろえると，はじめの所持金の比は，$(2\times4):(1\times4)=8:4$，あとの所持金の比は，$(3\times3):(1\times3)=9:3$ になる。
よって，300円が比の，$9-8=1$ にあたるから，
はじめのAさんの所持金は，$300\times8=2400$ (円)
あとのAさんの所持金は，$300\times9=2700$ (円)
あとのBさんの所持金の比は，$300\times3=900$ (円)
その後，2人とも同じ金額を払ったあとに2人の所持金の比が $10:1$ になったとき，2人の所持金の差は，$2700-900=1800$ (円)のまま変わらないから，
払ったあとのBさんの所持金は，
$1800\div(10-1)=200$ (円)
よって，払った金額は，$900-200=700$ (円)

答 ア．2400　イ．700

67　800円ずつもらった後の弟の所持金は変わらないので，弟の所持金を表す比の数をそろえると，
兄がお金を使う前が，$11:6=55:30$ で，
使った後が，$13:10=39:30$
兄のお金を使う前の金額を55とすると，
使った金額は，$55\times0.2=11$ より400円多い金額。
これは，$55-39=16$ にあたるので，
1にあたる金額は，$400\div(16-11)=80$ (円)
よって，お金を使う前の兄の所持金は，
$80\times55=4400$ (円)なので，
はじめの兄の所持金は，$4400-800=3600$ (円)

答 3600

68　仕事全体の量を1とする。Aさんだけで5日間，Bさんだけで10日間仕事をすると，
$\frac{1}{30}\times5+\frac{1}{20}\times10=\frac{2}{3}$ の仕事ができる。
残りの $\frac{1}{3}$ を2人でするのにかかる日数は，
$\frac{1}{3}\div\left(\frac{1}{30}+\frac{1}{20}\right)=4$ (日)
よって，求める日数は，$10+5+4=19$ (日)

答 19 (日)

69　全体の仕事量を1とすると，
AさんとBさんは1日にそれぞれ，
$1\div12=\frac{1}{12}$，$1\div20=\frac{1}{20}$ の仕事をする。
Aさんだけで2日，Bさんだけで6日でできる仕事量の合計は，$\frac{1}{12}\times2+\frac{1}{20}\times6=\frac{7}{15}$
よって，残りの，$1-\frac{7}{15}=\frac{8}{15}$ の仕事を2人でするのに，$\frac{8}{15}\div\left(\frac{1}{12}+\frac{1}{20}\right)=\frac{8}{15}\div\frac{2}{15}=4$ (日)かかるので，求める日数は，$2+6+4=12$ (日)

答 12 (日)

70　父と子どもが1日にする仕事量の比は，
$\frac{1}{15}:\frac{1}{20}=4:3$
父が1日にする仕事量を4とすると，
全体の仕事量は，$4\times15=60$
子どもが17日にする仕事量は，$3\times17=51$ で，
全体の仕事量より，
$60-51=9$ 少ない。
子どもの代わりに父が仕事をする日が1日あるごとにできる仕事量は，$4-3=1$ 増えるので，
父だけで仕事をした日数は，$9\div1=9$ (日)

答 9

71　Aだけで，$15-8=7$ (分間)に入れる水の量と，
Bだけで14分間に入れる水の量は同じなので，
AとBが1分間に入れる水の量の比は，
$\frac{1}{7}:\frac{1}{14}=2:1$
Aだけで1分間に入れる水の量を2とすると，
水そういっぱいの水の量は，$2\times15=30$

よって，この水そうをBだけでいっぱいにするのにかかる時間は，$30\div1=30$（分間）

また，Aだけで12分間に入れる水の量は，

$2\times12=24$ なので，この後，Bだけで入れなければならない水の量は，$30-24=6$ で，

これをBだけで入れるのにかかる時間は，

$6\div1=6$（分間）

答 ア．30　イ．6

72　仕事全体の量を1とすると，

3人で1時間にする仕事の量は $\frac{1}{12}$。

Bさんは A さんの，$1\div1.2=\frac{5}{6}$（倍），

Cさんは A さんの，$1\div1.5=\frac{2}{3}$（倍）の仕事をするから，3人ですると A さんの，

$1+\frac{5}{6}+\frac{2}{3}=\frac{5}{2}$（倍）の仕事ができる。

したがって，Aさんが1時間でする仕事の量は，

$\frac{1}{12}\div\frac{5}{2}=\frac{1}{30}$

よって，求める時間は，$1\div\frac{1}{30}=30$（時間）

 30

73 (1)　全体の仕事量を1とすると，

1分でAとBとCは，$1\div24=\frac{1}{24}$，

1分でAとBは，$1\div30=\frac{1}{30}$ の仕事をするから，

1分でCは，$\frac{1}{24}-\frac{1}{30}=\frac{1}{120}$ の仕事をする。

よって，$1\div\frac{1}{120}=120$（分）

(2)　1分あたりの仕事量の比は，

$A:(B+C)=7:8$ より，

1分でAは，$\frac{1}{24}\times\frac{7}{7+8}=\frac{7}{360}$ の仕事をするから，

1分でBは，$\frac{1}{30}-\frac{7}{360}=\frac{1}{72}$ の仕事をする。

よって，$1\div\frac{1}{72}=72$（分）

(3)　1分でAとCは，

$\frac{7}{360}+\frac{1}{120}=\frac{1}{36}$ の仕事をするから，

$1\div\frac{1}{36}=36$（分）

答 (1) 120（分）　(2) 72（分）　(3) 36（分）

74 (1)　$12\div24=\frac{1}{2}$ より，B5台で12日間にする仕事量と，A4台で10日間にする仕事量はどちらも全体の仕事量の半分で等しいので，

A1台とB1台が1日にする仕事量の比は，

$(1\div10\div4):(1\div12\div5)=3:2$

B1台が1日にする仕事量を2とすると，

全体の仕事量は，$2\times5\times24=240$

A10台で1日にする仕事量は，$3\times10=30$ なので，

かかる日数は，$240\div30=8$（日間）

(2)　A8台で5日間にする仕事は，

$3\times8\times5=120$ なので，

残っている仕事量は，$240-120=120$

これを5日間で終わらせるには1日に，

$120\div5=24$ の仕事をしなければならないので，

必要なBの台数は，$24\div2=12$（台）

(3)　A10台とB10台とC5台で1日にする仕事量は，$240\div3=80$

A10台とB10台で1日にする仕事量は，

$(3+2)\times10=50$ なので，

C5台で1日にする仕事量は，$80-50=30$ で，

C1台で1日にする仕事量は，$30\div5=6$

よって，C10台で1日にする仕事量は，

$6\times10=60$ なので，

C10台でこの仕事をしたときにかかる日数は，

$240\div60=4$（日間）

答 (1) 8日間　(2) 12台　(3) 4日間

75 (1)　円グラフで，1％にあたるおうぎ形の中心角は，

$360°\div100=3.6°$ なので，

バスの割合は全体の，$63\div3.6=17.5$（％）

(2)　この棒グラフで，1％にあたる長さは，

$4\div10=0.4$（cm）なので，

バイクの割合は全体の，$5.2\div0.4=13$（％）

(3)　車の割合は全体の，

$36\div1000\times100=3.6$（％）なので，

徒歩の割合は全体の，$3.6+4.4=8$（％）

よって，徒歩と回答した人数は，

$1000\times0.08=80$（人）

(4)　電車とその他を合わせた割合は全体の，

$100-(17.5+13+8+3.6)=57.9$（％）

その他の百分率が1ケタの整数より，

電車の割合は，$57.9-9=48.9$（％）から，

$57.9-1=56.9$（％）の間で，小数第1位は9。

1％にあたる人数が，1000÷100＝10（人）で，
電車の人数の十の位が8より，
電車の百分率の一の位は8なので，
電車の割合は全体の48.9％。

答 (1) 17.5（％）　(2) 13（％）　(3) 80（人）
(4) 48.9（％）

76 (1)　25m以上30m未満は2回，
30m以上35m未満は3回，
35m以上40m未満は3回，
40m以上45m未満は1回。

(4)　9回の記録の合計は，
35＋27＋41＋31＋35＋31＋29＋37＋31
＝297（m）
よって，求める平均値は，297÷9＝33（m）

(5)　31mが3回で最も多い。
よって，31m。

(6)　9回の記録を低い方からならべると，27，29，31，31，31，35，35，37，41で中央値は31m。
10回の記録の中央値が32mになるので，
10回目の記録は，32×2－31＝33（m）

答 (1) ア．2　イ．3　ウ．3　エ．1　(2)（次図）
(3) 40以上45未満　(4) 33（m）　(5) 31（m）
(6) 33

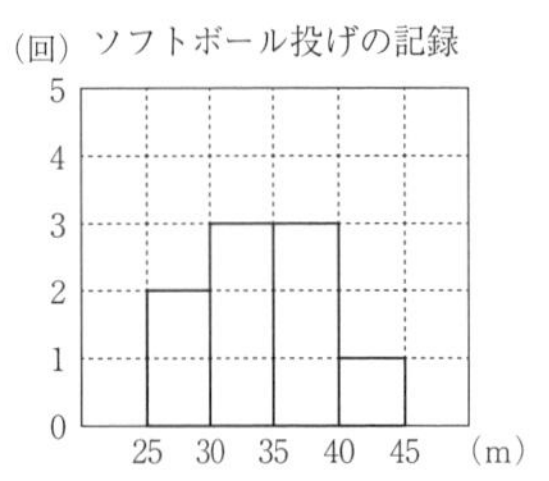

77 (1) 23人が読んだ本の合計冊数は，
2×2＋3×4＋4×5＋5×3＋6×4＋7×1＋8×3＋9×1＝115（冊）なので，
平均値は，115÷23＝5（冊）

(2) 25人の平均値が，5－0.16＝4.84（冊）なので，
25人が読んだ合計冊数は，4.84×25＝121（冊）
したがって，欠席していた2人の読んだ冊数の和は，121－115＝6（冊）なので，
2人の冊数の組み合わせは，
1冊と5冊，2冊と4冊，3冊と3冊のどれか。
23人の最頻値は4冊で，これが変わらない2人の冊数の組み合わせは1冊と5冊，2冊と4冊。
23人の中央値は，少ない方から，
（1＋23）÷2＝12（人目）の5冊。
25人の中央値は，少ない方から，
（1＋25）÷2＝13（人目）の冊数で，
2人の冊数の組み合わせが2冊と4冊の場合，
中央値が4冊になるので，
欠席していた2人の読んだ冊数は1冊と5冊。

答 (1) 5（冊）　(2) 1（冊と）5（冊）

78 (1)　7人の合計点は，15×7＝105（点）だから，
□＝105－（11＋20＋17＋9＋18＋12）
＝18（点）

(2)　(1)のとき，7人の得点を低い順に並べると，
9点，11点，12点，17点，18点，18点，20点となる。
よって，中央値は17点。

(3)　□に入る得点が12点以下のとき，
中央値は12点。
□に入る得点が13点以上16点以下のとき，
中央値は□に入る得点になる。
□に入る得点が17点以上のとき，
中央値は17点。
よって，中央値として考えられる点数は，12点，13点，14点，15点，16点，17点の6通り。

答 (1) 18（点）　(2) 17（点）　(3) 6（通り）

79 (1)　5人だけの中央値は26点で，
これは6人の中央値より低いから，
残りもう1人の得点は26点より高い。
6人の中央値は得点が低い方から3人目と4人目の平均値だから，
4人目の得点は，27.5×2－26＝29（点）
よって，残りのもう1人の点数は
29点以上50点以下。
得点がわかっている5人の合計点は，
14＋17＋26＋29＋47＝133（点）なので，
6人の得点の平均値は，
（133＋29）÷6＝27（点）以上，
（133＋50）÷6＝30.5（点）以下。

(2)　9人の合計点は，30×9＝270（点）で，
得点がわかっている7人の合計点は，
39＋23＋42＋44＋27＋17＋33＝225（点）なので，
aとbの和は，270－225＝45
最頻値が23点になるためには
23点の人があと1人は必要なので，
aとbの一方は23で，

もう一方は，$45-23=22$

$a<b$ なので，$a=22$，$b=23$

答 (1) 27（点以上）30.5（点以下）

(2)（$a=$）22　（$b=$）23

5．速　さ

★問題 P．53〜67★

1　時速，$3.2\times1000=3200$（m）の速さで 36 分かかるので，家から学校までの道のりは，

$3200\times\frac{36}{60}=1920$（m）

お店に寄った日に，歩いた道のりは，

$1920+240=2160$（m）で，

時速，$4.8\times1000=4800$（m）で歩いたので，かかる時間は，$2160\div4800=\frac{9}{20}=\frac{27}{60}$（時間）より，27 分。

よって，店にいた時間は，$36-27=9$（分間）

答（順に）1920，9

2　最初の 200m と 2 番目の 200m の速さの比は，

$1:1.04=25:26$ なので，

最初の 200m と 2 番目の 200m にかかった時間の比は，

$\frac{1}{25}:\frac{1}{26}=26:25$ で，

2 番目の 200m にかかった時間は，

$37.7\times\frac{25}{26}=36.25$（秒）

同様に，最初の 200m と 3 番目の 200m の速さの比は，$1:1.16=25:29$ なので，

最初の 200m と 3 番目の 200m にかかった時間の比は，$\frac{1}{25}:\frac{1}{29}=29:25$ で，

3 番目の 200m にかかった時間は，

$37.7\times\frac{25}{29}=32.5$（秒）

2 分 20 秒は，$2\times60+20=140$（秒）なので，

最後の 200m を走るのにかかった時間は，

$140-(37.7+36.25+32.5)=33.55$（秒）

答 33.55

3　毎分 80m の速さで 21 分歩いたときの道のりは，

$80\times21=1680$（m）

A 君の家から学校までの道のりは 1320m だから，

毎分 60m の速さで歩いた時間は，

$(1680-1320)\div(80-60)=18$（分）

よって，A 君の家から駅までの道のりは，

$60\times18=1080$（m）

 1080

4　行きと帰りの速さの比は，$70:60=7:6$ で，

行きと帰りの道のりは等しいので，

行きと帰りにかかった時間の比は，$\frac{1}{7}:\frac{1}{6}=6:7$

実際に歩いていた時間は，$40-14=26$（分）なので，

行きにかかった時間は，$26\times\frac{6}{6+7}=12$（分）

よって，家からスーパーまでの道のりは，

$70\times12=840$（m）

答 840（m）

5　予定では，A さんがキャンプ場に着くまでにかかる時間は，$15\div12=1\frac{1}{4}$（時間），

つまり 1 時間 15 分。

よって，実際にキャンプ場に着いたのは，

12 時＋1 時間 15 分＋15 分＝13 時 30 分

父の自動車は，13 時 4 分に自宅を出て，13 時 12 分に自転車がパンクした A さんと合流して 6 分間で自転車を積み込み，13 時 30 分にキャンプ場に着いたから，走っていたのは，

13 時 30 分－13 時 4 分－6 分間＝20（分間）

よって，自動車の速さは，時速，$15\div\frac{20}{60}=45$（km）

答 45

6　同じ時間で進む道のりの比は，

A：B＝4300：(4300－860)＝5：4＝25：20 で，

B：C＝4300：(4300－430)＝10：9＝20：18 だから，A：B：C＝25：20：18

よって，求める道のりは，

$4300\times\frac{18}{25+18}=1800$（m）

答 1800（m）

7 (1)　太郎さんは「3 歩進んで 2 歩戻る」歩き方をくり返すから，$3+2=5$（歩）歩くごとに，

$3-2=1$（歩）の歩幅である 60cm ずつ進む。

よって，太郎さんが 365 歩歩いたときにいる地点は，$365\div5=73$ より，

出発地点から，$60\times73\div100=43.8$（m）

(2)　365m は，$365\times100\div60=608$ あまり 20 より，太郎さんの歩幅の 608 歩分より 20cm 長い。

よって，出発地点から，$608+1=609$（歩分）離れた地点に初めて来るのは，「3 歩進んで 2 歩戻る」を，

$(609-3)\div(3-2)=606$（回）くり返し，

3 歩進んだときだから，$5\times606+3=3033$（歩目）

答 (1) 43.8（m）　(2) 3033（歩目）

8 (1)　$1:\frac{3}{4}=4:3$

(2)　はじめの歩く速さと，休けい後の歩く速さで同じ距離を進んだときにかかる時間の比は，

$\frac{1}{4}:\frac{1}{3}=3:4$ なので，

休けい後の歩く速さでは，はじめの歩く速さと比べて，同じ距離を進むのにかかる時間は，

$4\div3=\frac{4}{3}$（倍）

(3)　休けいした地点を R として，地点 R から地点 Q まで実際にかかった時間を 4 とすると，

$4-3=1$ が，地点 R から地点 Q まではじめの速さであるいたときにかかる時間と，休けい後の歩く速さで進んだときにかかる時間の差，

$20-5=15$（分）にあたる。

よって，休けい後から Q に到着するまでにかかった時間は，$15\times4=60$（分）

(4)　休けい後から進んだ道のりは，

$4\times\left(1-\frac{1}{4}\right)=3$（km）で，

この距離を，60 分＝1 時間で進んだので，

休けい後の歩く速さは，時速，$3\div1=3$（km）

はじめの歩く速さと，休けい後の歩く速さの比は 4：3 なので，はじめの歩く速さは，

時速，$3\times\frac{4}{3}=4$（km）

答 (1) 4：3　(2) $\frac{4}{3}$（倍）　(3) 60（分）

(4)（時速）4（km）

9 (1)　2 km は，$2\times1000=2000$（m）なので，

太郎さんの歩く速さは，

分速，$2000\div25=80$（m）

よって，太郎さんの走る速さは，

分速，$80\times2=160$（m）

(2)　太郎さんが忘れ物に気づいた地点を P とすると，太郎さんが P 地点から家に向かって引き返してから再び P 地点に戻ってくるまでの時間は，

$2+2=4$（分）なので，

P 地点から学校まで歩いたときと走ったときにかかる時間の差は 4 分。

太郎さんの歩く速さと走る速さの比は 1:2 なので，同じ道のりを歩いたときと走ったときにかかる時間の比は，$\frac{1}{1}:\frac{1}{2}=2:1$

この比の，$2-1=1$ にあたる時間が 4 分で，

P 地点から学校まで歩いたときにかかる時間は

2 にあたるので，桃子さんがかかった時間は，

$4\times\frac{2}{1}=8$（分）

(3)　家から P 地点までは歩いて，

$25-8=17$（分）かかるので，

家から P 地点までの道のりは，

$80\times17=1360$（m）

太郎さんは，ここから，

$160\times2=320$（m）戻ったところで

母と出会ったので，

太郎さんが母と出会ったのは家から，

$1360-320=1040$（m）はなれたところ。

答 (1)（分速）160（m）　(2) 8（分）　(3) 1040（m）

10 (1)　往復の道のりは，$6\times2=12$（km）で，

A さんは 30 分で，$2\times\frac{30}{60}=1$（km）歩くので，

歩く回数は $12\div1=12$（回）で，

休む回数は，$12-1=11$（回）

よって，A さんが P 地点にもどったのは，

出発してから，$30\times12+10\times11=470$（分後）

すなわち，7 時間 50 分後。

(2)　B さんが P 地点にもどったのは，出発してから，

$470+30=500$（分後）なので，

B さんが実際に歩いていた時間は，

$500-60=440$（分）

B さんの登りと下りの速さの比は，

$1:1.2=5:6$ なので，

登りと下りにかかった時間の比は，

$\frac{1}{5}:\frac{1}{6}=6:5$

よって，B さんが登りにかかった時間は，

$440\times\frac{6}{6+5}=240$（分）$=4$（時間）なので，

B さんの登る速さは，時速，$6\div4=1.5$（km）

(3)　C さんが P 地点にもどったのは，出発してから，

$500+40=540$（分後）$=9$（時間後）

C さんの登りと下りの速さの比は，

$1:\frac{1}{2}=2:1$ で，

登りと下りにかかった時間の比は，

$\frac{1}{2}:\frac{1}{1}=1:2$

よって，C さんは時速 1.5km で，

$9\times\frac{1}{1+2}=3$（時間）登っているので，

C さんが引き返した場所は，P 地点から，

$1.5\times3=4.5$（km）離れている。

答 (1) 7（時間）50（分後）　(2)（時速）1.5（km）
(3) 4.5（km）

11 (1)　X コースの登りと下りの速さの比は，

$3:4.5=2:3$

よって，求める時間の比は，$\frac{1}{2}:\frac{1}{3}=3:2$

(2)　Y コースの登りと下りにかかる時間の比も 3：2 なので，X コースを登るのにかかった時間を③，Y コースを登るのにかかった時間を$\boxed{3}$とする。

③＋$\boxed{2}$＝15 時 50 分－10 時＝5 時間 50 分＝350 分，

②＋$\boxed{3}$＝15 時 18 分－10 時＝5 時間 18 分＝318 分

どちらも$\boxed{6}$にそろえると，⑨－④＝⑤が，

$350\times3-318\times2=414$（分）にあたるので，

①$=414\div5=82.8$（分）で，

$\boxed{1}=(350-82.8\times3)\div2=50.8$（分）

したがって，

X コースを登る時間は Y コースを登る時間より，

③－$\boxed{3}=82.8\times3-50.8\times3=96$（分）長い。

よって，X コースは Y コースより，

$3\times\frac{96}{60}\times1000=4800$（m）長い。

(3)　③$=82.8\times3=248.4$（分），

$\boxed{2}=50.8\times2=101.6$（分）なので，

求める道のりは，

$3\times\frac{248.4}{60}\times1000+4.5\times\frac{101.6}{60}\times1000$

$=12420+7620=20040$（m）

答 (1) 3：2　(2) 4800（m）　(3) 20040（m）

12 (1)　太郎君が着くまでに，経路①では次郎君が 24 分歩く分だけ差が付き，経路②では次郎君が 27 分歩く分だけ差が付くので，経路②の長さは経路①の長さの，$\frac{27}{24}=\frac{9}{8}$（倍）とわかる。

よって，経路①と経路②の長さの比は，

$1:\frac{9}{8}=8:9$

(2)　太郎君が経路①，次郎君が経路②を通ると，太郎君が 39 分早く着き，太郎君が経路②，次郎君が経路②を通ると，太郎君が 27 分早く着くことから，太郎君が経路①を通るときと，経路②を通るときのかかる時間の差は，経路②を通るときの方が，$39-27=12$（分）多くかかることがわかる。

また，同様に，太郎君が経路①，次郎君が経路①を通ると，太郎君が24分早く着くことから，次郎君が経路①を通るときと，経路②を通るときのかかる時間の差は，経路②を通るときの方が，$39-24=15$（分）多くかかることがわかる。

これより，経路②の長さから経路①の長さをひいた長さを進むのに，太郎君は12分，次郎君は15分かかるので，太郎君と次郎君が同じ道のりを進むのにかかる時間の比は，$12:15=4:5$

よって，太郎君と次郎君の速さの比は$5:4$

(3)　経路①を通るとき，太郎君と次郎君のかかる時間の比が$4:5$であることから，$4:5$における，$5-4=1$が24分にあたる。

よって，経路①を通るとき，かかる時間は，

太郎君が，$24\times4=96$（分），

次郎君が，$24\times5=120$（分）

また，経路②を通るとき，かかる時間は，

太郎君が，$96\times\dfrac{9}{8}=108$（分），

次郎君が，$120\times\dfrac{9}{8}=135$（分）となる。

よって，4日目は，太郎君が経路②，

次郎君が経路①を通ることから，

太郎君が，$120-108=12$（分）早く着く。

(4)　A地点を出発してからA地点に戻るまでにかかる時間は，太郎君が，$96+108=204$（分）

次郎君が，$120+135\div1.5=210$（分）

よって，次郎君は，最後の720mを，

$210-204=6$（分）で進んだことになるから，

最後の720mを進むときの速さは

分速，$720\div6=120$（m）

この速さは，次郎君のいつもの速さの1.5倍だから，次郎君のいつもの速さは

分速，$120\div1.5=80$（m）

次郎君はいつもの速さで経路①を通ると，

A地点からB地点まで120分かかるから，

経路①の長さは，$80\times120=9600$（m）

答　(1) 8：9　(2) 5：4　(3) 太郎君（が）12（分早い）
(4) 9600（m）

13 (1)　リーダーの先生がP地点からサブリーダーの先生にメモを渡すまでに2分20秒かかるから，リーダーの先生がサブリーダーの先生にメモを渡してからP地点に戻るまでも2分20秒かかる。

これより，リーダーの先生はP地点から再びP地点に戻るまでに，2分20秒＋2分20秒＝4分40秒かかることになる。

よって，先頭の生徒はP地点から，

$60\times4\dfrac{40}{60}=280$（m）進んだところにいる。

(2)　リーダーの先生は，再びP地点に戻ってから先頭の生徒に追いつくまでに，

2分20秒＋5分－4分40秒＝2分40秒かかっている。

同じ道のりを先頭の生徒は，2分20秒＋5分＝7分20秒かかっているから，リーダーの先生と先頭の生徒が同じ道のりを進むのにかかる時間の比は，

2分40秒：7分20秒＝160秒：440秒＝4：11

よって，リーダーの先生と先頭の生徒の速さの比は11：4だから，リーダーの先生が走る速さは

分速，$60\times\dfrac{11}{4}=165$（m）

(3)　列の長さは，リーダーの先生がP地点からサブリーダーの先生にメモを渡すまでに進んだ道のりと，その間に先頭の生徒が進んだ道のりの和になる。

つまり，リーダーの先生と先頭の生徒が2分20秒間に進んだ道のりの和だから，

$165\times2\dfrac{20}{60}+60\times2\dfrac{20}{60}=525$（m）

(4)　リーダーの先生がサブリーダーの先生にメモを渡した位置からP地点までの道のりは，

$165\times2\dfrac{20}{60}=385$（m）だから，

リーダーの先生が先頭の生徒に追いついたとき，

サブリーダーの先生はP地点まで，

$385-60\times5=85$（m）の地点にいる。

よって，このあとサブリーダーの先生がP地点を通過するのは，$85\div60=1\dfrac{25}{60}$（分後）より，

1分25秒後。

答　(1) 280（m）　(2)（分速）165（m）　(3) 525（m）
(4) 1（分）25（秒後）

14 (1)　太郎さんの自宅からB地点までの距離は4800mで，自宅からB地点まで行くのにかかった時間は20分。

もし，分速200mで20分進んだとすると，

その距離は，$200\times20=4000$（m）

よって，自宅から A 地点まで分速 300m で進んだ時間は，$(4800-4000)\div(300-200)=8$（分）

(2) 自宅と A 地点の間の距離は，$300\times8=2400$（m）
A 地点から自宅まで帰るのにかかる時間は，
$2400\div500=4.8$（分）
よって，自宅を出発してから帰ってくるまでにかかる時間は，$70+4.8=74.8$（分）だから，
1 時間 14 分 48 秒。

(3) 太郎さんが自宅を出発してから帰ってくるまでの時間からスーパーマーケットでの買い物時間をのぞくと，$74.8-20=54.8$（分）
行きにかかった時間の合計の方が帰りにかかった時間の合計よりも 5.2 分長いから，行きにかかった時間の合計は，$(54.8+5.2)\div2=30$（分）
よって，B 地点からスーパーマーケットまで行くのにかかった時間は，$30-20=10$（分）となり，
B 地点とスーパーマーケットの間の距離は，
$280\times10=2800$（m）
また，帰りにかかった時間の合計は，
$54.8-30=24.8$（分）
B 地点から A 地点まで帰るのにかかった時間は，A 地点から B 地点まで行くのにかかった時間と同じ，$20-8=12$（分）
よって，スーパーマーケットから B 地点まで帰るのにかかった時間は，$24.8-(12+4.8)=8$（分）
したがって，スーパーマーケットから B 地点までの速さは分速，$2800\div8=350$（m）

答 (1) 8（分）　(2) 1（時間）14（分）48（秒）
(3)（分速）350（m）

15 お母さんは，$75\times8\frac{24}{60}=630$（m）先にいる A さんを追いかけることになる。
よって，$630\div(300-75)=2.8$（分），
$0.8\times60=48$ より，2 分 48 秒後。

答 (ア) 2　(イ) 48

16 学校から駅までの道のりは，$72\times7=504$（m）
自転車に乗るミナさんの速さは
分速，$72\times\frac{5}{2}=180$（m）
2 人は 1 分間に，$72+180=252$（m）ずつ近づくから，2 人が出会うのは出発してから，
$504\div252=2$（分後）

答 2（分後）

17 (1) A さんの自転車のタイヤが 1 回転すると，
$120\div50=2.4$（m）進む。
したがって，A さんは 3 秒間に，
$2.4\times5=12$（m）進む。
よって，求める速さは毎分，$12\div\frac{3}{60}=240$（m）

(2) B さんの自転車のタイヤは 3 秒間に 4 回転するので，1 分間に，$4\div\frac{3}{60}=80$（回転）する。
80 回転で 200m 進むので，
1 回転では，$200\div80=2.5$（m）

(3) $200\times\frac{15}{60}=50$（m）先にいる B さんに追いつくのに，A さんは，$50\div(240-200)\times60=75$（秒）かかる。
したがって，
B さんは，$15+75=90$（秒間）進んでいるので，
求める回転数は，$4\times\frac{90}{3}=120$（回転）

答 (1)（毎分）240（m）　(2) 2.5（m）
(3) 120（回転）

18 (1) 月曜日に次郎君が太郎君に追いついた場所を P 地点とする。
太郎君と次郎君が一人で歩く速さの比は，
$\frac{3}{4}:1=3:4$ なので，
月曜日に太郎君と次郎君が KP 間を歩くのにかかった時間の比は，$\frac{1}{3}:\frac{1}{4}=4:3$
太郎君が KP 間を歩くのにかかった時間は，
8 時 12 分 − 8 時 6 分 = 6 分なので，
次郎君が KP 間を歩くのにかかった時間は，
$6\times\frac{3}{4}=4\frac{1}{2}=4\frac{30}{60}$（分）より，4 分 30 秒。
よって，月曜日に次郎君が K 地点を出発した時刻は，8 時 12 分 − 4 分 30 秒 = 8 時 7 分 30 秒

(2) 次郎君が P 地点から学校までかかった時間は，月曜日の方が，7 分 30 秒 − 5 分 50 秒 = 1 分 40 秒多い。
次郎君が月曜日と火曜日に P 地点から学校まで歩くのにかかった時間の比は 4：3 なので，
$4-3=1$ にあたる時間が 1 分 40 秒。
よって，月曜日に P 地点から学校まで歩くのにかかった時間は，$1\frac{40}{60}\times4=6\frac{2}{3}=6\frac{40}{60}$（分）より，

6 分 40 秒なので，
月曜日に二人が学校に着いた時刻は，
8 時 12 分＋6 分 40 秒＝8 時 18 分 40 秒

(3) 太郎君は 520m を 6 分 40 秒で歩くので，
太郎君の歩く速さは，分速，$520 \div 6\frac{40}{60} = 78$ (m)
太郎君は S 駅から学校まで，
8 時 18 分 40 秒－7 時 55 分＝23 分 40 秒で歩くので，S 駅から学校までの道のりは，
$78 \times 23\frac{40}{60} = 1846$ (m)

答 (1) 8 (時) 7 (分) 30 (秒)
(2) 8 (時) 18 (分) 40 (秒)　(3) 1846 (m)

19 (1) 太郎さんが花子さんに追いついた地点は，
スタート地点から，$75 \times (4+4) = 600$ (m)
よって，花子さんに追いつくまでの太郎さんの速さは，$600 \div 4 = 150$ (m/分)

(2) 花子さんがスタート地点に戻ったのは，
太郎さんに追いつかれてから，
$(1800-600) \div 75 = 16$ (分後)
よって，太郎さんが休憩後にスタート地点まで走るのにかかった時間は，$16 - 9\frac{20}{60} = \frac{20}{3}$ (分)
このとき，太郎さんの速さは，
$1200 \div \frac{20}{3} = 180$ (m/分)

答 (1) 150 (m/分)　(2) 180 (m/分)

20 (1) ランニングコース 1 周の道のりを 1 とする。
2 人が同じ向きに走ったとき，
B さんが A さんより 1 周多く走るのに，
3 分 54 秒＝234 秒かかるから，
2 人の速さの差は毎秒 $\frac{1}{234}$ と表せる。
出発してから，2 分 30 秒後＝150 秒後は，
2 人が初めて出会ってから，
$150 - 39 = 111$ (秒後)だから，
このとき，B さんと A さんの間の道のりは，
$\frac{1}{234} \times 111 = \frac{37}{78}$ と表せる。
これは 1 周のうちの短い方の長さだから，
148m は $\frac{37}{78}$ にあたる。
よって，ランニングコース 1 周の道のりは，
$148 \div \frac{37}{78} = 312$ (m)

(2) 15 分＝900 秒だから，
$900 \div (39+234) = 3$ 余り 81，
$81 - 39 = 42$ より，出発してから 15 分後は，
2 人が最後に出会ってから 42 秒後で，
ともに時計回りに走っている。
2 人の速さの差は毎秒，$312 \div 234 = \frac{4}{3}$ (m)で，
2 人の速さの和は毎秒，$312 \div 39 = 8$ (m)だから，
A さんの速さは毎秒，$\left(8 - \frac{4}{3}\right) \div 2 = \frac{10}{3}$ (m)，
B さんの速さは毎秒，$8 - \frac{10}{3} = \frac{14}{3}$ (m)
よって，15 分後の A さんは，
$\frac{10}{3} \times 900 = 3000$ (m)走っているので，
$3000 \div 312 = 9$ 余り 192 より，
9 周してさらに 192m 走ったところにいる。
B さんは，42 秒間で A さんより，
$\frac{4}{3} \times 42 = 56$ (m)多く走るから，
S 地点から時計回りに，
$192 + 56 = 248$ (m)走ったところにいる。
よって，S 地点から反時計回りに，
$312 - 248 = 64$ (m)離れたところにいる。

(3) A さんは，$\frac{10}{3} \times 39 = 130$ (m)走って，
反時計回りに走る B さんに出会い，
$\frac{10}{3} \times 234 = 780$ (m)走って，
時計回りに走る B さんに出会うことを繰り返す。
したがって，A さんは出発してから，
$130 + 780 = 910$ (m)走るごとに
同じ方向に走る B さんと出会い，
$910 \div 312 = 2$ 余り 286，
$312 - 286 = 26$ より，出会う位置は，
反時計回りに 26m ずつ S 地点から離れていく。
26 と 312 の最小公倍数は 312 だから，
$(39+234) \times (312 \div 26) = 3276$ (秒後)に
S 地点で同じ方向に走る B さんと再び出会う。
また，出発してから 130m 走ったところで
B さんに初めて出会ってから，
反対方向に走る B さんと出会う位置は，
反時計回りに 26m ずつ S 地点に近づいていく。
したがって，$130 \div 26 = 5$ より，
$39 + (234+39) \times 5 = 1404$ (秒後)に

S 地点で反対方向に走る B さんと再び出会う。
よって，2 人が初めて S 地点で出会うのは，
出発してから 1404 秒後，
すなわち，23 分 24 秒後。

答 (1) 312 (m)　(2) 反時計回り(に) 64 (m)
(3) 23 (分) 24 (秒後)

21 (1) 信号 P は，$2\times2=4$ (分)のうち前半 2 分が青。
$30\div4=7$ あまり 2 より，
午前 9 時から午前 9 時 30 分までの 30 分は，
この 4 分を 7 回くり返した後，青が 2 分なので，
信号 P が青であった時間は，$2\times7+2=16$ (分間)
信号 Q は，$3\times2=6$ (分)のうち前半 3 分が青。
$30\div6=5$ より，
午前 9 時から午前 9 時 30 分までの 30 分は，
この 6 分を 5 回くり返すので，
信号 Q が青であった時間は，$3\times5=15$ (分間)

(2) A さんが信号 P に着くのは，
$900\div90=10$ (分後)
$10\div4=2$ あまり 2 より，
信号は赤に変わったときなので，
A さんが信号 P を通過するのは，
$4\times3=12$ (分後)で，
信号 Q に着くのは，$12+10=22$ (分後)
$22\div6=3$ あまり 4 より，信号は赤なので，
A さんが信号 Q を通過するのは，$6\times4=24$ (分後)
信号 Q から地点 O までは，
$2700-900\times2=900$ (m)なので，
A さんが地点 O にもどってくるのは，
出発してから，$24+10=34$ (分後)

(3) B さんが信号 Q に着くのは，
$900\div60=15$ (分後)
$15\div6=2$ あまり 3 より，
信号は赤に変わったときなので，
B さんが信号 Q を通過するのは，
$6\times3=18$ (分後)で，
信号 P に着くのは，$18+15=33$ (分後)
$33\div4=8$ あまり 1 より，
信号は青なので，そのまま進む。
よって，B さんが地点 O にもどってくるのは，
出発してから，$33+15=48$ (分後)

(4) B さんが信号 Q を通過するのは 18 分後で，
そのときまでに A さんは信号 P を通過して，
$18-12=6$ (分)進んでいるので，このとき，
2 人は，$900-90\times6=360$ (m)はなれている。
以後，2 人は 1 分間に，
$90+60=150$ (m)ずつ近づくので，
2 人がすれちがうのは，出発してから，
$18+360\div150=20\frac{2}{5}=20\frac{24}{60}$ (分後)より
20 分 24 秒後。

答 (1) P．16 (分間)　Q．15 (分間)
(2) 34 (分後)　(3) 48 (分後)
(4) 20 (分) 24 (秒後)

22 (1) 星子さんが帰りにかかった時間は，
海子さんが帰りにかかった時間より，
$30+22.5=52.5$ (秒)短い。
海子さんが片道を走る時間は，
$2.1\times1000\div150=14$ (分)なので，
星子さんが帰りにかかった時間は，
$14-\frac{52.5}{60}=\frac{105}{8}$ (分)
よって，星子さんの帰りの速さは
毎分，$2.1\times1000\div\frac{105}{8}=160$ (m)

(2) 星子さんが折り返し地点を通過したのは
出発してから，14 分＋30 秒＝14 分 30 秒(後)で，
このとき海子さんは星子さんより，
$150\times\frac{30}{60}=75$ (m)前にいる。
以後，星子さんは海子さんより 1 分間に，
$160-150=10$ (m)多く走るので，
星子さんが海子さんを追いこしたのは，
星子さんが折り返し地点を通過してから，
$75\div10=7\frac{1}{2}=7\frac{30}{60}$ (分後)より，
7 分 30 秒後で，出発してから，
14 分 30 秒＋7 分 30 秒＝22 分(後)

(3) 星子さんが海子さんを追いこした地点から
ゴールまでは，
$4.2\times1000-150\times22=900$ (m)なので，
これを走るのにかかった時間は，
海子さんが，$900\div150=6$ (分)で，
真理さんが，6 分－1 分 30 秒＝4 分 30 秒
よって，真理さんの速さは
毎分，$900\div4\frac{30}{60}=200$ (m)

答 (1) 毎分 160m　(2) 22 分後　(3) 毎分 200m

23 (1) A さんが 4 周するのに，

$7.5\times4=30$（分）かかるので，
Cさんは，$30\div15=2$（周）

⑵　池1周の道のりを1とすると，
Bさんと Cさんの速さはそれぞれ，
$1\div12=\frac{1}{12}$，$1\div15=\frac{1}{15}$ なので，
$1\div\left(\frac{1}{12}-\frac{1}{15}\right)=1\div\frac{1}{60}=60$（分後）

⑶　池1周の道のりを1とすると，
Aさんの速さは，$1\div7.5=\frac{2}{15}$
Aさんはまず Cさんに追いつくので，
Aさんが Bさんに追いつくのは，
$1\div\left(\frac{2}{15}-\frac{1}{12}\right)=1\div\frac{1}{20}=20$（分後）
その後に，
Aさんが Cさんに追いつくのは2回目で，
$1\times2\div\left(\frac{2}{15}-\frac{1}{15}\right)=2\div\frac{1}{15}=30$（分後）なので，
$30-10=10$（分後）

答 ⑴ 2（周）　⑵ 60（分後）　⑶ 10（分後）

24 ⑴　1回目と2回目にすれ違う場所は次図のようになるので，花子さんは太郎さんと1回目にすれ違ってから2回目にすれ違うまでに，
$800+400=1200$（m）進んだことになる。
1回目にすれ違ってから2回目にすれ違うまでに進んだ距離は，出発してから1回目にすれ違うまでに進んだ距離の2倍になるから，花子さんが出発してから太郎さんと1回目にすれ違うまでに進んだ距離は，$1200\div2=600$（m）
よって，AB間の距離は，$800+600=1400$（m）

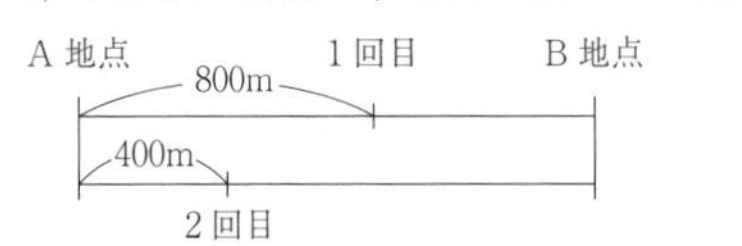

⑵　太郎さんと花子さんの速さの比は，
$800:600=4:3$ だから，太郎さんが2往復する間に花子さんは1.5往復する。
つまり，太郎さんが A→B→A→B→A と進む間に，花子さんは B→A→B→A と進むことになり，このとき2人が初めて同時に地点Aに着く。
よって，太郎さんが進む道のりは，
$1400\times4=5600$（m）

答 ⑴ 1400（m）　⑵ 5600（m）

25 ⑴　2人が最初に出会ったとき，兄が進んだ道のりは家から公園までの道のりより200m長く，
弟が進んだ道のりは家から公園までの道のりより200m短い。
よって，2人が進んだ道のりの差は，
$200\times2=400$（m）
兄と弟の速さの比は5：4だから，
兄が進んだ道のりは，$400\times\frac{5}{5-4}=2000$（m）
よって，家から公園までの道のりは，
$2000-200=1800$（m）すなわち，1.8km。

⑵　2人は家と駅の間を往復するのに，
同時に家を出発して同時に家に着いたから，
平均の速さは同じになる。
家から駅までの道のりを1とすると，
兄の平均の速さは
時速，$1\times2\div(1\div18+1\div12)=14.4$（km）
弟は家を出発してから，時速18km，時速15km，時速12kmでそれぞれ15分間ずつ走り，
最後に時速9kmで何分間か走って家に着いた。
弟が家を出発してから，$15\times3=45$（分間）の平均の速さは時速15kmだから，家に着くまでの平均の速さが兄と同じ時速14.4kmになるとき，
時速9kmで走った時間は，
$(15-14.4)\times\frac{45}{60}\div(14.4-9)=\frac{1}{12}$（時間）より，
$\frac{1}{12}\times60=5$（分間）
よって，2人が家と駅の間を往復するのにかかった時間は，$45+5=50$（分間）
したがって，家から駅までの道のりは，
$14.4\times\frac{50}{60}\div2=6$（km）

⑶　兄と弟の速さの比は5：4だから，2人が家を出発してから最初に出会うまでに進んだ道のりをそれぞれ5と4とおくと，家から学校までの道のりは，$(5+4)\div2=4.5$ となる。
2人が最初に出会ってから2回目に出会うまでに進んだ道のりもそれぞれ5と4だから，
2人が2回目に出会った地点は，兄が家を折り返してから，$5-4=1$ 進んだ地点になり，最初に出会った地点から家寄りに，$4-1=3$ はなれている。
これが3kmにあたるから，家から学校までの道のりは，$3\times\frac{4.5}{3}=4.5$（km）

答 (1) 1.8 (km)　(2) 6 (km)　(3) 4.5 (km)

26 (1)　1 秒間に兄が 7，弟が 5 進むとすると，
AB 間の道のりは，$(7+5)\times35=420$
よって，兄が初めて B に到着するのは，
出発してから，$420\div7=60$ (秒後)，
弟が初めて A に到着するのは，
出発してから，$420\div5=84$ (秒後)

(2)　1 回目にすれちがってから，2 回目にすれちがうまでに，2 人合わせて AB 間の道のりの 2 倍の長さを進む。
よって，2 回目にすれちがうのは，
出発してから，$35+35\times2=105$ (秒後)
また，2 回目にすれちがってから，3 回目にすれちがうまでに，2 人合わせて AB 間の道のりの 2 倍の長さを進む。
よって，3 回目にすれちがうのは，
出発してから，$105+35\times2=175$ (秒後)

(3)　はじめに兄が A 地点，弟が B 地点から出発しているから，兄が初めて弟を追いこすのは，兄が弟より AB 間の道のり分多く進んだときとなる。
よって，$420\div(7-5)=210$ (秒後)
また，兄が初めて弟を追いこしてから 2 回目に追いこすのは，兄が弟より AB 間の道のりの 2 倍の長さだけ多く進んだときとなる。
よって，$210+420\times2\div(7-5)=630$ (秒後)

(4)　兄が A に戻るのは，$60\times2=120$ (秒) ごと，弟が B に戻るのは，$84\times2=168$ (秒) ごとになるから，
兄が A に，弟が B に，初めて同時に戻るのは，
120 と 168 の最小公倍数より，840 秒後。
出発してから 840 秒後までに，
兄と弟は 35 秒後に初めてすれちがい，
その後は 70 秒ごとにすれちがうので，
$(840-35)\div70=11.5$ より，
$1+11=12$ (回) すれちがう。
また，兄は弟を 210 秒後に初めて追いこし，
その後は 420 秒ごとに追いこすから，
$(840-210)\div420=1.5$ より，
$1+1=2$ (回) 追いこす。

答 (1) ア．60　イ．84　(2) ウ．105　エ．175
(3) オ．210　カ．630
(4) キ．840　ク．12　ケ．2

27　バスとその次のバスの間隔を 1 とすると，
バスの速さと太郎君の速さの差は時速，$1\div\frac{20}{60}=3$，
バスの速さと太郎君の速さの和は時速，$1\div\frac{10}{60}=6$
となるから，バスと太郎君の速さはそれぞれ
時速，$(3+6)\div2=\frac{9}{2}$，$6-\frac{9}{2}=\frac{3}{2}$ となる。
太郎君が速さを上げたときの，バスの速さと太郎君の速さの和は時速，$1\div\frac{9}{60}=\frac{20}{3}$ だから，
このときの太郎君の速さは，$\frac{20}{3}-\frac{9}{2}=\frac{13}{6}$
したがって，時速 6 km が，$\frac{13}{6}-\frac{3}{2}=\frac{2}{3}$ にあたるから，バスとその次のバスの間隔は，$6\div\frac{2}{3}=9$ (km)

答 9

28 (1)　分速，$3500\div14=250$ (m)

(2)　ゴンドラは 4 分の間かくで来るので，
ゴンドラとゴンドラの間は，
$250\times4=1000$ (m)
ロープウェイの往復の長さは，
$3500\times2=7000$ (m) なので，
ゴンドラの台数は全部で，
$7000\div1000=7$ (台)

(3)　9 時に 1 台のゴンドラが A 駅にあるので，
$3500\div1000=3$ あまり 500 より，このとき，
B 駅に近いゴンドラは B 駅の 500m 前にいる。
このゴンドラが B 駅に着くまでの時間は，
$500\div250=2$ (分) なので，
弟が B 駅でゴンドラに乗るのは 9 時 2 分。

(4)　9 時 2 分までに兄の乗ったゴンドラは，
$250\times2=500$ (m) 進んでいるので，
このとき，2 人の乗ったゴンドラは，
$3500-500=3000$ (m) はなれている。
以後，2 人の乗ったゴンドラは合わせて 1 分間に，
$250\times2=500$ (m) 進むので，
はじめて 2 人の乗ったゴンドラがすれちがうのは
9 時 2 分の，$3000\div500=6$ (分後)
以後，2 人の乗ったゴンドラが合わせて，
$3500\times2=7000$ (m) 進むごとにすれちがうので，
3 回目にすれちがうのは，
9 時，$2+6+7000\div500\times2=36$ (分)
このときまでに兄の乗ったゴンドラは，
$250\times36=9000$ (m) 動いているので，

3回目にすれちがった場所は，A駅から，
$9000-7000=2000$（m）

答 ⑴（分速）250（m）　⑵ 7（台）
⑶（9時）2（分）　⑷ 2000（m）

29 ⑴　自転車は，30分$=\frac{30}{60}$時間で5km進んでいるので，自転車の速さは時速，$5\div\frac{30}{60}=10$（km）
電車は時速60kmで，$50-5=45$（km）進んでいるので，電車に乗っていた時間は，
$45\div60=\frac{45}{60}$（時間）より，45分。
バスに乗っていた時間は，
$120-(30+45)=45$（分）で，
バスの速さは時速40kmなので，
バスで進んだきょりは，$40\times\frac{45}{60}=30$（km）
よって，家からおばあさんの家までのきょりは，
$50+30=80$（km）

⑵　お母さんが家を出発したとき，
Aさんはお母さんより5km前にいる。
電車とお母さんの車の速さが同じなので，
Aさんが電車を降りた，$30+45=75$（分後）も
Aさんはお母さんより5km前にいる。
お母さんの車はバスよりも1時間に，
$60-40=20$（km）多く進むので，
お母さんがAさんに追いつくのは，
Aさんがバスに乗ってから，
$5\div20=\frac{1}{4}=\frac{15}{60}$（時間）より，15分後で，
Aさんが家を出てから，$75+15=90$（分後）

⑶　Aさんのお母さんが家からおばあさんの家まで進むのにかかる時間は，$80\div60=\frac{80}{60}$（時間）より80分なので，Aさんのお母さんはAさんより，
$120-80=40$（分）おそい，
午前9時40分に家を出発すればよい。

答 ⑴ ア．10　イ．45　ウ．80　⑵ 90　⑶ 40

30 ⑴　泳ぎ始めた端に戻るのに，
Aは，$25\times2\div2=25$（秒）ごと，
Bは，$25\times2\div0.5=100$（秒）ごとかかるので，
同時につくのは，25と100の最小公倍数である，
100秒後。

⑵　Aが泳ぎ始めた端に初めて戻るのが25秒後で，
Bとは，$25\times0.5=\frac{25}{2}$（m）離れているから，
AがBを初めて追いこすのは，
$25+\frac{25}{2}\div(2-0.5)=25+\frac{25}{3}=\frac{100}{3}$（秒後）
よって，求める答えは，$\frac{100}{3}\times0.5=\frac{50}{3}$（m）

⑶　2人が3回目にすれちがうまでに合計で，
$25\times2\times3=150$（m）泳ぐから，
$150\div(2+0.5)=60$（秒後）

答 ⑴ 100（秒後）　⑵ $\frac{50}{3}$（m）　⑶ 60（秒後）

31 ⑴　次図で，aは点Pが点B，bは点Qが点B，cは点Pが点A，dは点Pが点Bで点Qが点Aについたときをあらわす。
よって，点Aと点Bの間は72cm。
したがって，点Pの速さは
秒速，$72\div10=\frac{36}{5}$（cm）

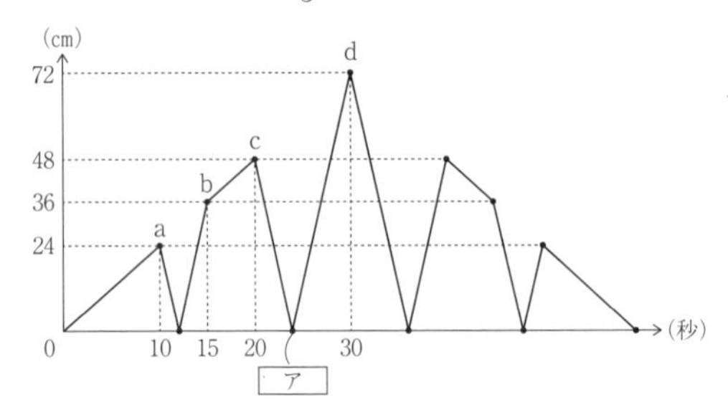

⑵　点Qの速さは秒速，$72\div15=\frac{24}{5}$（cm）
前図より，20秒後に点Pは点Aにいて，
点Qとは48cmはなれているから，
$ア=20+48\div\left(\frac{36}{5}+\frac{24}{5}\right)=20+48\div12=24$

⑶　はじめて重なるのが，
$72\times2\div\left(\frac{36}{5}+\frac{24}{5}\right)=12$（秒後）だから，
グラフの対称性より，求める距離は点Qが12秒で動く距離と等しいから，$\frac{24}{5}\times12=\frac{288}{5}$（cm）

答 ⑴（秒速）$\frac{36}{5}$（cm）　⑵ 24　⑶ $\frac{288}{5}$（cm）

32 ⑴　時速72kmは秒速，$72\times1000\div3600=20$（m）
よって，求める時間は，$(160+640)\div20=40$（秒）

⑵　2つの電車がすれ違い始めてからすれ違い終わるまでに進む長さの和は，$300+240=540$（m）
2つの電車は1秒間に合わせて，
$50+40=90$（m）進むので，

かかる時間は，$540 \div 90 = 6$（秒）

答 (1) 40　(2) 6

33　橋をわたり始めてからわたり終えるまでに電車が進む長さは，$200 + 1000 = 1200$（m）なので，
この電車の速さは秒速，$1200 \div 40 = 30$（m）

答 30

34　この列車が鉄橋を渡り始めてから完全に渡り終わるまでに進む長さは，$650 + 150 = 800$（m）なので，
この列車の速さは秒速，$800 \div 32 = 25$（m）
この列車がトンネルの中に列車全体が入っている時間に進む長さは，$1300 - 150 = 1150$（m）なので，
求める時間は，$1150 \div 25 = 46$（秒）

答 46（秒）

35　電車の長さを□mとすると，
（□＋1250）m 進むのに 43 秒かかり，
（□＋2650）m 進むのに 1 分 26 秒かかった。
したがって，この電車は，$2650 - 1250 = 1400$（m）進むのに，1 分 26 秒－43 秒＝43（秒）かかった。
よって，電車の速さは
秒速，$1400 \div 43 = \frac{1400}{43}$（m）なので，
電車の長さは，$\frac{1400}{43} \times 43 - 1250 = 150$（m）

答 150

36　この列車は，$35 - 11 = 24$（秒）で，
$1240 - 280 = 960$（m）進むので，
この列車の速さは秒速，$960 \div 24 = 40$（m）
この列車は，鉄橋を渡りはじめてから完全に渡り終わるまでに，$40 \times 11 = 440$（m）進むので，
この列車の長さは，$440 - 280 = 160$（m）

答 ア．160　イ．40

37　普通列車と快速列車が出会ってからはなれるまでに進む長さの和は，
2 台の列車の長さの和，$60 + 80 = 140$（m）なので，
2 台の列車の速さの和は秒速，$140 \div 4 = 35$（m）
快速列車が普通列車に追いついてから追いこすまでに，快速列車は普通列車より 2 台の列車の長さの和の 140m 多く進むので，快速列車の速さは普通列車の速さより秒速，$140 \div 16 = 8.75$（m）速い。
よって，快速列車の速さは，
秒速，$(35 + 8.75) \div 2 = 21.875$（m）で，
これは時速，$21.875 \times 60 \times 60 \div 1000 = 78.75$（km）

答 78.75

38　電車 A の速さは
秒速，$80 \times 1000 \div 60 \div 60 = \frac{200}{9}$（m）
電車 A が 1 分 30 秒で進む距離は，
$\frac{200}{9} \times (60 + 30) = 2000$（m）
よって，電車 A の長さは，
$2000 - 1.8 \times 1000 = 200$（m）
また，電車 A と電車 B がすれ違うのに 9 秒かかり，電車 A が電車 B を追い越すのに 1 分 3 秒かかるから，電車 A と電車 B の速さの和と速さの差の比は，
$(1 \div 9) : \{1 \div (60 + 3)\} = 7 : 1$
よって，電車 A と電車 B の速さの比は，
$\frac{7+1}{2} : \frac{7-1}{2} = 4 : 3$
したがって，電車 B の速さは
時速，$80 \times \frac{3}{4} = 60$（km）

答 ア．200　イ．60

39 (1)(ア)　貨物列車の先頭が見え始めるのと同時に最後尾がビルの左側にかくれて見えなくなっているので，貨物列車の長さは次図 1 の BC。
この図で，BC と DE が平行より，
三角形 ABC は三角形 ADE の拡大図で，
BC：DE＝AB：AD＝$(40 + 200) : 40 = 6 : 1$
よって，貨物列車の長さは，$80 \times \frac{6}{1} = 480$（m）

図 1

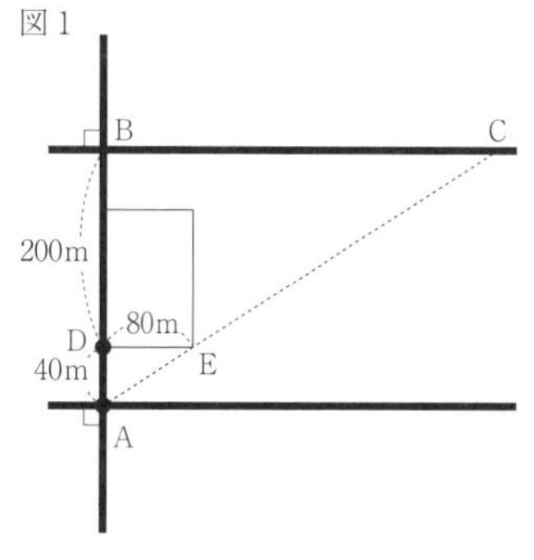

(イ)　この電車の長さは，
$20 \times 5 + 0.5 \times (5 - 1) = 102$（m）
この電車が 21 秒間に進む長さは，
$480 - 102 = 378$（m）なので，
その速さは秒速，$378 \div 21 = 18$（m）
よって，時速，$18 \times 60 \times 60 \div 1000 = 64.8$（km）

(2)　横山さんの速さは
秒速，$90 \div 60 = 1.5$（m）なので，

18 秒後には，$1.5\times18=27$（m）進んだ次図 2 の点 P にいて，このとき，電車の先頭は点 R にある。
この図で，QR と ST が平行より，
三角形 PQR は三角形 PST の拡大図で，
QR：ST＝PQ：PS＝AB：AD＝6：1
$ST=80-27=53$（m）より，
$QR=53\times\frac{6}{1}=318$（m）
18 秒間に電車が進んだ長さは，
$BR=27+318=345$（m）なので，
その速さは，秒速，$345\div18=\frac{115}{6}$（m）
よって，時速，$\frac{115}{6}\times60\times60\div1000=69$（km）

図 2
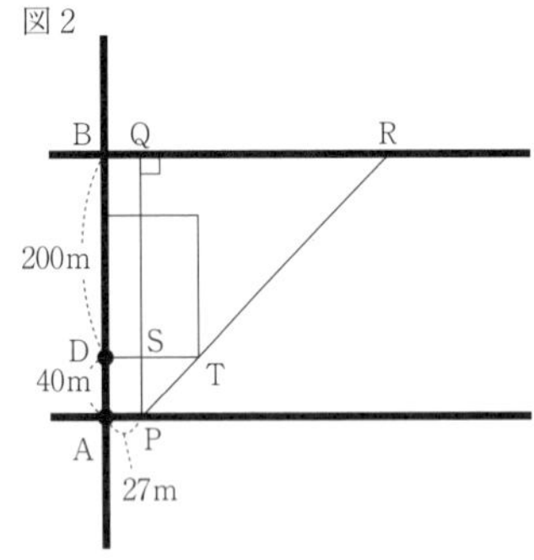

答 (1) (ア) 480（m）　(イ)（時速）64.8（km）
(2)（時速）69（km）

40 (1)　短針は 1 時間に，$360°\div12=30°$ 進むので，
7 時に長針と短針のなす角度は，$30°\times7=210°$
1 分間に長針は，$360°\div60=6°$，
短針は，$30°\div60=\frac{1}{2}°$ 進むので，
長針の方が，$6°-\frac{1}{2}°=\frac{11}{2}°$ 多く進む。
1 回目に長針と短針のなす角が直角になるのは，
7 時から長針の方が，$210°-90°=120°$ 多く進んだときなので，7 時，$120\div\frac{11}{2}=21\frac{9}{11}$（分）
2 回目に長針と短針のなす角が直角になるのは，
7 時から長針の方が，$210°+90°=300°$ 多く進んだときなので，7 時，$300\div\frac{11}{2}=54\frac{6}{11}$（分）

(2)　長針と短針の真ん中に秒針がくればよい。
7 時 20 分に秒針より長針は，$6°\times20=120°$，
短針は，$210°+\frac{1}{2}°\times20=220°$ 前にあるので，
長針と短針の真ん中は秒針より，
$(120°+220°)\div2=170°$ 前にある。
1 秒間に長針は，$6°\div60=\frac{1}{10}°$，
短針は，$\frac{1}{2}°\div60=\frac{1}{120}°$ 進むので，
長針と短針の真ん中は 1 秒間に，
$\left(\frac{1}{10}°+\frac{1}{120}°\right)\div2=\frac{13}{240}°$ 進む。
秒針は 1 秒間に，$360°\div60=6°$ 進むので，
長針と短針の真ん中と秒針は 1 秒間に，
$6°-\frac{13}{240}°=\frac{1427}{240}°$ ずつ近づく。
よって，長針と短針のなす角を秒針が二等分するのは，7 時 20 分，$170\div\frac{1427}{240}=28\frac{844}{1427}$（秒）

答 (1)（7 時）$21\frac{9}{11}$（分と）$54\frac{6}{11}$（分）（順不同）
(2)（7 時 20 分）$28\frac{844}{1427}$（秒）

41 (1)　長針が 1 分間に進む角度は，$360°\div2\div60=3°$
短針が 1 分間に進む角度は，$360°\div6\div60=1°$
よって，長針は短針より 1 分間に，
$3°-1°=2°$ 多く進む。
図の状態のとき，長針と短針とでできる小さい方の角度は，$360°\times\frac{4}{12}=120°$
長針は短針より 40 分間に，$2°\times40=80°$ 多く進むから，図の状態から 40 分後の長針と短針とでできる小さい方の角度は，$120°-80°=40°$

(2)　長針は短針より 1 時間に，$2°\times60=120°$ 多く進むから，図の状態から 1 時間後に長針と短針はちょうど重なる。
このあと，長針と短針とでできる角が直角になるのは，$90°\div2°=45$（分後）だから，
図の状態から 1 時間 45 分後。

(3)　(2)より，長針と短針は 1 時間後に初めて重なり，そのあと，$360°\div120°=3$（時間）ごとに重なるから，12 時間後までに，4 時間後，7 時間後，10 時間後の計 4 回重なる。
長針と短針とでできる角が直角になるのは，
1 時間後までに 1 回あり，
重なってから次に重なるまでに 2 回ずつある。
また，10 時間後に重なったあとは，45 分後の 10 時間 45 分後に長針と短針とでできる角が直角になる。

よって，全部で，$1+2\times3+1=8$（回）

(4) 長針は2時間，短針は6時間で一周するから，長針と短針の動きは，2と6の最小公倍数である6時間ごとのくり返しになっている。

(3)を利用して考えると，長針と短針とでできる角が直角になるのは，はじめの6時間では，$(120°-90°)\div2°=15$（分後），1時間45分後，3時間15分後，4時間45分後の4回あるから，長針と短針とでできる角が直角になるときの長針と短針の位置の組み合わせは4通りある。

答 (1) 40°　(2) (1時間) 45 (分後)　(3) 8 (回)　(4) 4 (通り)

42 A，B，Cの静水時の速さの比は，

$1:\frac{4}{5}:\frac{3}{5}=5:4:3$ だから，

静水時の速さをそれぞれ時速5，4，3とおく。

川を下るのに，Aは1.2時間，

Bは1.4時間かかるから，

A，Bの下りの時間の比は，

$1.2:1.4=6:7$ より，

下りの速さの比は，$\frac{1}{6}:\frac{1}{7}=7:6$

よって，川の流れの速さを

時速□とおくと，

$(5+□):(4+□)=7:6$ より，

$□=2$

したがって，川の2地点間の距離は，

$(5+2)\times1.2=8.4$ となるから，

Cが川を下るのにかかる時間は，

$8.4\div(3+2)=1.68$（時間）

答 1.68 (時間)

43 (1) ボートの上りの速さは

時速，$6-2=4$（km）なので，

出発地点から流木とすれちがった地点までの距離は，$4\times\frac{40}{60}=\frac{8}{3}$（km）

(2) 流木は川の流れの速さで進んでいるので，ボートとすれちがった地点からボートの出発地点まで進むのにかかった時間は，

$\frac{8}{3}\div2=\frac{4}{3}=\frac{80}{60}$（時間）より，80分。

ボートが流木とすれちがってからA地点を折り返して出発地点に到着するまでの時間はこれと同じなので，ボートが出発地点とA地点を往復するのにかかった時間は，

40分＋80分＝120分＝2時間

(3) ボートの下りの速さは，

時速，$6+2=8$（km）で，

ボートの上りと下りの速さの比は，

$4:8=1:2$ なので，

同じ距離を上るのにかかる時間と下るのにかかる時間の比は，$\frac{1}{1}:\frac{1}{2}=2:1$

よって，ボートは出発地点からA地点まで上るのに，$120\times\frac{2}{2+1}=80$（分）かかっているので，

出発地点からA地点までの距離は，

$4\times\frac{80}{60}=\frac{16}{3}$（km）

答 (1) $\frac{8}{3}$ (km)　(2) 2 (時間)　(3) $\frac{16}{3}$ (km)

44 (1) AさんとCさんは1分間に72mずつ近づくので，AさんがCさんを初めて追い抜くのは，

出発してから，$210\div72=2\frac{11}{12}=2\frac{55}{60}$（分後）より，

2分55秒後。

(2) BさんとCさんは1分間に60mずつ近づくので，BさんとCさんは，

$210\div60=3\frac{1}{2}=3\frac{30}{60}$（分）より，

3分30秒＝210秒ごとに出会う。

AさんはCさんを，2分55秒＝175秒ごとに追い抜くので，$210=2\times3\times5\times7$，$175=5\times5\times7$ より，

210と175の最小公倍数は，

$2\times3\times5\times5\times7=1050$ なので，

3人が初めて同時に同じ地点を通過するのは，

出発してから1050秒後で，

$1050\div60=17$ あまり30より，

これは17分30秒後。

(3) 3人が初めて出会うまでにCさんが進んだ長さは，

$20\times17\frac{30}{60}=350$（m）以上，

$30\times17\frac{30}{60}=525$（m）未満。

3人が初めて出会うまでにCさんが進んだ長さとして考えられるのは，70m，$70+210=280$（m），$280+210=490$（m），$490+210=700$（m），…なので，あてはまるのは490m。

よって，水の流れの速さは，

分速，$490 \div 17\frac{30}{60} = 28$（m）

答 (1) 2分55秒後　(2) 17分30秒後

(3) 分速28m

45 (1)㋐　エンジンが直ったのは出発してから，

$16 + 7 = 23$（分後）

その後，ボートは，$36 - 23 = 13$（分）で，

$1.6 \times 1000 - 820 = 780$（m）を上っているので，

ボートの上りの速さは分速，$780 \div 13 = 60$（m）

㋐mはボートが16分で上った距離なので，

$60 \times 16 = 960$（m）

㋑　ボートは7分間で，

$960 - 820 = 140$（m）流されたので，

川の流れの速さは分速，$140 \div 7 = 20$（m）で，

ボートの静水時の速さは分速，$60 + 20 = 80$（m），

下りの速さは分速，$80 + 20 = 100$（m）

よって，下りにかかった時間は，

$1.6 \times 1000 \div 100 = 16$（分）なので，

㋑分は，$36 + 16 = 52$（分）

(2)　フェリーの上りの速さは

分速，$50 - 20 = 30$（m）で，

出発してから23分後までに進んだ長さは，

$30 \times 23 = 690$（m）なので，

このときまでにフェリーとボートは出会わず，

ボートが下っているときに出会っている。

ボートがB地点に着くまでにフェリーは，

$30 \times 36 = 1080$（m）進んでいて，

このとき，フェリーとボートは，

$1.6 \times 1000 - 1080 = 520$（m）はなれている。

以後，フェリーとボートは1分間に，

$30 + 100 = 130$（m）ずつ近づくので，

フェリーとボートが出会ったのは，

ボートがB地点を折り返してから，

$520 \div 130 = 4$（分後）で，

出発してから，$36 + 4 = 40$（分後）

答 (1) ㋐ 960　㋑ 52　(2) 40分後

46 (1)　つばささんが動く歩道Aと同じ向きに歩いたときの速さは，分速，$600 \div 7\frac{30}{60} = 80$（m）

つばささんが動く歩道Aと同じ向きに歩いたときと反対方向に歩いたときの速さの比は，

$\frac{1}{2} : \frac{1}{5} = 5 : 2$ だから，動く歩道Aと同じ向きに歩いたときの速さを5とすると，

1にあたる速さは，分速，$80 \div 5 = 16$（m）

動く歩道Aの速さは，

$(5 - 2) \div 2 = 1.5$ にあたるので，

分速，$16 \times 1.5 = 24$（m）

(2)　まもるさんが動く歩道Bを同じ向きに歩いたときの速さは，分速，$600 \div 6 = 100$（m）で，

反対向きに歩いたときの速さは，

分速，$600 \div (21 - 6) = 40$（m）なので，

まもるさん自身の歩く速さは，

分速，$(100 + 40) \div 2 = 70$（m）

(3)　あきおさんが動く歩道Cを反対向きに歩いたときの速さは，分速，$600 \div 25 = 24$（m）なので，

まもるさんとあきおさんは，

歩き始めてから1分間に，$100 + 24 = 124$（m）ずつ近づく。

よって，2人が初めてすれちがうのは，歩き始めてから，$600 \div 124 = \frac{150}{31}$（分後）

(4)　2人が歩き始めてから6分後に，

あきおさんはまもるさんより，

$24 \times 6 = 144$（m）前にいる。

以後，2人は1分間に，

$40 - 24 = 16$（m）ずつ近づくので，

まもるさんがあきおさんに初めて追いつくのは，

歩き始めてから，$6 + 144 \div 16 = 15$（分後）

(5)　6時間＝360分で，往復は，$600 \times 2 = 1200$（m）

まもるさんは，$360 \div 21 = 17$ あまり3より，

6時間で，$1200 \times 17 + 100 \times 3 = 20700$（m）進む。

あきおさんは，$360 \div 35 = 10$ あまり10より，

6時間で，$1200 \times 10 + 24 \times 10 = 12240$（m）進む。

2人は合わせて，

$20700 + 12240 = 32940$（m）進み，

600m進んだときに初めてすれちがい，

以後，1200m進むごとにすれちがうので，

$(32940 - 600) \div 1200 = 26$ あまり1140より，

$1 + 26 = 27$（回）すれちがう。

また，まもるさんはあきおさんより，

$20700 - 12240 = 8460$（m）多く進み，

600m多く進んだときに初めて追いつき，

以後，1200m多く進むごとに追いつくので，

$(8460 - 600) \div 1200 = 6$ あまり660より，

$1 + 6 = 7$（回）追いつく。

ここで，2 人が 0 m 地点や 600m 地点で出会うときは，すれちがいと追いこしの両方にあてはまるので，出会い回数は 1 回減る。
まもるさんは 21 分ごとに 0 m 地点を通り，
あきおさんは 35 分ごとに 600m 地点を通るから，
21 と 35 の最小公倍数である 105 分後にスタートと同じ地点にいる。
この間に 0 m 地点にいるのは，まもるさんが
21 分後，42 分後，63 分後，84 分後，105 分後で，
あきおさんは 25 分後，60 分後，95 分後，
また，600m 地点にいるのは，まもるさんが
6 分後，27 分後，48 分後，69 分後，90 分後で，
あきおさんは 35 分後，70 分後，105 分後だから，
0 m 地点や 600m 地点で 2 人が出会うことはなく，
6 時間後までにもない。
よって，2 人が出会うのは，$27+7=34$ (回)

 ⑴ (分速) 24 (m)　⑵ (分速) 70 (m)
⑶ $\frac{150}{31}$ (分後)　⑷ 15 (分後)　⑸ 34 (回)

6．ともなって変わる量

★問題 P. 68〜72 ★

1　グラフより，1 m のリボンの代金が 70 円とわかる。
よって，8 m のリボンの代金は，$70\times8=560$ (円)
答 560 (円)

2　アは，$y=x\times x\times$ (円周率) となり，比例しない。
イは，$y=x\times5$ となり，比例する。
ウは，$y=120\div x$ となり，比例しない。
エは，$y=x\times20$ となり，比例する。
オは，$y=20\div x$ となり，比例しない。
よって，x と y が比例するのは，イ，エ。
答 イ，エ

3　A，B，C の回転数の比は，
$\frac{1}{18}:\frac{1}{24}:\frac{1}{12}=4:3:6$ なので，
C は，$48\times\frac{6}{4}=72$ (回転)
答 72 (回転)

4　2 つの量をかけ合わせた数が一定になるものを選ぶ。
答 ㋒，㋓

5　x と y の関係を式に表すと，
①が，$y=x\times5+600$
②が，$y=(600-x)\times5=3000-x\times5$
③が，$y=600-x\times5$
④が，$y=600-x-5=595-x$
よって，あてはまるのは，③。
答 ③

6 ⑴　A 社では，
500 枚までが，$20\times500=10000$ (円) で，
500 枚をこえた，$800-500=300$ (枚) が，
$10\times300=3000$ (円) なので，
印刷料金は，$10000+3000=13000$ (円)
B 社では，
枚数による料金が，$5\times800=4000$ (円) なので，
印刷料金は，$4000+8500=12500$ (円)
よって，B 社が，$13000-12500=500$ (円) 安い。

⑵　A 社は，印刷枚数が
500 枚までは 1 枚あたりの料金が一定で，
500 枚のときの料金が 10000 円なので，
(0 枚，0 円) と (500 枚，10000 円) の点を結ぶ。
印刷枚数が 500 枚をこえたときも 500 枚までとちがう割合で 1 枚あたりの料金は一定で，

1100 枚のときの料金が，
$10000+10\times(1100-500)=16000$（円）なので，
（500 枚，10000 円）の点から（1100 枚，16000 円）を通る直線を，（1100 枚，16000 円）の先まで次図のようにひく。

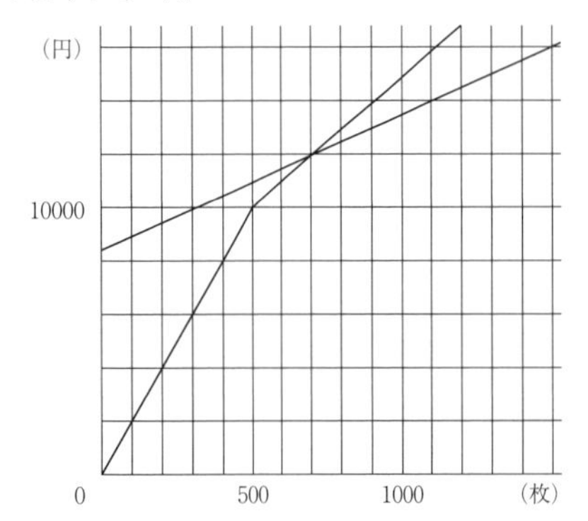

(3) 印刷枚数が 500 枚のとき，印刷料金は，
A 社が 10000 円で，
B 社が，$5\times500+8500=11000$（円）なので，
B 社が，$11000-10000=1000$（円）高い。
ここから印刷枚数が 1 枚増えるごとに，
この差は，$10-5=5$（円）ずつ縮まるので，
印刷料金が等しくなるときの印刷枚数は，
$500+1000\div5=700$（枚）

(4) A 社の印刷料金が 13500 円になるときの印刷枚数は，$500+(13500-10000)\div10=850$（枚）で，これより多いときは A 社の方が印刷料金は高くなるので，あてはまる印刷枚数は 851 枚以上。
B 社の印刷料金が 13500 円になるときの印刷枚数は，$(13500-8500)\div5=1000$（枚）で，
これより少ないときは B 社の方が印刷料金は安くなるので，あてはまる印刷枚数は 999 枚以下。
よって，印刷料金が高い順に A 社，C 社，B 社になる印刷枚数は 851 枚以上 999 枚以下。

答 (1) B（社が）500（円安い）　(2)（前図）
(3) 700（枚）　(4) 851（枚以上）999（枚以下）

7 (1) 水槽を右図のように分けて考える。

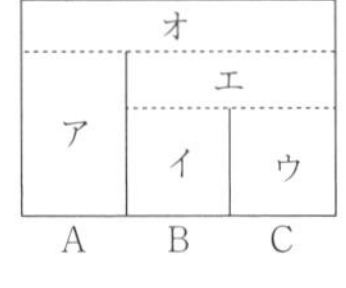

A の部分に毎分 3000cm^3 の速さで水を入れるとき，
アの部分がいっぱいになるのにかかる時間は 10 分，
イの部分がいっぱいになるのにかかる時間は，
$22-10=12$（分）
アの部分とイの部分は底面積が等しく，
高さの比が，$\dfrac{3}{4}:\dfrac{1}{2}=3:2$ だから，
イの部分の高さを $\dfrac{3}{2}$ 倍してアの部分と容積を等しくすると，イの部分がいっぱいになるのにかかる時間は，$12\times\dfrac{3}{2}=18$（分）になる。
アの部分がいっぱいになるまでの間は
3 つの穴から，イの部分がいっぱいになる
までの間は 5 つの穴から水が抜けるから，
1 つの穴から抜ける水の量を毎分 1 とすると，
$1\times5\times18-1\times3\times10=60$ にあたる水の量が，
$3000\times(18-10)=24000$ (cm^3) とわかる。
よって，1 つの穴から抜ける水の量は
毎分，$24000\div60=400$ (cm^3)

(2) アの部分の容積は，
$(3000-400\times3)\times10=18000$ (cm^3)
イの部分の容積は，$18000\times\dfrac{2}{3}=12000$ (cm^3)
水槽の容積は，$18000\times3\div\dfrac{3}{4}=72000$ (cm^3)
イの部分がいっぱいになった後は 6 つの穴から水が抜けるから，水槽がいっぱいになるのは，
$\{72000-(18000+12000)\}\div(3000-400\times6)+22=92$（分後）

(3) ウの部分の容積は
イの部分の容積と同じ 12000cm^3。
エの部分の容積は，
$(18000-12000)\times2=12000$ (cm^3)
オの部分の容積は，
$72000\times\left(1-\dfrac{3}{4}\right)=18000$ (cm^3)
水槽がいっぱいになったところで水を止めると，
はじめにオの部分から水がなくなっていき，
オの部分が空になると同時に，
アとエの部分から水がなくなっていく。
そして，エの部分が空になると同時に，
イとウの部分から水がなくなっていく。
オの部分が空になるのにかかる時間は，
$18000\div(400\times6)=7.5$（分）
エの部分が空になるのにかかる時間は，
$12000\div(400\times3)=10$（分）
ウの部分が空になるのにかかる時間は，
$12000\div400=30$（分）
イの部分が空になるのにかかる時間は，

$12000 \div (400 \times 2) = 15$（分）
アの部分が空になるのにかかる時間は，
$18000 \div (400 \times 3) = 15$（分）
よって，水槽が空になるのは，
ウの部分が空になるのが最後なので，
水を止めてから，$7.5 + 10 + 30 = 47.5$（分後）

答 (1) 400 (cm^3)　(2) 92（分後）　(3) 47.5（分後）

8 (1)　容器 A の底面積は，
$1 \times 1 \times 3.14 = 3.14$ (cm^2) なので，
容積は，$3.14 \times 4 = 12.56$ (cm^3)

(2)　容器 B の底面積は，
$2 \times 2 \times 3.14 = 4 \times 3.14$ (cm^2) なので，
容器 A を取り出しているので，
容器 B に入っている水の高さは，
$(4 \times 3.14) \div (4 \times 3.14) = 1$ (cm) になる。

(3)　容器 C の底面積は，
$3 \times 3 \times 3.14 = 9 \times 3.14$ (cm^2) なので，
容器 A，B を置いたときに水の入る部分の底面積は，$9 \times 3.14 - 4 \times 3.14 = 5 \times 3.14$ (cm^2) で，
入っている水の体積は，
$5 \times 3.14 \times 2 = 10 \times 3.14$ (cm^3)
これに容器 A の水を加えると，
$10 \times 3.14 + 4 \times 3.14 = 14 \times 3.14$ (cm^3) なので，
容器 C に入っている水の高さは，
$(14 \times 3.14) \div (9 \times 3.14) = \frac{14}{9}$ (cm)

答 (1) 12.56 (cm^3)　(2) 1 (cm)　(3) $\frac{14}{9}$ (cm)

9 (1)　グラフより，70 秒後に Q から P へ水が流れ始め，110 秒後に P の水面の高さは直方体のおもりの高さ 15cm と等しくなり，(イ)秒後に P の水面の高さが仕切りの高さになったことがわかる。
P の水面の高さは，水を入れ初めてから 70 秒間で 5 cm 上がり，70 秒後から 110 秒後までの，
$110 - 70 = 40$（秒間）で，
$15 - 5 = 10$ (cm) 上がっているから，1 秒間に蛇口 A から出てくる水の量と，蛇口 A，B から出てくる水の量の合計の比は，$\frac{5}{70} : \frac{10}{40} = 2 : 7$
よって，蛇口 A，B から 1 秒間に出てくる水の量の比は，$2 : (7-2) = 2 : 5$

(2)　おもりの体積と水槽の容積の比は $1 : 25$ で，
おもりの高さと水槽の高さの比が，
$15 : 50 = 3 : 10$ だから，
おもりと水槽の底面積の比は，$\frac{1}{3} : \frac{25}{10} = 2 : 15$

(3)　1 秒間に蛇口 A から出る水の量を 2，蛇口 B から出る水の量を 5 とすると，360 秒間に水槽に入った水の量は，$(2+5) \times 360 = 2520$
これは，水槽の容積の，$1 - \frac{1}{25} = \frac{24}{25}$ だから，
水槽の容積は，$2520 \div \frac{24}{25} = 2625$
よって，おもりの体積は，$2625 - 2520 = 105$
110 秒後，P に入っている水の量は，
$2 \times 110 + 5 \times 40 = 420$ だから，
おもりの底面積と P で水が入っている部分の底面積の比は，$105 : 420 = 1 : 4 = 2 : 8$
おもりの底面積と水槽全体の底面積の比が $2 : 15$ だから，P で水が入っている部分の底面積と Q の部分の底面積の比は，$8 : (15 - 2 - 8) = 8 : 5$
よって，水を入れ初めてから 70 秒後の P と Q の水面の高さの比は，$\frac{2}{8} : \frac{5}{5} = 1 : 4$
よって，(ア)は，$5 \times 4 = 20$
また，水槽全体の水面の高さが 20cm になるとき，入っている水の量は，$2625 \times \frac{20}{50} - 105 = 945$ で，
これは毎秒，$2 + 5 = 7$ の水が(イ)秒間入ったときの水の量だから，(イ)は，$945 \div 7 = 135$

答 (1) $2 : 5$　(2) $2 : 15$　(3) (ア) 20　(イ) 135

10 (1)　じゃ口 A を開いているとき，
[容器 1] には 40 秒で，
$100 \times 40 = 4000$ (cm^3) の水が注がれる。
このとき，じゃ口 B は閉じていて，
[容器 1] の水面の高さが 10cm になっているので，
[容器 1] の底面積は，$4000 \div 10 = 400$ (cm^2)

(2)　グラフより，0 秒後から 40 秒後までは，
じゃ口 A のみ開いているので，
[容器 1] にのみ水が注がれて 2 つの容器の水面の高さの差が大きくなっていく。
40 秒後から 90 秒後までは，
じゃ口 A もじゃ口 B も開いているので，
[容器 1] から [容器 2] へ水が注がれるため，
2 つの容器の水面の高さの差が小さくなっていく
（[容器 1] の水面の高さの方が高い）。
90 秒後以降は，じゃ口 A を閉めたので，
[容器 1] に注がれる水はなく，

［容器1］から［容器2］に注がれる水はあるので，水面の高さの差が小さくなっている割合が大きくなり，水面の高さの差が0cmになってからは，［容器2］の水面の高さの方が高くなっていく。
よって，Aを閉じたのは，Aを開いてから90秒後。

(3)　じゃ口Aから注がれた水の量は全部で，
$100\times90=9000$（cm^3）
グラフで，水面の高さの差が30cmから変わらなくなるのは，［容器1］の水がなくなり，9000cm^3の水がすべて［容器2］に注がれたためである。
よって，［容器2］の底面積は，
$9000\div30=300$（cm^2）

(4)　Aを開いてから90秒後の［容器2］の水面の高さを□cmとすると，このとき，［容器1］で，□cmより上の5cm部分に入っている水の量は，
$400\times5=2000$（cm^3）なので，
［容器1］，［容器2］とも□cmまで水を入れたときの水の量は，$9000-2000=7000$（cm^3）
2つの容器の底面積の和は，
$400+300=700$（cm^2）なので，
このときの水面の高さ□cmは，
$7000\div700=10$（cm）
よって，じゃ口Bからは，$90-40=50$（秒）で，
$300\times10=3000$（cm^3）の水が注がれるので，
Bから注がれる水の量は，
毎秒，$3000\div50=60$（cm^3）

答　(1) 400（cm^2）　(2) 90（秒後）　(3) 300（cm^2）
(4)（毎秒）60（cm^3）

11 (1)　グラフAでの水面の高さの上がり方は一定だから，この立体を底面積が一定になる向きに置いている。よって，取り除いた面はあ。
グラフBでの水面の高さの上がり方は
途中から急になっているから，
底面積が途中から小さくなる向きに置いている。
よって，取り除いた面はう。
グラフCでの水面の高さの上がり方は
途中からゆるやかになっているから，
底面積が途中から大きくなる向きに置いている。
よって，取り除いた面はい。

(2)　面あが底面になっているとき，
水面の高さが1cm上がるのにかかる時間は，
グラフAより，$12\div12=1$（分）
面えが底面になっているとき，
水面の高さが1cm上がるのにかかる時間は，
グラフBより，$6\div5=1.2$（分）
よって，面あと面えの面積の比は，$1:1.2=5:6$

(3)　この立体のそれぞれの辺の長さは，グラフA，B，Cより，右図のようになる。
よって，面あは面えと合同な長方形から右図の色をつけた長方形を切り取った形だとわかる。

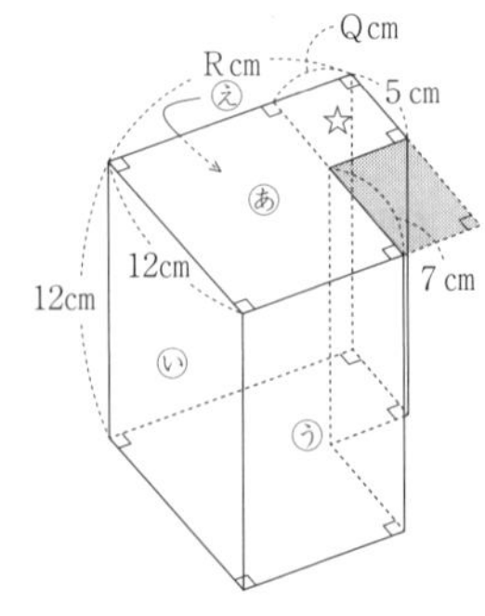

(2)より，面あと面えの面積の比は5：6だから，
色をつけた長方形の面積は面あの面積の，
$(6-5)\div5=\dfrac{1}{5}$（倍）
したがって，前図の☆の長方形の面積は面あの面積の，$\dfrac{1}{5}\times\dfrac{5}{7}=\dfrac{1}{7}$（倍）
グラフCより，水を注ぎ始めてからP分後に，面あのうち，☆の長方形の部分まで水が入っているから，$P=12\times\dfrac{1}{7}=\dfrac{12}{7}$

答　(1) A．面あ　B．面う　C．面い　(2) 5：6
(3) $\dfrac{12}{7}$

12 (1)　同じ量の水を入れた場合，底面積が大きくなる方が水面の高さの上がり方が小さくなり，同じ底面積でも排水口を閉じれば水の増える量が多くなるので，水面の高さの上がり方が大きくなる。
よって，排水口を閉じたのは，
水面の高さの上がり方が大きくなる2.6分後。

(2)　この水槽を次図のように
あ～うの3つの部分に分ける。
5.4分後から水面の高さの上がり方が小さくなっているので，5.4分後から16.2分後までの，
$16.2-5.4=10.8$（分）に
あの部分に水が入っている。
入れる水の量は
毎分，$2.5\times1000=2500$（cm^3）なので，
この間に入れた水の量は，
$2500\times10.8=27000$（cm^3）
この部分の底面積は，
$20\times(15+10+25)=1000$（cm^2）なので，

高さ㋐cm は，$27000 \div 1000 = 27$ (cm)

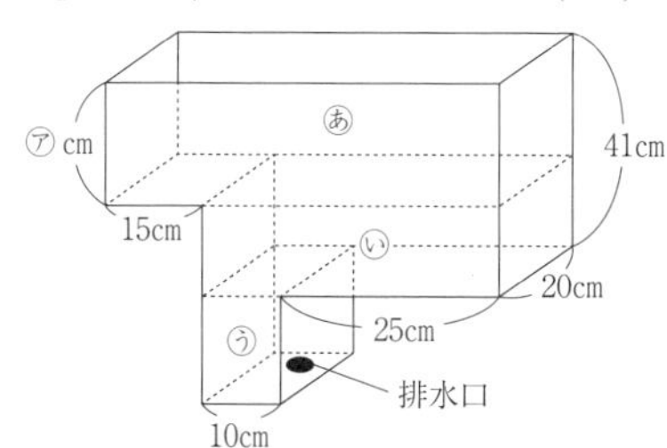

(3) 1.2 分後から水面の上がり方が小さくなっているので，1.2 分後から 5.4 分後までの，
$5.4 - 1.2 = 4.2$ (分) は㋑の部分に水が入っている。
㋑の部分は，
底面積が，$20 \times (10 + 25) = 700$ (cm^2) で，
高さが，$41 - 27 = 14$ (cm) なので，
この部分に入る水の量は，
$700 \times 14 = 9800$ (cm^3)
この間に蛇口から入れた水の量は，
$2500 \times 4.2 = 10500$ (cm^3) なので，
排水口から，
$10500 - 9800 = 700$ (cm^3) の水が流れ出ている。
この間で排水口が開いていた時間は，
$2.6 - 1.2 = 1.4$ (分) なので，
排水口から流れ出る水の割合は
毎分，$700 \div 1.4 = 500$ (cm^3) より，
毎分，$500 \div 1000 = 0.5$ (L)

(4)㋑ ㋒の部分に水が入ったのは 1.2 分後まで。
この間，水は毎分，$2500 - 500 = 2000$ (cm^3) の割合で増えるので，
この部分に入る水の量は，
$2000 \times 1.2 = 2400$ (cm^3)
この部分の底面積は，
$20 \times 10 = 200$ (cm^2) なので，
この部分の高さ㋑cm は，
$2400 \div 200 = 12$ (cm)

㋒ ㋑の部分に水が入り始めてから排水口を閉じるまでの 1.4 分で増えた水の量は，
$2000 \times 1.4 = 2800$ (cm^3)
この部分の底面積は $700cm^2$ なので，
この間に水面は，
$2800 \div 700 = 4$ (cm) 上がっている。
よって，㋒cm は，$12 + 4 = 16$ (cm)

答 (1) 2.6 分後 (2) 27 (3) 毎分 0.5L
(4) ㋑ 12 ㋒ 16

7．平面図形

★問題 P．73～98★

1 (ア) 次図 a より，折れ線 APB と折れ線 AXB で共通する部分は線分 AP。

図 a

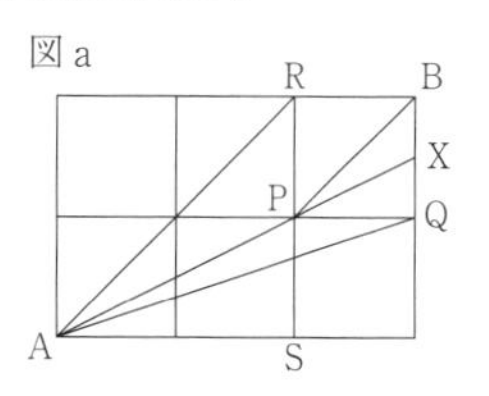

(イ)・(ウ) ことがら①より，三角形 PXB の辺 PB の長さは，残りの 2 辺 PX，XB の長さの和より小さいので，線分 PB の長さは折れ線 PXB の長さよりも小さい。

(エ) 前図 a より，折れ線 AXB と折れ線 AQB で共通する部分は線分 XB。

(オ) 線分 AX と折れ線 AQX を比べるので，三角形 AQX に注目する。

(カ) ことがら①より，三角形 AQX の辺 AX の長さは，残りの 2 辺 AQ，QX の長さの和より小さいので，線分 AX の長さは折れ線 AQX の長さよりも小さい。

(キ) 折れ線 APB の長さは折れ線 AXB の長さよりも小さく，折れ線 AQB の長さは折れ線 AXB の長さよりも大きいので，折れ線 AQB の長さは，折れ線 APB の長さより大きい。

(ク) 正方形の 1 辺の長さより，線分 BR の長さと線分 BQ の長さは等しい。

(ケ) AR と AQ を 2 つの辺としてもつ三角形なので，次図 b の三角形 ARQ。

図 b

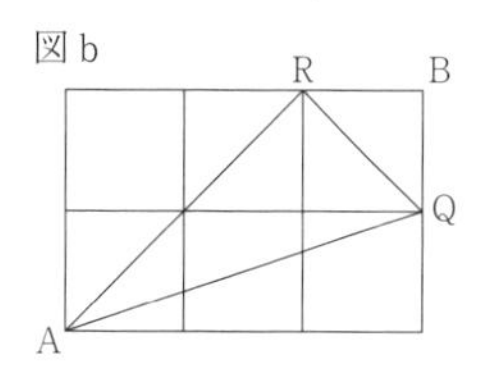

(コ) 正方形の対角線の性質より，三角形 ARQ は，角 R が直角である直角三角形。
よって，ことがら②より，三角形 ARQ では AQ の長さがもっとも大きい。

(サ) AQ の長さが AR の長さよりも大きいので，折れ線 AQB の長さは，折れ線 ARB の長さより大きい。

答 (ア) AP (イ) PB (ウ) PXB (エ) XB (オ) AQX

(カ) AQX　(キ) AQB　(ク) BQ　(ケ) ARQ
(コ) AQ　(サ) AQB

2 ウ．次図 a のように，結んだ線 3 本で，
1 つの領域を作ることができる。
エ．4 個の点で 1 つの領域を作ると，例えば，次図 b のようになるので，結ぶ線は 4 本。
オ．4 個の点で 2 つの領域を作ると，例えば，次図 c のようになるので，結ぶ線は 5 本。
カ．4 個の点で 3 つの領域を作ると，例えば，次図 d のようになるので，結ぶ線は 6 本。
キ．5 個の点で 1 つの領域を作ると，例えば，次図 e のようになるので，結ぶ線は 5 本。
ク．5 個の点で 2 つの領域を作ると，例えば，次図 f のようになるので，結ぶ線は 6 本。
ケ．5 個の点で 3 つの領域を作ると，例えば，次図 g のようになるので，結ぶ線は 7 本。
コ．5 個の点で 4 つの領域を作ると，例えば，次図 h のようになるので，結ぶ線は 8 本。
サ．5 個の点で 5 つの領域を作ると，例えば，次図 i のようになるので，結ぶ線は 9 本。
シ．これまでより，○個の点で領域を 1 つ作るのに結ぶ線は○本で，そこから領域を 1 つ増やすごとに結ぶ線は 1 本増えていく。
10 個の点で 1 つの領域を作るのに結ぶ線は 10 本で，ここから領域を，$5-1=4$ (つ)増やすので，
結ぶ線は，$10+4=14$ (本)
ス．100 個の点で 1 つの領域を作るのに結ぶ線は 100 本で，ここから領域を，$90-1=89$ (個)増やすので，結ぶ線は，$100+89=189$ (本)
セ．2023 個の点で 1 つの領域を作るのに結ぶ線は 2023 本で，ここから結ぶ線を，
$4045-2023=2022$ (本)増やすので，
できる領域は，$1+2022=2023$ (個)

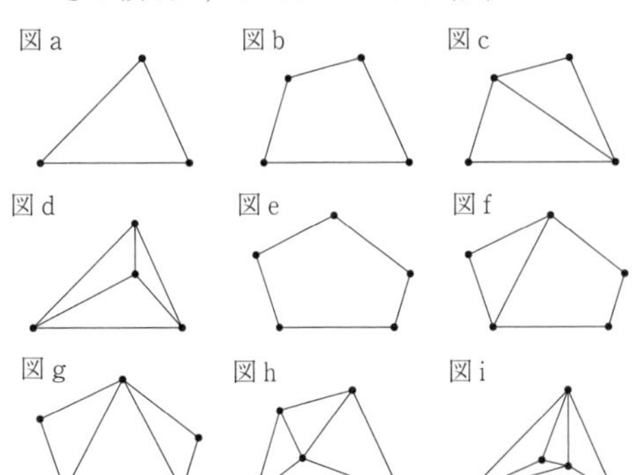

答 ア．3　イ．8　ウ．3　エ．4　オ．5　カ．6
キ．5　ク．6　ケ．7　コ．8　サ．9
シ．14　ス．189　セ．2023

3 (1) 次図のように，対角線は両端を除くと，
縦の線と，$9-1=8$ (か所)，
横の線と，$5-1=4$ (か所)で交わるので，
両端も含めると，正方形の辺と，
$8+4+2=14$ (か所)で交わる。
対角線が引かれる正方形の個数は，
交わる点の間の数に等しいから，$14-1=13$ (個)

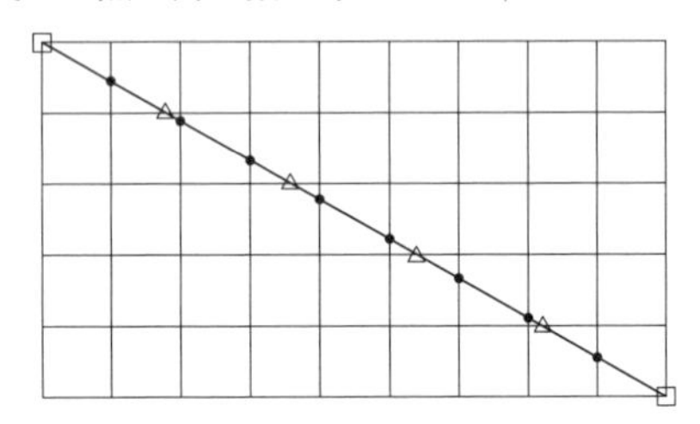

(2) $15=5\times3$，$27=9\times3$ より，縦に 5 個，横に 9 個の正方形を並べた長方形 3 つ分に対角線をひくことになる。
よって，求める個数は，$13\times3=39$ (個)
(3) 縦に，$60\div3=20$ (個)，横に，$69\div3=23$ (個)の正方形を並べてできる長方形に対角線をひくと，
$(20-1)+(23-1)+2-1=42$ (個)の正方形に線が引かれる。
よって，求める個数は，$42\times3=126$ (個)

答 (1) 13 (個)　(2) 39 (個)　(3) 126 (個)

4 $2\times2\div2=2$ (cm^2)より，
面積が 2 cm^2 の正方形は，
右図のように対角線の長さが 2 cm の正方形。
このような正方形は，
真ん中の点をア～ケの
9 か所にとることができるので，9 個。

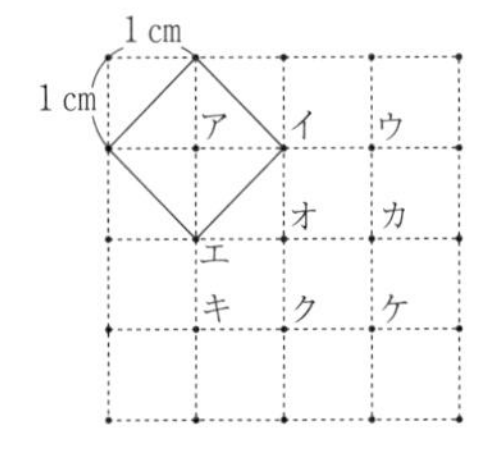

答 9 (個)

5 できる正方形は，次図のア～クの 8 通りある。
各図形が何個できるか調べると，
アは，$4\times4=16$ (個)
イは，$3\times3=9$ (個)
ウは，$2\times2=4$ (個)
エは 1 個。
オは中にある 1 個の点の取り方から，$3\times3=9$ (個)
カは 1 個。

キは中にある4個の点の取り方から，$2\times2=4$（個）あり，左右反転したものもあるので，$4\times2=8$（個）
クは左右反転したものと2個。
よって，正方形ができる4個の点の選び方は，
$16+9+4+1+9+1+8+2=50$（通り）

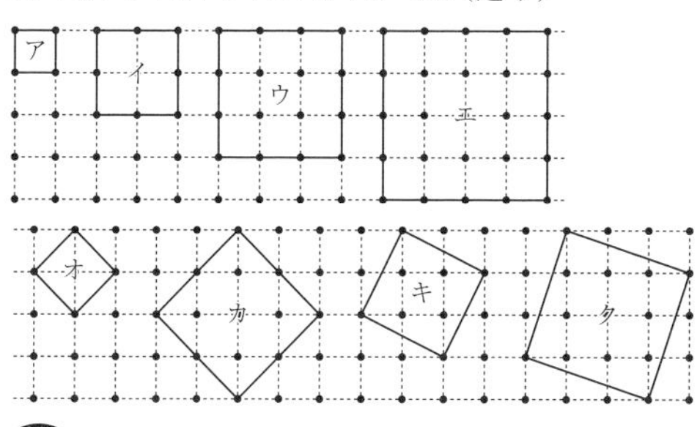

答 50通り

6　次図で，平行線の性質より，角㋑$=44^\circ$なので，
三角形の角の和より，
角㋐＝角㋒$=180^\circ-33^\circ-44^\circ=103^\circ$

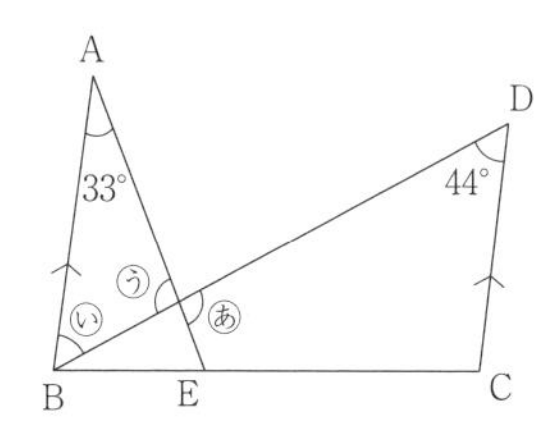

答 103°

7 ㋐　$180^\circ-(77^\circ+45^\circ)=58^\circ$
㋑　$180^\circ-(77^\circ+60^\circ)=43^\circ$より，
求める角の大きさは，$180^\circ-(90^\circ+43^\circ)=47^\circ$
㋒　$180^\circ-58^\circ-90^\circ=32^\circ$，
$180^\circ-(32^\circ+45^\circ)=103^\circ$より，
求める角の大きさは，$180^\circ-103^\circ=77^\circ$

答 ㋐ 58°　㋑ 47°　㋒ 77°

8　次図の三角形BCDは二等辺三角形なので，
角㋑$=82^\circ$
三角形の角の関係から，三角形ACDにおいて，
㋒$=82^\circ-16^\circ=66^\circ$
また，三角形ADEにおいて，
㋓$=66^\circ-16^\circ=50^\circ$
三角形EFDは二等辺三角形だから，
㋐$=180^\circ-50^\circ\times2=80^\circ$

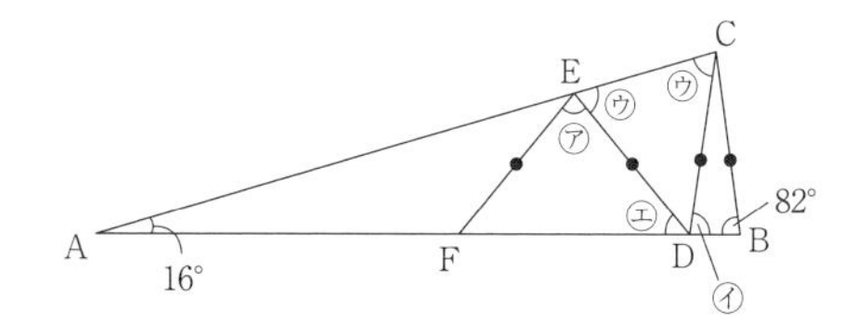

答 80°

9　三角形ADEはAE＝DEである二等辺三角形だから，角ADE＝角㋐$=65^\circ$より，
角AED$=180^\circ-65^\circ\times2=50^\circ$
また，三角形ABCはAB＝ACである二等辺三角形だから，角ABE＝角ACE
三角形の角の関係から，角CAE＋角ACE＝角AEB
より，角㋑＋角ACE＝角AED＋角㋑
よって，角ACE＝角AED$=50^\circ$
したがって，角BAC$=180^\circ-50^\circ\times2=80^\circ$だから，
角㋑$=80^\circ-65^\circ=15^\circ$

答 15

10　次図で，三角形ACDの角より，
角○$=180^\circ-66^\circ-90^\circ=24^\circ$
三角形ABCの角より，
角×$=(180^\circ-66^\circ-24^\circ\times2)\div2=33^\circ$
よって，三角形FBCの角より，
角①$=180^\circ-(24^\circ+33^\circ)=123^\circ$
また，三角形ABEの角より，
角②$=180^\circ-66^\circ-33^\circ=81^\circ$

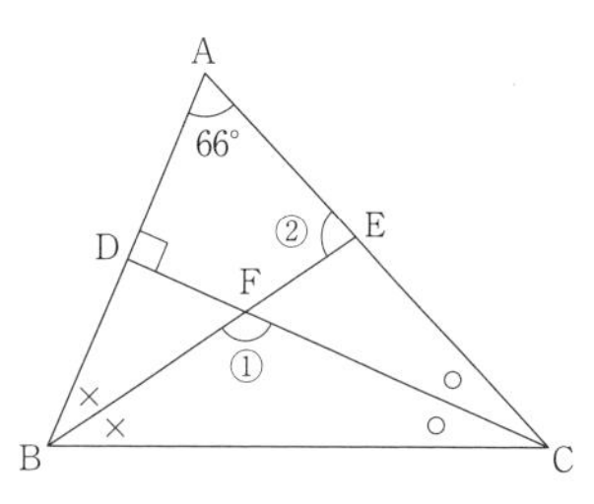

答 ア．123　イ．81

11　次図で色をつけた三角形の角の和から，
角オ$=180^\circ-78^\circ-40^\circ=62^\circ$
同様に，角カ$=180^\circ-92^\circ-50^\circ=38^\circ$だから，
角キ$=180^\circ-62^\circ-38^\circ=80^\circ$で，
直線が交わってできる角の関係より，
角ク＝角キ$=80^\circ$
よって，角ケ＋角コ$=180^\circ-80^\circ=100^\circ$
ここで，太線の三角形の角の和から，
角ア＋角イ$=180^\circ-$角ケ，
同様に，角ウ＋角エ$=180^\circ-$角コだから，
角ア＋角イ＋角ウ＋角エ$=180^\circ-$角ケ$+180^\circ-$角コ
$=360^\circ-100^\circ=260^\circ$

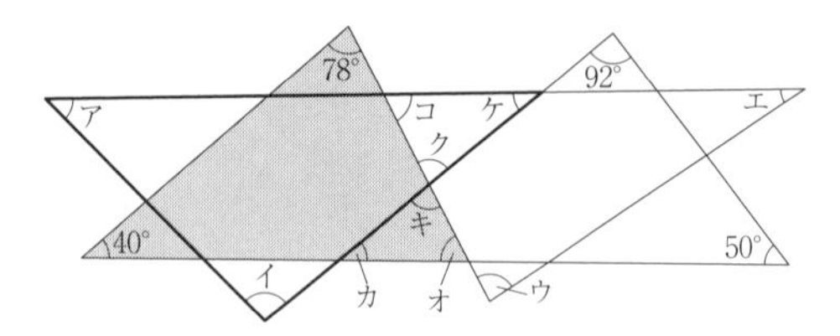

答 260

12　正五角形の１つの角の大きさは，
180°×(5－2)÷5＝108°なので，角㋐＝108°
正五角形の外角だから，
角 DHG＝180°－108°＝72°
ひし形の角より，
角 HDG＝180°－108°＝72°
したがって，角㋑＝180°－72°×2＝36°
三角形 GHD は GD＝GH の二等辺三角形で，
この図のひし形と正五角形は
AC を対称の軸に線対称になっているので，
角 BFE＝角 DGH＝36°
また，FB＝FE＝FG より，
三角形 FBG は二等辺三角形で，
角 BFG＝36°＋108°＝144°なので，
角㋒＝(180°－144°)÷2＝18°

答 ㋐ 108°　㋑ 36°　㋒ 18°

13　EF と BA は平行だから，㋐の角の大きさは
角 BAP の大きさと等しく 39°。
次に，角 PFA＝180°－128°＝52°
CB と DA が平行だから，角 CEP＝角 PFA＝52°
よって，三角形 PFA と三角形 CEP は拡大図と
縮図の関係になるから，AF：PE＝PF：CE
四角形 CDFE，EFAB はともに平行四辺形で，
平行四辺形の向かい合う辺の長さは等しいから，
CE＝DF，AF＝BE
よって，BE：PE＝PF：DF
また，角 BEP＝角 PFD＝128°だから，三角形 PDF
と三角形 BPE は拡大図と縮図の関係である。
よって，㋑の角の大きさは角 FPD の角の大きさと
等しいので，180°－(29°＋128°)＝23°

答 あ．39　い．23

14　正五角形の１つの角の大きさは，
180°×(5－2)÷5＝108°
したがって，次図の角ⓘの大きさは，
180°－108°＝72°
また，平行線の性質より，
角ⓤの大きさは，180°－117°＝63°で，
角ⓔの大きさは，180°－(72°＋63°)＝45°
よって，求める角ⓐの大きさは，
180°－(45°＋108°)＝27°

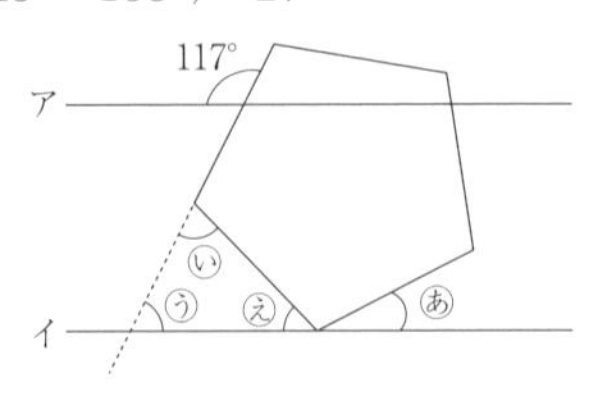

答 27

15　次図で，AB と CD は平行だから，
平行線の性質より，角ア＝75°
よって，x°＝180°－75°＝105°

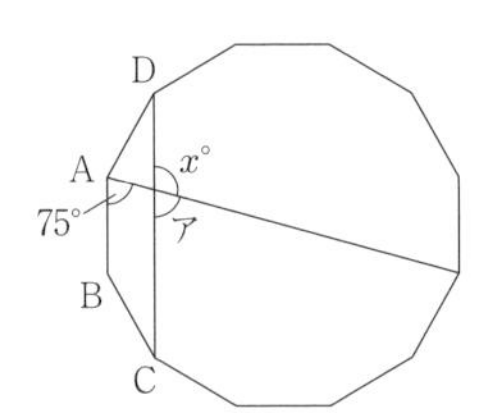

答 105

16　次図で，正六角形の向かい合う辺は平行だから，
角ⓘの大きさは角ⓐの大きさと等しくなる。
正三角形の１つの角の大きさは 60°，
正方形の１つの角の大きさは 90°，
正五角形の１つの角の大きさは 108°だから，
角ⓤの大きさは，180°－(60°＋90°)＝30°，
角ⓔの大きさは，360°－(90°＋108°)＝162°，
角ⓞの大きさは，180°－108°＝72°
よって，角ⓚの大きさは，
360°－(30°＋162°＋72°)＝96°だから，
角ⓘの大きさは，180°－96°＝84°
よって，角ⓐの大きさは 84°。

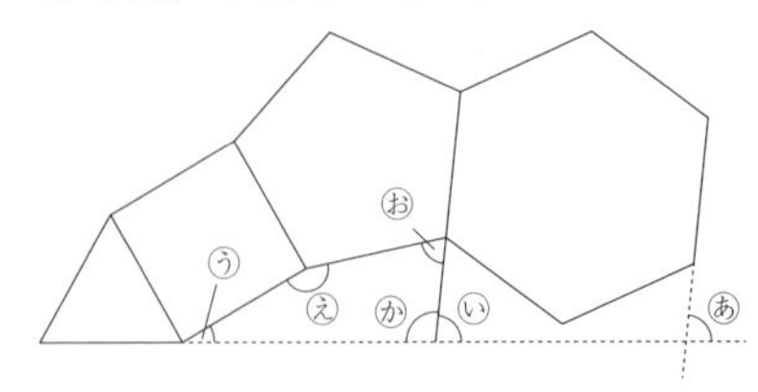

答 84°

17　次図で，正五角形の１つの角の大きさは 108°で，
正三角形の１つの角の大きさは 60°だから，
角 FDE の大きさは，108°－60°＝48°
三角形 DEF は二等辺三角形だから，
角 DEF の大きさは，(180°－48°)÷2＝66°

三角形 ADE は二等辺三角形だから，
角 ADE の大きさは，$(180° - 108°) \div 2 = 36°$
よって，角 EGD の大きさは，
$180° - (36° + 66°) = 78°$ だから，
㋐の角の大きさは，$180° - 78° = 102°$

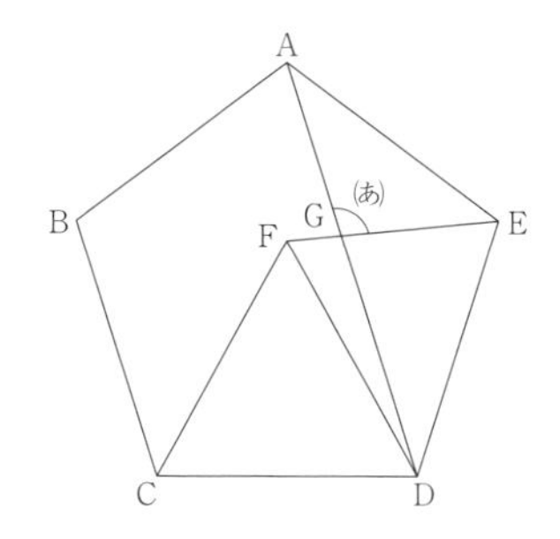

答 102

18　正六角形の 1 つの角の大きさは，
$180° \times (6-2) \div 6 = 120°$ なので，
次図の㋓の角の大きさは，$120° - 90° = 30°$
三角形 ABC は二等辺三角形なので，
㋐の角の大きさは，$(180° - 30°) \div 2 = 75°$
また，三角形 ADE は㋔が 60°，
㋕が 30° の直角三角形になり，
BF と DE は平行なので，平行線と角の性質より，
㋑の角の大きさは 60°。
㋒の角の大きさは，$45° - 30° = 15°$

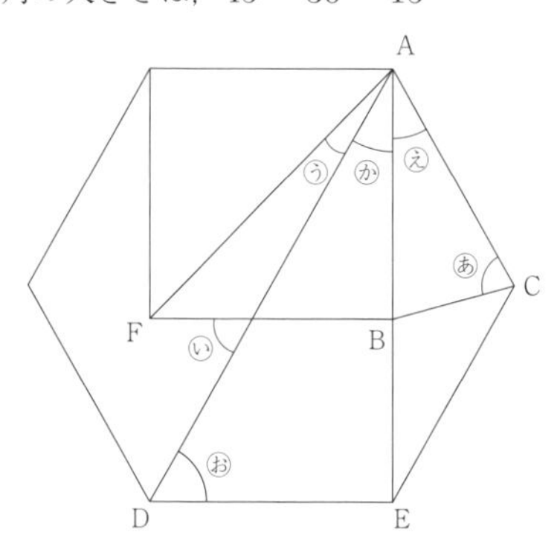

答 ㋐ 75°　㋑ 60°　㋒ 15°

19　五角形の 5 つの角の大きさの和は，
$180° \times (5-2) = 540°$ で，
正五角形の 1 つの角の大きさは，
$540° \div 5 = 108°$ なので，角①$= 180° - 108° = 72°$
次図のように，
点 E を通り直線 ℓ，m に平行な直線 n をひくと，
平行線の性質より，角③$= 43°$ なので，
角④$= 108° - 43° = 65°$ で，
平行線の性質より，角⑤$= 65°$
三角形 EFG が二等辺三角形なので，角⑥$= 65°$ で，
三角形 EFG の角より，角②$= 180° - 65° \times 2 = 50°$

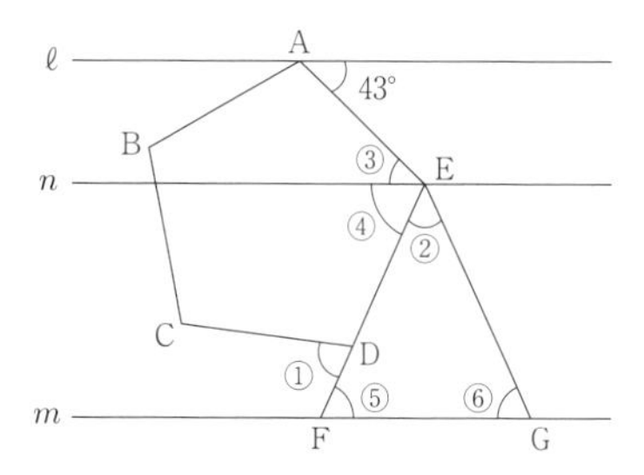

答 ア．72　イ．50

20　次図のように，点 A と点 C，点 H と点 F を
それぞれ結び，AE と IF が交わる点を J とする。
次図で，正五角形の 5 つの角の大きさの和は，
$180° \times 3 = 540°$ だから，
正五角形の 1 つの角の大きさは，$540° \div 5 = 108°$
三角形 EAD は二等辺三角形だから，
角 EAD の大きさは，$(180° - 108°) \div 2 = 36°$
同じように，角 BAC の大きさも 36° だから，
角 CAD の大きさは，$108° - 36° \times 2 = 36°$
三角形 ACD を点 D を中心に時計回りに 90° 回転
させると三角形 HFD に重なるから，
角 FHD の大きさは 36°。
よって，角 FHI の大きさは，$90° - 36° = 54°$
HF = HD = HI だから，三角形 HIF は二等辺三角形。
よって，角 HIF の大きさは，$(180° - 54°) \div 2 = 63°$
これより，角 JIA の大きさは，$90° - 63° = 27°$
角 IAJ の大きさは，$90° - 36° = 54°$ だから，
三角形 AJI で，角㋐の大きさは，
$180° - (27° + 54°) = 99°$

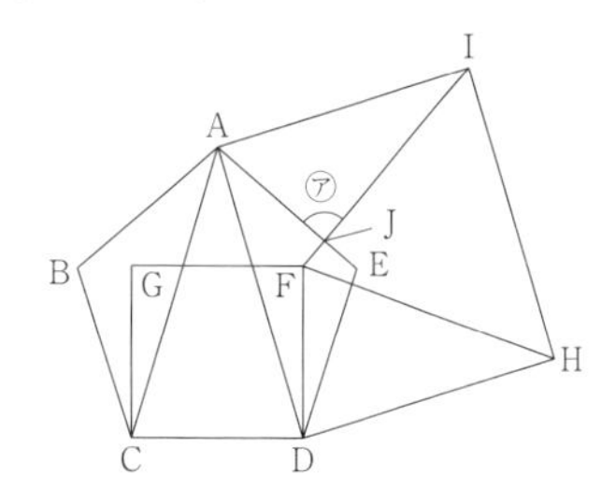

答 99

21　おうぎ形の中心 O と点 C を直線で結ぶと，
OA = OB = OC より，三角形 OAB，三角形 OAC，
三角形 OCB はそれぞれ二等辺三角形になる。
よって，
角 OAB = 角 OBA $= (180° - 118°) \div 2 = 31°$
角 OCA = 角 OAC $= 31° + 10° = 41°$

角 AOC＝180°－41°×2＝98°

角 COB＝118°－98°＝20°

角 OCB＝角 OBC＝(180°－20°)÷2＝80°

よって，㋐＝80°－31°＝49°

答 49°

22　次図のように，角イ＝180°－(60°＋38°)＝82°

角 BDE＝角アより，角ア＝(180°－82°)÷2＝49°

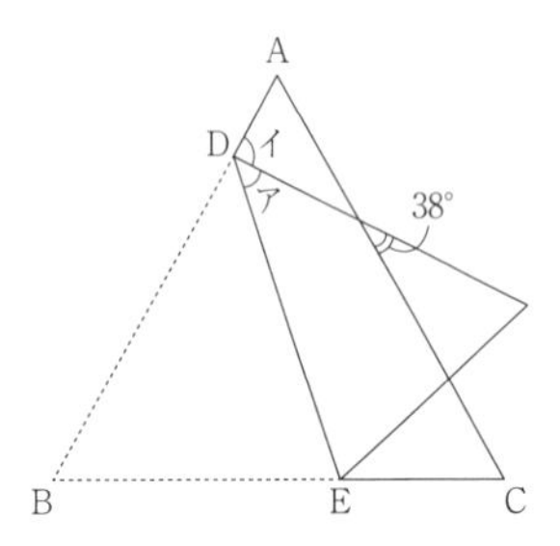

答 49°

23　次図で，㋑＝180°－100°＝80°で，

平行線の性質より，㋒＝㋑＝80°

折り返した図形だから，㋓＝㋒＝80°より，

㋐＝180°－80°－80°＝20°

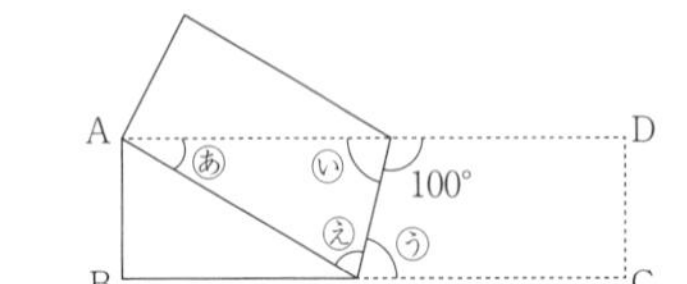

答 20°

24　正方形の辺より，CB＝CD′ なので，

三角形 BCD′ は二等辺三角形で，

正方形の対角線より，角 ACB＝45° なので，

角 BD′C＝(180°－45°)÷2＝67.5° で，

直線が交わってできる角の性質より，

角 AD′A′＝角 BD′C＝67.5°

よって，角 x＝90°－67.5°＝22.5°

答 22.5

25 (1)　三角形 DOA は正三角形で，三角形 ADE はこの正三角形を半分した直角三角形。

よって，角アの大きさは，60°÷2＝30°

(2)　次図の角ウの大きさは，90°－60°＝30°

三角形 OBD は二等辺三角形なので，

角エの大きさは，(180°－30°)÷2＝75°

また，三角形 COD も二等辺三角形なので，

角オの大きさは 30°。

よって，角イの大きさは，75°－30°＝45°

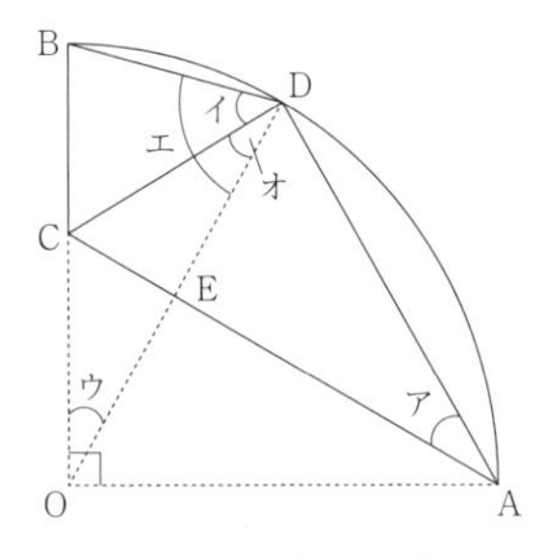

(3)　三角形 COE は正三角形を半分にした直角三角形なので，EC：OC＝1：2

同様に三角形 CAO についても，OC：AC＝1：2

したがって，OC を 2 にそろえると，

EC：AC＝1：4 になるので，

三角形 CAO の面積は，10×4＝40 (cm^2)

三角形 CAO と三角形 CAD は合同なので，

求める面積は，40×2＝80 (cm^2)

答 (1) 30°　(2) 45°　(3) 80 (cm^2)

26　次図で，太線でかこんだ 2 つの三角形について，直線ではさんだ角の大きさは等しいから，

角ア＝角イなので，角ウ＋角エ＝角オ＋角カ

よって，印をつけた角の大きさをすべて足すと，

五角形の 5 つの角の和と等しくなる。

五角形の 1 つの頂点から対角線をひくと，

3 個の三角形に分けることができるから，

求める角の大きさの和は，180°×3＝540°

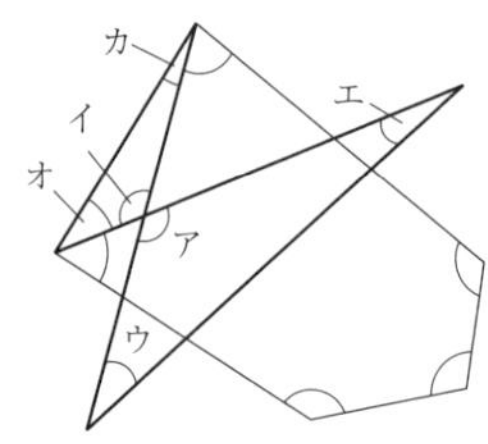

答 540°

27　三角形の内角の和は 180°，

六角形の内角の和は，180°×(6－2)＝720°

印のついた 12 個すべての角の大きさの和は，

三角形 6 個のすべての内角の和から，

外側の六角形の内角の和を引けばよいから，

180°×6－720°＝360°

答 360

28　どちらの場合も絵具でぬった面積は等しい。

よって，求める横の長さは，(18×5)÷4＝22.5 (m)

答 22.5

29　次図のように分けると，斜線部分の面積は，

$AF \times 6 \div 2 + FD \times 6 \div 2 + AF \times (8-6) \div 2$
$=74.5$ より，
$(AF+FD) \times 3 + AF = 74.5$
$AF+FD=20$ なので，$20 \times 3 + AF = 74.5$ より，
$AF = 74.5 - 60 = 14.5$ (cm)

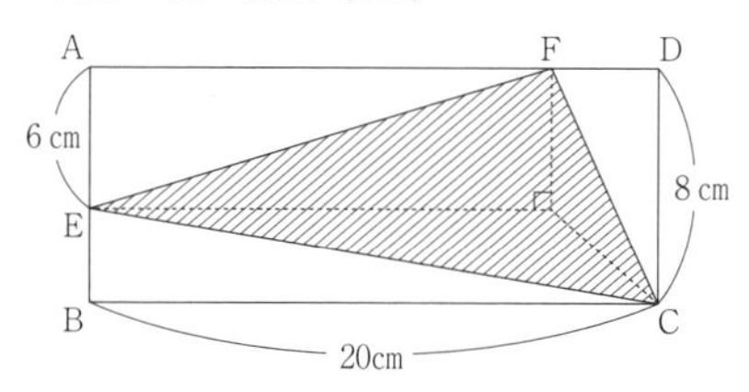

答 14.5 (cm)

30 次図のように，C と E を結ぶ。
三角形 DCE は，DC＝DE の二等辺三角形だから，
角 DCE＝角 DEC＝(180°－120°)÷2＝30° なので，
角 CEA＝120°－30°＝90°
したがって，B を通って AB に直角に交わる線を引き，CE との交点を F，CD との交点を G とすると，
四角形 BFEA は長方形となり，AE＝BF
ここで，角 CBG＝150°－90°＝60° だから，
三角形 BCG は正三角形で，
F は辺 BD の真ん中の点となる。
したがって，AE＝BF＝4÷2＝2 (cm)

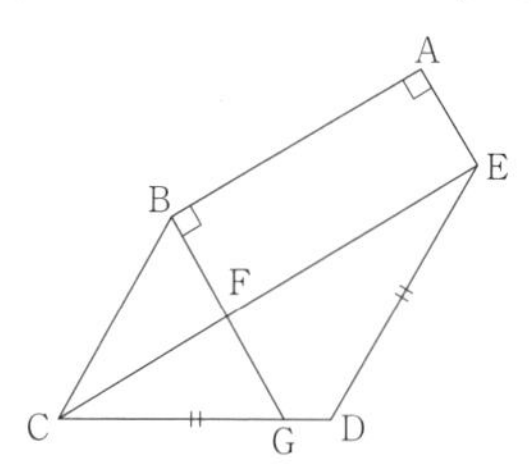

答 2

31 次図の台形 ABFG と三角形 DEG の面積は等しく，その面積は，$(10-4) \times 10 \div 2 = 30$ (cm^2)
よって，AB と FG の長さの和は，
$30 \times 2 \div 10 = 6$ (cm) で，
FG の長さは，$10-8=2$ (cm) なので，
AB の長さは，$6-2=4$ (cm)

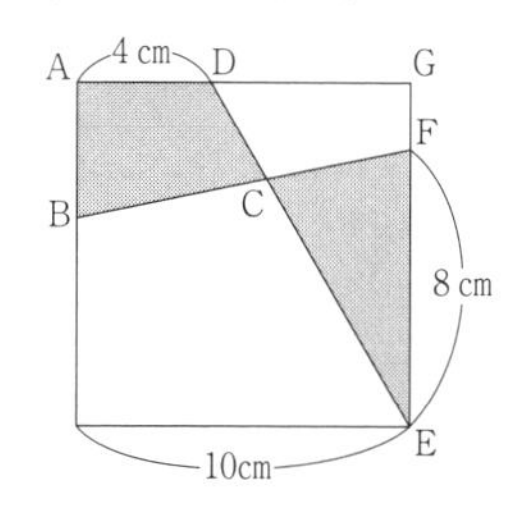

答 4 (cm)

32 次図のように線で結ぶと，
三角形 ABC，DCE はともに正三角形。
したがって，半径が，$24 \div 4 = 6$ (cm) で，
中心角が，180°－60°＝120° のおうぎ形 2 つと，
中心角が 60° のおうぎ形 1 つと，半径 12cm の半円の曲線部分の長さの和を求めればよい。
よって，

$$2 \times 6 \times 3.14 \times \frac{120 \times 2 + 60}{360} + 2 \times 12 \times 3.14 \times \frac{1}{2}$$

$=69.08$ (cm)

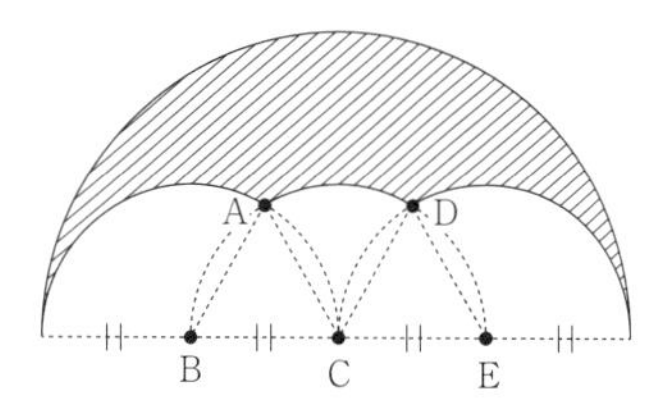

答 69.08 (cm)

33 問題の図の下半分を左右反転させると
次図のようになり，色のついた部分は，
半径 2 cm の円から半径，$2 \div 2 = 1$ (cm) の円を取った図形になるので，
面積は，$2 \times 2 \times 3.14 - 1 \times 1 \times 3.14 = 9.42$ (cm^2)
色のついた部分の周の長さは次図でも変わらず，
直径，$2+2=4$ (cm) の円周と直径 2 cm の円周を合わせた長さなので，
$4 \times 3.14 + 2 \times 3.14 = 18.84$ (cm)

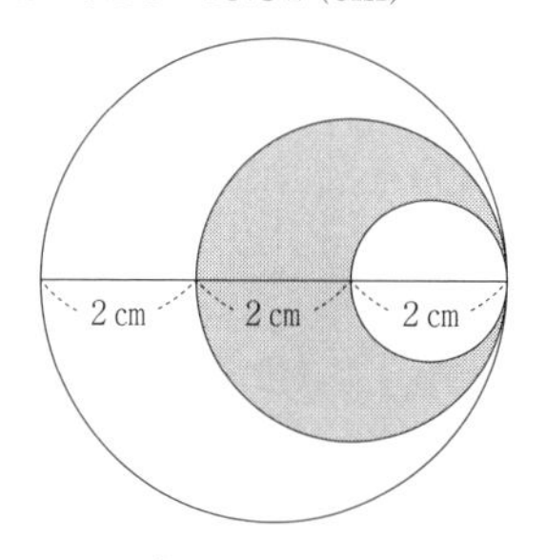

答 ア．9.42 イ．18.84

34 アの面積と，ウとオの面積の和が等しいので，
アとイとエの面積の和と，
イとウとエとオの面積も等しくなる。
半円は，半径が，$12 \div 2 = 6$ (cm) で，
面積が，$6 \times 6 \times 3.14 \div 2 = 56.52$ (cm^2) で，
長方形 ABCD の面積は，$6 \times 12 = 72$ (cm^2) なので，
三角形 AED (アとイとエ) の面積は，
$72 - 56.52 = 15.48$ (cm^2)
よって，$DE = 15.48 \times 2 \div 12 = 2.58$ (cm) なので，

$EC=6-2.58=3.42$ (cm)

答 3.42 (cm)

35 (1)　三角形DBAは正三角形なので，
おうぎ形ABDの中心角は60°。
よって，求める長さは，
$2\times6\times3.14\times\frac{60}{360}+6=12.28$ (cm)

(2)　三角形ACDは
二等辺三角形で，
右図の角イの大きさは，
$100°-60°=40°$
よって，角アの大きさは，
$(180°-40°)\div2=70°$

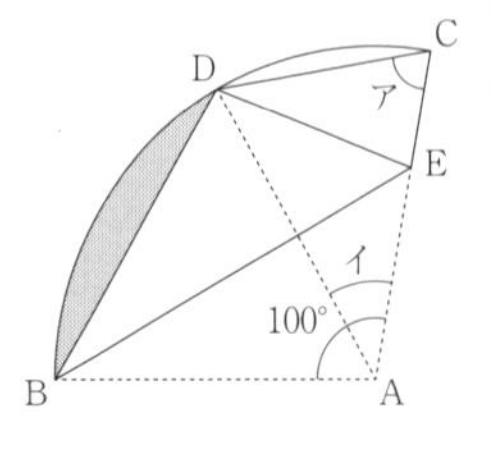

答 (1) 12.28 (cm)　(2) 70°

36 (1)　AQ：QC＝4：3より，
△ABQの面積は△ABCの面積の，
$\frac{4}{4+3}=\frac{4}{7}$ (倍)
また，AP：PB＝3：4より，
△APQの面積は△ABQの面積の，
$\frac{3}{3+4}=\frac{3}{7}$ (倍)
よって，△APQの面積は△ABCの面積の，
$\frac{4}{7}\times\frac{3}{7}=\frac{12}{49}$ (倍)

(2)　PR：RQ＝4：3より，
△APRの面積は△APQの面積の $\frac{4}{7}$ 倍なので，
△APRの面積は△ABCの面積の，
$\frac{12}{49}\times\frac{4}{7}=\frac{48}{343}$ (倍)
AP：PB＝3：4より，
△BPRの面積は△APRの面積の $\frac{4}{3}$ 倍なので，
$\frac{48}{343}\times\frac{4}{3}=\frac{64}{343}$ (倍)

(3)　△ARQの面積は△ABCの面積の，
$\frac{12}{49}\times\frac{3}{7}=\frac{36}{343}$ (倍)
したがって，△CQRの面積は△ABCの面積の，
$\frac{36}{343}\times\frac{3}{4}=\frac{27}{343}$ (倍)
よって，△RBCの面積は△ABCの面積の，
$1-\frac{12}{49}-\frac{64}{343}-\frac{27}{343}=\frac{24}{49}$ (倍)

答 (1) $\frac{12}{49}$ (倍)　(2) $\frac{64}{343}$ (倍)　(3) $\frac{24}{49}$ (倍)

37　三角形BEFは三角形BECと合同だから，
角BEF＝角BEC＝60°
よって，三角形FEDは，
角FED＝180°－60°×2＝60°，
角DFE＝180°－(90°＋60°)＝30°の
直角三角形だから，正三角形を2等分した形だとわかる。
したがって，DEの長さを1とすると，
EC＝EF＝1×2＝2，
AB＝DE＋EC＝1＋2＝3となるから，
ABの長さはDEの長さの3倍。
また，三角形BEFの面積は三角形BECの面積と等しく，長方形ABCDの面積の，
$\frac{1}{2}\times\frac{2}{3}=\frac{1}{3}$ になるから，$36\times\frac{1}{3}=12$ (cm^2)

答 ア．3　イ．12

38　次図のように，各点をA～Fとし，
長方形ABCDに対角線BDをひくと，
三角形ABDと三角形DBCは
長方形ABCDを2等分した三角形なので，
面積はそれぞれ，$16\div2=8$ (cm^2)
三角形ABEの底辺をAE，
三角形ABDの底辺をADとすると，
2つの三角形は高さが等しいので，
底辺の長さの比は面積比と等しくなり，
AE：AD＝2：8＝1：4
同様に，三角形FBCの底辺をFC，
三角形DBCの底辺をDCとすると，
2つの三角形は高さが等しいので，
面積比より，FC：DC＝4：8＝1：2
ここで，三角形ACDの面積も8 cm^2 で，
DE：DA＝(4－1)：4＝3：4，
DF：DC＝(2－1)：2＝1：2なので，
三角形EFDの面積は，$8\times\frac{3}{4}\times\frac{1}{2}=3$ (cm^2)
よって，色のついた三角形の面積は，
$16-(2+3+4)=7$ (cm^2)

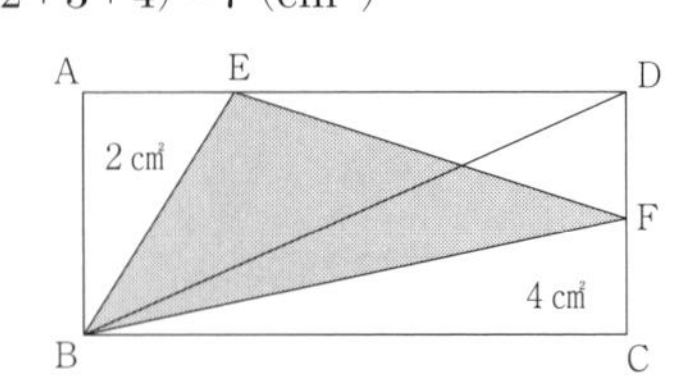

答 7

39 次図で，三角形ABC，三角形CDE，三角形EFAはすべて正六角形を6等分した三角形なので，
三角形ACEの面積は正六角形ABCDEFの面積の，$1-\frac{1}{6}\times3=\frac{1}{2}$
正六角形は，BEを対称の軸に線対称になっているので，三角形AGEと三角形CGEの面積は等しい。
よって，斜線部分の面積は，正六角形ABCDEFの面積の，$\frac{1}{2}\times\frac{1}{2}=\frac{1}{4}$ なので，$72\times\frac{1}{4}=18\ (\text{cm}^2)$

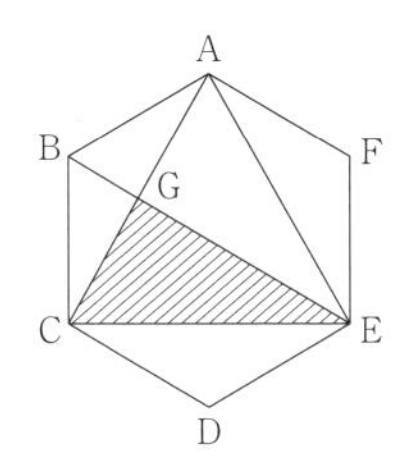

答 18

40 (1) 重なった部分は次図Ⅰのかげをつけた三角形。
Aから辺BCに垂直な線をひき，辺BCと交わる点をFとすると，AFの長さは3cm。
三角形ABFと三角形ACFはともに直角二等辺三角形だから，BF＝CF＝3cm
よって，DE＝BC＝3＋3＝6 (cm)だから，
DC＝6＋6−8＝4 (cm)
これより，かげをつけた三角形は，対角線の長さが4cmの正方形を半分にした直角二等辺三角形とわかるから，面積は，$4\times4\div2\div2=4\ (\text{cm}^2)$

図Ⅰ
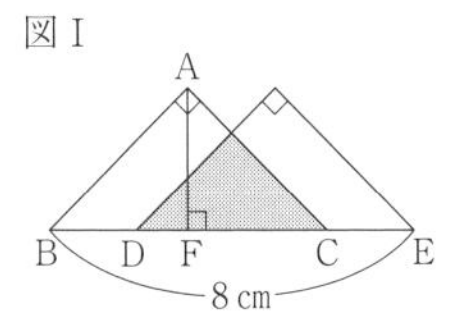

(2) 15枚の直角三角形は，
$(41-6)\div(15-1)=\frac{5}{2}$ (cm)ずつずらして並べられているから，次図Ⅱのように，2枚だけが重なった部分はうすいかげをつけた部分で，濃いかげをつけた部分は3枚が重なった部分となる。
$\text{GI}=6-\frac{5}{2}=\frac{7}{2}$ (cm)，
$\text{HI}=\frac{7}{2}-\frac{5}{2}=1$ (cm)だから，
三角形JGIは対角線の長さが$\frac{7}{2}$cmの正方形を半分にした直角二等辺三角形で，
三角形KHIは対角線の長さが1cmの正方形を半分にした直角二等辺三角形となる。
求める面積は，三角形JGIの面積の14倍から，三角形KHIの面積の，13×2＝26 (倍)をひいて，
$\frac{7}{2}\times\frac{7}{2}\div2\div2\times14-1\times1\div2\div2\times26$
$=\frac{291}{8}\ (\text{cm}^2)$

図Ⅱ
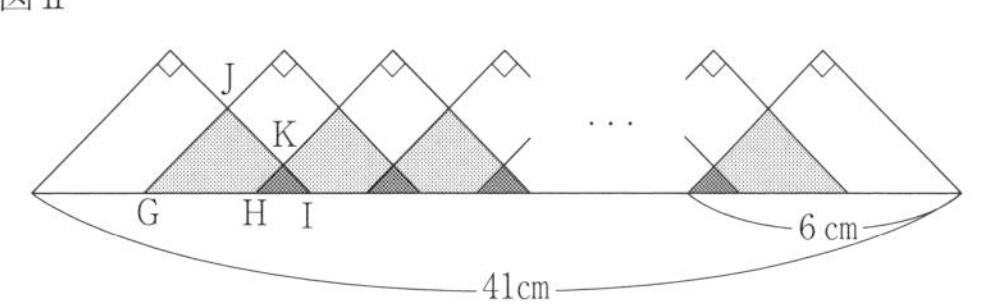

答 (1) $4\ (\text{cm}^2)$ (2) $\frac{291}{8}\ (\text{cm}^2)$

41 次図Ⅰのように線をひき，
四角形ABCDと長方形EFGHを作る。
EHの長さを□cmとすると，
EJの長さは，3−□(cm)，
BEの長さは，6＋3−□＝9−□(cm)
と表せる。
また
FDの長さは，2＋3＋□＝5＋□(cm)，
FIの長さは，5＋□−4＝1＋□(cm)，
EIの長さは，5＋□＋1＋□
＝6＋□＋□(cm)
と表せる。
BEとEIの長さは等しいので，
次図Ⅱの線分図より，□＝(9−6)÷3＝1 (cm)
よって，正方形の1辺の長さは3cm，6cm，8cm。
したがって，
三角形ABHの面積は，$\frac{1}{2}\times(8+1)\times3=\frac{27}{2}\ (\text{cm}^2)$，
三角形BCEの面積は，$\frac{1}{2}\times8\times(4+8)=48\ (\text{cm}^2)$，
三角形CDFの面積は，$\frac{1}{2}\times6\times6=18\ (\text{cm}^2)$，
三角形DAGの面積は，$\frac{1}{2}\times5\times(3+6)=\frac{45}{2}\ (\text{cm}^2)$
また，長方形EFGHの面積は，$6\times1=6\ (\text{cm}^2)$より，
求める面積は，$\frac{27}{2}+48+18+\frac{45}{2}+6=108\ (\text{cm}^2)$

図Ⅰ

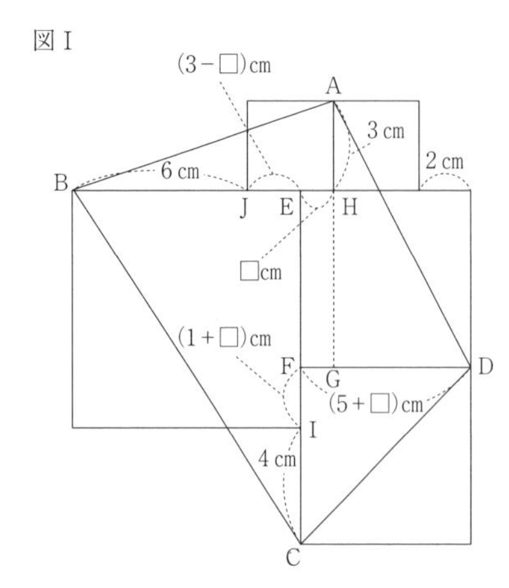

図Ⅱ

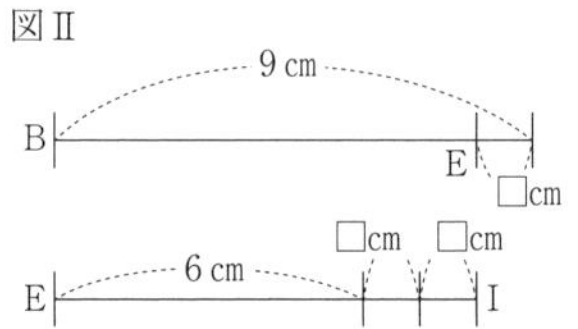

答 108

42 (1) AG と BK は平行だから，三角形 AKG は三角形 ABG と面積が等しく $18cm^2$。

よって，四角形 AJKG の面積は，$18\times2=36\ (cm^2)$

(2) 三角形 AHC と三角形 ABG は合同だから，面積は等しく $18cm^2$。

三角形 AHM は三角形 AHC と面積が等しいから，$18cm^2$。

よって，四角形 AHML の面積は，

$18\times2=36\ (cm^2)$

(3) 次図のように，点 A から辺 DE に垂直な線をひき，辺 DE と交わる点を N とし，AN と BC が交わる点を O とする。

また，点 A と点 E，点 B と点 F をそれぞれ結ぶ。

(1)，(2)と同じように考えると，四角形 JCFK の面積は三角形 BCF の面積の 2 倍，四角形 ONEC は三角形 ECA の面積の 2 倍で，三角形 BCF と三角形 ECA は合同で面積が等しいから，四角形 JCFK と四角形 ONEC は面積が等しい。

同様に，四角形 MIBL と四角形 BDNO は面積が等しい。

AG の長さは，$36\div4=9$ (cm)だから，

正方形 ACFG は 1 辺の長さが 9 cm の正方形。

よって，四角形 JCFK の面積は，

$9\times9-36=45\ (cm^2)$

AH の長さは，$36\div3=12$ (cm)だから，

正方形 AHIB は 1 辺の長さが 12cm の正方形。

よって，四角形 MIBL の面積は，

$12\times12-36=108\ (cm^2)$

したがって，四角形 BDEC の面積は，

$45+108=153\ (cm^2)$

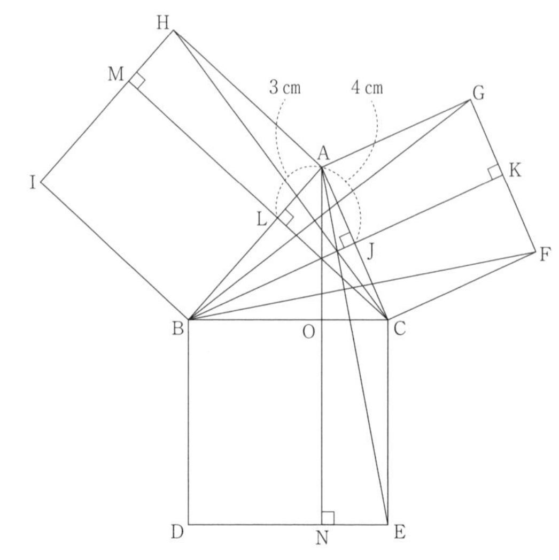

答 (1) 36 (cm^2)　(2) 36 (cm^2)　(3) 153 (cm^2)

43 次図で，E は BD の真ん中の点で，

BC と OE は垂直になるので，

おうぎ形 OBE の面積は，

$2\times2\times3.14\times\frac{90}{360}=3.14\ (cm^2)$

四角形 EOCD は，EO と DC が平行な台形で，

$CD=2\times2=4$ (cm)なので，

面積は，$(2+4)\times2\div2=6\ (cm^2)$

おうぎ形 CBD の面積は，

$4\times4\times3.14\times\frac{90}{360}=12.56\ (cm^2)$なので，

斜線部の面積は，$12.56-(3.14+6)=3.42\ (cm^2)$

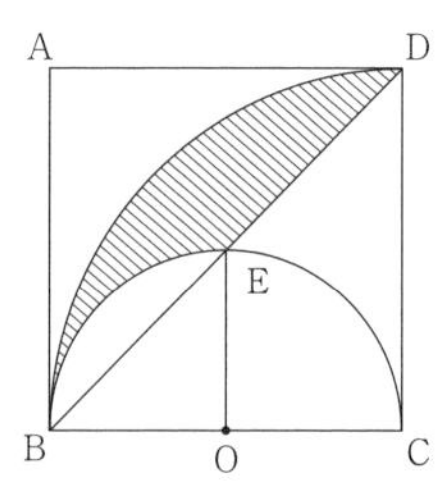

答 3.42 (cm^2)

44 斜線部分の図形のうち，影をつけた 8 つの部分を次図の矢印のように移動させると，対角線の長さが，$4\times2=8$ (cm)の正方形 ABCD ができる。

よって，斜線部分の面積は，$8\times8\div2=32\ (cm^2)$

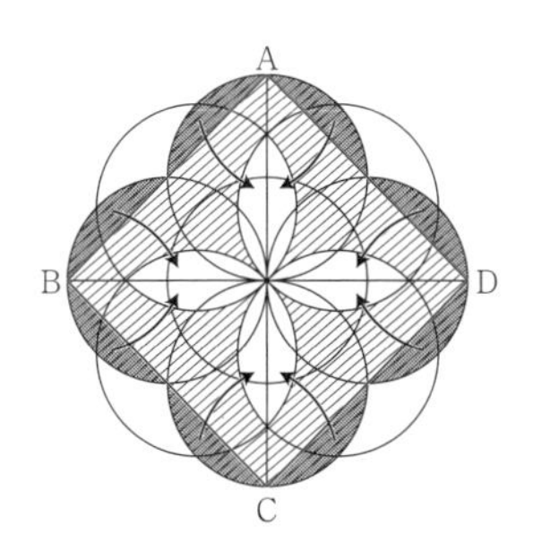

答 32

45　次図において，三角形 ACO で，

㋐$=180°-90°-(50°+20°)=20°$ より，

三角形 ACO と三角形 ODE は合同なので，

三角形 AOF と四角形 CDEF の面積は等しい。

よって，求める部分の面積は，

おうぎ形 OAE の面積と等しいから，

$6\times6\times3.14\times\frac{50}{360}=15.7\ (\text{cm}^2)$

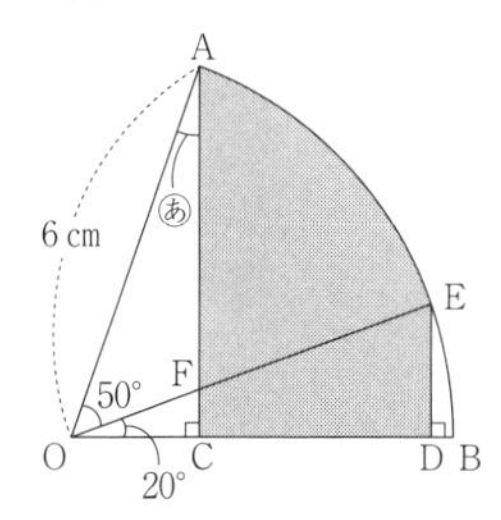

答 15.7 (cm^2)

46　次図のように，半円の中心を O，

各点を A〜F とすると，図形の対称性より，

三角形 OAB と三角形 OFE は合同な二等辺三角形で，OA，OF をそれぞれの底辺としたときの高さが等しいので，BE は AF に平行。このことより，

三角形 OAE と三角形 OAB は面積が等しい。

同様に，AF と CD も平行なので，

三角形 ACD と三角形 OCD の面積も等しい。

よって，かげをつけた部分の面積の和は，

おうぎ形 OAB，おうぎ形 OCD，

おうぎ形 OEF の面積の和と等しく，

これらのおうぎ形は，

半径，$20\div2=10$ (cm)，

中心角，$180°\div5=36°$ なので，

$10\times10\times3.14\times\frac{36}{360}\times3=94.2\ (\text{cm}^2)$

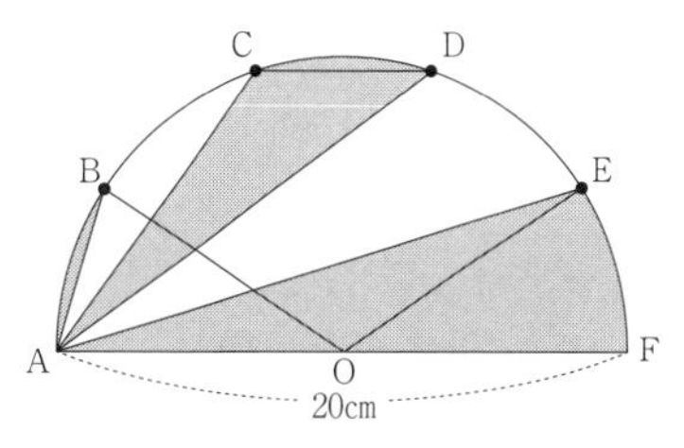

答 94.2 (cm^2)

47　㋐と㋒の面積の和は，

半径が，$10\div2=5$ (cm) の円の面積だから，

$5\times5\times3.14=78.5\ (\text{cm}^2)$

㋑と㋒の面積の和は，1 辺が 8 センチの正方形の面積だから，$8\times8=64\ (\text{cm}^2)$

これより，

㋐と㋑の面積の差は，$78.5-64=14.5\ (\text{cm}^2)$ で，

㋐と㋑の面積比が 2：1 より，

㋑の面積は，$14.5\times\frac{1}{2-1}=14.5\ (\text{cm}^2)$

よって，㋒の面積は，$64-14.5=49.5\ (\text{cm}^2)$

答 49.5 (cm^2)

48 (1)　次図の四角形 CADB は

1 辺の長さが 6 cm のひし形なので，

「い」の角と「う」の角の大きさはどちらも，

$(360°-150°\times2)\div2=30°$

よって，斜線部分の周りの長さは，

$6\times2\times3.14\times\frac{30}{360}\times2=6.28$ (cm)

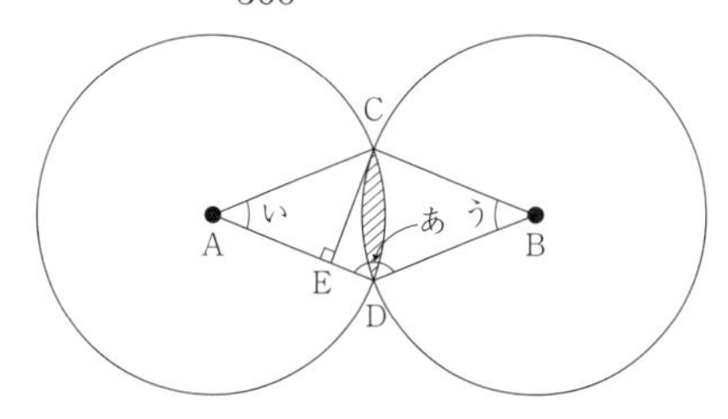

(2)　前図のように，C から AD に垂直な直線 CE をひくと，三角形 CAE は正三角形を 2 等分した直角三角形なので，CE の長さは AC の長さの半分で，$6\div2=3$ (cm)

よって，ひし形 CADB の面積は，

$6\times3=18\ (\text{cm}^2)$

おうぎ形 ACD の面積は，

$6\times6\times3.14\times\frac{30}{360}=9.42\ (\text{cm}^2)$ なので，

ひし形 CADB の内部で，

斜線部分より右の部分の面積は，

$18-9.42=8.58\ (\text{cm}^2)$

斜線部分より左の部分も同様なので，

斜線部分の面積は，$18-8.58\times2=0.84$ (cm^2)

答 (1) 6.28 (cm)　(2) 0.84 (cm^2)

49 半円の中心をOとすると，次図で，おうぎ形OAG，

おうぎ形ODCの中心角は，$180°\times\dfrac{1}{6}=30°$ なので，

2個合わせた面積は，

$6\times6\times3.14\times\dfrac{30}{360}\times2=18.84$ (cm^2)

角 GOD $=30°\times3=90°$ より，

三角形OGDは直角二等辺三角形なので，

面積は，$6\times6\div2=18$ (cm^2)

角BOCも30°なので，次図のように

CからOBに垂直な直線CHを引くと，

三角形OCHは30°，60°の直角三角形になり，

CH $=6\div2=3$ (cm)なので，

三角形OACの面積は，$6\times3\div2=9$ (cm^2)

よって，斜線部分の面積は，

$18.84+18-9=27.84$ (cm^2)

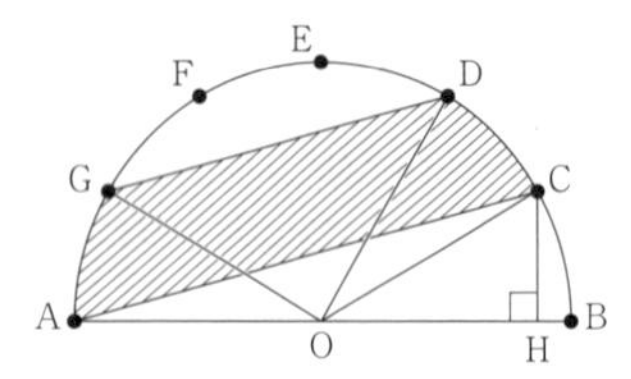

答 27.84

50 (1) 次図aで，角 COE $=90°\times\dfrac{2}{4}=45°$ なので，

おうぎ形OCEの面積は，

$14\times14\times\dfrac{22}{7}\times\dfrac{45}{360}=77$ (cm^2)

角 AOC $=90°-45°=45°$ より，

三角形FOCは直角二等辺三角形で，

OCを底辺としたときの高さが，

$14\div2=7$ (cm)なので，

面積は，$14\times7\div2=49$ (cm^2)

よって，求める面積は，$77+49=126$ (cm^2)

(2) 次図bで，

角AOB＝角 DOE $=90°\times\dfrac{1}{4}=22.5°$，

平行線の性質より，角ODH＝角DOEなので，

角BOG＝角ODH

また，OB＝DO＝14cm，

角OGB＝角 DHO $=90°$ なので，三角形BOGと三角形ODHは直角三角形のいちばん長い辺と直角以外の1つの角が等しいので合同で，面積が等しく，これらの三角形から共通部分を取った四角形IHGBと三角DOIの面積も等しい。

よって，求める面積は，

おうぎ形OBDの面積と等しいので，

$14\times14\times\dfrac{22}{7}\times\dfrac{45}{360}=77$ (cm^2)

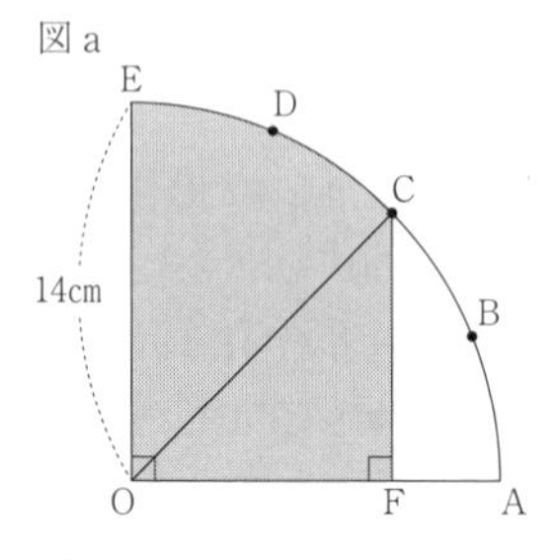

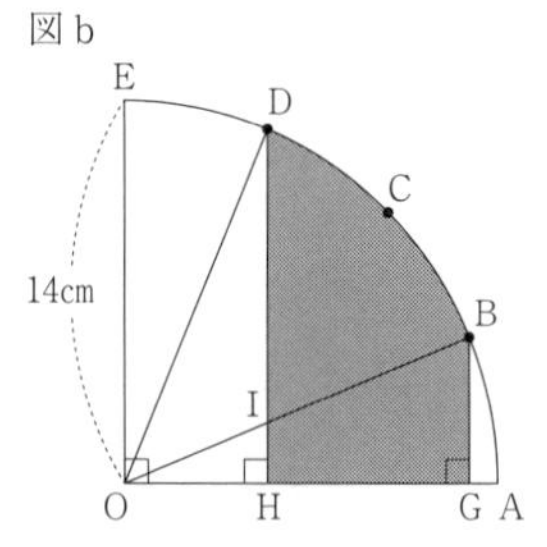

答 (1) 126 (cm^2)　(2) 77 (cm^2)

51 (1) 三角形BCDと三角形ACDの面積の差は，

三角形BCFと三角形AFDの面積の差と等しく，

$432-27=405$ (cm^2)

三角形BCDと三角形ACDの面積の比は，

BC：ED $=10.5:33=7:22$ なので，

この比の1にあたる面積は，

$405\div(22-7)=27$ (cm^2)で，

三角形BCDの面積は，$27\times7=189$ (cm^2)

よって，CD $=189\times2\div10.5=36$ (cm)

(2) 三角形FCDの面積は，$189-27=162$ (cm^2)

CFとFAの長さの比は，

三角形FCDと三角形AFDの面積比と同じで，

$162:432=3:8$ なので，

三角形ABCの面積は，$27\times\dfrac{8+3}{3}=99$ (cm^2)

次図のように長方形GCDEを作ると，

三角形ABCの面積より，

GA $=99\times2\div10.5=\dfrac{132}{7}$ (cm)

よって，AE $=36-\dfrac{132}{7}=\dfrac{120}{7}$ (cm)なので，

三角形 ADE の面積は，

$\frac{120}{7}\times 33\div 2=\frac{1980}{7}$（$\text{cm}^2$）

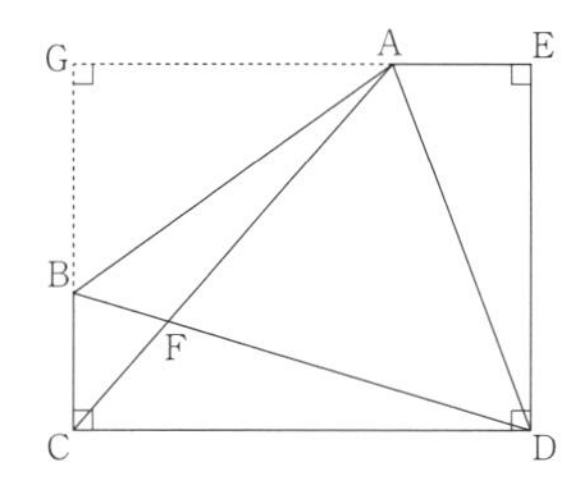

答 (1) 36（cm） (2) $\frac{1980}{7}$（cm^2）

52 (1) 三角形 ABG と三角形 BCG の底辺を
どちらも BG とすると，
（三角形 ABG の面積）：（三角形 BCG の面積）
＝AF：FC＝1：2
また，三角形 ABG の面積と三角形 CAG の面積の和は三角形 ARS の面積と等しいから，
（三角形 BCG の面積）：（三角形 ABG と三角形 CAG の面積の和）
＝（三角形 RES の面積）：（三角形 ARS の面積）
＝GE：AG＝2：5
よって，
（三角形 ABG の面積）：（三角形 BCG の面積）：（三角形 ABG と三角形 CAG の面積の和）
＝1：2：5 となるから，
（三角形 ABG の面積）：（三角形 BCG の面積）：（三角形 CAG の面積）
＝1：2：（5－1）＝1：2：4

(2) AD：DB
＝（三角形 CAG の面積）：（三角形 BCG の面積）
＝4：2＝2：1

(3) 三角形 ABG の面積は，

$105\times\frac{1}{1+2+4}=15$（$\text{cm}^2$）

（三角形 ADG の面積）：（三角形 DBG の面積）
＝AD：DB＝2：1 より，

三角形 ADG の面積は，$15\times\frac{2}{2+1}=10$（cm^2）

答 (1) ① FC ② 1：2 ③ AG ④ 2：5 ⑤ 1：2：5 ⑥ 1：2：4 (2) 2：1 (3) 10（cm^2）

53 長方形 ABCD の面積を 1 とすると，

三角形 ABD の面積は $\frac{1}{2}$。

AD：ED＝3：2 より，

三角形 BED の面積は，$\frac{1}{2}\times\frac{2}{3}=\frac{1}{3}$

また，DP：BP＝ED：BC＝2：3 より，
BP：BD＝3：5

よって，三角形 BEP の面積は，$\frac{1}{3}\times\frac{3}{5}=\frac{1}{5}$

答 $\frac{1}{5}$（倍）

54 三角形 HFI の底辺を HI とすると，
高さは 6 cm なので，HI＝27×2÷6＝9（cm）
AD と HI が平行より，
三角形 AFD は三角形 HFI の拡大図で，
辺の長さの比は，高さの比と同じで，
（4＋6）：6＝5：3 なので，
面積比は，（5×5）：（3×3）＝25：9
よって，四角形 AHID と三角形 HFI の面積比は，
（25－9）：9＝16：9 なので，

四角形 AHID の面積は，$27\times\frac{16}{9}=48$（cm^2）

答 ア．9 イ．48

55 (1) 平行四辺形の向かい合う辺より，AD＝BC
BC と AE が平行より，
三角形 GBC は三角形 GEA の拡大図なので，

BG：GE＝BC：EA＝1：$\frac{1}{2}$＝2：1

(2) FG と AE が平行より，
三角形 FGB は三角形 AEB の縮図で，
FG：AE＝BG：BE＝2：（2＋1）＝2：3
BC と FG が平行より，
三角形 HBC は三角形 HGF の拡大図なので，

BH：HG＝BC：GF＝1：$\left(\frac{1}{2}\times\frac{2}{3}\right)$＝3：1

(3) 三角形 FGH と三角形 FGB の面積比は，
HG と BG の長さの比と等しく，
1：（3＋1）＝1：4 で，
三角形 FGB の面積は三角形 FGH の面積の，

$\frac{4}{1}=4$（倍）

三角形 FGB は三角形 AEB の縮図で，
辺の長さの比が 2：3 より，
面積比は，（2×2）：（3×3）＝4：9 なので，
三角形 AEB の面積は，三角形 FGH の面積の，

$4\times\frac{9}{4}=9$（倍）

三角形 AEB と三角形 ADB の面積比は，

AE と AD の長さの比と等しく 1：2 なので，

三角形 ADB の面積は，三角形 FGB の面積の，

$9 \times \frac{2}{1} = 18$（倍）

平行四辺形は 1 本の対角線で合同な 2 個の三角形に分かれるので，平行四辺形 ABCD の面積は，

三角形 ADB の面積の 2 倍で，

三角形 FGH の面積の，$18 \times 2 = 36$（倍）

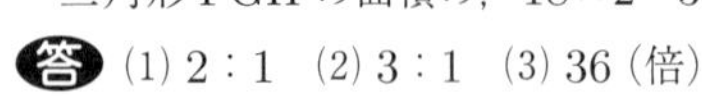

答 (1) 2：1　(2) 3：1　(3) 36（倍）

56 (1)　GE と DC が平行より，

三角形 GBE は三角形 DBC の縮図で，

GE：DC＝BE：BC＝1：(1＋2)＝1：3 なので，

GE の長さは DC の長さの $\frac{1}{3}$。

四角形 AECD が平行四辺形より，

AE＝DC だから，

AG の長さは DC の長さの，$1 - \frac{1}{3} = \frac{2}{3}$

また，DF の長さは DC の長さの $\frac{1}{2}$ なので，

AG：DF＝$\frac{2}{3}$：$\frac{1}{2}$＝4：3

(2)　四角形 AECD が平行四辺形なので，AD＝EC

AD と BE が平行より，

三角形 GBE は三角形 GDA の縮図で，

BG：DG＝BE：DA＝1：2

また，AG と DF が平行より，

三角形 AGH は三角形 FDH の拡大図で，

GH：DH＝AG：FD＝4：3 なので，

BG：GH：HD＝1：$\left(2 \times \frac{4}{4+3}\right)$：$\left(2 \times \frac{3}{4+3}\right)$

＝7：8：6

よって，GH：BD＝8：(7＋8＋6)＝8：21

(3)　三角形 GFH の面積を 1 とすると，

GH：BD＝8：21 より，

三角形 DBF の面積は，$1 \times \frac{21}{8} = \frac{21}{8}$

DF：DC＝1：2 より，

三角形 DBC の面積は，$\frac{21}{8} \times 2 = \frac{21}{4}$

三角形 ABD の底辺を AD，三角形 DBC の底辺を BC とすると，高さが等しいので，

面積比は底辺の比と等しく，2：(1＋2)＝2：3

よって，台形 ABCD の面積は，

$\frac{21}{4} \times \frac{2+3}{3} = \frac{35}{4}$ なので，

三角形 GFH と台形 ABCD の面積比は，

1：$\frac{35}{4}$＝4：35

答 (1) 4：3　(2) 8：21　(3) 4：35

57 (1)　四角形 AEFD は，正方形 ABCD を上下に 2 等分した長方形なので，EH と AG は平行。

このことより，

三角形 EBH は三角形 ABG の縮図なので，

EH：AG＝BE：BA＝1：2

AG＝20÷2＝10 (cm) なので，

EH＝$10 \times \frac{1}{2}$＝5 (cm)

(2)　EB＝AG＝10cm なので，

三角形 EBC の面積は，20×10÷2＝100 (cm^2)

点 I は長方形 EBCF の対角線の交点だから，

EI：IC＝1：1

よって，三角形 IBC の面積は，

$100 \times \frac{1}{1+1} = 50$ (cm^2)

(3)　三角形 EBH の面積は，5×10÷2＝25 (cm^2)

EC と BG の交点を P とすると，

EH と BC が平行より，

三角形 EPH は三角形 CPB の縮図で，

HP：BP＝EH：CB＝5：20＝1：4

よって，三角形 EPH の面積は，

$25 \times \frac{1}{1+4} = 5$ (cm^2)

この図形は左右対称になっているので，GC より右にあるかげをつけた三角形の面積も 5 cm^2。

三角形 GBC の面積は，

20×20÷2＝200 (cm^2) なので，

かげをつけた部分の面積は，

200－50＋5×2＝160 (cm^2)

答 (1) 5 (cm)　(2) 50 (cm^2)　(3) 160 (cm^2)

58 (1)　AE＝DG＝8÷2＝4 (cm) で，

四角形 AEGD は長方形。

長方形の対角線はたがいに他を 2 等分するので，

三角形 HEG の面積は，8×4÷2÷2＝8 (cm^2)

(2)　KG と FC が平行より，

三角形 DKG は三角形 DFC の縮図で，

KG：FC＝DG：DC＝4：8＝1：2 なので，

KG＝$4 \times \frac{1}{2}$＝2 (cm)

ADとKGが平行より，
三角形ALDは三角形GLKの拡大図で，
AL：LG＝AD：GK＝8：2＝4：1
AH＝GHより，AH：HG＝1：1
AH：HGとAL：LGの比の数の和をそろえると，
AH：HG＝1：1＝5：5，
AL：LG＝4：1＝8：2
よって，HL：LG＝(5－2)：2＝3：2

(3) GL：GH＝2：5，GK：GE＝2：8＝1：4より，
三角形LKGの面積は，三角形HEGの面積の，
$\frac{2}{5}\times\frac{1}{4}=\frac{1}{10}$ で，$8\times\frac{1}{10}=\frac{4}{5}$ (cm^2)
図形の対称性より，三角形IJEの面積も $\frac{4}{5}cm^2$。
よって，五角形HIJKLの面積は，
$8-\frac{4}{5}\times2=\frac{32}{5}$ (cm^2)

答 (1) 8 (cm^2)
(2) (AL：LG) 4：1　(HL：LG) 3：2
(3) $\frac{32}{5}$ (cm^2)

59 (1) 三角形ADFは三角形ABCの縮図なので，
DF：BC＝AF：AC＝1：(1＋2)＝1：3

(2) DFの長さを1とすると，
DF：BC＝1：3より，BC＝3
四角形DBEFが平行四辺形より，
BE＝1で，EC＝3－1＝2
三角形AGFは三角形AECの縮図なので，
GF：EC＝AF：AC＝1：3で，
$GF=2\times\frac{1}{3}=\frac{2}{3}$
よって，$DG=1-\frac{2}{3}=\frac{1}{3}$ なので，
$DG:GF=\frac{1}{3}:\frac{2}{3}=1:2$

(3) 三角形DHGは三角形CHEの縮図なので，
$DH:HC=DG:CE=\frac{1}{3}:2=1:6$

(4) 三角形DIFは三角形CIEの縮図なので，
DI：IC＝DF：CE＝1：2
DH：HCとDI：ICの比の数の和をそろえると，
DH：HC＝1：6＝3：18，
DI：IC＝1：2＝7：14
これで比の1にあたる長さがそろったので，
DH：HI：IC＝3：(7－3)：14＝3：4：14

(5) 三角形ABCの面積を1とすると，
三角形ADFが三角形ABCの縮図で，
AD：AB＝AF：AC＝1：3より，
三角形ADCの面積は，$1\times\frac{1}{3}=\frac{1}{3}$
AF：FC＝1：2より，
三角形FDCの面積は，$\frac{1}{3}\times\frac{2}{1+2}=\frac{2}{9}$
DI：IC＝1：2より，
三角形FDIの面積は，$\frac{2}{9}\times\frac{1}{1+2}=\frac{2}{27}$
DG：GF＝1：2，DH：HI＝3：4より，
三角形GDHの面積は，三角形FDIの面積の，
$\frac{1}{1+2}\times\frac{3}{3+4}=\frac{1}{7}$ なので，
四角形GHIFの面積は，$\frac{2}{27}\times\left(1-\frac{1}{7}\right)=\frac{4}{63}$
よって，三角形ABCと四角形GHIFの面積比は，
$1:\frac{4}{63}=63:4$

答 (1) 1：3　(2) 1：2　(3) 1：6　(4) 3：4：14
(5) 63：4

60 右図のように，AとDを結ぶと，二等辺三角形の性質より，
G，HはそれぞれBF，CEの真ん中の点になるので，
四角形GHEFは長方形BCEFを2等分した長方形で，
三角形GEFの面積は，
長方形BCEFの面積の，
$\frac{1}{2}\times\frac{1}{2}=\frac{1}{4}$
ADとFEが平行より，
三角形AEFは三角形GEFと面積が等しいので，
三角形IEFの面積は，長方形BCEFの面積の，
$\frac{1}{4}-\frac{1}{5}=\frac{1}{20}$
三角形AIFと三角形IEFの面積より，
$AI:IE=\frac{1}{5}:\frac{1}{20}=4:1$
ADとFEが平行より，
三角形ADIは三角形EFIの拡大図で，
AD：EF＝AI：EI＝4：1
EF＝1とすると，二等辺三角形の合同より，
AG＝DHなので，AG＝(4－1)÷2＝1.5

よって，アの長さはイの長さの，$1.5 \div 1 = 1.5$（倍）

答 1.5

61 次図のように頂点の記号をおくと，三角形 BEI，三角形 BFJ，三角形 BGK，三角形 BHL，三角形 BCD は拡大・縮小の関係だから，

$IE : JF : KG : LH : DC = BE : BF : BG : BH : BC = 1 : 2 : 3 : 4 : 5$

よって，$LH = 8 \times \dfrac{4}{5} = \dfrac{32}{5}$ (cm)，

$HC = 20 \times \dfrac{1}{5} = 4$ (cm)，

$BH = 20 - 4 = 16$ (cm)

また，三角形 IEP，三角形 JFQ，三角形 KGR，三角形 LHD は拡大・縮小の関係だから，面積の比は，

$(1 \times 1) : (2 \times 2) : (3 \times 3) : (4 \times 4) = 1 : 4 : 9 : 16$

したがって，三角形 LHD の面積は，

$\dfrac{32}{5} \times 4 \div 2 = \dfrac{64}{5}$ (cm^2) より，

4つの三角形の面積の合計は，

$\dfrac{64}{5} \times \dfrac{1+4+9+16}{16} = 24$ (cm^2)

よって，斜線部分の面積の合計は，

$16 \times 8 \div 2 - 24 = 40$ (cm^2)

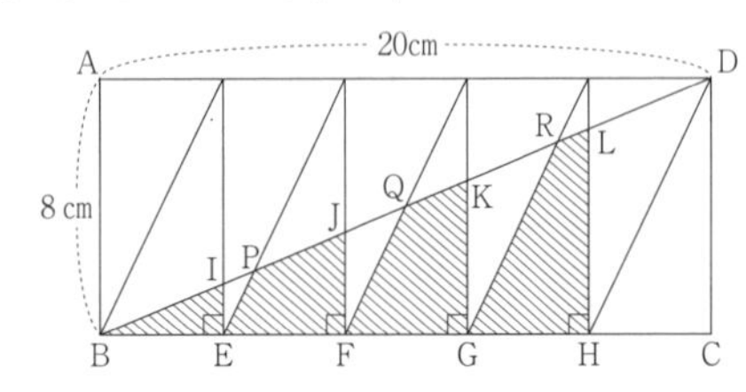

答 40 (cm^2)

62 (1) 次図Ⅰのように，E から辺 BC と平行な直線をひき，辺 CD と交わる点を P とする。

また，F から直線 EP に垂直な直線をひき，直線 EP と交わる点を Q とする。

四角形 EBFQ は長方形で，

面積は三角形 EBF の面積の 2 倍だから，

$72 \times 2 = 144$ (cm^2)

$BF : FC = 3 : 1$ より，

$BF : BC = 3 : (3+1) = 3 : 4$ だから，

長方形 EBCP の面積は長方形 EBFQ の面積の $\dfrac{4}{3}$ 倍になり，$144 \times \dfrac{4}{3} = 192$ (cm^2)

$AE : EB = 3 : 1$ より，

$AB : EB = (3+1) : 1 = 4 : 1$ だから，

正方形 ABCD の面積は長方形 EBCP の面積の 4 倍になり，$192 \times 4 = 768$ (cm^2)

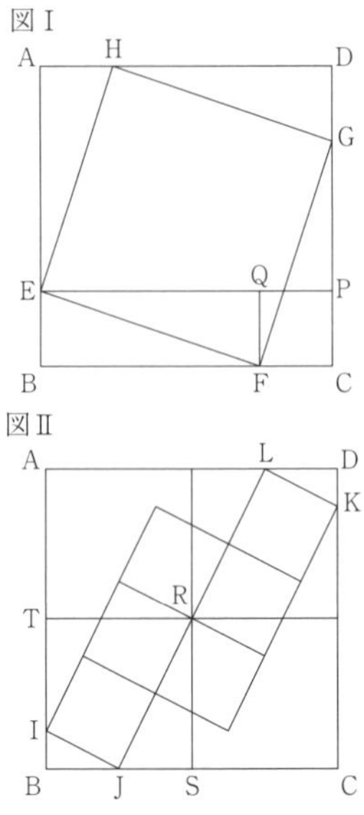

(2) 前図Ⅱで，三角形 IBJ は三角形 JSR の縮図で，

$IB : JS = BJ : SR = IJ : JR = 1 : 2$

$BS = SR$ だから，$BJ : JS = 1 : (2-1) = 1 : 1$

よって，

$IB : BJ = IB : JS = 1 : 2$ だから，$\dfrac{IB}{BJ} = \dfrac{1}{2}$

(3) 図Ⅱのように点 R をきめ，R を通り辺 AB と平行な直線が辺 BC と交わる点を S，R を通り辺 BC と平行な直線が辺 AB と交わる点を T とすると，四角形 TBSR は正方形で，

面積は正方形 ABCD の面積の $\dfrac{1}{4}$ だから，

$768 \div 4 = 192$ (cm^2)

IB の長さを 1 とすると，BJ の長さは 2，

JS の長さは 2，SR の長さは 4，

TI の長さは，$4 - 1 = 3$，

TR の長さは 4 と表せるから，

三角形 RIJ の面積は，

$4 \times 4 - (1 \times 2 \div 2 + 2 \times 4 \div 2 - 3 \times 4 \div 2) = 5$

と表せる。

$192cm^2$ が，$4 \times 4 = 16$ にあたるから，

5 にあたる面積は，$192 \times \dfrac{5}{16} = 60$ (cm^2)

三角形 RIJ の面積は小さな正方形 1 つの面積と等しいから，小さな正方形 1 つの面積は $60cm^2$。

答 (1) 768　(2) $\dfrac{1}{2}$　(3) 60

63 (1) 角 OAD = ○とおくと，三角形 OAD は，

OA＝OD である二等辺三角形だから，
角 ODA＝角 OAD＝○
よって，三角形の角の関係から，
角 DOE＝角 ODA＋角 OAD＝○×2＝角 BAC
したがって，
三角形 ODE は三角形 ABC の縮図だから，
OE：DE：OD＝AC：BC：AB＝5：12：13
OD＝13÷2＝6.5 (cm) より，
$DE=6.5\times\frac{12}{13}=6$ (cm)

(2) BC と OD の交点を H とおくと，
OB＝OD＝6.5cm，角 BOH＝角 DOE，
角 OBH＝角 ODE より，三角形 OBH は
三角形 ODE と合同な三角形だから，
角 BHO＝角 DEO＝90°，BH＝DE＝6 cm，
$OH=OE=6.5\times\frac{5}{13}=2.5$ (cm)
よって，CH＝12－6＝6 (cm)，
DH＝6.5－2.5＝4 (cm)
また，角 GAC＝角 GDH＝○，
角 ACG＝角 DHG＝90° より，
三角形 ACG と三角形 DHG は
拡大・縮小の関係だから，
CG：HG＝AC：DH＝5：4
よって，$CG=6\times\frac{5}{5+4}=\frac{10}{3}$ (cm)
したがって，三角形 ACG の面積は，
$5\times\frac{10}{3}\div2=\frac{25}{3}$ (cm²)

(3) 三角形 FBE は三角形 ABC の縮図だから，
FE：BE：BF＝AC：BC：BA＝5：12：13
よって，BE＝6.5－2.5＝4 (cm) より，
$BF=4\times\frac{13}{12}=\frac{13}{3}$ (cm)
したがって，
$FG=12-\left(\frac{10}{3}+\frac{13}{3}\right)=\frac{13}{3}$ (cm) だから，
三角形 DFG の面積は，$\frac{13}{3}\times4\div2=\frac{26}{3}$ (cm²)

答 (1) 6 (cm) (2) $\frac{25}{3}$ (cm²) (3) $\frac{26}{3}$ (cm²)

64 (1) 正三角形 ABC の 1 辺の長さを 1 とおくと，
BC を直径とする円周の長さは，1×3.14＝3.14
図 1 の周の長さは，$1\times2\times3.14\times\frac{60}{360}\times3=3.14$
よって，
(BC を直径とする円周の長さ)：(図 1 の周の長さ)
＝1：1

(2) 右図アのように，
正三角形 ABC と円が
ぴったりくっつく点を
それぞれ D，E，F と
すると，正三角形 ABC を
6 つの合同な直角三角形
に分けることができる。
この直角三角形を 2 つ
合わせると正三角形が
できるから，

図ア

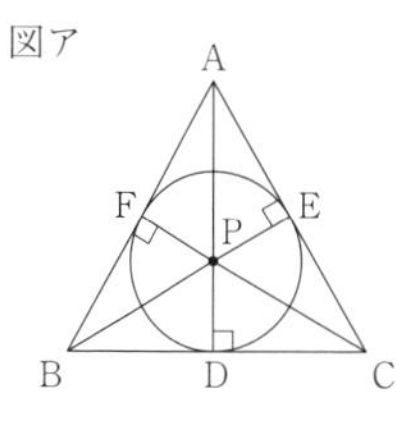

図イ

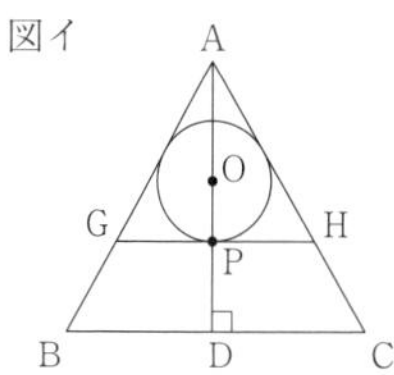

PD＝PE＝PF＝1 とおくと，
AP＝BP＝CP＝2 より，AD＝2＋1＝3
また，右図イのように，点 P を通り辺 BC に平行な直線を引いて正三角形 AGH をつくると，円 O は正三角形 AGH の 3 つの辺にぴったりくっつく。
ここで，正三角形 ABC は
正三角形 AGH の拡大図だから，
(正三角形 ABC の高さ)：(正三角形 AGH の高さ)
＝AD：AP＝3：2
また，図 2 の円は図 3 の円の拡大図だから，
(図 2 の円の半径)：(図 3 の円の半径)＝PD：OP
＝AD：AP＝3：2
よって，
(三角形 ABC の高さ)：(三角形 OBC の高さ)
$=AD:OD=3:\left(1+1\times\frac{2}{3}\right)=9:5$

(3) (2)より，
(図 2 の円の半径)：(図 3 の円の半径)
＝3：2 だから，
(図 2 の円の面積)：(図 3 の円の面積)
＝(3×3)：(2×2)＝9：4

答 (1) 1：1 (2) 9：5 (3) 9：4

65 (1) 三角形 AEF が直角二等辺三角形になるとき，図 I のようになり，三角形 ABE と三角形 ECF は合同になる。

図 I

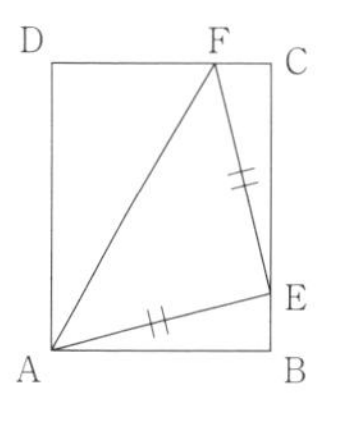

これより，
EC の長さは 4 cm だから，
EB の長さは，5－4＝1 (cm) で，
FC の長さも 1 cm。
よって，DF の長さは，4－1＝3 (cm) だから，

三角形 AEF の面積は，

$5\times4-(4\times1\div2+4\times1\div2+3\times5\div2)$

$=8.5\ (\mathrm{cm}^2)$

(2)　JG と KI は平行だから，角 JGL＝角 IKL

また，次図Ⅱのように，円外の点から円に接線を引き，円の中心と接点，円の中心と円外の点を結ぶと，合同な直角三角形が 2 つできる。

これを用いると，次図Ⅲで，同じ印を付けた角は同じ大きさになる。

したがって，

●＋△＝90°÷2＝45°，

○＋×＝180°÷2＝90°となるから，

三角形 POG は直角二等辺三角形で，

(1)より，OQ＝PS＝PR＝QI

よって，円の半径は，$(12-3)\div2=4.5$ (cm)

また，三角形 KPR は三角形 GOJ の拡大図で，

PR：KR＝OJ：GJ＝3：12＝1：4 だから，

KR＝$4.5\times4=18$ (cm)

よって，HK の長さは，$18+4.5=22.5$ (cm)

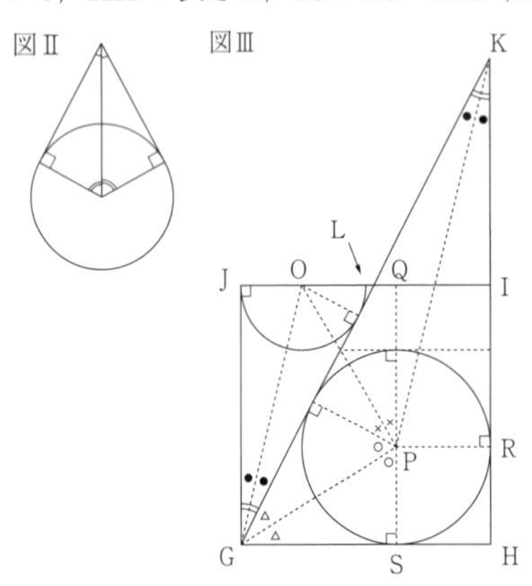

答　(1) 8.5　(2) (順に) 4.5，22.5

66 (1)　正六角形の 1 つの角の大きさは，

$180°\times(6-2)\div6=120°$ で，

$180°-120°=60°$ より，

三角形 EDG は正三角形で，1 辺の長さは正六角形 ABCDEF の 1 辺の長さと等しい。

よって，FE：EG＝1：1

(2)　正六角形 ABCDEF の 1 辺の長さを 6 とすると，

$\mathrm{HC}=6\times\dfrac{2}{1+2}=4$，$\mathrm{IE}=6\times\dfrac{1}{1+1}=3$

EG の長さも 6 なので，

HC：IG＝4：(3＋6)＝4：9

(3)　三角形 HJC は三角形 IJG の縮図で，

JC：JG＝HC：IG＝4：9

よって，JC：CG＝4：(9－4)＝4：5

(4)　三角形 FIK は三角形 GIJ の縮図で，

FK：GJ＝FI：GI＝(6－3)：(6＋3)＝1：3

CG＝6＋6＝12，JC：CG＝4：5 より，

$\mathrm{JG}=12\times\dfrac{4+5}{5}=\dfrac{108}{5}$ なので，

$\mathrm{FK}=\dfrac{108}{5}\times\dfrac{1}{3}=\dfrac{36}{5}$

よって，AF：FK＝$6:\dfrac{36}{5}$＝5：6

(5)　AF：FK＝5：6，FE：FI＝2：1 より，

三角形 FIK と三角形 AEF の面積比は，

$(6\times1):(5\times2)=3:5$

三角形 AEF は正六角形 ABCDEF を 6 等分した二等辺三角形なので，

三角形 FIK と正六角形 ABCDEF の面積比は，

$3:(5\times6)=1:10$

答　(1) 1：1　(2) 4：9　(3) 4：5　(4) 5：6　(5) 1：10

67 (1)　AC＝$12\times4=48$ (cm) より，

三角形 ABC の面積は，

$12\times48\div2=288\ (\mathrm{cm}^2)$

三角形の拡大・縮小の関係より，

右図①の

アの長さは，$12\times\dfrac{1}{4}=3$ (cm)

イの長さは，$12\times\dfrac{2}{4}=6$ (cm)

ウの長さは，$12\times\dfrac{3}{4}=9$ (cm)

図①（A，B，C，ア，イ，ウ）

よって，三角形 ABC の内部の黒色の部分の面積は，$3\times12\div2+(6+9)\times12\div2=108\ (\mathrm{cm}^2)$

白色の部分の面積は，$288-108=180\ (\mathrm{cm}^2)$

したがって，黒色の部分の面積と白色の部分の面積の比は，108：180＝3：5

(2)　EF＝$12\times2=24$ (cm)，

DF＝$12\times3=36$ (cm) より，

三角形 DEF の面積は，$24\times36\div2=432\ (\mathrm{cm}^2)$

三角形の拡大・縮小の関係より，

次図②のエの長さは，$24\times\dfrac{1}{3}=8$ (cm)

オの長さは，$24\times\dfrac{2}{3}-12=4$ (cm)

カの長さは，$36\times\dfrac{1}{2}-12=6$ (cm)

よって，三角形DEFの内部の黒色の部分の面積は，$8\times12\div2+4\times6\div2+12\times12=204$ (cm^2)
白色の部分の面積は，$432-204=228$ (cm^2)
したがって，黒色の部分の面積と白色の部分の面積の比は，$204:228=17:19$

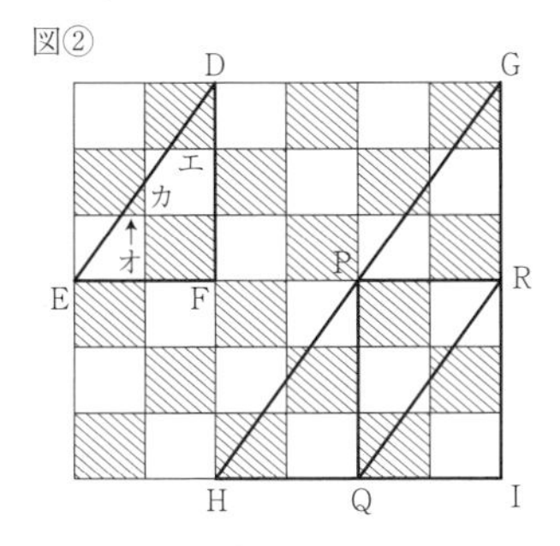

(3) 三角形GHIを図②のように4つの三角形に分けると，このうち三角形GPRと三角形QRPは三角形DEFと内部の色までちょうど同じ三角形になり，三角形PHQと三角形RQIは三角形DEFと内部の色がちょうど逆の三角形になる。
よって，三角形GHIの内部の黒色の部分の面積と白色の部分の面積が等しいことがわかるから，黒色の部分の面積と白色の部分の面積の比は$1:1$。

(4) 四角形JKLMを次図③のように4つの部分に分けると，このうち三角形SKT，三角形TKL，三角形TLMはそれぞれ，内部の黒色の部分の面積と白色の部分の面積が等しいことがわかる。
また，六角形JVKSTUは内部の黒色の部分の面積と白色の部分の面積がそれぞれ，
$12\times12\times4=576$ (cm^2)ずつで，
三角形JKVは(1)の三角形ABCと内部の色までちょうど同じ三角形，三角形JTUは(2)の三角形DEFと内部の色までちょうど同じ三角形だから，
四角形JKSTの内部の黒色の部分の面積は，
$576-(108+204)=264$ (cm^2)，
白色の部分の面積は，
$576-(180+228)=168$ (cm^2)
したがって，四角形JKSTの内部の黒色の部分の面積と白色の部分の面積を比べると，
黒色の部分の面積の方が，
$264-168=96$ (cm^2)大きい。

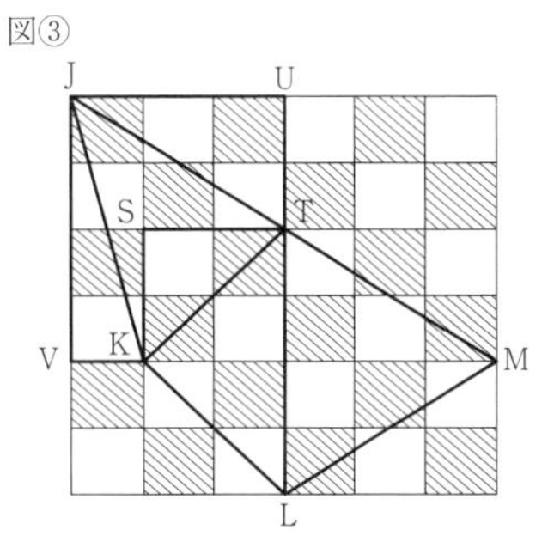

答 (1) $3:5$ (2) $17:19$ (3) $1:1$
(4) 黒(色の部分が) 96 (cm^2 大きい)

68 (1) 小さい正三角形1つの面積を1とする。
次図Ⅰで，三角形AIJは三角形ABGの縮図で，
$IJ:BG=AJ:AG=1:4$より，
$IJ:LJ=1:4$だから，三角形AIJの面積は$\frac{1}{4}$。
三角形IKJは三角形IALの縮図で，
$IK:IA=IJ:IL=1:(4-1)=1:3$だから，
三角形IKJの面積は，$\frac{1}{4}\times\frac{1}{3}=\frac{1}{12}$
三角形MONは三角形IKJの拡大図で，
$ON:KJ=AN:AJ=2:1$だから，
三角形MONは底辺も高さも三角形IKJの2倍になり，面積は，$2\times2=4$ (倍)
よって，三角形MONの面積は，$\frac{1}{12}\times4=\frac{1}{3}$
三角形PBHは三角形IKJの拡大図で，
$BH:KJ=AH:AJ=3:1$だから，
三角形PBHは底辺も高さも三角形IKJの3倍になり，面積は，$3\times3=9$ (倍)
よって，三角形PBHの面積は，$\frac{1}{12}\times9=\frac{3}{4}$
三角形AMNは三角形AIJの拡大図で，
$MN:IJ=AN:AJ=2:1$だから，
三角形AMNは底辺も高さも三角形AIJの2倍になり，面積は，$2\times2=4$ (倍)
よって，三角形AMNの面積は，$\frac{1}{4}\times4=1$だから，
四角形KMNJの面積は，$1-\frac{1}{4}-\frac{1}{12}=\frac{2}{3}$
三角形APHは三角形AIJの拡大図で，
$PH:IJ=AH:AJ=3:1$だから，
三角形APHは底辺も高さも三角形AIJの3倍になり，面積は，$3\times3=9$ (倍)
よって，

三角形 APH の面積は，$\frac{1}{4}\times9=\frac{9}{4}$ だから，

四角形 OPHN の面積は，$\frac{9}{4}-1-\frac{1}{3}=\frac{11}{12}$

ここで，三角形 ABC の中にある黒い部分について，三角形 AIJ と合同な三角形が三角形 AIJ も含めて 3 個，四角形 KMNJ と合同な四角形が四角形 KMNJ も含めて 3 個，四角形 OPHN と合同な四角形が四角形 OPHN も含めて 3 個あり，さらに正三角形が 1 個あるから，B_1 は，

$\frac{1}{4}\times3+\frac{2}{3}\times3+\frac{11}{12}\times3+1=\frac{13}{2}$ と表せる。

三角形 ABC の中にある白い部分について，三角形 IKJ と合同な三角形が三角形 IKJ も含めて 3 個，三角形 MON と合同な三角形が三角形 MON も含めて 3 個，三角形 PBH と合同な三角形が三角形 PBH も含めて 3 個あり，さらに正三角形が 3 個あるから，W_1 は，

$\frac{1}{12}\times3+\frac{1}{3}\times3+\frac{3}{4}\times3+1\times3=\frac{13}{2}$ と表せる。

よって，$\frac{W_1}{B_1}=\frac{13}{2}\div\frac{13}{2}=1$

図Ⅰ

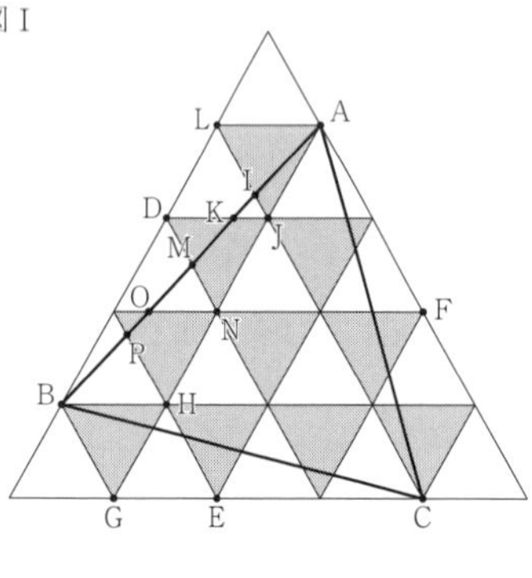

図Ⅱ

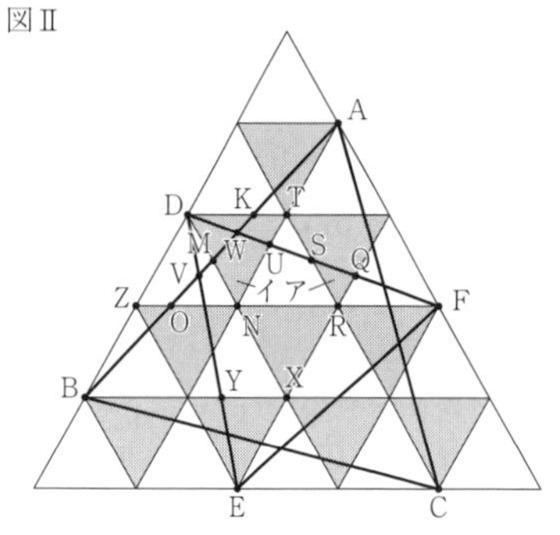

(2)　前図Ⅱで，三角形 FQR と三角形 FDZ は縮図と拡大図の関係だから，

QR：DZ＝FR：FZ＝1：3 より，

QR の長さは小さい正三角形の 1 辺の長さの $\frac{1}{3}$。

三角形 FSR と三角形 FDN でも同様に，

SR：DN＝FR：FN＝1：2 より，

S は TR の真ん中の点だから，

アの面積は，$\frac{1}{3}\times\frac{1}{2}=\frac{1}{6}$ と表せる。

また，イの面積は，三角形 DNF の面積から三角形 UNF の面積と三角形 DMW の面積をひいて求められる。

三角形 DNF の面積は 2，三角形 UNF は NF の長さが小さい正三角形の辺の長さの 2 倍で，

NF：DT＝2：1 より，

高さが小さい正三角形の高さの，

$\frac{2}{2+1}=\frac{2}{3}$（倍）だから，

面積は，$2\times\frac{2}{3}=\frac{4}{3}$

三角形 DMK は，KT が小さい三角形の辺の長さの $\frac{1}{3}$ 倍であることより，

DK が小さい三角形の辺の長さの $\frac{2}{3}$ 倍で，

DK を底辺としたときの高さは，

小さい正三角形の高さの $\frac{1}{2}$ 倍になるから，

面積は，$\frac{2}{3}\times\frac{1}{2}=\frac{1}{3}$

三角形 DWK は，OF の長さは小さい正三角形の辺の長さの，$3-\frac{1}{3}=\frac{8}{3}$（倍）だから，

DK：OF＝$\frac{2}{3}$：$\frac{8}{3}$＝1：4

よって，DK を底辺としたときの高さは

小さい正三角形の高さの，$\frac{1}{1+4}=\frac{1}{5}$（倍）だから，

面積は，$\frac{2}{3}\times\frac{1}{5}=\frac{2}{15}$

よって，三角形 DMW の面積は，$\frac{1}{3}-\frac{2}{15}=\frac{1}{5}$

よって，イの面積は，$2-\frac{4}{3}-\frac{1}{5}=\frac{7}{15}$

ここで，三角形 DEF の面積は，三角形 DNF の面積の 3 倍と真ん中の黒い正三角形 1 個の面積の和だから，$2\times3+1=7$

この面積から三角形 DVW の面積の 3 倍をひくと，共通部分の面積が求められる。

また，三角形DVWの面積は，三角形DVKの面積から三角形DWKの面積をひいて求められる。
三角形DVKは，底辺をDKとすると，
$DK：BY=DK：(BX-YX)=\frac{2}{3}：\left(2-\frac{2}{3}\right)$
$=1：2$ だから，
高さは小さい正三角形の高さの，
$2\times\frac{1}{1+2}=\frac{2}{3}$（倍）
よって，三角形DVKの面積は，
$\frac{2}{3}\times\frac{2}{3}=\frac{4}{9}$ だから，
三角形DVWの面積は，$\frac{4}{9}-\frac{2}{15}=\frac{14}{45}$
したがって，共通部分の面積は，
$7-\frac{14}{45}\times3=\frac{91}{15}$
ここで，共通部分の中にある黒い部分について，
図形アが3個分と図形イが3個分，
さらに正三角形が1個分あるから，
$B_2=\left(\frac{1}{6}+\frac{7}{15}\right)\times3+1=\frac{29}{10}$ となり，
$W_2=\frac{91}{15}-\frac{29}{10}=\frac{95}{30}=\frac{19}{6}$
よって，$\frac{W_2}{B_2}=\frac{19}{6}\div\frac{29}{10}=\frac{95}{87}$

答 (1) 1　(2) $\frac{95}{87}$

69 (1)　次図で，アは半径3cmで中心角が120°，
イは半径，$3-1=2$（cm）で中心角が，
$180°-60°=120°$，
ウは半径1cmで中心角が，
$180°-60°\times2=60°$ のおうぎ形より，
$3\times3\times3.14\times\frac{120}{360}+2\times2\times3.14\times\frac{120}{360}$
$+1\times1\times3.14\times\frac{60}{360}$
$=\left(3+\frac{4}{3}+\frac{1}{6}\right)\times3.14=\frac{9}{2}\times3.14$
$=14.13$（cm^2）

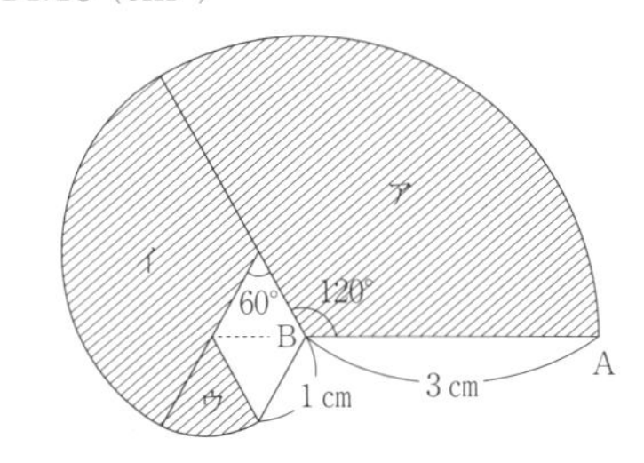

(2)　Aが動いた長さは，
$3\times2\times3.14\times\frac{120}{360}+2\times2\times3.14\times\frac{120}{360}$
$+1\times2\times3.14\times\frac{60}{360}$
$=\left(2+\frac{4}{3}+\frac{1}{3}\right)\times3.14=\frac{11}{3}\times3.14$（cm）
よって，求める時間は，$\frac{11}{3}\times3.14\div1.57=\frac{22}{3}$（秒）

(3)　Aが動いた長さは，順番に，
半径が，$3\times2=6$（cm）で中心角120°，
半径が，$6-1=5$（cm）で中心角120°，
半径が，$5-1=4$（cm）で中心角60°，
半径が，$4-1=3$（cm）で中心角120°，
半径が，$3-1=2$（cm）で中心角60°，
半径が，$2-1=1$（cm）で中心角120°
のおうぎ形の曲線部分。
よって，
$6\times2\times3.14\times\frac{120}{360}+5\times2\times3.14\times\frac{120}{360}$
$+4\times2\times3.14\times\frac{60}{360}+3\times2\times3.14\times\frac{120}{360}$
$+2\times2\times3.14\times\frac{60}{360}+1\times2\times3.14\times\frac{120}{360}$
$=\left(4+\frac{10}{3}+\frac{4}{3}+2+\frac{2}{3}+\frac{2}{3}\right)\times3.14$
$=12\times3.14$（cm）
したがって，まき終わるまでにかかる時間は，
$12\times3.14\div1.57=24$（秒）なので，
$24\div\frac{22}{3}=\frac{36}{11}$（倍）

答 (1) 14.13（cm^2）　(2) $\frac{22}{3}$（秒）　(3) $\frac{36}{11}$（倍）

70　長方形が1回転するようすは次図のようになり，頂点Bが通ったあとは，この図のおうぎ形㋐，㋒，㋔の曲線部分を合わせた長さになる。
よって，頂点Bが通ったあとの線の長さは，
$4\times2\times3.14\times\frac{90}{360}+5\times2\times3.14\times\frac{90}{360}$
$+3\times2\times3.14\times\frac{90}{360}$
$=18.84$（cm）
頂点Bが通ったあとの線と直線ℓで囲まれた部分は，次図の色をつけた部分で，㋑と㋓を合わせると長方形ABCDになるので，求める面積は，
$4\times4\times3.14\times\frac{90}{360}+5\times5\times3.14\times\frac{90}{360}$

$+3\times3\times3.14\times\frac{90}{360}+4\times3$

$=51.25\ (cm^2)$

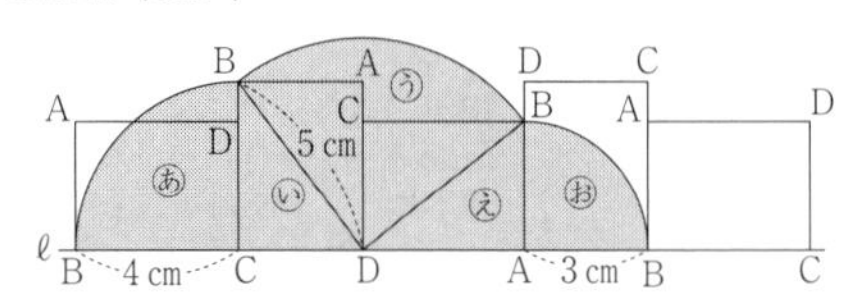

答 ア．18.84　イ．51.25

71 (1)　CM＝DM＝20÷2＝10 (cm)

点Pは5秒で，1×5＝5 (cm)動くので，

四角形APCMは台形になる。

よって，面積は，(5＋10)×30÷2＝225 (cm^2)

(2)　点Pは35秒で，1×35＝35 (cm)動くので，

点Pは辺BC上にあり，点Bから，

35－20＝15 (cm)の位置なので，BP＝15 (cm)

よって，四角形APCMの面積は，長方形ABCDの面積から，直角三角形ABPと直角三角形ADMの面積をひけばよいので，

20×30－15×20÷2－30×10÷2

＝600－150－150＝300 (cm^2)

(3)　点Pが辺AB上にあるとき，

APの長さを□とすると，

(□＋10)×30÷2＝360より，

□＋10＝24なので，□＝14

よって，14÷1＝14 (秒後)

また，点PがBC上にあるとき，

BPの長さを□とすると，

20×30－□×20÷2－30×10÷2

＝360より，

□×20÷2＝90なので，□＝9

よって，(20＋9)÷1＝29 (秒後)

答 (1) 225 (cm^2)　(2) 300 (cm^2)

(3) 14 (秒後と) 29 (秒後)

72 (1)　点Pは，2×2＝4 (cm)動くから，

AP：AO＝4：5

三角形ABOの面積は，

6×8÷2÷2＝12 (cm^2)なので，

三角形ABPの面積は，

$12\times\frac{4}{5}=\frac{48}{5}\ (cm^2)$

(2)　長方形の対角線は

それぞれの対角線の真ん中の点で交わるので，

三角形ABOと三角形BCOの面積は等しい。

したがって，

辺BOを底辺としたときの高さが等しいので，

点Pが辺BO上・辺OD上を通るとき，

三角形ABPと三角形BCPの面積は等しくなる。

よって，5÷2＋5÷2＝5 (秒間)

(3)　三角形ABPの面積が，

$6\times8\times\frac{1}{3}=16\ (cm^2)$以上であればよいので，

三角形ABPの底辺をABとしたときの高さが，

$16\times2\div6=\frac{16}{3}$ (cm)以上のときである。

ここで，次図のように，

辺BC上に$BQ=\frac{16}{3}$cmとなる点Qを取り，

点Qを通り，辺ABに平行な線を引いて，

OC，OD，DAと交わる点を

それぞれR，S，Tとおくと，

三角形ABPの底辺をABとしたときの高さが

$\frac{16}{3}$cm以上になるのは，Q→C→Rを通るときと

S→D→Tを通るときと分かる。

$QC=8-\frac{16}{3}=\frac{8}{3}$cmより，

三角形RQCは三角形ABCを，

$\frac{8}{3}\div8=\frac{1}{3}$ (倍)にした縮図だから，

$CR=(5+5)\times\frac{1}{3}=\frac{10}{3}$ (cm)

図形の対称性より，

三角形STDは三角形RQCと同じ形だから，

求める時間は，$\left\{\left(\frac{8}{3}+\frac{10}{3}\right)\times2\right\}\div2=6$ (秒間)

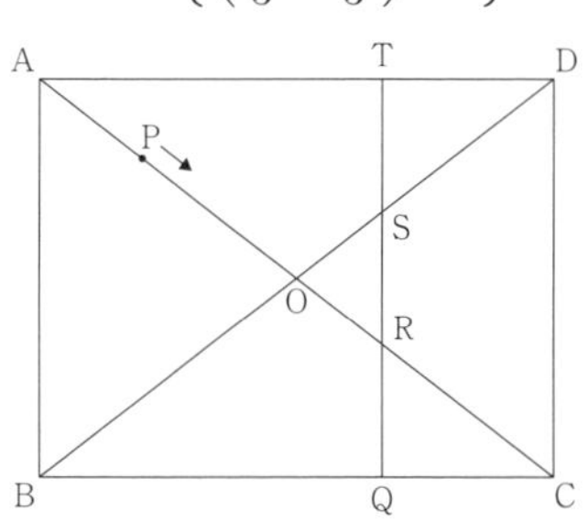

答 (1) $\frac{48}{5}\ (cm^2)$　(2) 5 (秒間)　(3) 6 (秒間)

73 (1)　三角形APDの面積が$300cm^2$になるのは，

ADを底辺としたときの高さが，

300×2÷30＝20 (cm)のときなので，

1回目は点PがAB上でAP＝20cmのとき，

2回目は点PがCD上で，DP＝20cmのとき。
よって，2回目に三角形APDの面積が$300cm^2$になるのは，点Pが，30×3－20＝70（cm）動いたときで，出発してから，$70 \div 3 = \frac{70}{3}$（秒後）

(2) 三角形APDと三角形AQDで共通の辺ADを底辺としたときの高さが等しくなればよい。
点Pは1辺を，30÷3＝10（秒）で進み，
点QはCF，EBをそれぞれ，15÷2＝7.5（秒）で，FE，BCをそれぞれ，30÷2＝15（秒）で進むことから，三角形APDと三角形AQDの高さの変わり方をグラフで表すと，次図aのようになり，
㋐と㋑で高さが等しくなる。
初めて等しくなるのは㋐で，このときまでに2点は合わせて30cm動いているので，出発してから，
30÷(3＋2)＝6（秒後）
2回目に等しくなるのは㋑で，グラフの対称性より，出発してから，30－6＝24（秒後）

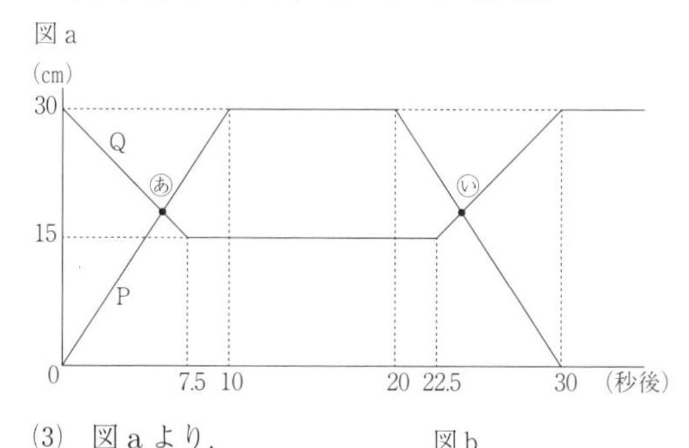

図a

(3) 図aより，
点PがAB上を動くとき，
点QはCF，FE上を動き，
点PがBC上を動くとき，
点QはFE上を動くので，
3点A，P，Qが初めて一直線上に並ぶのは，
右図bのように点PがBC上，
点QがFE上にあるとき。

図b

これが①秒後とすると，
BP＝3×①－30＝③－30（cm），
EQ＝15＋30－2×①＝45－②(cm)
図bで，三角形ABPと三角形AEQが拡大図・縮図の関係より，
EQ：BP＝AE：AB＝1：2なので，
(45－②)×2＝③－30より，
90－④＝③－30だから，
③＋④＝90＋30より，⑦＝120
よって，3点A，P，Qが初めて一直線上に並ぶのは，出発してから，$120 \div 7 = \frac{120}{7}$（秒後）

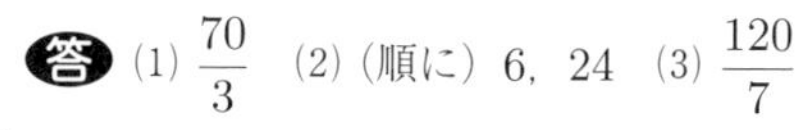
答 (1) $\frac{70}{3}$ (2)（順に）6，24 (3) $\frac{120}{7}$

74 (1) 10分間でPとQが動いた長さの和は，
12×10＝120（cm）
10分間で動く長さは，
PがABの4倍とAEの長さの和，
QがAEの4倍とABの長さの和なので，
合わせると，ABの5倍とAEの5倍の長さの和。
DGの長さは，ABとAEの長さの和に等しいので，DG＝120÷5＝24（cm）

(2) 10分でQはPよりAEとABの長さの差の3倍多く動いているので，QがPよりAEとABの長さの差だけ多く動くのにかかる時間は，
$10 \div 3 = 3\frac{1}{3}$（分）より，3分20秒。
10分後以降，QがPよりBE（AEとABの長さの差）だけ多く動けば2点は重なるので，
これは2点が出発してから，
10分＋3分20秒＝13分20秒後
2点はKで重なるまでに合わせて，
$12 \times 13\frac{20}{60} = 160$（cm）動いている。
これは，正方形ABCDの周の長さと正方形AEFGの周の長さとAKの長さの2倍の和なので，
AKの長さの2倍は，160－24×4＝64（cm）
よって，AK＝64÷2＝32（cm）

(3) RとSが重なった位置の点をMとすると，
AM＝32＋6＝38（cm）
RとSは12分で合わせて，
24×4＋38×2＝172（cm）動いているので，
RとSが1分間に動く長さの和は，
$172 \div 12 = \frac{43}{3}$（cm）
RとSが重なる3分前のSの位置の点をNとすると，位置関係は次図のようになるので，
$AL + AN = 38 \times 2 - \frac{43}{3} \times 3 = 33$（cm）
ここで，
AL＝AE＋EL，AN＝AB＋BE＋EL－NL
また，RとSが12分で進んだ長さの差は，
正方形ABCDと正方形AEFGの周の長さの差

なので，12÷4=3（分）ではBEの長さの差がつく。
NLもRとSが3分で進んだ長さの差であるので，
NL=BEで，
AN=AB+BE+EL−BE=AB+EL
よって，AE+EL+AB+EL=33cmなので，
EL×2=33−24=9（cm）で，
EL=9÷2=4.5（cm）

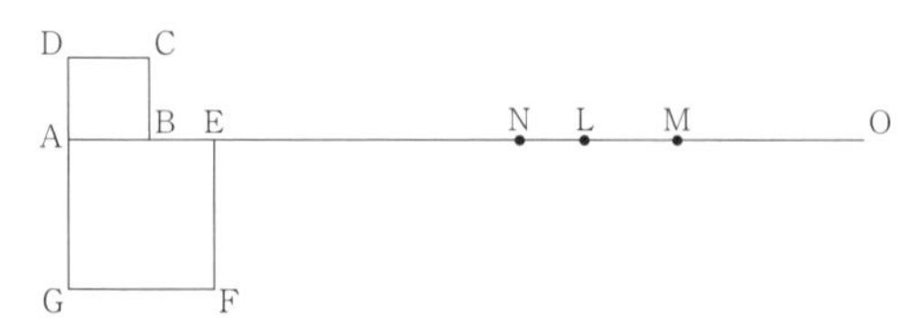

答　(1) 24（cm）　(2) 13（分）20（秒後），32（cm）
(3) 4.5（cm）

75 (1)　320×2÷16−14=26（cm）

(2)　三角形DQCと三角形QPCの面積が等しくなるとき，DQの長さとPQの長さが等しくなったときだから，三角形ADQと三角形CPQは合同になる。
よって，ADの長さとCPの長さが等しくなるから，CPの長さは14cmで，これは点Pが頂点Cを出発してから，14÷1=14（秒後）

(3)　三角形ADCの面積は，
14×16÷2=112（cm^2）だから，
三角形AQDの面積が42cm^2となるとき，
三角形CQDの面積は，112−42=70（cm^2）
よって，三角形AQDと三角形CQDの面積の比は，42：70=3：5となるから，
AQ：CQ=3：5となり，
AD：CP=AQ：CQ=3：5
したがって，
CP=$14\times\dfrac{5}{3}=\dfrac{70}{3}$（cm）だから，$\dfrac{70}{3}$秒後。

答　(1) 26（cm）　(2) 14（秒後）　(3) $\dfrac{70}{3}$（秒後）

76 (1)　グラフより，
点PはAを出発して16秒後にDにくる。
よって，正方形の1辺の長さは，
AD=0.5×16=8（cm）

(2)　点PがDにあるとき，三角形ABPの面積は，
8×8÷2=32（cm^2）だから，㋐=32
点PがCにくるのはAを出発してから，
16×2=32（秒後）だから，㋑=32
グラフより，点PがGにくるのは
Aを出発して44秒後だから，
CG=0.5×（44−32）=6（cm）
したがって，BG=8+6=14（cm）
よって，点PがGにあるとき，三角形ABPの面積は，8×14÷2=56（cm^2）だから，㋒=56

(3)　グラフより，点PがFにくるのは
Aを出発して52秒後だから，
GF=0.5×（52−44）=4（cm）
グラフの㋓秒のとき，三角形ABPの面積は点PがDにあるときと同じ32cm^2だから，次図のように，点PはDCを延長した直線とFEとの交点上にあり，PH=8cm
また，FI=6+8=14（cm）で，
PHとFIは平行だから，
EH：EI=PH：FI=8：14=4：7
よって，BI=GF=4cmだから，
EI=11−4=7（cm）より，EH=4cm
したがって，CP=BH=11−4=7（cm）
APとBCの交点をQとおくと，
三角形ABQと三角形BPQの面積の比は，
BQを底辺としたときの高さの比と同じで，
AB：CP=8：7になる。
よって，三角形ABQの面積は，
$32\times\dfrac{8}{8+7}=\dfrac{256}{15}$（$\mathrm{cm}^2$）

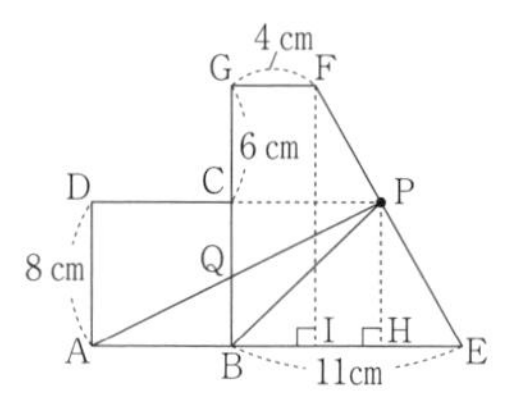

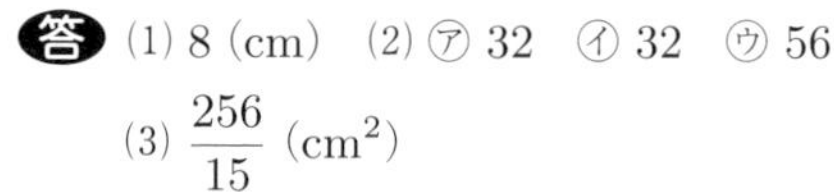
答　(1) 8（cm）　(2) ㋐ 32　㋑ 32　㋒ 56
(3) $\dfrac{256}{15}$（cm^2）

77 (1)　輪ゴムで囲まれた部分は，
次図aの色をつけた部分になる。
三角形EFBの面積は，正六角形の面積の$\dfrac{1}{3}$で，
$6\times\dfrac{1}{3}=2$（cm^2）
三角形EFBと三角形FGBの面積の比は，
EF：FG=2：7と同じなので，
三角形FGBの面積は，$2\times\dfrac{7}{2}=7$（cm^2）

台形 DEBC の面積は，正六角形の面積の $\frac{1}{2}$ で，

$6\times\frac{1}{2}=3\ (\mathrm{cm}^2)$ なので，

点 P が G にいるときの面積 $y\ (\mathrm{cm}^2)$ は，

$y=3+2+7=12\ (\mathrm{cm}^2)$

図 a

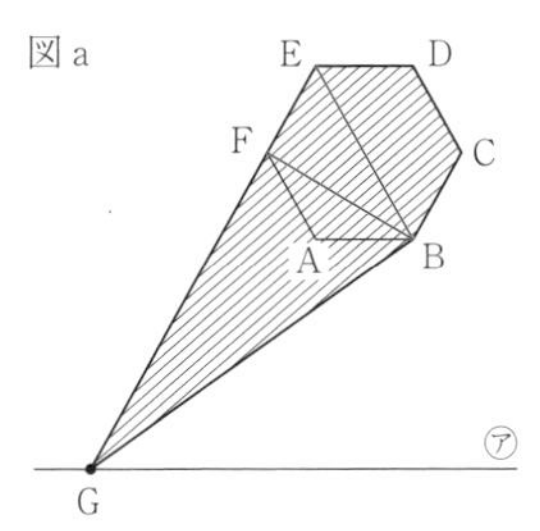

(2) 次図 b のように，点 P が CB の延長線から FA の延長線まで動く間は，三角形 FPC の面積が変わらないので，y の値も変わらない。

これは，次図 c で点 P が I から J まで動く間。

この図で，三角形 AKB と三角形 JKI はともに正三角形なので，拡大図・縮図の関係で，

正六角形の 1 辺の長さを 2 とすると，

$\mathrm{AJ}=7-2=5$,

$\mathrm{AK}=\mathrm{AB}=2$ より，$\mathrm{IJ}=\mathrm{JK}=5-2=3$

点 P の動く速さは毎秒 2 になるので，

y の値が一定であるのは，$3\div2=1.5$ (秒間)

図 b

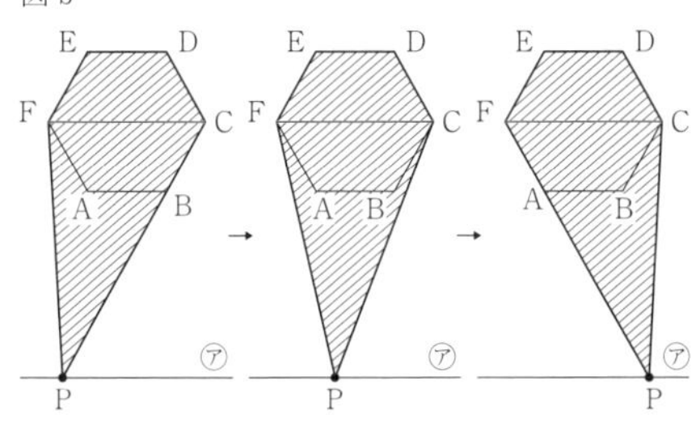

図 c　　図 d

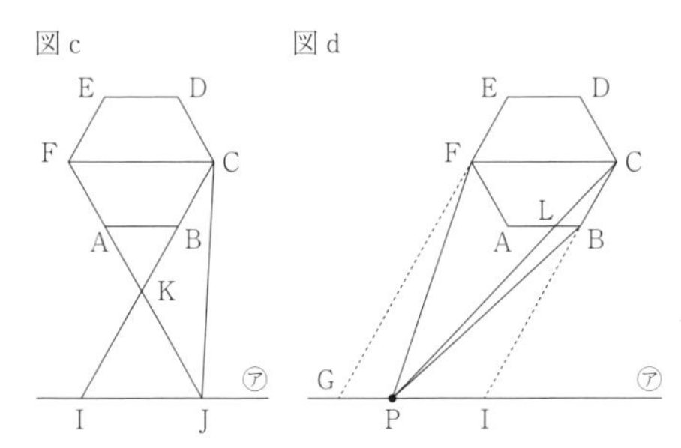

(3) 図 c で，$\mathrm{FA}:\mathrm{FJ}=2:(2+5)=2:7$ より，

三角形 FJC の面積は，$2\times\frac{7}{2}=7\ (\mathrm{cm}^2)$ で，

このとき，$y=3+7=10\ (\mathrm{cm}^2)$ なので，

$5-1.5=3.5$ (秒) より，

(3.5 秒，$10\mathrm{cm}^2$) と (5 秒，$10\mathrm{cm}^2$) を直線で結ぶ。

点 P が G と I の間にあるときは，$10\mathrm{cm}^2$ より

次図 d の三角形 CBP の分だけ面積は大きい。

この図で，三角形 CLB は三角形 CPI の縮図なので，LB の長さは一定の割合で小さくなっていき，

y の値も一定の割合で小さくなる。

また，四角形 FGIC は平行四辺形で，

$\mathrm{GI}=\mathrm{FC}=2\times2=4$ なので，

点 P が G にあるのは，$3.5-4\div2=1.5$ (秒)

よって，(1.5 秒，$12\mathrm{cm}^2$) と (3.5 秒，$10\mathrm{cm}^2$) を直線で結ぶ。

次図 e で，点 P が H にあるとき，

$\mathrm{HG}=2\times1.5=3$，三角形 FGJ が正三角形より，

$\mathrm{GJ}=\mathrm{FG}=7$，四角形 AJMB が平行四辺形より，

$\mathrm{JM}=2$ なので，

$\mathrm{HM}:\mathrm{GM}=(3+7+2):(7+2)=4:3$

三角形 EHB と三角形 EGB の面積比も 4：3 なので，三角形 EHB の面積は，

$(2+7)\times\frac{4}{3}=12\ (\mathrm{cm}^2)$ で，

0 秒のとき，$y=3+12=15\ (\mathrm{cm}^2)$

0 秒から 1.5 秒の間も一定の割合で面積が減るので，(0 秒，$15\mathrm{cm}^2$) と (1.5 秒，$12\mathrm{cm}^2$) を直線で結ぶ。

y は，3.5 秒以前と 5 秒以後が左右対称になるので，

最後に，(5 秒，$10\mathrm{cm}^2$) と (6 秒，$11\mathrm{cm}^2$) を直線で結ぶ。

図 e

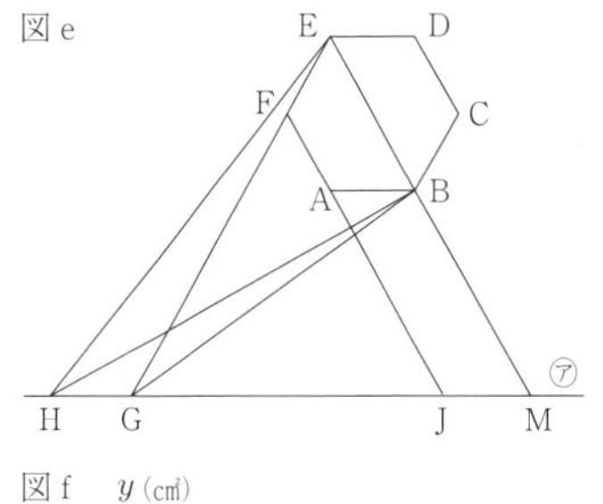

図 f

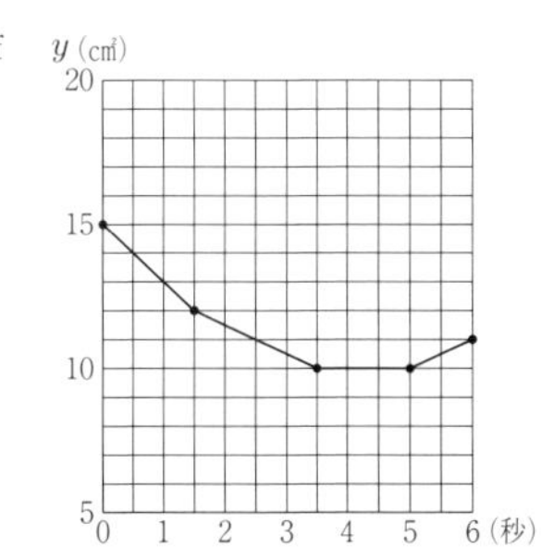

答 (1) 12 (cm^2)　(2) 1.5　(3) (前図 f)

78　次図Ⅰのように，正方形 PQRS は，
まず R を中心に 90° 回転し，正方形 $P_1Q_1RS_1$ に，
さらに S_1 を中心に 90° 回転し，正方形 $P_2Q_2R_2S_1$ になるので，辺 PQ が通過する部分は，かげをつけた部分になる。
これに，図 1 の斜線部も加えると，太線で囲んだ部分が重なることになる。
したがって，次図Ⅱのように移動させることができる。
これは，正方形 PQRS の対角線 PR を半径とし，
中心角が，90° ×3＝270° のおうぎ形から，
正方形 PQRS の 1 辺を半径とし，中心角が，
90° ×2＝180° である半円の面積を引いたものとなる。
ここで，正方形 PQRS の面積，
8×8＝64 (cm^2)について，
$PR \times PR \times \frac{1}{2}$ とも表すことができるから，
PR×PR＝64×2＝128
よって，求める面積は，
$128 \times 3.14 \times \frac{270}{360} - 8 \times 8 \times 3.14 \times \frac{1}{2}$
$= 96 \times 3.14 - 32 \times 3.14 = 64 \times 3.14 = 200.96$ (cm^2)

図Ⅰ
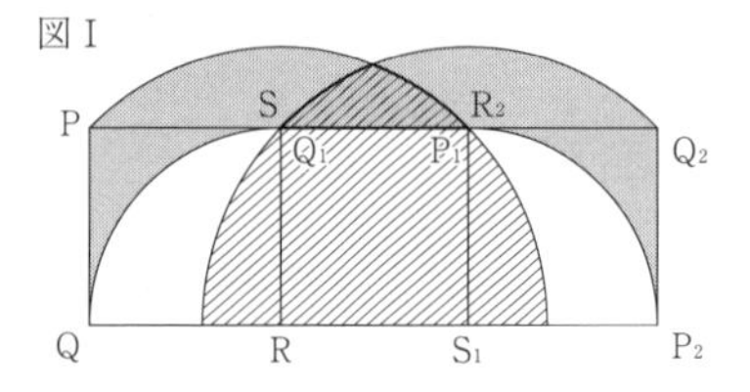

図Ⅱ
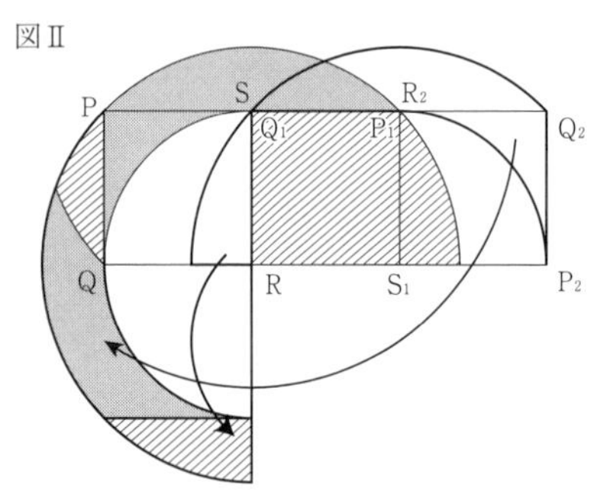

答 200.96

79 (1)　BC，BE，CE はともにおうぎ形の半径になるから，三角形 EBC は正三角形。
よって，角 BEC＝60°
また，三角形 ABE と三角形 DCE は合同だから，
角 DEC＝角 AEB＝105°
よって，
角 AED＝360° −(60° ＋105° ＋105°)＝90°
AE＝DE だから，
三角形 AED は直角二等辺三角形。
よって，角 x の大きさは 45°。

(2)　辺 EB が通る部分は次図Ⅰのかげをつけた部分で，半径が EB の円になる。
三角形 AED は直角二等辺三角形だから，
AD×AD は 1 辺の長さが 5 cm の正方形の(対角線)×(対角線)になる。
よって，AD×AD＝5×5×2＝50
EB＝BC＝AD だから，EB×EB＝50
よって，求める面積は，50×3.14＝157 (cm^2)

図Ⅰ
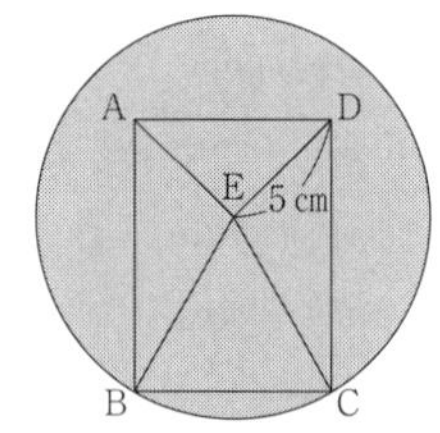

図Ⅱ
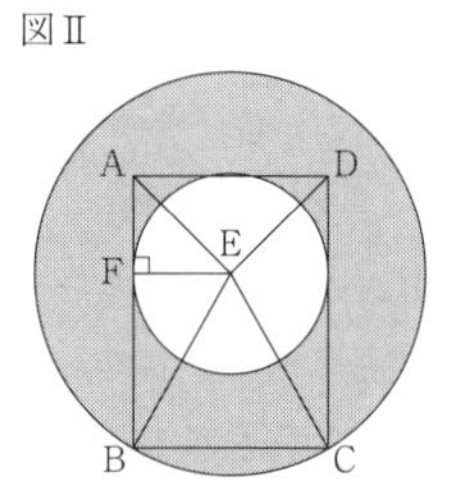

(3)　辺 AB のうちで E から最も遠い点は点 B。
前図Ⅱのように，E から辺 AB に垂直な線をひき，
辺 AB と交わる点を F とすると，
E から最も近い点は点 F になる。
よって，辺 AB が通る部分は，図Ⅱのかげをつけた部分で，EB を半径とする円と EF を半径とする円に囲まれた部分になる。
EF の長さは AD の長さの半分だから，
EF×EF＝(AD÷2)×(AD÷2)＝AD×AD÷4
＝12.5
よって，EF を半径とする円の面積は，
12.5×3.14＝39.25 (cm^2)だから，
求める面積は，157−39.25＝117.75 (cm^2)

答 (1) 45°　(2) 157 (cm^2)　(3) 117.75 (cm^2)

80 (1)　次図 a で，RS はこのおうぎ形の曲線部分が回転する部分で，長さが等しいので，
$7 \times 2 \times \frac{22}{7} \times \frac{45}{360} = \frac{11}{2}$ (cm)
よって，$AB = 7 \times 2 + \frac{11}{2} = \frac{39}{2}$ (cm)

図 a
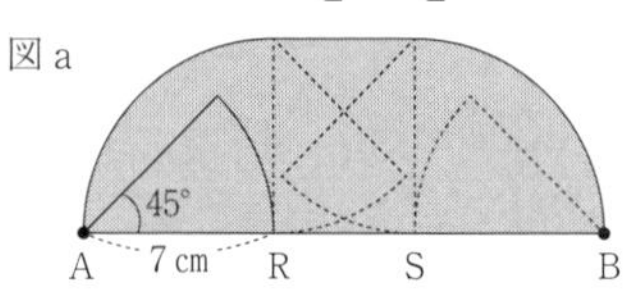

(2) 直線上を回転するときにおうぎ形が通過する部分は，図 a の色をつけた部分で，正方形 ABCD の各辺にそって回転するときも同様なので，正方形の内側を 1 周させたときにおうぎ形が通過する部分は，次図 b の色をつけた部分。
正方形 ABCD 内でおうぎ形が通過しない部分は，1 辺の長さが $\frac{11}{2}$cm の正方形なので，
面積は，$\frac{11}{2} \times \frac{11}{2} = \frac{121}{4}$ (cm^2)
正方形 ABCD の面積は，
$\frac{39}{2} \times \frac{39}{2} = \frac{1521}{4}$ (cm^2) なので，
おうぎ形が通過した部分の面積は，
$\frac{1521}{4} - \frac{121}{4} = 350$ (cm^2)

図 b

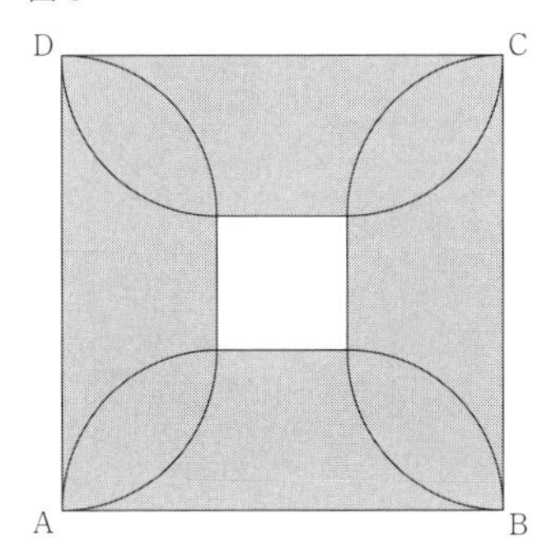

答 (1) $\frac{39}{2}$ (cm) (2) 350 (cm^2)

81 (1) 時計と円の円周の比が，4：1 なので，半径の比も，4：1 になるから，$3 \times 4 = 12$ (cm)

(2) 時計の短針は，毎分，$30° \div 60 = 0.5°$ 動く。
午前 8 時 30 分から午後 3 時 10 分まで 6 時間 40 分，つまり，$60 \times 6 + 40 = 400$ (分) あるから，
短針は，$0.5 \times 400 = 200°$ 動く。
よって，求める長さは，
$(12 + 3) \times 2 \times 3.14 \times \frac{200}{360} = \frac{157}{3}$ (cm)

(3) 半径，$12 + 3 \times 2 = 18$ (cm) で中心角が 200° のおうぎ形と半径 3 cm の半円 2 つを合わせたものから，半径 12cm で中心角が 200° のおうぎ形をひけばよいので，
$18 \times 18 \times 3.14 \times \frac{200}{360} + 3 \times 3 \times 3.14 \div 2 \times 2$
$- 12 \times 12 \times 3.14 \times \frac{200}{360}$
$= 180 \times 3.14 + 9 \times 3.14 - 80 \times 3.14$
$= 109 \times 3.14 = 342.26$ (cm^2)

答 (1) 12 (cm) (2) $\frac{157}{3}$ (cm) (3) 342.26 (cm^2)

82 (1) 重なった部分の説明より，2 秒後，5 秒後，6 秒後，10 秒後，10〜13 秒後，13 秒後の P と Q の重なってできる部分は，次図の色をつけた部分になる。
P が移動し始めてから重なり始めるまでの時間が 2 秒なので，$BC = 1 \times 2 = 2$ (cm)
P が AB 間の長さを進むのにかかる時間は，
$6 - 2 = 4$ (秒) なので，$AB = 1 \times 4 = 4$ (cm)
P が CD 間の長さを進むのにかかる時間は，
$10 - 2 = 8$ (秒) なので，$CD = 1 \times 8 = 8$ (cm)
また，5 秒後に重なった部分は直角二等辺三角形で，直角をはさむ辺の長さは，
$1 \times (5 - 2) = 3$ (cm) なので，Q の高さも 3 cm。

(2) 次図より，重なった部分の図形の形は，
2 秒後から 5 秒後までが直角二等辺三角形，
5 秒後から 10 秒後までが台形，
10 秒後から 13 秒後までが五角形，
13 秒後からは平行四辺形になる。

(3) 5 秒後から 6 秒後までの間は，
重なった部分の図形の形は台形で，
上底と下底の長さが長くなっていくので，
重なった部分の面積は増え続ける。
6 秒後から 10 秒後までは，
重なった部分の図形の形は同じ台形なので，
重なった部分の面積は変化しない。

(4) 9 秒後は，次図の 6 秒後と 10 秒後の間であり，重なっている部分の形は同じなので，
6 秒後の図で考える。
6 秒後の図で重なった部分を EF で分けると，
左の部分は直角をはさむ辺の長さが 3 cm の直角二等辺三角形で，
面積は，$3 \times 3 \div 2 = 4.5$ (cm^2)
右の部分は縦 3 cm，
横，$4 - 3 = 1$ (cm) の長方形で，
面積は，$3 \times 1 = 3$ (cm^2)
よって，9 秒後の重なった部分の面積は，
$4.5 + 3 = 7.5$ (cm^2)

(5) 12 秒後の重なった部分の形は，次図の 10〜13 秒後より五角形で，台形 GHIJ から直角二等辺三角形 IKL を取り除いた形。

台形GHIJは(4)で面積を求めた図形と合同なので，7.5cm^2。

$\text{LI}=1\times(12-2)-8=2$ (cm)より，

直角二等辺三角形IKLの面積は，

$2\times2\div2=2$ (cm^2)

よって，12秒後の重なった部分の面積は，

$7.5-2=5.5$ (cm^2)

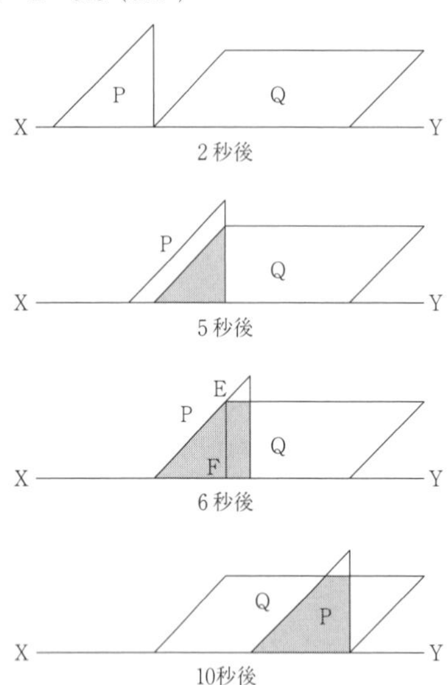

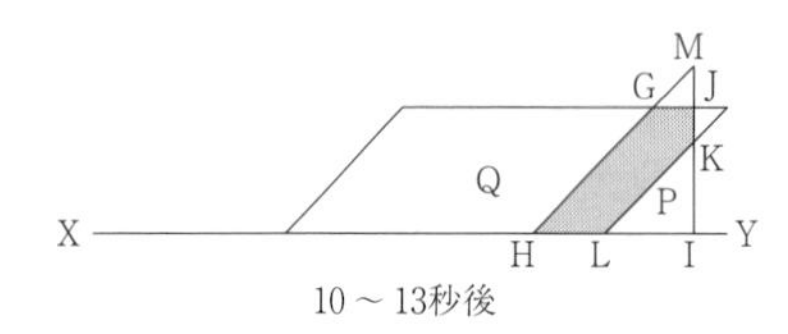

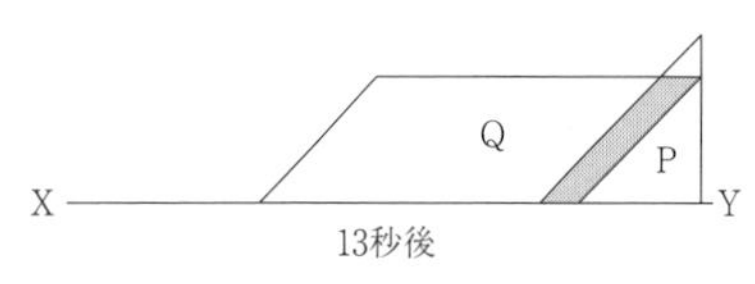

答 (1) (AB) 4cm　(BC) 2cm　(CD) 8cm　(Qの高さ) 3cm　(2) ア. ①　イ. ④　ウ. ⑤　エ. ③　(3) あ. ①　い. ③　(4) 7.5cm^2　(5) 5.5cm^2

8．立体図形

★問題 P．99～116★

1 (1)　三角すいの6つの辺の真ん中の点どうしを結んでいるので，解答欄の図形の辺の真ん中の点どうしを結べばよい。

よって，次図Ⅰのようになる。

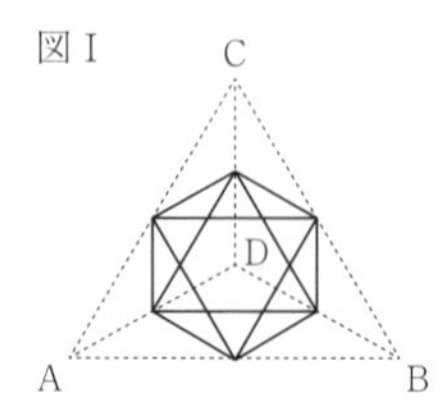

(2)　三角すいの6つの辺の真ん中の点どうしを結んだ状態で容器に入れると，次図Ⅱのようになる。

解答欄の図形の辺の真ん中の点どうしを結べばよいので，次図Ⅲのようになる。

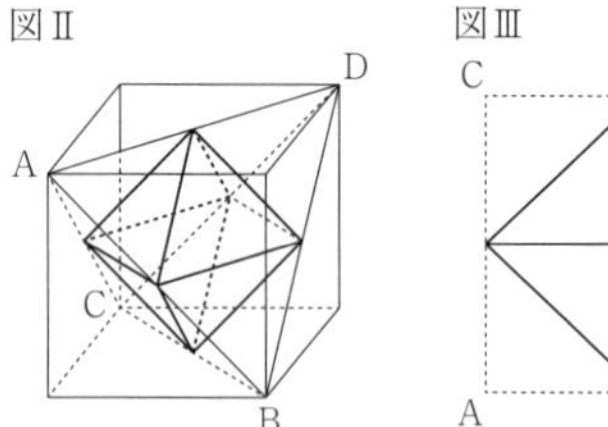

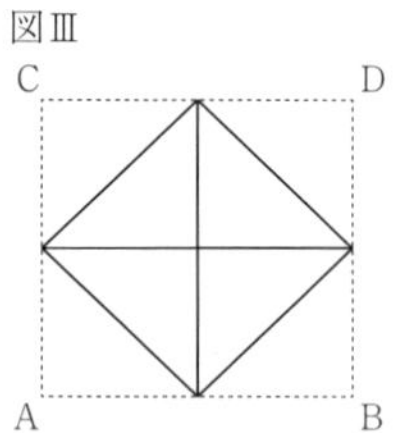

答 (1)（前図Ⅰ）　(2)（前図Ⅲ）

2　$\frac{1}{3}\times\frac{1}{3}\times\frac{1}{3}=\frac{1}{27}$ より，

1辺の長さを $\frac{1}{3}$ にしたものが27cm。

よって，求める長さは，$27\div\frac{1}{3}=81$ (cm)

 81

3 (1)　$3\times5\times2+4\times5\times2+3\times4\times2=94$ (cm^2)

(2)　できた立体の表面積は，2つの直方体の表面積の合計から重なった面の面積をひいて求められるから，表面積がいちばん小さくなるようにつなぎ合わせるとき，ア，イ，ウのうち，最も面積が大きいイの面が重なるようにつなぎ合わせればよい。

よって，求める表面積は，

$94\times2-20\times2=148$ (cm^2)

(3)　(2)と同じように，イの面が重なるように横方向に3個つなぎ合わせればよい。

重なる面の数は4面だから，

求める表面積は，$94\times3-20\times4=202$ (cm^2)

(4)　(2)と同じように，

イの面が重なるように横方向に4個つなぎ合わせたときと，次図のように重なる面の数が最も多くなるようにつなぎ合わせたときを考える。

イの面が重なるように横方向に4個つなぎ合わせたとき，重なる面の数は6面だから，

できた立体の表面積は，

$94\times4-20\times6=256\ (\mathrm{cm}^2)$

次図のようにつなぎ合わせたとき，

重なる面はアの面が4面，イの面が4面だから，

できた立体の表面積は，

$94\times4-15\times4-20\times4=236\ (\mathrm{cm}^2)$

よって，求める表面積は $236\mathrm{cm}^2$。

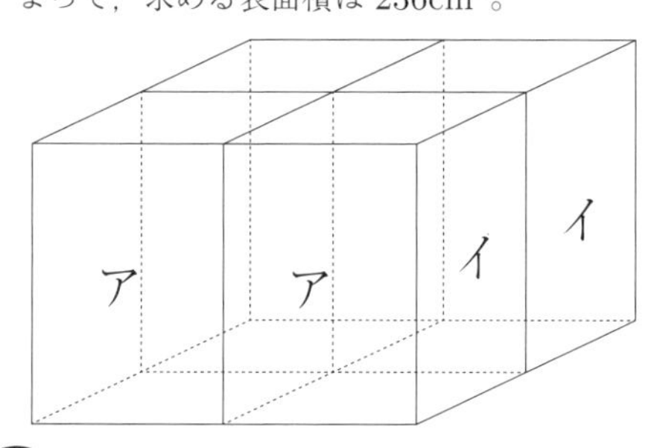

答 (1) 94 (cm^2)　(2) 148 (cm^2)　(3) 202 (cm^2)
(4) 236 (cm^2)

4 ①　もとの立方体の体積は，

$40\times40\times40=64000\ (\mathrm{cm}^3)$

切り取った1つの直方体の体積は，

$10\times20\times40=8000\ (\mathrm{cm}^3)$

よって，求める体積は，

$64000-8000\times3=40000\ (\mathrm{cm}^3)$

②　上から見ても，下から見ても，左から見ても，右から見ても，1辺40cmの正方形が見える。

また，前から見える部分の面積は，

$40\times40-(10\times20)\times3=1000\ (\mathrm{cm}^2)$で，

後ろから見ても同じ。

よって，求める表面積は，

$40\times40\times4+1000\times2=8400\ (\mathrm{cm}^2)$

答 ① 40000　② 8400

5　右図のアとイの立体はまったく同じで，しゃ線部分の円の面積は等しい。したがって，2つの立体の表面積の差は，半径6cmで高さが6cmの円柱の側面積に等しい。

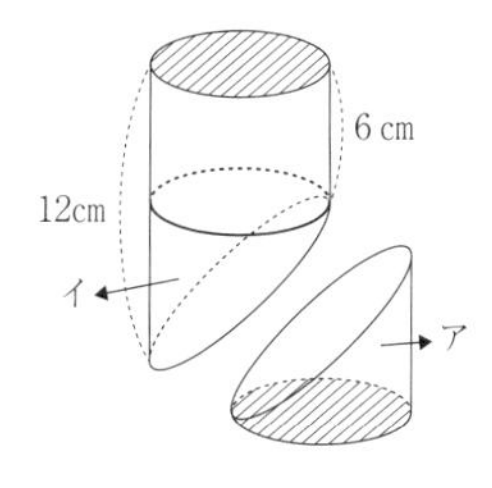

よって，$6\times(2\times6\times3.14)=226.08\ (\mathrm{cm}^2)$

答 226.08

6　くりぬく前の直方体の体積は，

$14\times15\times10=2100\ (\mathrm{cm}^3)$

くりぬいた2つの円柱の体積の和は，

$3\times3\times3.14\times4+4\times4\times3.14\times6=414.48\ (\mathrm{cm}^3)$

よって，この立体の体積は，

$2100-414.48=1685.52\ (\mathrm{cm}^3)$

答 1685.52 (cm^3)

7 (1)①　1辺の長さが12cmの立方体の体積は，

$12\times12\times12=1728\ (\mathrm{cm}^3)$

円形の穴の半径は，$10\div2=5$ (cm)だから，

円柱の穴があいた部分の体積は，

$5\times5\times3.14\times12=942\ (\mathrm{cm}^3)$

よって，立体Aの体積は，

$1728-942=786\ (\mathrm{cm}^3)$

②　立体Aにおいて白いペンキがぬられていないのは，円柱の穴の側面にあたる部分だから，

その面積は，$10\times3.14\times12=376.8\ (\mathrm{cm}^2)$

(2)①　長方形の穴の面積は，$8\times10=80\ (\mathrm{cm}^2)$

ひし形の穴の面積は，$6\times8\div2=24\ (\mathrm{cm}^2)$

円形の穴の半径は，$8\div2=4$ (cm)だから，

面積は，$4\times4\times3.14=50.24\ (\mathrm{cm}^2)$

よって，立体Bにおいて白いペンキがぬられている部分の面積は，

$12\times12\times6-(80+24+50.24)\times2$

$=555.52\ (\mathrm{cm}^2)$

②　上からあけた直方体の穴の側面のうち，

横からの穴と正面からの穴をあけたあとに残る部分の面積は，

$(8+10)\times2\times12-(24+50.24)\times2$

$=283.52\ (\mathrm{cm}^2)$

横からあけた四角柱の穴の側面のうち，

上からの穴よりもはみ出す部分の面積は，

$5\times4\times(12-10)=40\ (\mathrm{cm}^2)$

正面からあけた円柱の穴の側面のうち，

上からの穴よりもはみ出す部分の面積は，

$8\times3.14\times(12-8)=100.48\ (\mathrm{cm}^2)$

よって，立体Bにおいて白いペンキがぬられていない部分の面積は，

$283.52+40+100.48=424\ (\mathrm{cm}^2)$

答 (1) ① 786 (cm^3)　② 376.8 (cm^2)
(2) ① 555.52 (cm^2)　② 424 (cm^2)

8　AとBの容積の比は,
底面積の比と等しく，7：4。
Aの容積を7とすると水の量は,
$7\times\dfrac{1}{2}=\dfrac{7}{2}$ だから,
これをBに入れたときの高さは容器の高さの,
$\dfrac{7}{2}\div4=\dfrac{7}{8}$（倍）

 $\dfrac{7}{8}$

9 (1)　下から0〜4 cm部分の底面積は,
$4\times4=16$ (cm^2)で,
この部分に入っている水の体積は,
$16\times4=64$ (cm^3)
下から4〜6 cm部分の底面積は,
$16-2\times2=12$ (cm^2)で,
この部分に入っている水の体積は,
$12\times(6-4)=24$ (cm^3)
よって，入っている水の体積は,
$64+24=88$ (cm^3)
(2)　$(9+2)-(4+3)=4$ より,
3点ABCが下になるように置いたとき,
下から0〜4 cm部分に入る水の体積は,
$16\times4-(1\times1\times2+1\times1\times1)=61$ (cm^3)で,
水はあと，$88-61=27$ (cm^3)入っている。
$4+3=7$ より,
下から4〜7 cm部分は底面積が12cm^2 なので,
この部分の水の深さは，$27\div12=2.25$ (cm)
よって，水の高さは底から，$4+2.25=6.25$ (cm)

答 (1) 88 (cm^3)　(2) 6.25 (cm)

10 (1)　容器を，右側の直方体と左側の三角柱に分けると,
直方体の部分の容積が,
$8\times7\times12=672$ (cm^3)で,
三角柱の部分は底面積が,
$(10-7)\times(12-8)\div2=6$ (cm^2)で,
容積が，$6\times8=48$ (cm^3)なので,
この容器の容積は，$672+48=720$ (cm^3)
(2)　上下の面の面積の和は,
$8\times10+8\times7=136$ (cm^2),
前後の面の面積の和は,
$(7\times12+6)\times2=180$ (cm^2),
左右の面の面積の和が,
$8\times12+8\times(5+8)=200$ (cm^2)なので,
この容器の表面積は,
$136+180+200=516$ (cm^2)
(3)　入っている水の体積は,
$8\times7\times6=336$ (cm^3)なので,
［図3］の右側の三角柱以外に入っている水の体積は，$336-48=288$ (cm^3)
よって，水面の高さは，$288\div(8\times7)=\dfrac{36}{7}$ (cm)

答 (1) 720 (cm^3)　(2) 516 (cm^2)　(3) $\dfrac{36}{7}$ (cm)

11 (1)　立方体の体積は，$3\times3\times3=27$ (cm^3)
容器の底面積は，$10\times10=100$ (cm^2)なので,
$27\div100=0.27$ (cm)だけ水面が高くなる。
(2)　もとの水面から容器のへりまで,
$20-15=5$ (cm)ある。
よって，$5\div0.27=18$ あまり 0.14 より,
$18+1=19$（個）

答 (1) 0.27 (cm)　(2) 19（個）

12 (1)　$\dfrac{125}{27}=\dfrac{5}{3}\times\dfrac{5}{3}\times\dfrac{5}{3}$ より,
おもりBとおもりCの一辺の長さの比は,
$1:\dfrac{5}{3}=3:5$
おもりBの一辺の長さを3とすると,
水面の高さは,
【図2】が，$3\times\left(1-\dfrac{1}{3}\right)=2$ で,
【図3】が，$5\times\left(1-\dfrac{1}{5}\right)=4$
【図2】で水面より下の部分の体積は,
水の体積より，$3\times3\times2=18$ 多く,
【図3】で水面より下の部分の体積は,
水の体積より，$3\times3\times3+5\times5\times4=127$ 多いので,
水そうの深さ，$4-2=2$ の分の体積は,
$127-18=109$ で,
入れた水の体積は，$109-3\times3\times2=91$
おもりBの体積は，$3\times3\times3=27$ なので,
入れた水の体積はおもりBの体積の,
$91\div27=\dfrac{91}{27}$（倍）
(2)　水そうの深さ2の分の体積が109なので,
水そうの底面積は，$109\div2=\dfrac{109}{2}$ にあたるので,
【図1】の水面の高さは，$91\div\dfrac{109}{2}=\dfrac{182}{109}$ で,

おもりＣの一辺の長さの，$\frac{182}{109} \div 5 = \frac{182}{545}$（倍）

答 (1) $\frac{91}{27}$（倍） (2) $\frac{182}{545}$（倍）

13 (1)　ブロック①の体積は，$5 \times 6 \times 6 = 180$（$cm^3$）
ブロック②の底面（五角形の部分）の面積は，
$180 \div 5 = 36$（cm^2）
次図１のようにブロック②の底面を，
三角形と長方形に分ける。
三角形の部分の高さが 8 cm だとすると，
底面の面積は，$6 \times 8 \div 2 = 24$（cm^2）
［あ］の部分が 1 cm 長くなると，底面の面積は，
$6 \times 1 - 6 \times 1 \div 2 = 3$（$cm^2$）大きくなるから，
［あ］$= (36 - 24) \div 3 = 4$

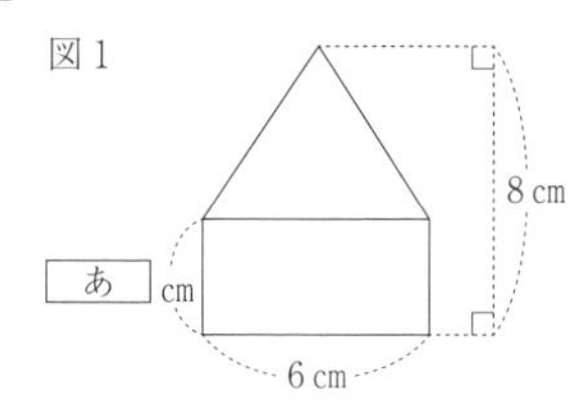

(2)　体積 $180cm^3$ のブロック①を入れると，
水面の高さが 0.4cm 上がったから，
水そうの底面の面積は，$180 \div 0.4 = 450$（cm^2）

(3)　ブロック②の底面で，三角形の部分を三角形 ADE，水そうからはみ出した部分を三角形 ABC とすると，次図２で，三角形 ABC は三角形 ADE の縮図で，高さの比が，2：4＝1：2 だから，
底辺の比も 1：2 になる。
よって，$BC = 6 \times \frac{1}{2} = 3$（cm）
これより，水面から出ている部分の体積は，
$3 \times 2 \div 2 \times 5 = 15$（$cm^3$）だから，
水に沈んでいる部分の体積は，
$180 \times 2 - 15 = 345$（cm^3）
水面の高さは，$6 + 8 - 2 = 12$（cm）だから，
ブロックのうち水に沈んでいる部分の体積と水の体積の和は，$450 \times 12 = 5400$（cm^3）
よって，水そうに入っている水の体積は，
$5400 - 345 = 5055$（cm^3）

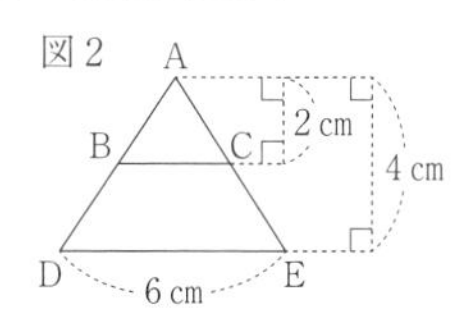

答 (1) 4　(2) 450（cm^2）　(3) 5055（cm^3）

14 (1)　おもり(ろ)の体積を求めればよいから，
$(3 \times 3 \times 3) \times 4 = 108$（$cm^3$）

(2)　おもり(は)の体積を求めればよいから，
$(5 \times 5 \div 2) \times 2 = 25$（$cm^3$）

(3)　おもり(ろ)で水から出ている部分の高さは，
$3 \times 2 - 5 = 1$（cm）なので，
水の中のおもりの体積は，
$108 - 3 \times 3 \times 1 = 99$（$cm^3$）
よって，水の体積は，
$10 \times 10 \times 5 - 99 = 401$（$cm^3$）

(4)　$376 + 25 = 401$（cm^3）より，$376cm^3$ の水と
おもり(は)の体積の合計は(3)で入れた水と等しく，
おもり(は)の高さは 5 cm だから，
おもり(は)はすべて水の中に沈み，
水面の高さは(3)と同様に 5 cm になる。

答 (1) 108（cm^3）　(2) 25（cm^3）　(3) 401（cm^3）
(4) 5（cm）

15 (1)　上から各段を 16 個の立方体に分けたとき，
各段でくりぬいた立方体は次図の色をつけた立方体になり，残った１辺 1 cm の立方体は，
上から１段目と４段目が 14 個ずつ，
２段目と３段目が９個ずつで，
合計，$14 \times 2 + 9 \times 2 = 46$（個）
１辺 1 cm の立方体の体積は 1 cm^3 なので，
この立体の体積は，$1 \times 46 = 46$（cm^3）

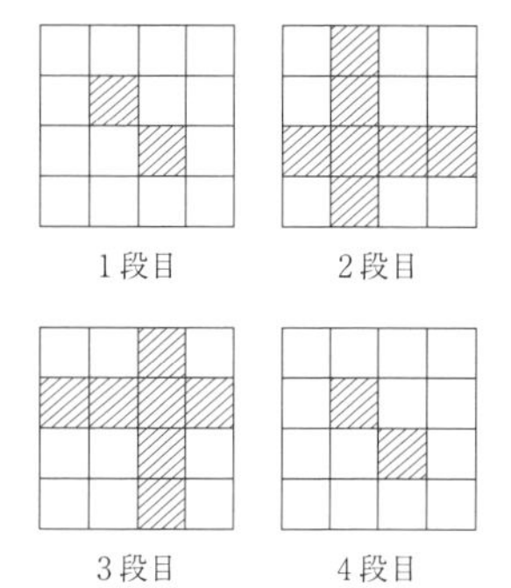

(2)　(1)で考えた立体の，
下から 1 cm までの部分の体積は，
$1 \times 14 = 14$（cm^3），
下から 1 cm～2 cm までの体積は，
$1 \times 9 = 9$（cm^3）なので，
水そうの中の水の高さを 2 cm にするときに必要な水は，$6 \times 6 \times 2 - 14 - 9 = 49$（$cm^3$）

(3)　水そうの下から 1 cm～2 cm のところまで水の高さが来ていたとすると，

あと，$49-19.1\times2=10.8$ (cm^3)の水を入れると，
水そうの中の水の高さは 2 cm になる。
水そうの下から 1 cm〜2 cm のところに入る水の底面積は，$6\times6-1\times1\times9=27$ (cm^2)なので，
水そうの中の水の高さは 2 cm よりも，
$10.8\div27=0.4$ (cm)低いところにある。
よって，水の高さは，$2-0.4=1.6$ (cm)で，
1 cm よりも高いので条件に合う。

答 (1) 46 (cm^3)　(2) 49 (cm^3)　(3) 1.6 (cm)

16 (1)　次図 a で，
面 B は辺 34 があり，面 1234 ではないので，
面 3487。
面 C は辺 37 があり，面 3487 ではないので，
面 3762。
面 D は辺 67 があり，面 3762 ではないので，
面 6785。
面 E は辺 58 があり，面 6785 ではないので，
面 5841。
面 F は辺 15 があり，面 5841 ではないので，
面 1562。
これに合わせて，頂点の記号をかけばよい。

図 a
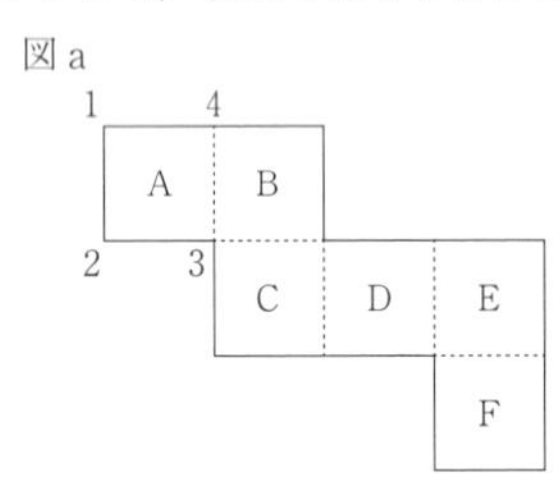

(2)　切り口は正三角形 136 になるので，
面 1234 に直線 13，面 3762 に直線 36，
面 1562 に直線 61 をひけばよい。

図 b
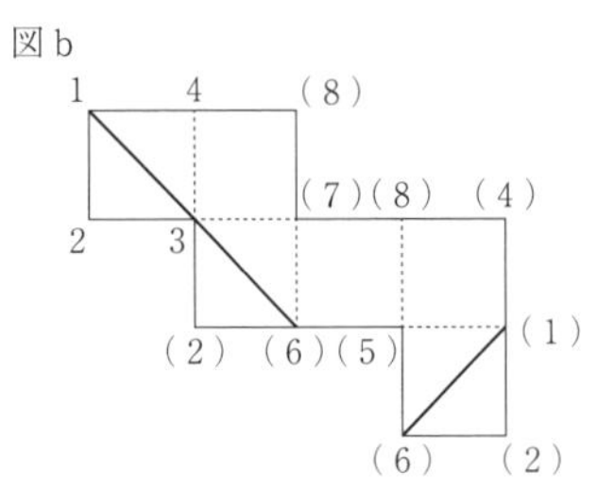

答 (1)・(2) (前図 b)

17　ひもの長さが最も短くなるのは，次図のように，展開図でひもが一直線になるとき。
このとき，三角形 AEH と三角形 PFH と三角形 QGH は拡大・縮小の関係だから，
AE：PF：QG＝EH：FH：GH
＝(12＋6＋12)：(6＋12)：12＝5：3：2
よって，

$PF=15\times\frac{3}{5}=9$ (cm)，

$QG=15\times\frac{2}{5}=6$ (cm)より，

台形 PFGQ の面積は，$(9+6)\times6\div2=45$ (cm^2)

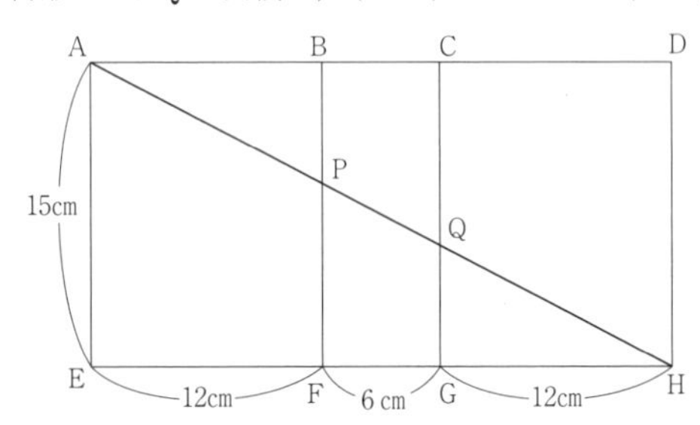

答 45 (cm^2)

18　正方形の面が下になるように置いたとき，
三角形の面で水が入っている部分は
次図のかげをつけた部分になる。
DE と BC が平行より，
三角形 ADE は三角形 ABC の縮図で，
DE：BC＝AE：AC＝(12－7.2)：12＝2：5 なので，

$DE=5\times\frac{2}{5}=2$ (cm)

水が入っている部分は，底面が台形 DBCE で，
高さが 5 cm の四角柱なので，
体積は，$(2+5)\times7.2\div2\times5=126$ (cm^3)
三角形の面が下になるように置いたときの底面積は，
$5\times12\div2=30$ (cm^2)なので，
水面の高さは，$126\div30=4.2$ (cm)

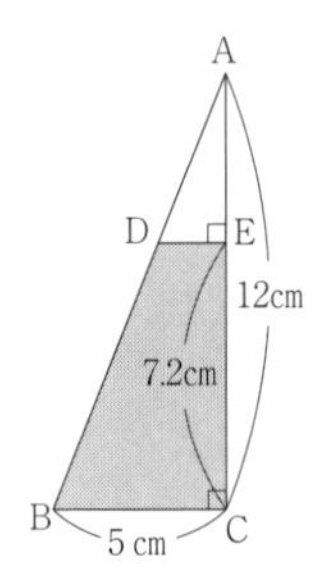

答 4.2 (cm)

19 (1)　辺 HI と辺 HG が重なり，辺 IJ と辺 GF が重なるので，
点 J と重なる点は点 F。
(2)　この展開図を組み立てたときにできる立体は，
次図のように，三角すい P—ABC から底面に
平行な面で三角すい P—JIH を切り取った立体。

この図で，面 HIJ と面 CBA が平行より，
三角形 HIJ は三角形 CBA の縮図で，
辺の長さの比が，JI：AB＝5：10＝1：2 なので，
面積比は，(1×1)：(2×2)＝1：4
三角形 CBA の面積は，
$8\times6\div2=24$ (cm^2) なので，
三角形 HIJ の面積は，$24\times\dfrac{1}{4}=6$ (cm^2)

(3) 次図で，IH と BC が平行より，
三角形 PIH は三角形 PBC の縮図で，
PH：PC＝IH：BC＝1：2 なので，
$PH=4\times\dfrac{1}{2-1}=4$ (cm)
三角すい P—ABC の体積は，
$24\times(4+4)\times\dfrac{1}{3}=64$ (cm^3) で，
三角すい P—JIH の体積は，
$6\times4\times\dfrac{1}{3}=8$ (cm^3) なので，
この立体の体積は，$64-8=56$ (cm^3)

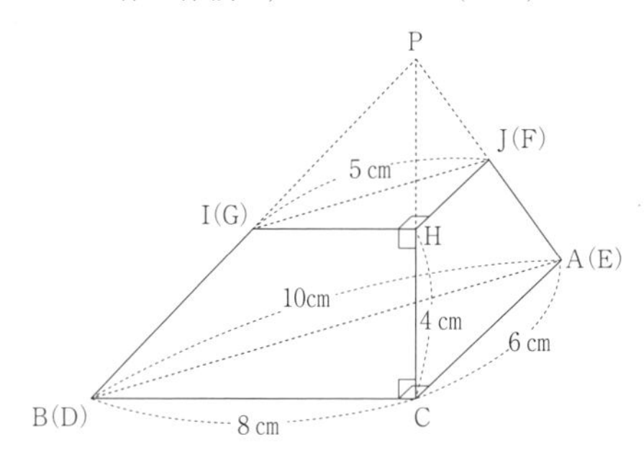

(4) 切り分けてできる立体の一方は，
三角すい H—ABC なので，
体積は，$24\times4\times\dfrac{1}{3}=32$ (cm^3)
よって，もう一方の立体の体積は，
$56-32=24$ (cm^3) なので，
体積の小さい方の立体の体積は 24cm^3。

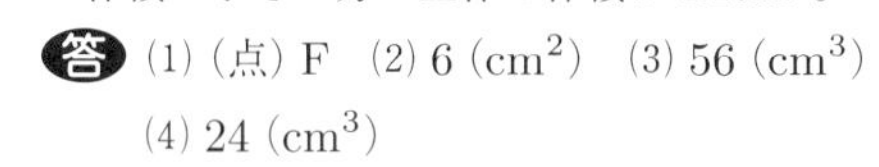

答 (1)(点) F　(2) 6 (cm^2)　(3) 56 (cm^3)
(4) 24 (cm^3)

20 (1) 体積は，
$1\times1\times3.14\times\dfrac{180}{360}\times1=\dfrac{1}{2}\times3.14=1.57$ (cm^3)
表面積は，半円部分が，
$1\times1\times3.14\times\dfrac{180}{360}\times2=3.14$ (cm^2) で，
側面積が，
$\left(1\times2\times3.14\times\dfrac{180}{360}+1\times2\right)\times1=3.14+2$
$=5.14$ (cm^2) だから，
$3.14+5.14=8.28$ (cm^2)

(2) 底面は，半径 1 cm の半円と，台形 ABFI なので，
面積は，
$1\times1\times3.14\times\dfrac{180}{360}+(3+2+1\times2)\times1\div2$
$=1.57+3.5=5.07$ (cm^2)
よって，求める立体の体積は，AD＝1 cm だから，
$5.07\times1=5.07$ (cm^3)

答 (1)(体積) 1.57 (cm^3)　(表面積) 8.28 (cm^2)
(2) 5.07 (cm^3)

21 展開図を組み立てると，右図のような立体になる。

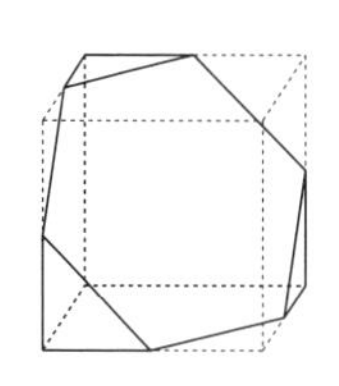

この立体の体積は，1 辺の長さが 3 cm の立方体の体積の半分になるから，$3\times3\times3\div2=13.5$ (cm^3)

答 13.5

22 右図のように 1 辺 6 cm の立方体の各辺を 3 等分する平面で分けると，できた 1 辺 2 cm の立方体の個数は，
$3\times3\times3=27$ (個)

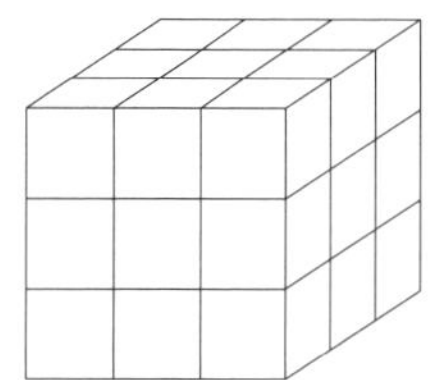

このうち，赤い面が 1 面だけある立方体は，
1 辺 6 cm の立方体の各面の真ん中に 1 個ずつあるから，$1\times6=6$ (個)

答 ア．27　イ．6

23 (1) 1 辺の長さが 3 cm の立方体が，
$1+3+6+10+15=35$ (個) あるので，
求める体積は，$3\times3\times3\times35=945$ (cm^3)

(2) 1 辺の長さが 3 cm の正方形が，上下，前後，左右のそれぞれから立体 A を見ると 15 個ずつあるから，求める表面積は，
$3\times3\times15\times6=810$ (cm^2)

(3) 各段ごとに色がぬられている面の数は，
上から順に，次図のようになるので，
求める個数は，4 個。

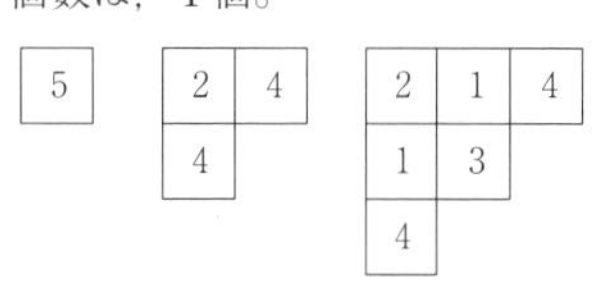

2	1	1	4
1	0	3	
1	3		
4			

3	2	2	2	5
2	1	1	4	
2	1	4		
2	4			
5				

答 (1) 945 (cm^3)　(2) 810 (cm^2)　(3) 4 (個)

24 (1)　上下から見ると立方体の面が，
$4 \times 4 = 16$ (面分)ずつ，
前後左右から見ると立方体の面が，
$1 + 2 + 3 + 4 = 10$ (面分)ずつ見えるから，
全部で，$16 \times 2 + 10 \times 4 = 72$ (面分)見える。
よって，表面積は，$2 \times 2 \times 72 = 288$ (cm^2)

(2)　できる立体は次図１のようになる。
この立体を前後左右から見たときに見える面積は変わらないが，上下から見ると，次図２の色をつけた部分が見えないから，
$(2 \times 2 - 1 \times 1) \times 2 = 6$ (cm^2)だけ減る。
また，図１の色をつけた部分が新たにできるから，
$1 \times 1 \times 2 + 2 \times 2 \times 2 = 10$ (cm^2)だけ増える。
よって，$10 - 6 = 4$ (cm^2)だけ増える。

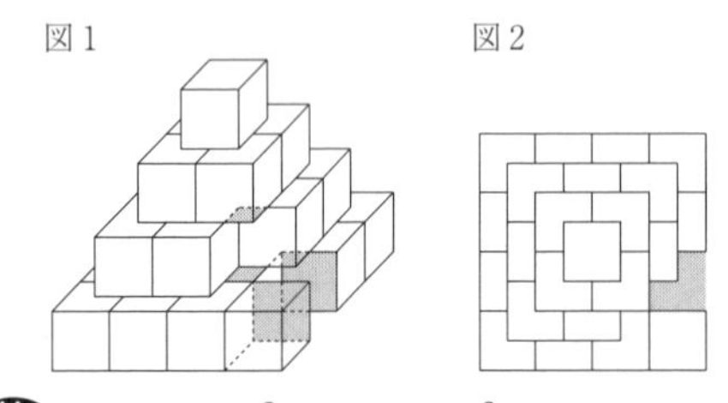
図１　　図２

答 (1) 288 (cm^2)　(2) 4 (cm^2)，増える

25　真上から見た図の各位置を，
次図ａのようにＡ～Ｆとすると，
正面から見たときに見える個数より，
各位置に積まれている立方体は，
Ａ，Ｂ，Ｃが１個ずつで，Ｆが３個。
ＤとＥは合わせて，$10 - (1 \times 3 + 3) = 4$ (個)で，
どちらも２個までなので，
Ｄ，Ｅに積まれている立方体は２個で，
この立体を右から見ると，次図ｂのようになる。
この立体は，上下前後左右のどの方向から見ても
立方体の面，$3 + 2 + 1 = 6$ (個分)見え，
他にかくれている面はないので，
この立体の表面積は，立方体の面，$6 \times 6 = 36$ (個分)
立方体は１辺が１cmで面１個の面積が$1\,cm^2$なので，この立体の表面積は，$1 \times 36 = 36$ (cm^2)

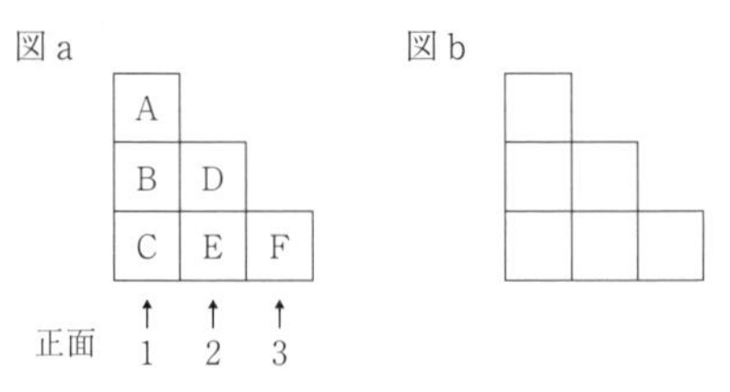

答 36 (cm^2)

26　真上から見た図に積み重ねた積み木の数を書き表すと，使われている積み木の数が最も少ない場合は次図のようになる。
このとき，使われている積み木の数は，
$1 \times 6 + 2 + 3 = 11$ (個)

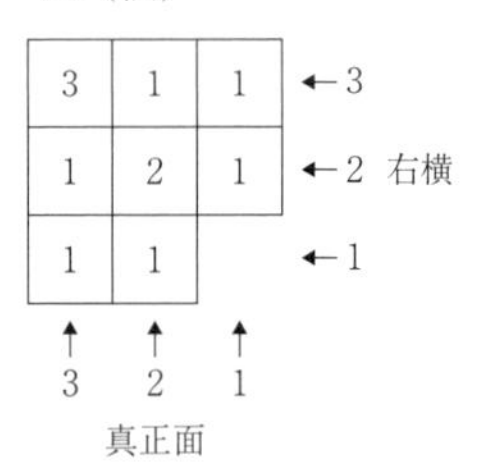

答 11 (個)

27 (1)　上から１～５段目でくりぬかれるのは，
次図ａの色をつけた部分であり，
ア～オの部分には，１辺が２cmの立方体を半分にした三角柱が残っている。
１辺が２cmの立方体の体積は，
$2 \times 2 \times 2 = 8$ (cm^3)，
半分にした三角柱の体積は，$8 \div 2 = 4$ (cm^3)
残った立体は，
立方体が，$19 + 4 + 8 + 8 + 19 = 58$ (個)，
三角柱が，$2 + 2 + 0 + 3 + 2 = 9$ (個)なので，
求める体積は，$8 \times 58 + 4 \times 9 = 500$ (cm^3)

図ａ
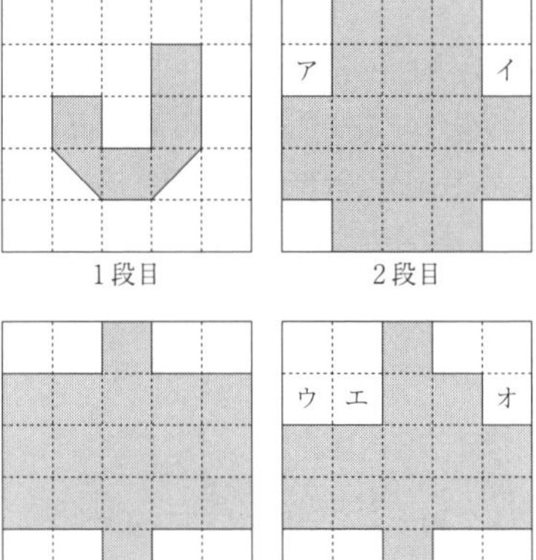

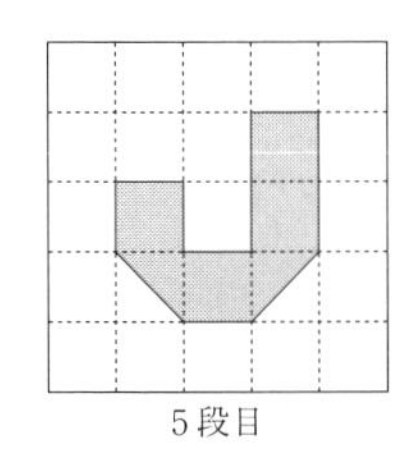

5段目

⑵　上から1段目と5段目は⑴と同じで，
上から2〜4段目でくりぬかれるのは，
次図bの色をつけた部分になる。
また，2段目と4段目の
カ〜クの立方体は $4\,\mathrm{cm}^3$ の三角柱が，
ケ〜サの立方体は，$4 \div 2 = 2\ (\mathrm{cm}^3)$ の三角柱が
残る。残った立体は，
立方体が，$19+2+6+6+19=52$（個），
体積 $4\,\mathrm{cm}^3$ の直方体または三角柱が，
$2+5+4+6+2=19$（個），
体積 $2\,\mathrm{cm}^2$ の三角柱が，
$0+1+0+2+0=3$（個）なので，
体積は，$8 \times 52 + 4 \times 19 + 2 \times 3 = 498\ (\mathrm{cm}^3)$

図b

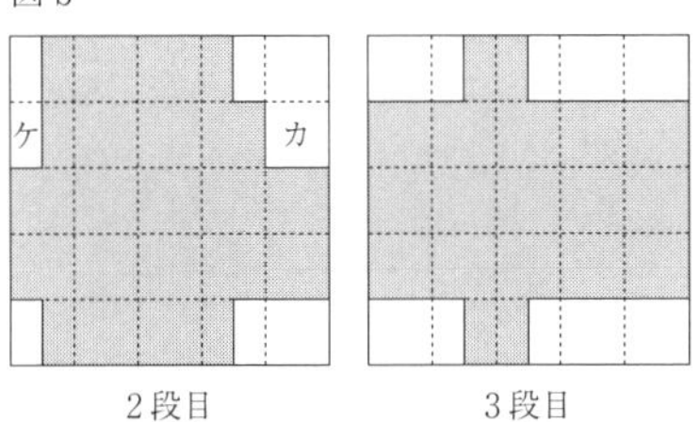

2段目　　3段目

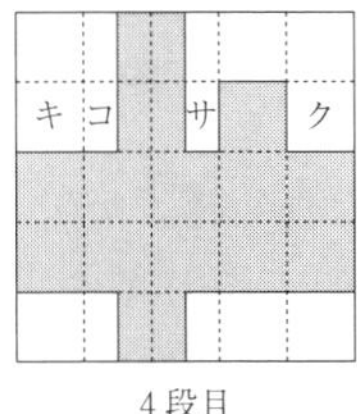

4段目

答　⑴ 500（cm^3）　⑵ 498（cm^3）

28 ⑴　体積は，$2 \times 2 \times 2 = 8\ (\mathrm{cm}^3)$
また，表面積は，$(2 \times 2) \times 6 = 24\ (\mathrm{cm}^2)$

⑵　3と向き合うので面ADHEの面の数字は，
$7-3=4$
同様に考えて，面EFGHは6，面CDHGは5。

⑶　それぞれの立方体は3面ずつ重なっている。
よって，$3 \times 8 = 24$（個）

⑷　前の面の数字はすべて1なので，
上の面の数字は1か2。
つまり，1の面が見えている立方体2つの上の面の数字が2で，残り2つの面の数字は1。

⑸　図2の面ABCDが前，面AEFBが上になっているので，面㋐は面ADHE。
よって，あてはまる数は4。

⑹　3面が重なっている立方体が4つ，2面が重なっている立方体が3つ。
よって，求める個数は，$3 \times 4 + 2 \times 3 = 18$（個）

⑺　7個のサイコロのすべてで1と2の面が見えなくなっている場合を考える。
このとき，見えている面㋑，面㋒，面㋓は1や2ではなく，また，5や6でもない。
面㋑，面㋒，面㋓が4だとすると，面㋒，面㋓の反対側の2個の面と面MNOPに並ぶ4個の面もすべて3となるが，条件に合うのは見えなくなった18個の面のうちの1と2の面以外の4面が3のときになるので，これは適さない。
よって，面㋑，面㋒，面㋓に書かれた数字は3で，面MNOPに並ぶのは4。

⑻　下段に並ぶ4個のサイコロと，上段に並ぶ3個のうちの2個のサイコロの各面の数字は次図Ⅰのようになる。
この6個のサイコロで，見えなくなった面は，
かげをつけて表した通り，1と2が書かれた面が6個ずつ，3が書かれた面が3個ある。
このことから，残り1個のサイコロの見えなくなった面に1と2と3が書かれている場合を調べると，次図Ⅱのように3通りあることがわかる。
このうち条件に合うのは左はしの図の場合で，
面㋔が6，面㋕が4，面㋖が5のときである。

図Ⅰ

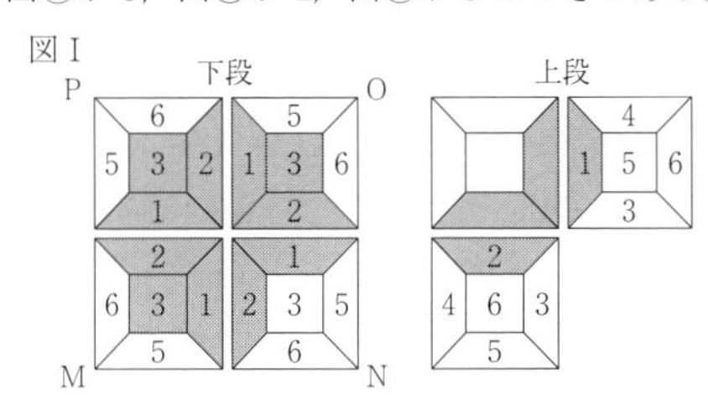

図Ⅱ

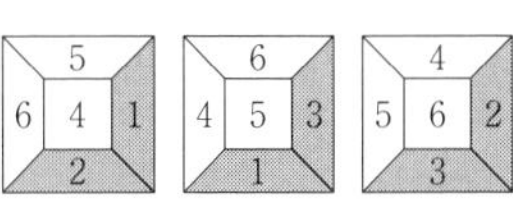

答　⑴（体積）8（cm^3）　（表面積）24（cm^2）
⑵（次図Ⅲ）　⑶ 24（個）　⑷（次図Ⅳ）　⑸ 4
⑹ 18（個）　⑺ 4　⑻ ㋔ 6　㋕ 4　㋖ 5

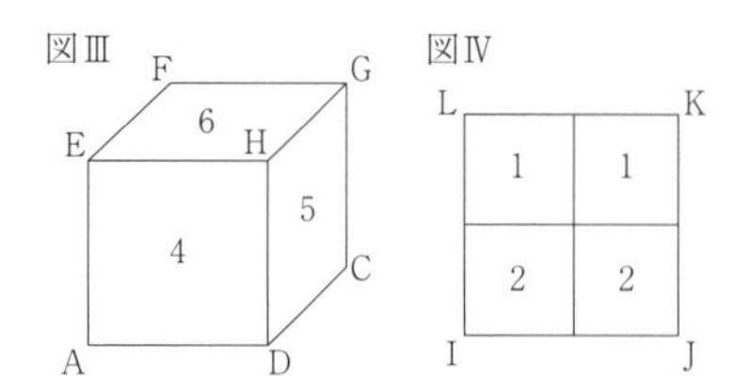

29 スタート地点の真上から見たときに見える面の数字を次図aのように表すと，㋐のコースを転がしたときの各位置で見える面の数字は，次図bのようになる。

地面とふれた数字は，各位置で見えない数字なので，

㋐のコースの合計は，$4+3+2+1+4+3+2=19$

同様に，㋑のコースは，次図cのようになるから，

合計は，$4+3+1+2+3+4+2+3+1=23$

図a　図b

図c

答 (㋐のコースの合計) 19

(㋑のコースの合計) 23

30 できる立体は，次図のような三角すいになる。

この三角すいは，直角二等辺三角形の面BEFを底面としたときの高さが，DA＝12cmで，

AE＝BE＝BF＝CF＝$12\div2=6$ (cm)なので，

体積は，$6\times6\div2\times12\div3=72$ (cm^3)

正方形ABCDの面積が，$12\times12=144$ (cm^2)，

三角形AEDと三角形CFDの面積が，

$12\times6\div2=36$ (cm^2)，

三角形BEFの面積が，$6\times6\div2=18$ (cm^2)より，

三角形DEFの面積は，

$144-(36\times2+18)=54$ (cm^2)で，

この三角すいの底面を面DEFとしたときの高さを□cmとすると，$54\times$□$\div3=72$より，

□$=72\times3\div54=4$

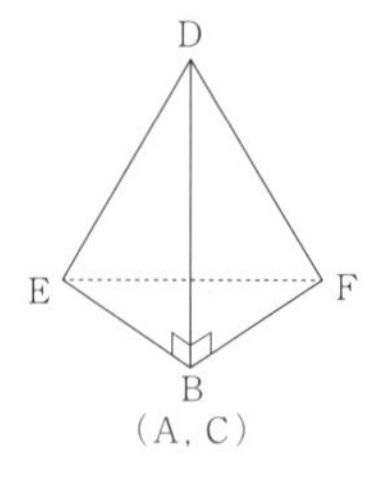

答 ア．72　イ．4

31 (1) 三角形ABFは，

AB＝FB＝4cmの二等辺三角形で，

角ABF＝$90°+60°=150°$だから，

角(あ)＝$(180°-150°)\div2=15°$

(2) 四角形PQRSは正方形だから，角SPQ＝90°

よって，角APB＝90°より，

三角形ABPは二等辺三角形ABFをBPで二等分した直角三角形になっている。

ここで，三角形ABF，三角形BCG，三角形CDH，三角形DAEは合同な二等辺三角形だから，

三角形ABP，三角形BCQ，三角形CDR，三角形DASも合同な三角形になる。

また，三角形ABFの底辺をABとしたときの高さは，正方形ABCDと正三角形BCFを利用して考えると，BCの長さの半分の，$4\div2=2$ (cm)とわかる。

よって，三角形ABFの面積は，

$4\times2\div2=4$ (cm^2)

三角形ABPの面積は，$4\div2=2$ (cm^2)

したがって，正方形PQRSの面積は，

$4\times4-2\times4=8$ (cm^2)

(3) 正方形PQRSの面積が8cm^2だから，

対角線の長さは，$8=4\times4\div2$より，4cmとわかる。

次図のように，正方形PQRSを底面とし，すべての辺の長さが等しい四角すいO—PQRSを考えると，三角形OPRは三角形PQRと合同な直角二等辺三角形になる。

よって，この四角すいの高さは，

$4\div2=2$ (cm)だから，

体積は，$8\times2\div3=\frac{16}{3}$ (cm^3)

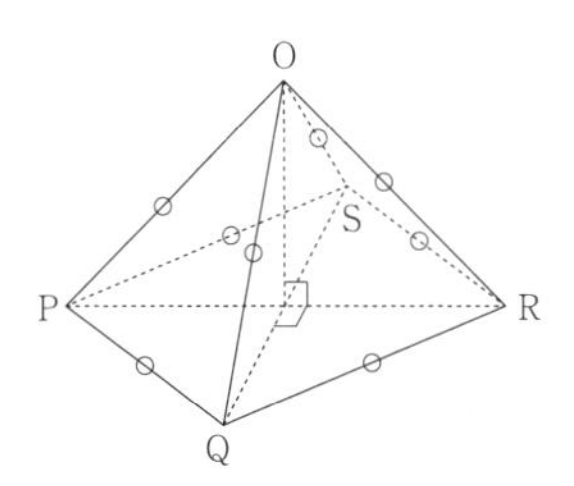

答 (1) 15°　(2) 8 (cm^2)　(3) $\frac{16}{3}$ (cm^3)

32 (1)　くりぬいた円すいの底面の円周の長さは，
(6×3.14) cm で，これがくりぬいた円すいの展開図で側面を表すおうぎ形の曲線部分の長さになる。
半径 5 cm の円の円周の長さは，
$5\times2\times3.14=10\times3.14$ (cm) なので，
側面を表すおうぎ形は，半径 5 cm の円の，
$(6\times3.14)\div(10\times3.14)=\frac{3}{5}$
よって，側面を表すおうぎ形の中心角は，
$360°\times\frac{3}{5}=216°$

(2)　円すいをくりぬく前の円柱は，
底面の半径が，$10\div2=5$ (cm) なので，
底面積が，$5\times5\times3.14=25\times3.14$ (cm^2) で，
体積は，$25\times3.14\times4=100\times3.14$ (cm^3)
くりぬいた円すいは，
底面の半径が，$6\div2=3$ (cm) なので，
底面積が，$3\times3\times3.14=9\times3.14$ (cm^2) で，
体積は，$9\times3.14\times4\times\frac{1}{3}=12\times3.14$ (cm^3)
よって，この立体の体積は，
$100\times3.14-12\times3.14=276.32$ (cm^3)

(3)　上の平面の面積は，
$5\times5\times3.14-3\times3\times3.14=16\times3.14$ (cm^2) で，
下の平面の面積は，(25×3.14) cm^2。
外側の曲面の面積は，
$10\times3.14\times4=40\times3.14$ (cm^2)
くりぬいた部分の曲面の面積は，
$5\times5\times3.14\times\frac{3}{5}=15\times3.14$ (cm^2)
よって，この立体の表面積は，
$16\times3.14+25\times3.14+40\times3.14+15\times3.14$
$=301.44$ (cm^2)

答 (1) 216°　(2) 276.32 (cm^3)　(3) 301.44 (cm^2)

33 (1)　$6\times6\times4\div3=48$ (cm^3)

(2)　立体アを切断してできる 2 つの立体のうち，
体積の小さい方の立体は，
立体アのそれぞれの長さを，
$(4-2)\div4=\frac{1}{2}$ (倍) に縮小したものだから，
その体積は立体アの，$\frac{1}{2}\times\frac{1}{2}\times\frac{1}{2}=\frac{1}{8}$ (倍) で，
$48\times\frac{1}{8}=6$ (cm^3)
よって，立体イの体積は，$48-6=42$ (cm^3)

(3)①　切断面は次図Ⅰのようになる。
ここで，次図Ⅱのように AD の真ん中の点を R，BC の真ん中の点を S，EH の真ん中の点を T，FG の真ん中の点を U とすると，切断面は SI となるので，UT と SI の交点を V とする。
TI と SU は平行だから，三角形 VSU は三角形 VIT の縮図で，S から UT に垂直に下ろした線と I から UT に垂直に下ろした線の長さがそれぞれ 2 cm，4 cm となることから，
UV：TV＝2：4＝1：2 となるので，
UV：UT＝1：(1＋2)＝1：3
よって，UV は，$6\times\frac{1}{3}=2$ (cm)
図Ⅰにおいて，PF＝QG＝2 cm だから，
四角形 PFGQ は，縦 6 cm，横 2 cm の長方形となるので，その面積は，$6\times2=12$ (cm^2)

②　点 F を含む方の立体は，図Ⅰの四角すい I—PFGQ と立体 BPFCQG に分けられる。
四角すい I—PFGQ の体積は，
$12\times4\div3=16$ (cm^3)
立体 BPFCQG について，次図Ⅲのように，
2 点 B，C から FG に垂直に交わる線を引き，
その交点をそれぞれ W，X とし，同様に，
PQ についても垂直に交わる線を引いて，
その交点をそれぞれ Z，Y とすると，
四角すい B—PFWZ，三角柱 BZW—CYX，
四角錐 C—YXGQ に分けられる。
ここで，四角形 BCWX，四角形 BCYZ は長方形なので，YZ＝WX＝BC＝$6\div2=3$ (cm)
図形の対称性から，
FW＝XG＝PZ＝QY＝$(6-3)\div2$
$=1.5$ (cm) なので，四角すい B—PFWZ と
四角錐 C—YXGQ の体積は等しく，
$1.5\times2\times2\div3=2$ (cm^3)，
三角柱 BZW—CYX の体積は，

$2\times2\div2\times3=6$ (cm^3) なので，
立体 BPFCQG の体積は，$2\times2+6=10$ (cm^3)
よって，
求める立体の体積は，$16+10=26$ (cm^3)

図Ⅰ
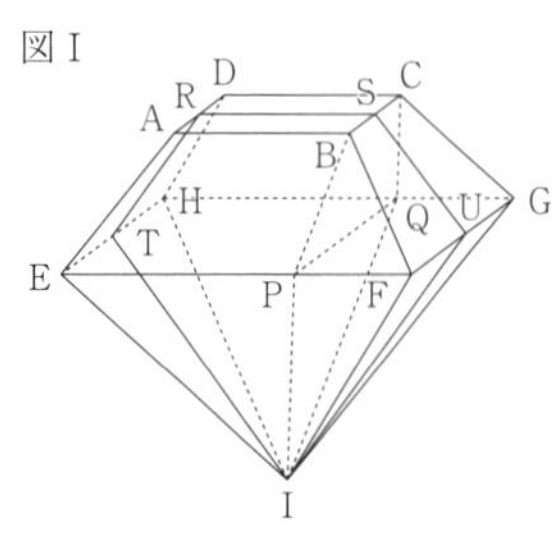

図Ⅱ
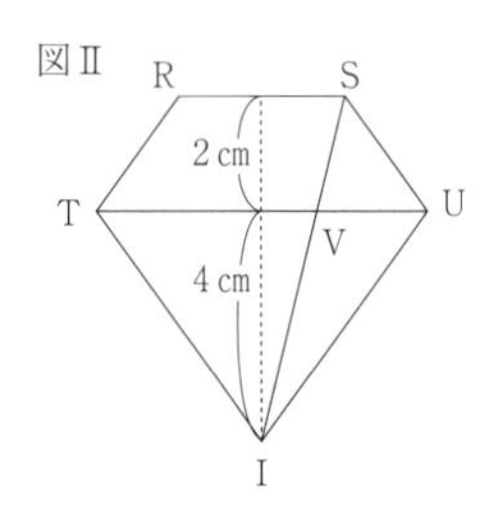

図Ⅲ
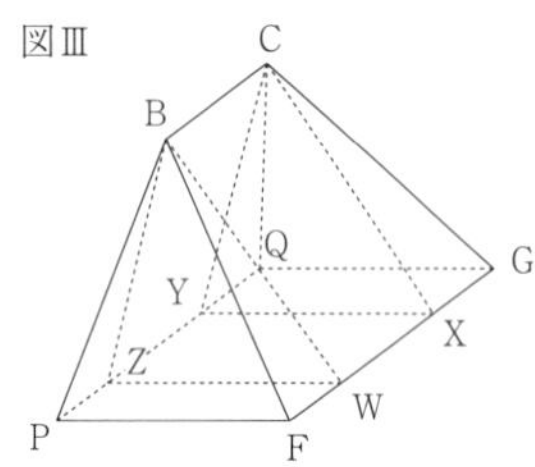

答 (1) 48 (cm^3)　(2) 42 (cm^3)
(3) ① 12 (cm^2)　② 26 (cm^3)

34　共通部分は，次図の太線のように，
2 個の四角すいを組み合わせた立体。
このうちの上の四角すいは，四角すい PEFGH を高さが半分の位置で底面と平行に切った上の部分で，
$\frac{1}{2}$ に縮小したものなので，
体積は，$\frac{1}{2}\times\frac{1}{2}\times\frac{1}{2}=\frac{1}{8}$ で，
立方体の体積の，$\frac{1}{3}\times\frac{1}{8}=\frac{1}{24}$ (倍)
下の四角すいも同様なので，
共通部分の体積は立方体の体積の，
$\frac{1}{24}\times2=\frac{1}{12}$ (倍)

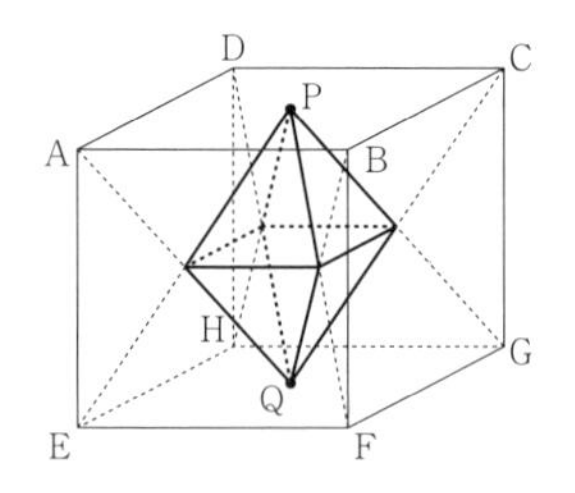

 $\frac{1}{12}$

35 (1)①　まず，三角柱イと三角柱ウの重なる部分を考えると，次図 1 になる。
このときできる立体は，1 辺の長さが 1 cm の正方形を底面とする高さ 1 cm の四角すいである。
次に，三角柱アの重なる部分を考えると，次図 2 になる。
よって，面の数は 6 個。

図 1
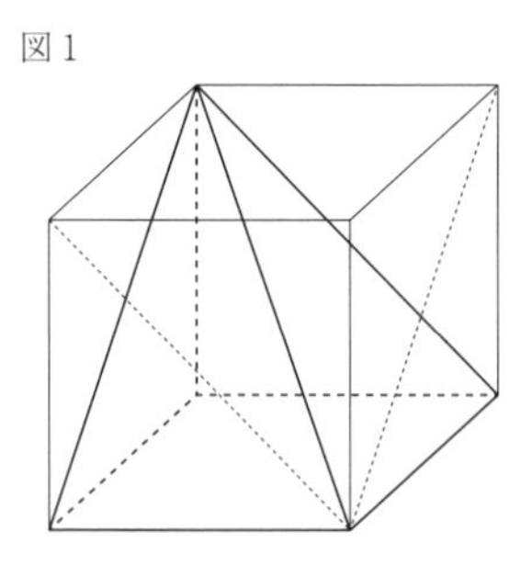

図 2
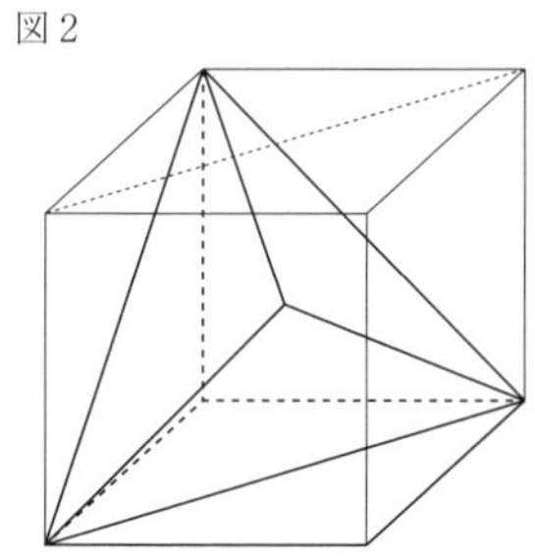

②　図 2 の立体は，図 1 の立体から，次図 3 のかげをつけた立体を取り除いたものである。
図 3 のかげをつけた立体は，直角をはさむ 2 辺の長さが 1 cm の直角二等辺三角形を底面とする高さ $\frac{1}{2}$ cm の三角すい。
よって，求める立体の体積は，
$1\times1\times1\div3-1\times1\div2\times\frac{1}{2}\div3=\frac{1}{4}$ (cm^3)

図 3

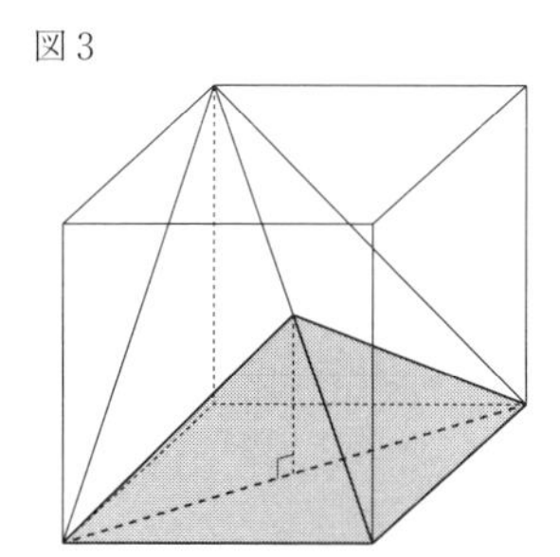

⑵① まず，八角柱オと八角柱カの重なる部分を考えると，次図 4 になる。
次に，八角柱エの重なる部分を考えると，次図 5 になる。
できる立体は，正方形の面が 6 個と正六角形の面が 12 個あるから，全部で，$6+12=18$（個）

図 4

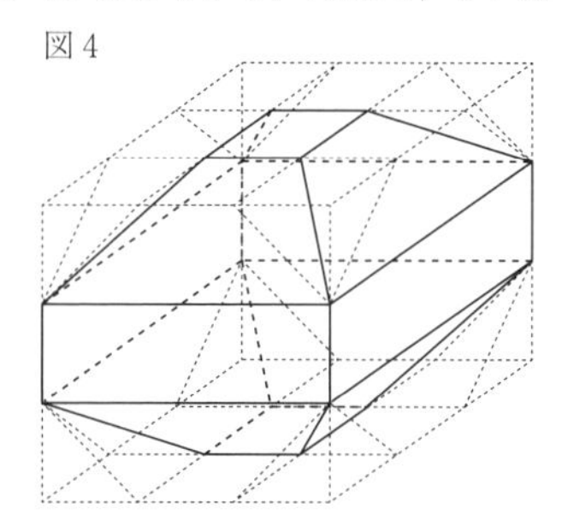

図 5

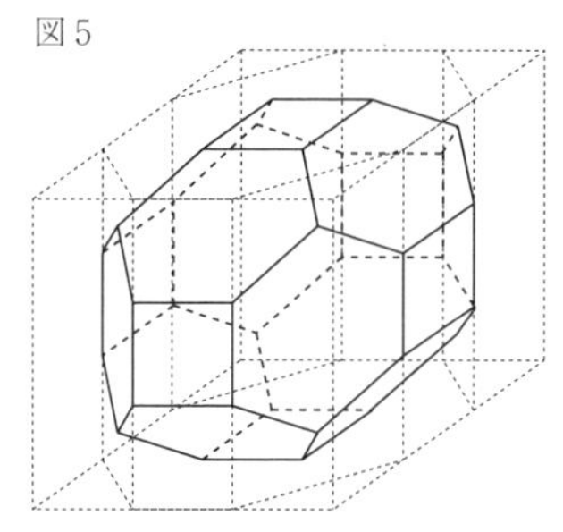

② できる立体は，次図 6 のように，1 辺の長さが 3 cm の立方体から，三角柱サを 8 個と，三角柱シを 4 個と，1 辺の長さが 1 cm の立方体から濃いかげをつけた立体を取り除いてできる立体 8 個を取り除いたものである。
三角柱サと三角柱シはともに，1 辺の長さが 1 cm の立方体を半分にした三角柱。
濃いかげをつけた立体は，図 2 の立体だから，
求める立体の体積は，

$$3\times3\times3-\left\{1\times1\times1\div2\times8+1\times1\times1\div2\times4+\left(1\times1\times1-\frac{1}{4}\right)\times8\right\}$$

$=15$（cm^3）

図 6

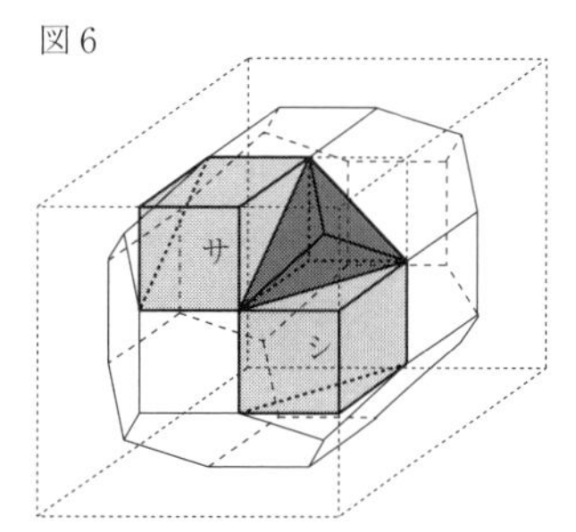

答 ⑴ ① 6（個） ② $\frac{1}{4}$（cm^3）
⑵ ① 18（個） ② 15（cm^3）

36 ⑴ 切り口 IJK は正三角形で，
頂点 B，D，E を通る断面は正三角形 BDE なので，
三角形 IJK は三角形 BDE の縮図。
同様に，三角形 AIJ と三角形 ABD は
ともに直角二等辺三角形なので，
三角形 AIJ は三角形 ABD の縮図で，

$$IJ：BD=AI：AB=\frac{1}{1+2}：1=1：3$$

三角形 IJK と三角形 BDE の辺の長さの比も
1：3 なので，面積比は，$(1\times1)：(3\times3)=1：9$
よって，三角形 BDE の面積は，
三角形 IJK の面積の，$9\div1=9$（倍）

⑵ 次図 a のように，
正六角形を対角線で 6 等分すると，
三角形 LMO は正三角形なので，
三角形 IJK は三角形 LMO の縮図。
同様に，三角形 AIJ と三角形 CLM は
ともに直角二等辺三角形なので，
三角形 AIJ は三角形 CLM の縮図で，

$$IJ：LM=AI：CL=\frac{1}{1+2}：\frac{1}{2}=2：3$$

三角形 IJK と三角形 LMO の辺の長さの比も
2：3 なので，面積比は，$(2\times2)：(3\times3)=4：9$
よって，この正六角形の面積は，
三角形 IJK の面積の，$\frac{9}{4}\times6=13.5$（倍）

図 a

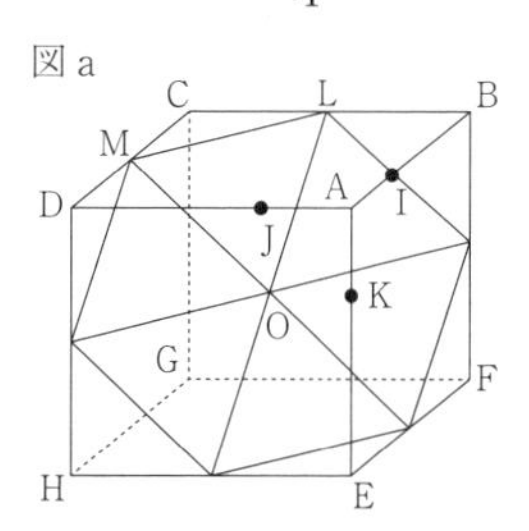

(3)　次図bのように，この六角形の3辺をのばすと，三角形PQRができる。
この図で，三角形AIJと三角形CSTはともに直角二等辺三角形なので，
三角形AIJは三角形CSTの縮図で，
$IJ:ST=AI:CS=\frac{1}{1+2}:\frac{2}{1+2}=1:2$
同様に，$JK:VW=IK:UX=1:2$より，
$ST=VW=UX$
また，三角形AIJと三角形BPSはともに直角二等辺三角形で，$BS=AJ$なので，
三角形AIJと三角形BPSは合同で，$IJ=PS$
同様に，$IJ=TQ$であり，
$JK=QV=WR$，$IK=PU=XR$より，
$PS=TQ=QV=WR=XR=PU$
これより，三角形PQRは正三角形で，
三角形IJKは三角形PQRの縮図であり，
辺の長さの比が，$1:(1+2+1)=1:4$なので，
面積比は，$(1\times1):(4\times4)=1:16$
また，三角形PSUと三角形IJKは合同で，
面積が等しく，三角形TQV，三角形XWRも同様なので，三角形IJKと切り口の六角形の面積比は，$1:(16-1\times3)=1:13$で，
切り口の六角形の面積は，三角形IJKの面積の，
$13\div1=13$（倍）

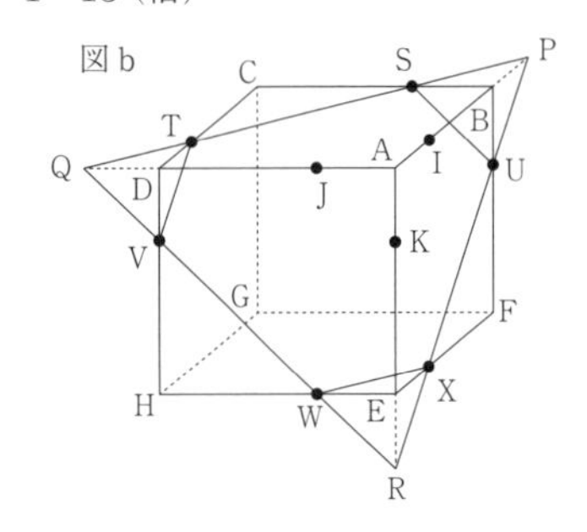

答　(1) 9倍　(2) 13.5倍　(3) 13倍

37 (1)　次図1のように，2点A，Pを結ぶ直線とEFの交点をIとおくと，この直方体を3点A，H，Pを通る平面で切断してできる立体のうち，点Eを含む立体は，三角すいA—HEIになる。
$PB=1+5=6$ (cm)より，三角形PABは
$AB=PB=6$ cmの直角二等辺三角形だから，
三角形PIFも直角二等辺三角形になり，
$IF=PF=1$ (cm)
よって，$EI=6-1=5$ (cm)より，
三角すいA—HEIの体積は，
$6\times5\div2\times5\div3=25$ (cm^3)

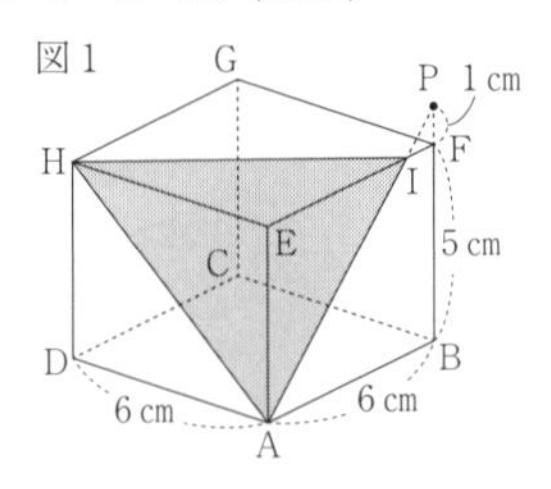

(2)　次図2のように，2点C，Pを結ぶ直線とGFの交点をJとおくと，この直方体を3点A，C，Pを通る平面で切断してできる立体のうち，点Bを含む立体は，三角すいP—ABCから三角すいP—IFJを取り除いた立体になる。
(1)と同様に，$JF=1$ cmとわかるから，
求める立体の体積は，
$6\times6\div2\times6\div3-1\times1\div2\times1\div3=\frac{215}{6}$ (cm^3)

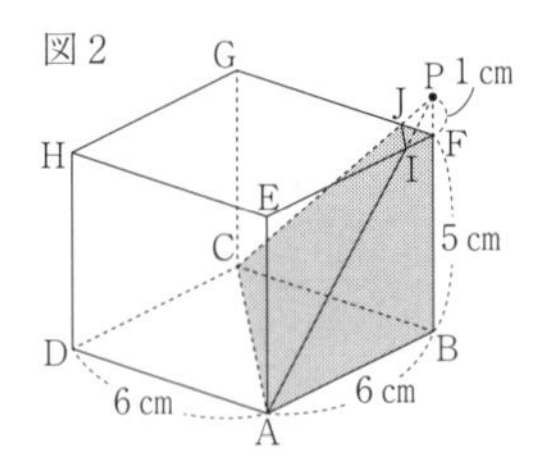

(3)　この直方体を3点F，H，Qを通る平面で切断すると，その切り口は三角形FHQになる。
次図3のように，FHとIJの交点をK，FQとIAの交点をLとおくと，求める立体は(2)の立体から三角すいL—IFKを取り除いた立体になる。
三角形IFKは三角形IFJを2等分した直角二等辺三角形だから，面積は，$1\times1\div2\div2=\frac{1}{4}$ (cm^2)
また，三角形ALQと三角形PLFは拡大・縮小の関係だから，
$QL:FL=AQ:PF=2:1$
よって，三角すいL—IFKの底面を三角形IFKとしたときの高さにあたるMLの長さは，三角形FEQと三角形FMLが拡大・縮小の関係より，
$EQ:ML=FQ:FL=(1+2):1=3:1$
$EQ=5-2=3$ (cm)より，$ML=3\times\frac{1}{3}=1$ (cm)
よって，三角すいL—IFKの体積は，
$\frac{1}{4}\times1\div3=\frac{1}{12}$ (cm^3)
したがって，求める立体の体積は，

$\dfrac{215}{6}-\dfrac{1}{12}=\dfrac{143}{4}$ (cm^3)

図３

答 (1) 25 (cm^3)　(2) $\dfrac{215}{6}$ (cm^3)　(3) $\dfrac{143}{4}$ (cm^3)

38 (1)　3点B，D，Gを通る平面で

この立方体を切ってできる２つの立体のうち，

Aを含まない方は三角すいBDGCになるから，

その体積は，$6\times6\div2\times6\div3=36$ (cm^3)

よって，Aを含む方の立体の体積は，

$6\times6\times6-36=180$ (cm^3)

(2)　四角形IJGCは長方形で，KはIJの真ん中の点だから，三角形CLGと三角形KLIは拡大・縮小の関係で，CL：LK＝CG：KI＝2：1

よって，三角すいBDGCと三角すいBDGKの底面を三角形BGDとしたときの高さの比が2：1とわかるから，三角すいBDGCと三角すいBDGKの体積比は2：1。

したがって，三角すいBDGKの体積は，

$36\times\dfrac{1}{2}=18$ (cm^3)

(3)　4点B, D, E, Gを結んでできる三角すいBDEGはすべての面が合同な正三角形でできている。

また，KB＝KD＝KE＝KGより，

三角すいBDEGは4つの合同な三角すいBDGK，三角すいBDEK，三角すいBEGK，三角すいDEGKに分けることができる。

よって，Kを中心とし，KBを半径とする球を三角形BKD，三角形BGK，三角形DKGで切断してできる立体のうち，小さい方の体積は球の$\dfrac{1}{4}$になる。

したがって，求める部分の体積は，

$588\times\dfrac{1}{4}=147$ (cm^3)

答 (1) 180　(2) イ．2　ウ．1　エ．2　オ．1　カ．18　(3) 147

39 (1)　CF＝BE＝5－3＝2 (cm)より，

三角形AEFの面積は，

$5\times5-(3\times5\div2+5\times2\div2+3\times2\div2)$

$=\dfrac{19}{2}$ (cm^2)

また，三角形FCEを次図Iのように裏返すと，底面が三角形FCEで高さがADの三角すいの展開図となる。

よって，その体積は，$3\times2\div2\times5\times\dfrac{1}{3}=5$ (cm^3)

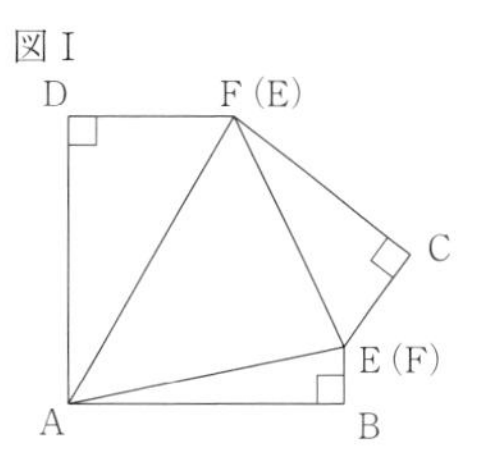

(2)①　次図IIのように，PQとSRは平行になり，QRの延長線とPSの延長線とGKの延長線は1点Tで交わる。

三角形TKRは三角形TGQの縮図だから，

TK：TG＝KR：GQ＝3：15＝1：5

三角形TKSは三角形TGPの縮図だから，

KS：GP＝TK：TG＝1：5

よって，KSの長さは，$10\times\dfrac{1}{5}=2$ (cm)

また，TK：KG＝1：(5－1)＝1：4だから，

TKの長さは，$20\times\dfrac{1}{4}=5$ (cm)

これより，TGの長さは，5＋20＝25 (cm)

求める立体の体積は，三角すいT—GQPの体積から三角すいT—KRSの体積をひいたもので，(1)より，三角すいT—KRSの体積は5 cm^{3}だから，

$15\times10\div2\times25\times\dfrac{1}{3}-5=625-5=620$ (cm^3)

②　図IIと次図IIIを比べると，求める三角すいの高さは図IIの三角すいT—GQPの，三角形PTQを底面としたときの高さと同じであることがわかる。

また，(1)より，三角形TSRの面積は$\dfrac{19}{2}$cm^2。

三角形TPQは三角形TSRの拡大図で，

TR：TQ＝KR：GQ＝1：5

よって，底辺も高さも1：5だから，

面積の比は，(1×1)：(5×5)＝1：25になる。

よって，三角形TPQの面積は，

$\dfrac{19}{2}\times25=\dfrac{475}{2}$ (cm^2)

三角すい T—GQP の体積は 625cm^3 だから，

求める高さは，$625\times3\div\dfrac{475}{2}=\dfrac{150}{19}$ (cm)

③　三角すい M—PQR の底面を三角形 PQR としたときの高さは，次図Ⅳのように，三角すい M—TRS の底面を三角形 TRS としたときの高さに等しい。

三角すい M—TRS の底面を三角形 SRM としたときの高さは，TK＝5cm

三角形 SRM の面積は次図Ⅴより，

$20\times20-\{2\times3\div2+(20-3)\times20\div2$

$+(20-2)\times20\div2\}$

$=47$ (cm^2) だから，

三角すい M—TRS の体積は，

$47\times5\times\dfrac{1}{3}=\dfrac{235}{3}$ (cm^3)

三角形 TRS の面積は $\dfrac{19}{2}$cm^2 だから，

求める高さは，$\dfrac{235}{3}\times3\div\dfrac{19}{2}=\dfrac{470}{19}$ (cm)

図Ⅱ

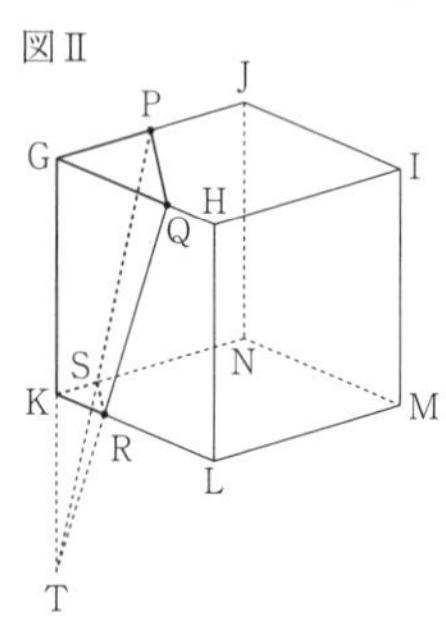

図Ⅲ

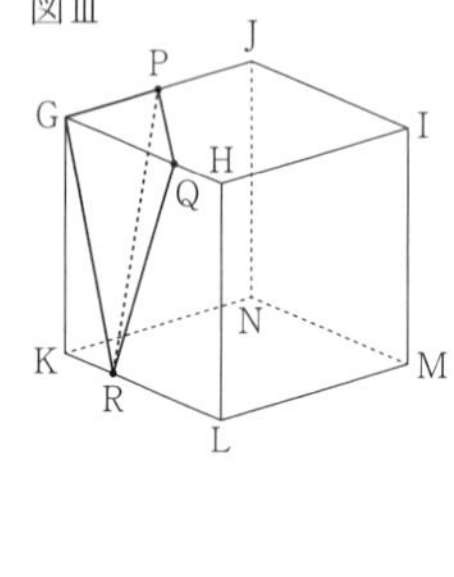

図Ⅳ

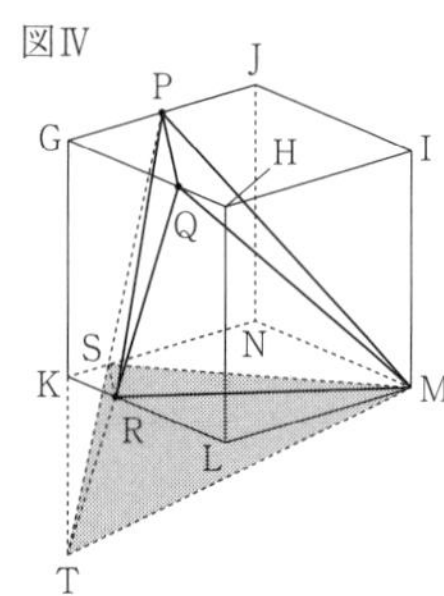

図Ⅴ

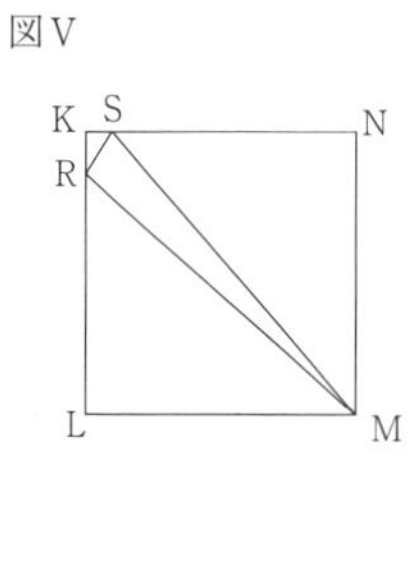

答 (1) (順に) $\dfrac{19}{2}$，5　(2) ① (順に) 2，620

② $\dfrac{150}{19}$ (cm)　③ $\dfrac{470}{19}$ (cm)

40 (1)　半径 5cm の円を底面とする高さ 10cm の円柱ができる。

よって，$5\times5\times3.14\times10=785$ (cm^3)

(2)　次図Ⅰのアの部分を 1 回転させると，

底面積が，$5\times5\times3.14=25\times3.14$ (cm^2) で

高さが 1cm の円柱ができる。

また，イの部分を 1 回転させると，

底面積が，$1\times1\times3.14=1\times3.14$ (cm^2) で

高さが 1cm の円柱ができる。

そしてウの部分を 1 回転させると，底面積が，

$5\times5\times3.14-4\times4\times3.14+1\times1\times3.14$

$=10\times3.14$ (cm^2) で

高さが 1cm の立体ができる。

アとイの部分が 3 つずつ，ウの部分が 4 つあるので，求める体積は，

$25\times3.14\times3+1\times3.14\times3+10\times3.14\times4$

$=(75+3+40)\times3.14=118\times3.14$

$=370.52$ (cm^3)

図Ⅰ　図Ⅱ

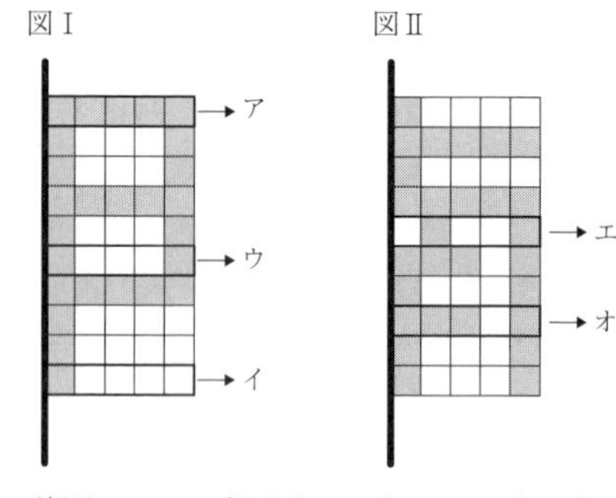

(3)　前図Ⅱのエの部分を 1 回転させると，底面積が，

$5\times5\times3.14-4\times4\times3.14+2\times2\times3.14$

$-1\times1\times3.14$

$=12\times3.14$ (cm^2) で

高さが 1cm の立体ができる。

また，オの部分を 1 回転させると，底面積が，

$5\times5\times3.14-4\times4\times3.14+3\times3\times3.14$

$=18\times3.14$ (cm^2) で

高さが 1cm の立体ができる。

したがって，アとイの部分が 2 つずつ，

ウの部分が 3 つ，エの部分が 1 つ，

オの部分が 2 つあるので，図 3 の体積は，

$25\times3.14\times2+1\times3.14\times2+10\times3.14\times3$

$+12\times3.14\times1+18\times3.14\times2$

$=(50+2+30+12+36)\times3.14$

$=130\times3.14$ (cm^3)

よって，$(130\times3.14)\div(118\times3.14)=\dfrac{65}{59}$ (倍)

答 (1) 785 (cm^3)　(2) 370.52 (cm^3)　(3) $\dfrac{65}{59}$ (倍)

41　次図のように記号をとると，求める立体は，台形CDGHと台形HGFIを回転させてできる立体から，三角形EFIを回転させてできる円すいを除いた立体。

EC：AB＝DC：DB＝3：6＝1：2より，

$EC=6\times\frac{1}{2}=3$（cm），$EI=6-3=3$（cm）

HI：HC＝AF：DC＝6：3＝2：1より，

$HC=6\times\frac{1}{2+1}=2$（cm），$EH=3-2=1$（cm）

HG：CD＝EH：EC＝1：3より，

$HG=3\times\frac{1}{3}=1$（cm）

台形CDGHを回転させてできる立体は，

$3\times3\times3.14\times3\div3-1\times1\times3.14\times1\div3$

$=\frac{26}{3}\times3.14$（cm^3），

台形HGFIを回転させてできる立体は，

$3\times3\times3.14\times6\div3-1\times1\times3.14\times2\div3$

$=\frac{52}{3}\times3.14$（cm^3），

三角形EFIを回転させてできる円すいは，

$3\times3\times3.14\times3\div3=9\times3.14$（$cm^3$）

よって，求める体積は，

$\frac{26}{3}\times3.14+\frac{52}{3}\times3.14-9\times3.14=53.38$（$cm^3$）

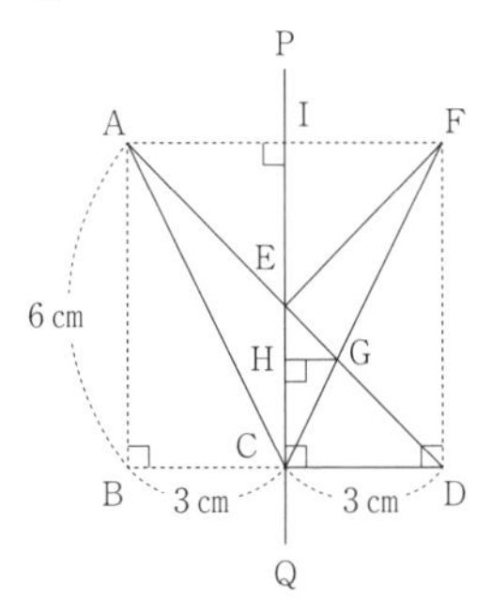

答　53.38（cm^3）

42 (1)　回転させる円すいをⓐとする。

できる立体は，次図aのように，

Qを頂点とする大きな円すいからO，

Qを頂点とする2個の小さな円すいを取った立体。

この図で，底面が平行で，AO：PR＝2：1より，

大きな円すいは小さな円すいを2倍に拡大したもので，小さな円すいは円すいⓐと同じ大きさなので，大きな円すいの体積は，

円すいⓐの体積の，$2\times2\times2=8$（倍）で，

回転させてできた立体の体積は，

円すいⓐの体積の，$8-1\times2=6$（倍）

円すいⓐの体積は，

$3\times3\times3.14\times4\div3=12\times3.14$（$cm^3$）なので，

できる立体の体積は，

$12\times3.14\times6=226.08$（$cm^3$）

できた立体の内側にある曲面は，大きな円すいの上部から切り取った小さな円すいの側面と同じなので，できた立体の表面積は，大きな円すいの表面積と同じ。

$OA=3\times2=6$（cm）より，

大きな円すいの底面積は，

$6\times6\times3.14=36\times3.14$（$cm^2$）

また，底面の周の長さは，

$6\times2\times3.14=12\times3.14$（cm），

半径，$5\times2=10$（cm）の円の周の長さは，

$10\times2\times3.14=20\times3.14$（cm）なので，

大きな円すいの展開図で，

側面のおうぎ形は，半径10cmの円の，

$(12\times3.14)\div(20\times3.14)=\frac{3}{5}$で，

大きな円すいの側面積は，

$10\times10\times3.14\times\frac{3}{5}=60\times3.14$（$cm^2$）

よって，できる立体の表面積は，

$36\times3.14+60\times3.14=301.44$（$cm^2$）

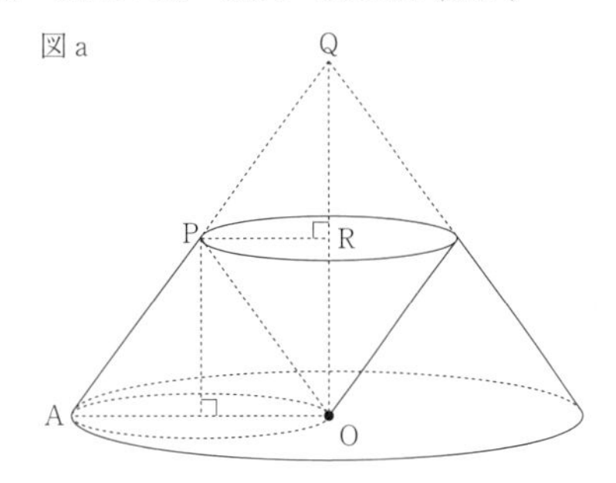

(2)　できる立体は，次図bのようになり，

図aの立体の半分より，

左側の部分に小さな円すいの半分だけ足りず，

右側の部分に小さな円すいの半分だけ多くある。

足りない部分に多い部分から移動すると，

図aの立体の半分になるので，

できる立体の体積は，$226.08\div2=113.04$（cm^3）

図bの底面にある平面部分は，

足りない部分に多い部分から移動すると，

半径6cmの半円になるので，
面積は，$6\times6\times3.14\div2=18\times3.14$ (cm^2)
側面にあたる部分のうち，奥の部分の3つの曲面は，小さな円すいの側面の半分が3つ分。
小さな円すいの側面は，
展開図では半径5cmの円の $\frac{3}{5}$ なので，
面積は，$5\times5\times3.14\times\frac{3}{5}=15\times3.14$ (cm^2)で，
この部分の面積は，
$15\times3.14\div2\times3=22.5\times3.14$ (cm^2)
手前の曲面は，大きな円すいの側面の一部で，
大きな円すいの側面から小さな円すいの側面を取った図形の半分なので，面積は，
$(60\times3.14-15\times3.14)\div2=22.5\times3.14$ (cm^2)
よって，できた立体の表面積は，
$18\times3.14+22.5\times3.14+22.5\times3.14$
$=197.82$ (cm^2)

図b

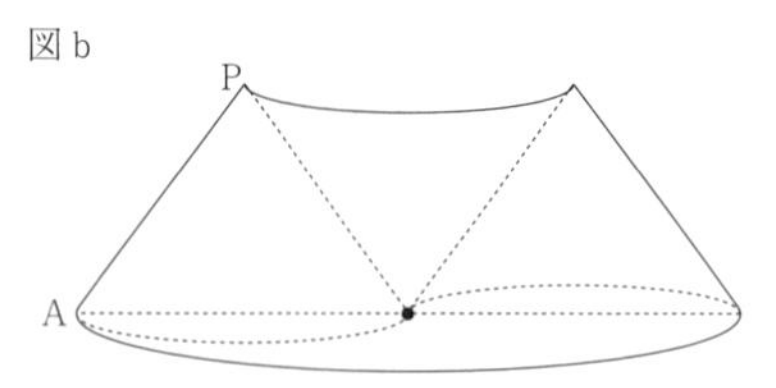

答 (1)（体積）226.08 (cm^3)
（表面積）301.44 (cm^2)
(2)（体積）113.04 (cm^3)
（表面積）197.82 (cm^2)

9．文章題

★問題 P．117～126★

1　(兄の身長)＋(台の高さ)＝(弟の身長)＋35cm で，
(弟の身長)＋(台の高さ)＝(兄の身長)＋5cm だから，
(兄の身長)＋(弟の身長)＋(台の高さの2倍)
＝(兄の身長)＋(弟の身長)＋35cm＋5cm となる。
これより，
台の高さの2倍が，$35+5=40$ (cm)だから，
台の高さは，$40\div2=20$ (cm)

答 20 (cm)

2　もとの整数をアイとすると，
右図のような筆算になる。

イア
− アイ
4 5

イはアよりも大きいから，
十の位は1くり下がる。
よって，イはアより，$4+1=5$ 大きいことが分かる。
アとイの和は11なので，
ア＝$(11-5)\div2=3$，イ＝$3+5=8$
よって，38。

答 38

3　Bの面積はA，B，Cの面積の平均にあたるから，
A，B，Cの面積の合計は，$120\times3=360$ (m^2)
Cの面積はDの面積と等しいから，
$450-360=90$ (m^2)
よって，Bの面積とCの面積の差が，
$120-90=30$ (m^2)だから，
Aの面積は，$120+30=150$ (m^2)

答 150

4　ある数の30倍が，
$5115-(1+2+\cdots+28+29)$
$=5115-(1+29)\times29\div2$
$=5115-435=4680$
よって，ある数は，$4680\div30=156$

答 156

5　連続する5つの整数の真ん中の数をAとすると，
5つの数は，A−2，A−1，A，A＋1，A＋2と表される。
奇数と偶数は交互に並んでいるので，
奇数だけを足した数と偶数だけを足した数の一方は，
$A-2+A+A+2=A\times3$ で，
もう一方は，$A-1+A+1=A\times2$ であり，
差は，$A\times3-A\times2=A$
よって，真ん中の数が31なので，

もっとも小さい数は，$31-2=29$
真ん中の数はこれら5個の整数の平均なので，
5個の整数をすべて足すと，$31\times5=155$
答 ア．29　イ．155

6　一番得点が高いのは，
合計点が一番高い国語と算数のどちらか。
算数と英語の合計点が84点，
国語と英語の合計点が78点だから，
算数の得点は国語の得点より，
$84-78=6$（点）高い。
よって，一番得点が高いのは算数で，
国語と算数の合計点は90点だから，
算数の得点は，$(90+6)\div2=48$（点）
答（順に）算数，48

7　CとAの差は5，BとAの差は2か3。
BとAの差が2とすると，
Aの2倍が，$25-2=23$で，
$A=23\div2=11.5$となり，
Aが整数にならない。
BとAの差が3とすると，
Aの2倍が，$25-3=22$で，
$A=22\div2=11$となり，
$B=11+3=14$，$C=11+5=16$
答 16

8 (1)　はじめにみかんを2組に分けたときの2個ずつの重さは，
$116\times2=232$（g）と，$118\times2=236$（g）なので，
4個のみかんの重さの和は，$232+236=468$（g）
(2)　2回目にみかんを2組に分けたときのもう1組の重さの和は，$468-238=230$（g）なので，
この2個の重さは，
$(230+6)\div2=118$（g）と，$118-6=112$（g）
したがって，残り2個の重さの組み合わせは，
$232-112=120$（g）と，$236-118=118$（g）
であるか，
$232-118=114$（g）と，$236-112=124$（g）
4個とも重さが異なるので，
あてはまる4個の重さの組み合わせは，
118g，112g，114g，124g。
よって，もっとも軽いものは112g。
(3)　(2)より，もっとも重いものは124g。
答 (1) 468（g）　(2) 112（g）　(3) 124（g）

9　ペン24本の値段は，
ノート，$2\times\frac{24}{3}=16$（冊）の値段よりも，
$300\times\frac{24}{3}=2400$（円）高いので，
ノート，$5+16=21$（冊）の値段は，
$5550-2400=3150$（円）
よって，ノート1冊の値段は，
$3150\div21=150$（円）で，
ペン，3本の値段は，
$150\times2+300=600$（円）なので，
ペン1本の値段は，$600\div3=200$（円）
答 200

10　$31200+28800=60000$（円）が，大人と子どもがそれぞれ40人のときの入園料の合計。
したがって，大人と子ども1人ずつの入園料の合計は，$60000\div40=1500$（円）
よって，子ども1人の入園料は，
$1500-920=580$（円）
答 580（円）

11　「AからBの半分の数を引いた数」を4倍すると，「Aの4倍からBの2倍を引いた数……㋐」になる。
また，「BからAの4分の1を引いた数を3倍した数」を4倍すると，「Bの12倍からAの3倍をひいた数……㋑」になる。
条件より㋐と㋑は等しく，㋐にAの3倍とBの2倍を加えると「Aの7倍の数」，㋑にAの3倍とBの2倍を加えると「Bの14倍の数」になって，これらも等しいまま変わらない。
よって，AはBの，$14\div7=2$（倍）
答 2（倍）

12　Aのおもり5個とBのおもり2個の重さの合計が720gだから，Aのおもり，$5\times2=10$（個）と，
Bのおもり，$2\times2=4$（個）の重さの合計は，
$720\times2=1440$（g）
また，Aのおもり3個とBのおもり4個の重さの合計が670gだから，Aのおもり，$10-3=7$（個）の重さの合計が，$1440-670=770$（g）
よって，
Aのおもり1個の重さは，$770\div7=110$（g）
Bのおもり1個の重さは，
$(670-110\times3)\div4=85$（g）
答 A．110（g）　B．85（g）

13　B3個とA2個の値段は同じなので，

A 1 個の値段は，B 1 個の値段の，$3 \div 2 = \frac{3}{2}$（倍）

したがって，A と B の値段の比は，

$\frac{3}{2}$：1＝3：2 なので，

比の，3－2＝1 が 60 円にあたる。

よって，

A は，60×3＝180（円），

B は，60×2＝120（円）

答 ① 180　② 120

14 (1)　団体割引が適用されると，

入園料の合計は，1－0.2＝0.8（倍）になるので，

団体割引が適用される前の，

大人 6 人と子ども 16 人の入園料の合計は，

11280÷0.8＝14100（円）

(2)　団体割引が適用されない場合の，

大人，3×2＝6（人）と，

子ども，12×2＝24（人）の入園料の合計が，

9450×2＝18900（円）なので，

(1)と比べると，

子ども，24－16＝8（人）の入園料の合計が，

18900－14100＝4800（円）

よって，子ども 1 人の入園料は，

4800÷8＝600（円）

子ども 12 人の入園料の合計が，

600×12＝7200（円）なので，

大人 3 人の入園料の合計は，

9450－7200＝2250（円）

よって，大人 1 人の入園料は，2250÷3＝750（円）

答 (1) 14100（円）

(2)（大人）750（円）（子ども）600（円）

15　1 人に 3 個ずつ配る場合と 5 個ずつ配る場合に必要なあめの個数の差は，9＋15＝24（個）

これらの場合に 1 人に配るあめの個数の差は，

5－3＝2（個）なので，

子どもの人数は，24÷2＝12（人）

答 12

16　予定していた人数に 1 人 6 枚ずつ配る場合と 1 人 5 枚ずつ配る場合に必要な色紙の枚数の差は，

5×8＋7＝47（枚）

1 人に配る色紙の枚数の差は，6－5＝1（枚）なので，

予定していた人数は，47÷1＝47（人）

よって，用意していた色紙の枚数は，

6×47＝282（枚）

答 282（枚）

17　1 人に 5 冊ずつ配ると，

ノートは，5－1＝4（冊）不足する。

よって，

1 人に配る冊数の差が，5－3＝2（冊）のとき，

子どもたち全員に配るのに必要な冊数の差は，

4＋142＝146（冊）だから，

子どもたちの人数は，146÷2＝73（人）

したがって，ノートの冊数は，5×73－4＝361（冊）

答 361

18　1 人に 5 個ずつ配るとすると，

7 個ずつ配った 4 人からは，(7－5)×4＝8（個），

6 個ずつ配った 5 人からは，(6－5)×5＝5（個）

の合計，8＋5＝13（個）のまんじゅうがあまるので，

1 人に 6 個ずつ配る場合と 5 個ずつ配る場合に必要なまんじゅうの個数の差は，8＋13＝21（個）

これらの場合に 1 人に配るまんじゅうの個数の差は，

6－5＝1（個）なので，

子どもの人数は，21÷1＝21（人）

よって，最初にあったまんじゅうは，

6×21－8＝118（個）

答 118（個）

19　8 人 1 組だけで，

最初の組分けと同じだけの組を作ろうとすると，

3×8＋(8－7)×3＝27（人）不足し，

7 人 1 組だけで，

最初の組分けと同じだけの組を作ろうとすると，

(8－7)×3＝3（人）多いわけだから，

最初の組分けで分けた組の数は，

30÷(8－7)＝30（組）

よって，生徒の人数は，7×30＋3＝213（人）

答 213

20　この団体の 30 人全員が大人だったとすると，

入場料の合計は，500×30＝15000（円）で，

実際より，15000－11400＝3600（円）多い。

大人の代わりに子どもが 1 人いるごとに入場料の合計は，500－300＝200（円）少なくなるので，

この団体の子どもの人数は，3600÷200＝18（人）

答 18

21　みかんとももを，30÷2＝15（個）ずつ買うと，

ももに払った金額の方が，

(170－50)×15＝1800（円）多くなり，

これは実際の差より，$1800-700=1100$(円)多い。
ここからもも1個をみかん1個に置きかえると，
ももに払った金額とみかんに払った金額の差は，
$170+50=220$(円)少なくなるので，
買ったももは，$15-1100\div220=10$(個)

答 10(個)

22　$16\times2=32$(枚)の硬貨を合わせた金額が，
$3120+3570=6690$(円)のとき，
50円玉と500円玉の枚数は同じ。
50円玉と500円玉が1枚ずつのとき，
$50+500=550$(円)だから，
$6690\div550=12$ あまり 90 より，
50円玉と500円玉が12枚ずつのとき，
10円玉と100円玉は合わせて，
$32-12\times2=8$(枚)で，
$6690-550\times12=90$(円)になり，問題に合わない。
次に，50円玉と500円玉が11枚ずつのとき，
10円玉と100円玉は合わせて，$8+2=10$(枚)で，
$90+550=640$(円)になる。
このとき，
10円玉は，$(100\times10-640)\div(100-10)=4$(枚)，
100円玉は，$10-4=6$(枚)で問題に合う。
50円玉と500円玉がこれ以上少なくなると
問題に合わない。
よって，求める100円玉の枚数は，$6\div2=3$(枚)

 3

23　金額と枚数を次図のように面積図で表すと，
斜線部分の面積について，
$(100-10)\times$ア$+(100-50)\times$イ
$=26\times100-1660$ より，
$90\times$ア$+50\times$イ$=940$ が成り立つ。
これを満たすのは，
(ア，イ)$=(6,\ 8)$，$(1,\ 17)$なので，
最も少ない100円硬貨の枚数は，$26-1-17=8$(枚)

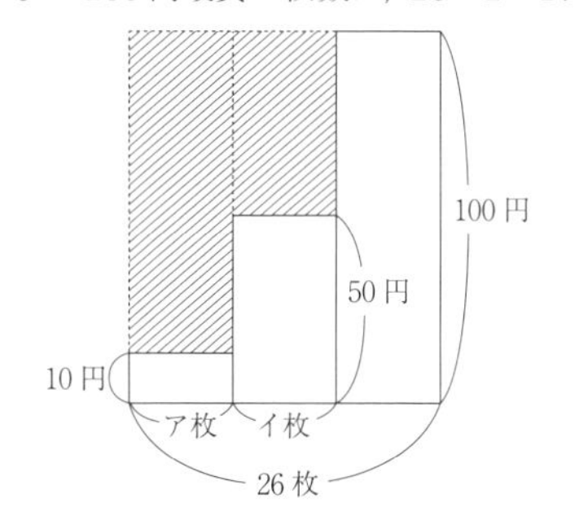

答 8(枚)

24　あめとガムの値段の差は，$50-10=40$(円)
ガムとクッキーの値段の差は，$100-50=50$(円)
あめとクッキーの値段の差は，$100-10=90$(円)
予定の金額と実際の金額の差は，
$1300-1060=240$(円)だから，
買う個数を反対にしたのは，
値段の差が240の約数であるあめとガムで，
実際に買ったあめの個数はガムの個数より，
$240\div40=6$(個)多い。
ここで，あめ6個をのぞいて考えると，
あめとガムとクッキーを合わせて，
$30-6=24$(個)買った金額が，
$1060-10\times6=1000$(円)になる。
このとき，あめとガムは同じ個数ずつ買ったことになり，あめとガムの値段の平均が，
$(10+50)\div2=30$(円)であることから，
あめとガムの個数は合わせて，
$(100\times24-1000)\div(100-30)=20$(個)
したがって，実際に買ったあめの個数は，
$20\div2+6=16$(個)
クッキーの個数は，$24-20=4$(個)

答 ア．16　イ．4

25　店内でメニューAを選んだ人が，
$200-80=120$(人)，
公園でメニューBを選んだ人が80人とすると，
費用の合計は，
$500\times(1+0.1)\times120+600\times(1+0.08)\times80$
$=66000+51840=117840$(円)
公園でメニューBを選んだ人が
メニューAに変えると，
$600\times(1+0.08)-500\times(1+0.08)=108$(円)
安くなるので，公園でメニューAを選んだ人は，
$(117840-114600)\div108=30$(人)
よって，求める人数は，$120+30=150$(人)

答 150(人)

26　最高気温が20℃のときの売上額は，
ホットコーヒーが，$300\times200=60000$(円)，
アイスコーヒーが，$350\times80=28000$(円)で，
ホットコーヒーの方が，
$60000-28000=32000$(円)多い。
ここから最高気温が1℃上がるごとに売上額の差は，
$300\times10+350\times10=6500$(円)ずつ縮まるので，

32000÷6500＝4.9…より，
アイスコーヒーの売上額の方がはじめて大きくなる最高気温は，20＋5＝25（℃）
このとき，
ホットコーヒーは，200－10×5＝150（杯），
アイスコーヒーは，80＋10×5＝130（杯）
売れるので，合計売上額は，
300×150＋350×130＝90500（円）
答 ア．25　イ．90500

27 (1) 180円のパンと240円のパンの個数は合わせて，
27－8＝19（個）で，
金額の合計は，4800－120×8＝3840（円）
180円のパンを19個買うと，
金額は，180×19＝3420（円）
240円のパン1個と180円のパン1個の値段の差は，240－180＝60（円）だから，
240円のパンの個数は，
(3840－3420)÷60＝7（個）
(2) 120円のパンと180円のパンを同じ個数ずつ買うから，それぞれ1個ずつをまとめて，
120＋180＝300（円）のセットを買うと考える。
4800÷240＝20より，
全部240円のパンにすると20個買える。
240円のパン5個と300円のセット4セットの金額が同じだから，
4800円で買えるパンの組み合わせは，
(240円のパン，300円のセット)
＝(20個，0セット)，(15個，4セット)，
(10個，8セット)，(5個，12セット)，
(0個，16セット)
どの種類のパンも少なくとも1個は買うから，
(15個，4セット)，(10個，8セット)，
(5個，12セット)が考えられる。
それぞれの組み合わせについてパンの個数を求めると，15＋2×4＝23（個），10＋2×8＝26（個），
5＋2×12＝29（個）
よって，買ったパンの個数の合計が一番多くなるとき，120円のパンの個数は12個。
答 (1) 7（個）　(2) 12（個）

28 (1) Aさんが計算ドリルを解き終えるまでの日数は，
99÷3＝33（日間）なので，
20－1＋33＝52，52－31＝21より，8月21日。
(2) Bさんが実際に計算ドリルを解く日数は，
99÷4＝24あまり3より，24＋1＝25（日間）
Bさんは2日間解いて1日休むので，この間に休んだ日数は，25÷2＝12あまり1より，12日間。
よって，Bさんが計算ドリルを解き終えるまでの日数は，25＋12＝37（日間）なので，
20－1＋37＝56，56－31＝25より，8月25日。
(3) Cさんが計算ドリルを解き終えるまでにかかった日数は，22＋31－20＋1＝34（日間）で，
実際に解いた日数は，34－7＝27（日間）
27日間とも3ページずつ解いたときに解けるページ数は，3×27＝81（ページ）で，
実際より，99－81＝18（ページ）少ない。
1日に3ページ解く代わりに5ページ解く日が1日あるごとに解けるページ数は，
5－3＝2（ページ）増えるので，
最終日も5ページ解くとすると，
1日に5ページ解いた日数は，18÷2＝9（日間）
ここで，1日3ページ解く日を2日減らしても，
3＋3＝5＋1より，最終日に1ページだけ解くことで，かかる日数は変わらない。
よって，もっとも短くて9日間，
もっとも長くて，9＋2＝11（日間）
答 (1)（8月）21（日）　(2)（8月）25（日）
(3)（もっとも短くて）9（日間）
（もっとも長くて）11（日間）

29 電車を利用しているのは，
40×0.75＝30（人）だから，
バスだけを利用している人は，
40－(30＋7)＝3（人）
電車もバスも利用している人は，
30×0.3＝9（人）だから，
バスを利用している人は，3＋9＝12（人）
答 12

30 生徒100人のうち，
国語の確認テストに合格した生徒が68人，
数学の確認テストに合格した生徒が53人いるから，
両方の確認テストに合格した生徒は少なくとも，
68＋53－100＝21（人以上）
答 21

31 Aだけに行った生徒の割合は，
全体の，$\frac{2}{7}-\frac{1}{4}=\frac{1}{28}$ だから，
AとBのうち少なくとも一方に行った生徒の割合は，

全体の，$\frac{1}{28}+\frac{5}{14}=\frac{11}{28}$

これより，A，B，Cのどの町にも行ったことのない生徒の割合は，全体の，$1-\left(\frac{11}{28}+\frac{1}{9}\right)=\frac{125}{252}$

これより，学校の生徒全体の人数は252の倍数で，A，B，Cのどの町にも行ったことのない生徒の人数は125の倍数とわかる。

999以下の125の倍数は，125，250，375，500，625，750，875だから，求める人数は875人。

 875

32 (1) 次図のように，中学1年生270人それぞれが自転車，電車，バスを利用しているかどうかで分類したときの人数をそれぞれア～クとおいて考えると，

自転車と電車を利用している生徒は，

イ＋ウ＝125（人）

電車とバスを利用している生徒は，

ウ＋カ＝130（人）

バスと自転車を利用している生徒は，

ウ＋エ＝60（人）

ここで，ウ＝50人より，

イ＝125－50＝75（人），

カ＝130－50＝80（人），

エ＝60－50＝10（人）となり，

自転車を利用している生徒は，

ア＋イ＋ウ＋エ＝150（人）より，

ア＝150－125－10＝15（人）

電車を利用している生徒は，

イ＋ウ＋オ＋カ＝220（人）より，

オ＝220－125－80＝15（人）

バスを利用している生徒は，

ウ＋エ＋カ＋キ＝155（人）より，

キ＝155－60－80＝15（人）

よって，ア＋イ＋ウ＋エ＋オ＋カ＋キ

＝150＋15＋80＋15＝260（人）より，

自転車と電車とバスの3つのどれも利用せずに登校している生徒の人数は，ク＝270－260＝10（人）

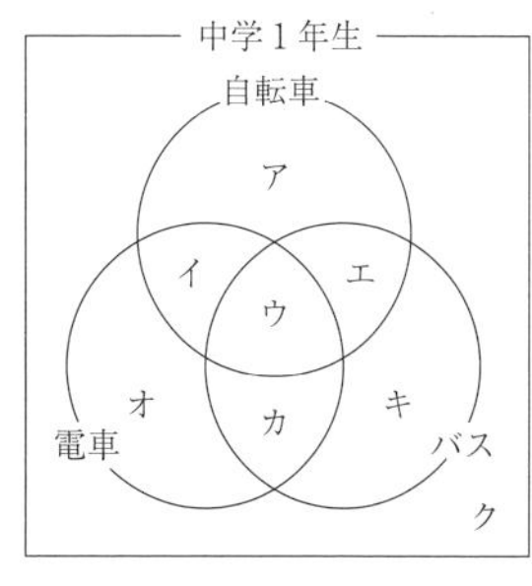

(2) 自転車，電車，バスのそれぞれを利用している人数の合計から，自転車と電車，電車とバス，バスと自転車のそれぞれを利用している人数の合計をひくと，

150＋220＋155－125－130－60＝210（人）で，

これが前図の，

（ア＋イ＋ウ＋エ）＋（イ＋ウ＋オ＋カ）

＋（ウ＋エ＋カ＋キ）－（イ＋ウ）－（ウ＋カ）

－（ウ＋エ）

＝ア＋イ＋エ＋オ＋カ＋キの部分より，

ウ＋ク＝270－210＝60（人）

よって，ウ：ク＝3：2のとき，

自転車と電車とバスの3つ全てを利用して登校している生徒の人数は，ウ＝$60\times\frac{3}{3+2}$＝36（人）

答 (1) 10（人） (2) 36（人）

33 2人の年れいの差は，42－12＝30（才）で変わらない。

お母さんの年れいが松子さんの年れいの3倍になるとき，お母さんの年れいと松子さんの年れいの比は3：1になるから，3：1における，3－1＝2が30才にあたる。

よって，このときの松子さんの年れいは，

30÷2＝15（才）だから，

今から，15－12＝3（年後）

答 3（年後）

34 現在，3人の子どもの年齢の和と父の年齢との差は，45－（12＋10＋7）＝16（才）

この差は1年ごとに，1×3－1＝2（才）ずつ小さくなるから，16÷2＝8（年後）

答 8

35 (1) 9年後，家族全員の年令の和は，

111＋9×5＝156（才）なので，

9年後のつばささんは，156－136＝20（才）

よって，現在は，20－9＝11（才）

⑵　9年前に弟がいたとすると，
家族全員の年令の和は，111－9×5＝66（才）
実際とは，68－66＝2（才）の差があるので，
現在の弟は，9－2＝7（才）

⑶　母が父と同じ年令とすると，9年前の家族4人の年令の和は，68＋4＝72（才）で，
父と母の年令の和と，子ども2人の年令の和の比は，(4×2)：1＝8：1だから，
子ども2人の年令の和は，$72\times\frac{1}{1+8}=8$（才）
よって，現在の子ども3人の年令の和は，
8＋9×2＋7＝33（才）で，
父と母の年令の和は，111－33＝78（才）
求める答えを□年後とすると，□年後の両親の年令の和と子ども3人の年令の和は次図のように表せる。
比を4にそろえるために，子ども3人の年令の和を$\frac{4}{3}$倍すると，(44＋□×4)才となり，
これが□年後の両親の年令の和の
(78＋□×2)才と等しいので，
□＝(78－44)÷(4－2)＝17

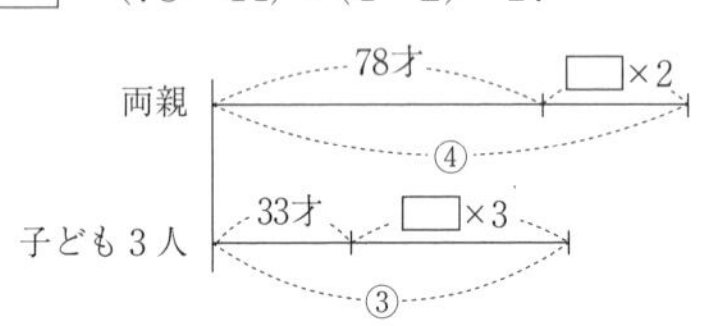

答　⑴ 11（才）　⑵ 7（才）　⑶ 17（年後）

36　今の子どもの年れいは，42÷3＝14（才）
父と子どもの年れいの差は，42－14＝28（才）
父の年れいが子どもの年れいの5倍であったときも，2人の年れいの差は28才だから，
子どもの年れいは，28÷(5－1)＝7（才）
よって，14－7＝7（年前）
また，父の年れいが子どもの年れいの2倍になるときも，2人の年れいの差は28才だから，
子どもの年れいは，28÷(2－1)＝28（才）
よって，28－14＝14（年後）

答　ア．7　イ．14

37　10年前のAさんの年齢を①とすると，
現在のAさんの年齢は(①＋10)歳と表せる。
また，10年前のAさんの父の年齢は(③－5)歳と表せるので，現在のAさんの父の年齢は，
③－5歳＋10歳＝③＋5（歳）と表せる。
現在のAさんの年齢を2倍して線分図に表すと次図のようになる。
したがって，(②＋20)歳と(③＋5)歳が等しくなるので，①は，20－5＝15（歳）
よって，Aさんの現在の年齢は，15＋10＝25（歳）

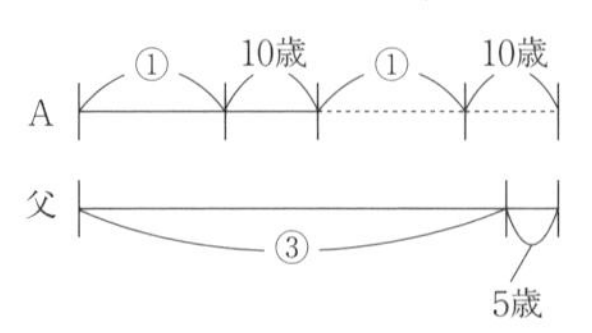

答　25（歳）

38　角には必ず木を植えるので，木を植える本数をできるだけ減らすとき，木の間隔はこの四角形の4つの辺の長さの最大公約数になる。
84＝2×2×3×7，126＝2×3×3×7，
378＝2×3×3×3×7，210＝2×3×5×7より，
84，126，378，210の最大公約数は，
2×3×7＝42なので，42m間隔で木を植える。
四角形の周の長さは，
84＋126＋378＋210＝798（m）なので，
必要な木は，798÷42＝19（本）

答　19

39　6mおきに植える場合の本数と同じだけ8mおきに植えると，8×9＝72（m）の差ができる。
したがって，6mおきに植えた木の本数は，
72÷(8－6)＝36（本）
よって，池の周りの長さは，6×36＝216（m）

答　216

40　25cmおきのとき，
花と花の間の数は，20×30÷(25－20)＝120なので，
花だんの長さは，25×120＝3000（cm）
よって，24cmおきだと必要な花は，
3000÷24＋1＝126（本）

答　126（本）

41　3kmは，3×1000＝3000（m）で，
大きな街路樹と大きな街路樹の間は，
6－1＝5（か所）あるので，
大きな街路樹と大きな街路樹の間隔は，
3000÷5＝600（m）
となりあう2本の大きな街路樹の間には，
大きな街路樹と小さな街路樹か，
小さな街路樹どうしの間が，
3＋1＝4（か所）あるので，

となりあう街路樹の間隔は，$600\div4=150$ (m)

答 150 (m)

42 予定では，
くいとくいの間は，$61-1=60$ (か所)なので，
くいとくいの間の長さは，$360\div60=6$ (m)
実際には，
くいとくいの間は，$46-1=45$ (か所)なので，
くいとくいの間の長さは，$360\div45=8$ (m)
6 と 8 の最小公倍数は 24 なので，
正しい場所に打ってあるくいは 24m おきにあり，
その本数は，両端のくいも含めて，
$360\div24+1=16$ (本)

 16

43 (1) 画びょうは，縦に，$4+1=5$ (個ずつ)，
横に，$10+1=11$ (個ずつ)使う。
よって，必要な画びょうは，$5\times11=55$ (個)

(2) 次図のように分けて考えると，画用紙全体の面積は，縦 19cm，横 29cm の画用紙 36 枚分より右と下のはば 1 cm 部分(色をつけた部分)だけ大きくなるので，画用紙全体の縦と横の長さの和が最も短くなるようにすればよい。
並べる枚数を(縦の枚数，横の枚数)と表すと，
(6 枚，6 枚)の場合，
縦が，$19\times6+1=115$ (cm)，
横が，$29\times6+1=175$ (cm)で，
和は，$115+175=290$ (cm)
(9 枚，4 枚)の場合，
縦が，$19\times9+1=172$ (cm)，
横が，$29\times4+1=117$ (cm)で，
和は，$172+117=289$ (cm)
(12 枚，3 枚)の場合，
縦が，$19\times12+1=229$ (cm)，
横が，$29\times3+1=88$ (cm)で，
和は，$229+88=317$ (cm)
これ以外は，縦と横の長さの和がもっと長くなるので，画用紙全体の面積が最小になるときは，
(9 枚，4 枚)並べたときで，
その面積は，$172\times117=20124$ (cm^2)

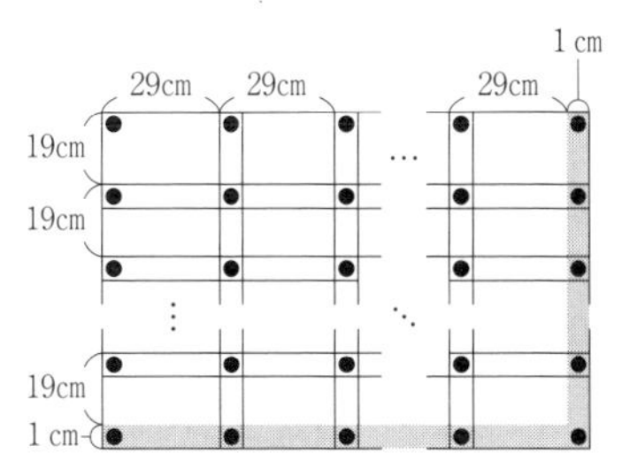

答 (1) 55 (個) (2) 20124 (cm^2)

44 (1) 貯水タンクの水は 1 分間に，
$12-9=3$ (L)ずつ減るので，
貯水タンクが空になるのは，
$180\div3=60$ (分後)

(2) 1 分間に減る水の量は，
$180\div6\frac{40}{60}=27$ (L)なので，
じゃ口から入る水の量を考えると，
1 分間にポンプからは，
$27+9=36$ (L)の水を出している。
よって，使ったポンプは，$36\div12=3$ (台)

答 (1) 60 (分後) (2) 3 (台)

45 4 か所と 12 か所の入場口から入場する人数の差は，$60\times(60-10)=3000$ (人)
これは，1 つの入場口から 1 分間に入場する人数の，
$4\times60-12\times10=120$ (倍)だから，
1 つの入場口から 1 分間に入場する人数は，
$3000\div120=25$ (人)
よって，求める人数は，
$25\times4\times60-60\times60=2400$ (人)

答 2400 人

46 求める人数は，9 時 55 分のジェットコースターが発車したときに待つ人が 1 人のとき。
8 時 30 分から 9 時 55 分まで，1 時間 25 分，
つまり，$1\times60+25=85$ (分)あるから，
新しく列に並んだ人は，$3\times85=255$ (人)
9 時から 9 時 55 分までの 55 分で，
ジェットコースターは，$55\div5+1=12$ (台)が
発車して，$30\times12=360$ (人)が乗ったので，
求める人数は，$360+1-255=106$ (人)

答 106 (人)

47 (1) 牛 1 頭が 1 日に食べる牧草の量を 1 とすると，
牛 5 頭が 120 日間で食べる牧草の量は，
$1\times5\times120=600$，
牛 10 頭が 30 日間で食べる牧草の量は，

$1\times10\times30=300$ なので，
牧草は，$120-30=90$（日間）で，
$600-300=300$ 生えている。
よって，1 日に生える牧草の量は，
$300\div90=\frac{10}{3}$ なので，
これは牛 1 頭が 1 日に食べる牧草の量の，
$\frac{10}{3}\div1=\frac{10}{3}$（倍）

(2)　30 日間で生える牧草の量は，
$\frac{10}{3}\times30=100$ なので，
はじめに生えていた牧草の量は，
$300-100=200$
牛 20 頭が 1 日に食べる草の量は，
$1\times20=20$ なので，
はじめに生えていた牧草の量は 1 日に，
$20-\frac{10}{3}=\frac{50}{3}$ ずつ減っていく。
よって，牛を 20 頭放したときに牧草を食べつくすまでの期間は，$200\div\frac{50}{3}=12$（日間）

答　(1) $\frac{10}{3}$（倍）　(2) 12（日間）

48 (1)　1 分間に 1 台のポンプがくみ出す水の量を 1 とする。
2 台のポンプを使って 60 分でくみ出せる水の量は，$1\times2\times60=120$ だから，
(井戸にはじめからある水の量)＋(1 分間に井戸からわき出る水の量)×60＝120
また，4 台のポンプを使って 10 分でくみ出せる水の量は，$1\times4\times10=40$ だから，
(井戸にはじめからある水の量)＋(1 分間に井戸からわき出る水の量)×10＝40
したがって，1 分間に井戸からわき出る水の量は，
$(120-40)\div(60-10)=1.6$ と表せる。
よって，求める比は，$1:1.6=5:8$

(2)　1 分間に 1 台のポンプがくみ出す水の量を 5 とすると，井戸にはじめからある水の量は，
$5\times2\times60-8\times60=120$
したがって，3 分 45 秒間でくみ出す水の量は，
$120+8\times3\frac{45}{60}=150$
よって，$5\times\boxed{}\times3\frac{45}{60}=150$ より，
$\boxed{}=150\div\frac{75}{4}=8$（台）

答　(1) 5：8　(2) 8（台）

49 (1)　50 才以上のグループで実際に投票した人は全部で，$80000\times0.7=56000$（人）
このうち，B さんに投票した人は，
$56000\times0.41=22960$（人）
B さんは 38800 票を得たから，
50 才未満のグループで B さんに投票した人は，
$38800-22960=15840$（人）
よって，50 才未満のグループでで実際に投票した人は全部で，$15840\div0.32=49500$（人）
したがって，50 才未満のグループの投票率は，
$49500\div110000\times100=45$（%）

(2)　50 才未満のグループのうち，
H さんに投票した人は R さんに投票した人より，
$49500\times(0.42-0.26)=7920$（人）多い。
H さんは R さんより 8480 票多くの票を得ているから，50 才以上のグループのうち，H さんに投票した人は R さんに投票した人より，
$8480-7920=560$（人）多い。
よって，50 才以上のグループの H さんの支持率は R さんの支持率より，
$560\div56000\times100=1$（%）高い。
H さんと R さんの支持率の和は，
$100-41=59$（%）だから，
H さんの支持率は，$(59+1)\div2=30$（%）

(3)　50 才以上のグループのうち，
B さんに投票した人は H さんに投票した人より，
$56000\times(0.41-0.3)=6160$（人）多い。
よって，H さんが当選するのは，
50 才未満のグループの実際に投票した人が，
$6160\div(0.42-0.32)=61600$（人）より多いとき。
したがって，50 才未満のグループの投票率が，
$61600\div110000\times100=56$（%）より大きければよい。

答　(1) 45（%）　(2) 30（%）　(3) 56（%）

50 (1)ア．$12\div4=3$
イ．$14+3+1=18$

(2)　20 本すべて飲むと，
$20\div4=5$（本）のジュースと交換できる。
さらにこの 5 本を飲むと，$5\div4=1$ あまり 1 より，
さらに 1 本のジュースと交換できる。

よって，$20+5+1=26$（本）

(3)　$40\div4=10$，$10\div4=2$ あまり 2，

$(2+2)\div4=1$ より，$40+10+2+1=53$（本）

答 (1) ア．3　イ．18　(2) 26（本）　(3) 53（本）

10. 規則性・推理の問題

★問題 P．127～138★

1　上から順に 1 段目，2 段目，…とすると，

1 段に並ぶタイルの数は，$70\div10=7$（枚）で，

奇数段目は左から，青，黄，青，黄，青，黄，青と並び，偶数段目は左から，黄，青，黄，青，黄，青，黄と並ぶから，黄色のタイルは，奇数段目には 3 枚，偶数段目には 4 枚並ぶことになる。

段の数は，$110\div10=11$（段）あるから，

奇数段は 6 段，偶数段は 5 段になる。

よって，黄色のタイルの枚数は，

$3\times6+4\times5=38$（枚）

 38

2 (1)　{1 円，10 円，5 円，50 円，1 円，10 円，5 円，1 円} の 8 枚の硬貨を 1 組にすると，

1 組の合計金額は，

$1+10+5+50+1+10+5+1=83$（円）なので，

$1000\div83=12$ あまり 4 より，

12 組並べた後に 4 円より多く並べれば

合計金額が 1000 円を超える。

$1+10=11$（円）より，

これは 13 組目の 2 枚を並べたときなので，

合計金額が 1000 円を超えるのは，

硬貨を，$8\times12+2=98$（枚）並べたとき。

(2)　1 円硬貨を 10 円硬貨に 1 枚取りかえるごとに，

合計金額が，$10-1=9$（円）増えるので，

1260 円増えるのは 1 円硬貨を，

$1260\div9=140$（枚）取りかえたとき。

1 円硬貨は 1 組に 3 枚あるので，

$140\div3=46$ あまり 2 より，

合計金額が 1260 円増えるのは，47 組目の 2 枚目の 1 円硬貨（47 組目の 5 枚目）を並べたとき。

よって，合計金額が 1260 円増えるのは，

硬貨を，$8\times46+5=373$（枚）並べたとき。

答 (1) 98　(2) 373

3 (1)　1234→2413→4321→3142→1234 となるので，

4 回。

(2)　12345678→24681357→48372615→87654321→75318642→51627384→12345678 となるから，

6 回の操作で元に戻る。

よって，$2024\div6=337$ あまり 2 より，48372615。

(3)　(1)，(2)より，左端の数字は，最初に 1 だけ増え

て，その後は増える量が2倍ずつ大きくなっていくから，1，2，4，8，16，32となり，32からは，最初に1だけ減って，その後は減る量が2倍ずつ大きくなっていくから，31，29，25，17，1となる。
よって，10回の操作で元に戻るので，
2024÷10＝202あまり4より，16。

答 (1) 4 (回)　(2) 48372615　(3) 16

4 (1)　6番目の立体は，1辺に6個ずつ並んでいるので，
使用するブロックは，(6－1)×4＝20 (個)
各方向から見えるブロックの面の数は，上下からが20面ずつ，周囲からが6面ずつ4方向から見え，内側にも，6－2＝4 (面)ずつ4方向から見えるので，表面積はブロックの面，
20×2＋6×4＋4×4＝80 (面分)
ブロックは1辺が1 cmの立方体で1つの面の面積が1 cm^2 なので，6番目の立体の表面積は，
1×80＝80 (cm^2)

(2)　ブロックを2024個使用した立体は，
1辺に，2024÷4＋1＝507 (個)の
ブロックが並んでいるので，507番目の立体。
各方向から見えるブロックの面の数は，上下からが2024面ずつ，周囲からが507面ずつ4方向から見え，内側にも，507－2＝505 (面)ずつ4方向から見えるので，表面積はブロックの面，
2024×2＋507×4＋505×4＝8096 (面分)
よって，507番目の立体の表面積は，
1×8096＝8096 (cm^2)

(3)　50番目の立体に使用するブロックは，
(50－1)×4＝49×4 (個)より，全部で，
1＋1×4＋2×4＋3×4＋…＋49×4
＝1＋(1＋2＋3＋…＋49)×4
＝1＋1225×4＝4901 (個)

答 (1) ア．20　イ．80　(2) ウ．507　エ．8096
(3) 4901

5 (1)　奇数番目に注目すると，
1番目が1個，3番目が4 (＝3＋1)個，
5番目が9 (＝5＋3＋1)個，…のように
奇数の和になっている。
よって，9番目の黒石の個数は，
9＋7＋5＋3＋1＝25 (個)

(2)　黒石の個数は1番目から2番目で1個，3番目から4番目で2個，5番目から6番目で3個，…のように，偶数番目の数の半分だけ増えている。
11番目の黒石の個数は，
11＋9＋7＋5＋3＋1＝36 (個)なので，
12番目の黒石の個数は，36＋12÷2＝42 (個)
また，白石は，2番目から1，3，5，7，…のように奇数個になっている。
12番目の白石の個数は，11番目の奇数である21個。
よって，求める比は，42：21＝2：1

(3)　1番目から2番目までの白石の個数の和は1個，
1番目から3番目までの白石の個数は，
1＋3＝4 (＝2×2) (個)，
1番目から4番目までの白石の個数は，
1＋3＋5＝9 (＝3×3) (個)，…のように，
1番目から(ア)番目までの白石の個数は，(ア)より1小さい数を2回かけあわせた数になっている。
よって，900＝30×30より，
(ア)に当てはまる数は，30＋1＝31

(4)　31番目の黒石の個数は，
31＋29＋…＋3＋1＝(31＋1)×16÷2＝256 (個)
順に計算していくと，
33番目は，256＋33＝289，
35番目は，289＋35＝324，
37番目は，324＋37＝361，
39番目は，361＋39＝400
よって，39番目。

答 (1) 25 (個)　(2) 2：1　(3) 31　(4) 39 (番目)

6 (1)　1枚の紙で4ページできるので，
5枚の紙では，4×5＝20 (ページ)できる。
表紙と裏表紙をのぞくから，
最後のページ番号は，20－2＝18
また，1つの面のページ番号の和は，
1＋18＝19になるので，
ちょうど真ん中になる見開きのページ番号は，
(19－1)÷2＝9と10。

(2)　(ア)　最後のページ番号は，
4×50－2＝198なので，
1つの面のページ番号の和は，1＋198＝199
よって，求めるページ番号は，199－40＝159

(イ)　見開きのページ番号は，
(199－1)÷2＝99と100。
136は100よりも大きい偶数だから，
100と同じ裏面で，
下から，50－(136－100)÷2＝32 (枚目)

答 (1)（最後のページ番号）18

（見開きのページ番号）9（と）10

(2) (ア) 159　(イ)（下から）32（枚目の）裏（面）

7 (1)　21は面ABFEからみると辺BF上，Bから上に，6÷6＝1（cm）行ったところにある。

この点をQとすると，QはAから右に6cm，上に1cm行ったところにあるので，Qで反射した光が次に反射する点をIとすると，面ABFEからみたIは，Qから左に6cm，上に1cm行ったところにあるので，次図Iの面ABFEからみた図の(I)の位置にある。

同様に考えていくと，次に反射する点J，その次の点K，さらに次の点Lは面ABFEからみた図の(J)，(K)，(L)になり，Aから発射された光は5回反射して辺EH上のどこかに当たることが分かる。

同様に，面EFGHからみた図について考えると，(Q)，(I)，(J)，(K)，(L)で反射し，辺DHのどこかに当たる。

さらに，面BCGFから見た図で考える。

この面から見たとき，1回も反射していないように見えるが，実際に反射しているのは，21，(I)，(J)，(K)，(L)であることは変わらず，辺GH上のどこかに当たる。

したがって，反射する点は，辺EH上，辺DH上，辺GH上の全てを満たす点だから，点Hで，反射した回数は5回。

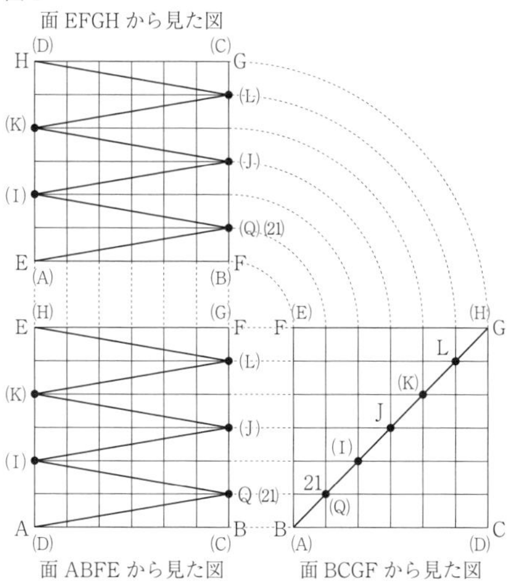

(2)　(1)と同様に考えると，次図IIのようになる。

したがって，反射した点をMとすると，面ABFEからみた図の(M)はAから右に6，上に3行ったところ，面EFGHからみた図の(M)はEから右に6，上に1行ったところだから，面BCGFからみた図のMはBから右に1，上に3行ったところだから，11。

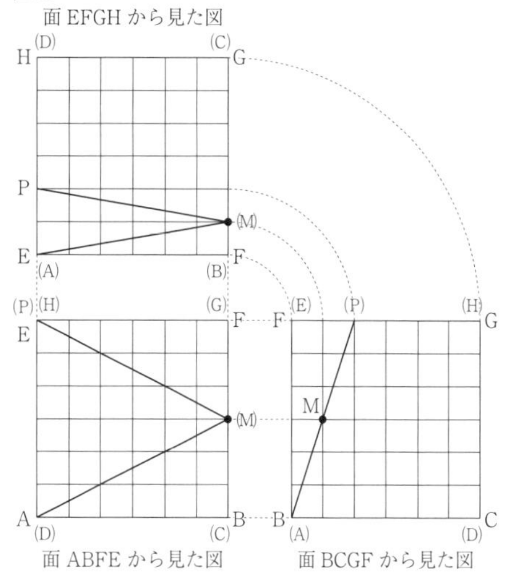

(3)　(1)，(2)と同様に考えると，次図IIIのようになる。

まず，面ABFEから見た図で考えると，19は（19）の位置にあるので，（19）で反射した光線が次に反射した点をNとすると，これは，面ABFEから見た(N)のところ。

その後，Nで反射した後は辺GF上のどこかに当たる。

次に，面EFGHから見た図で考えると，19は（19）の位置にあるので，（19）で反射した光線が次に反射した点をOとすると，（O）のところにある。

このOは，面ABFEから見た（O）のところでもある。

したがって，Oで反射した光線はNでさらに反射したあと，辺BF上のどこかに当たる。

さらに面BCGFからみた図で考えると，19を通って（O）で反射して辺FE上のどこかに当たることから，止まった点は辺GF，BF，FE上のすべてを満たす点だから，点Fで，反射した回数は3回。

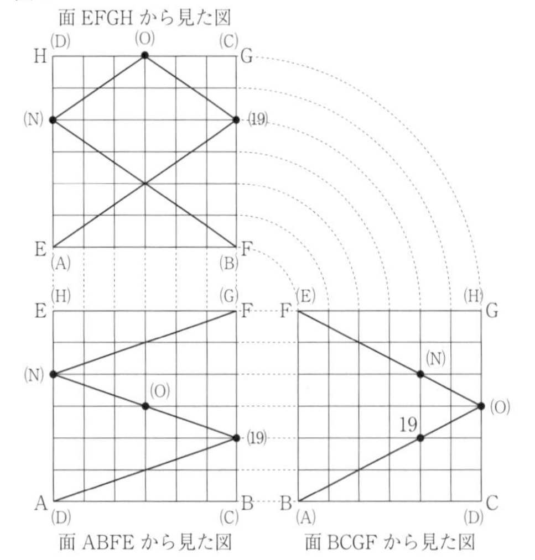

答 (1) (止まった頂点) H (反射した回数) 5 (回)
(2) (点) 11
(3) (止まった頂点) F (反射した回数) 3 (回)

8 一番安い 40 円のアメ B をなるべく多く買うようにすると，1000÷40＝25 (個)
アメ A が 10 個以下のとき，
40 と 70 の最小公倍数は 280 だから，
70 円のアメ A は，280÷70＝4 (個)，
アメ B は，25－280÷40＝18 (個)
また，アメ A が 11 個以上のとき，40 と 50 の公倍数は小さい順に 200，400，600，…で，
200÷50＝4，400÷50＝8，600÷50＝12，…より，
50 円のアメ A は 12 個，
アメ B は，25－600÷40＝10 (個)
個数の合計は，
4＋18＝22 (個)，12＋10＝22 (個) で，
どちらも同じ 22 個となる。
答 22 (個)

9 (1) 1 年 1 組から 4 年 2 組まで，
5×3＋2＝17 (クラス) あるから，
この児童は初めから，25×17＋23＝448 (番目)
よって，448÷21＝21 あまり 7 なので，
21＋1＝22 (列目) の 7 番目。
(2) クラスの座席が 3 列にまたがるのは，
そのクラスの出席番号 25 番の生徒が 1 番目，2 番目，3 番目のいずれかに座るときである。
1 年 1 組 25 番の生徒は 4 番目の席に座っていて，次のクラスの 25 番の生徒は，25－21＝4 (席) 右の席に座ることをくり返す。
21 番目までうまったら次の列にいくことに注意すると，各クラスの 25 番の生徒は，4，8，12，16，20，3，7，11，15，19，2，6，10，14，18，1，5，9，13，17，21 (番目) の 21 個の周期で座席に座る。
クラスは全部で，5×6＝30 (クラス) あるから，
30÷21＝1 あまり 9 で，あまりの 9 クラスの中に，25 番の生徒が 3 番目に座るクラスが 1 つある。
よって，3＋1＝4 (クラス)
(3) 列は全部で，750÷21＝35 あまり 15 より，
35＋1＝36 (列)
2 番目の出席番号は順に，1 列分の 21 を加えるが，25 より大きい場合はさらに 25 をひくので，
2，23，19，15，11，7，3，24，20，16，12，8，4，25，21，17，13，9，5，1，22，18，14，10，6，2，23，19，15，11，7，3，24，20，16，12 となるから，求める人数は，17 人。
答 (1) 22 (列目) 7 (番目) (2) 4 (クラス)
(3) 17 (人)

10 (1) 12345→51234→51243→34215 となる。
(2) 4321 の並びになれば，操作 C を行って 1234 の並びにできるので，B→C の順に操作を行えば，
4312→4321→1234 となる。
(3) 2 と 3 が逆であれば 234561 から，操作 A を行って，123456 にできるので，3 回で 2 と 3 を逆にすることを考える。
2 と 3 を右端の 2 枚にすれば，操作 B を行って逆にすることができるので，C→B の順に操作を行えば，324561→165423→165432 となる。
これに操作 C を行うと，234561 になるので，
最後に操作 A を行えば，123456 になる。
(4) 1234 になるのは，操作 A を行う前が 2341 で，操作 B を行う前が 1243 のとき。
さらに，2341 になるのは，操作 A を行う前が 3412 で，操作 B を行う前が 2314 のときで，
1243 になるのは，操作 A を行う前が 2431 で，
操作 B を行う前が 1234 のとき。
3412，2314，2431，1234 の中で，
2431 は，4312 から操作 A を行えばできるので，
4312 から A→A→B の順に 3 回の操作を行うと，
4312→2431→1243→1234 となり，
これが最も少ない操作の回数である。

 (1) | 3 | 4 | 2 | 1 | 5 | (2) B (→) C

(3) C (→) B (→) C (→) A (4) 3 (回)

11 (1) ⑩が光った後に光る電球は，
$10+10=20$，$20-12=8$ より，⑧。
⑧が光った後に光る電球は，
$8+8=16$，$16-12=4$ より，④。
④が光った後に光る電球は，$4+4=8$ より，⑧。
これより，⑩→⑧→④→⑧→④→⑧となるから，
6 回目に光る電球の番号は⑧。

(2) (偶数)＋(偶数)＝(偶数)，
(奇数)＋(奇数)＝(偶数)だから，
1 回目に光った電球がどの数でも，
2 回目以降に光る電球の番号は必ず偶数になる。
20 回目が⑫のとき，19 回目は⑥か⑫。
19 回目が⑥のとき，18 回目は③か⑨になるが，
2 回目以降は偶数の電球が光るから，
19 回目が⑥になることはない。
これより，19 回目は⑫とわかる。
同じように考えると，
3 回目以降はずっと⑫で，2 回目が⑥か⑫。
2 回目が 6 のとき，1 回目は③か⑨で，
2 回目が 12 のとき，1 回目は⑥か⑫となる。
よって，1 回目に光った電球として考えられるものは，③，⑥，⑨，⑫の 4 個。

(3) 2 回目以降は偶数の電球が光るから，
1 回目に光った電球の番号が奇数の場合，
光った電球の番号の合計は奇数になる。
このことから，1 回目に光った電球の番号は
偶数であるとわかる。
④の前は②か⑧が光る。
②の前は①か⑦が光り，
⑧の前は④か⑩が光り，
⑩の前は⑤か⑪が光る。
よって，1 回目に光る電球の番号として考えられるものは，②，④，⑧，⑩である。
また，⑧の次は④が光るので，一度④か⑧が光ると，その後は④と⑧のくり返しになる。
1 回目が②のとき，
②→④→⑧→④→⑧→…→④となり，
3 回目以降の⑧→④のくり返しは，
$(600-2-4)\div12=49.5$ (回)となり，
最後が⑧になってしまうので，
1 回目は②ではないことがわかる。
1 回目が④のとき，④→⑧→④→…→④となり，
2 回目以降の⑧→④のくり返しは，
$(600-4)\div12=49.6\cdots$(回)となり，
番号の合計が 600 になることはない。
1 回目が⑧のときは，⑧→④→⑧→…→④となり，
$600\div12=50$ より，番号の合計が 600 になるのは，
$50\times2=100$ (回目)となる。
1 回目が⑩のときは，
⑩→⑧→④→⑧→…→④となり，
2 回目以降の⑧→④のくり返しは，
$(600-10)\div12=49.16\cdots$(回)となり，
番号の合計が 600 になることはない。

(4) 16 は 2 を 4 回かけ合わせた数だから，
1 回目から イ 回目までに光った電球の番号を
すべてかけ合わせた数は，2 を，
$4\times2024=8096$ (回)かけ合わせた数とわかる。
1 回目が⑩のときは，
⑩→⑧→④→⑧→…→④となり，
2 回目以降は⑧→④のくり返しになる。
10 には 2 が 1 個かけ合わされている。
⑧→④を 1 組とすると，
8 は 2 を 3 回かけ合わせた数，
4 は 2 を 2 回かけ合わせた数だから，
⑧→④を 1 組で 2 は，
$3+2=5$ (回)かけ合わせることになる。
よって，⑧→④は，
$(8096-1)\div5=1619$ (組)となるから，
光った電球の回数は，$1+1619\times2=3239$ (回)

答 (1) ⑧ (2) 4 (個) (3) 100 (4) 3239

12 (1) クラス全体の合計点は，
$2\times1+3\times4+5\times5+7\times7+8\times7+10\times6$
$=204$ (点)
クラスの人数は，
$1+4+5+7+7+6=30$ (人)なので，
このテストの平均点は，$204\div30=6.8$ (点)

(2) 点数ごとの正解した問題番号は，2 点が1のみ，
3 点が2のみ，5 点が3のみか1と2，7 点が1と3，8 点が2と3，10 点が1と2と3。
3を正解した人は，7 点，8 点，10 点の人全員と，
5 点の人の一部なので，5 点の人のうち3のみ
正解した人は，$23-(7+7+6)=3$ (人)で，
1と2を正解した人は，$5-3=2$ (人)

1を正解した人は，2点，7点，10点の人全員と5点の2人なので，1＋7＋6＋2＝16（人）
2を正解した人は，3点，8点，10点の人全員と5点の2人なので，4＋7＋6＋2＝19（人）
(3) 1を正解した人数が最も少なくなるのは，合計点が5点の5人全員が3のみ正解した場合で，
このときの1を正解した人は，1＋7＋6＝14（人）
1を正解した人数が最も多くなるのは，合計点が5点の5人全員が1と2を正解した場合で，
このときの1を正解した人は，14＋5＝19（人）
よって，1を正解した人は14人以上19人以下。
また，1を正解した人が最も少ないとき，合計点が5点の5人全員が3のみ正解しているので，
2を正解した人は，4＋7＋6＝17（人），
3を正解した人は，5＋7＋7＋6＝25（人）

答 (1) 6.8点　(2) 1 16人　2 19人
(3) 14（人以上）19（人以下）　2 17人
3 25人

13 (1) 2人の合計点は，70×2＝140（点）なので，
正解した問題数は，140÷10＝14（個）
(2) ⑤から⑩までの問題は，AさんかBさんの一方が正解で，もう一方が不正解になるので，
⑤から⑩までの2人の解答12個のうち，
正解は，12÷2＝6（個）
(3) AさんとBさんは①から④で，
合わせて，14－6＝8（個）正解しているので，
この4問は2人とも正解している。
また，Cさんは，60÷10＝6（個）正解している。
このうち，①から④までの解答がAさん，Bさんと異なることより，この4問は不正解とわかるので，Cさんは⑤から⑩までの6個を正解したことがわかる。
Dさんの解答で，①から④までのうち，Aさん，Bさんと同じものは①，②，③の3個で，⑤から⑩までのうち，Cさんと同じものは⑤から⑩までの6個なので，Dさんは，3＋6＝9（個）正解して，
10×9＝90（点）

答 (1) 14　(2) 6　(3) 90

14 (1) Aの値が最も大きくなるのは，6個すべての積み木が手前から見える場合だから，
手前から（1，2，3，4，5，6）と並ぶとき。
よって，1＋2＋3＋4＋5＋6＝21
また，6cmの積み木は必ず見えるから，Aの値が最も小さくなるのは，手前に6cmの積み木を並べたときになるから，6である。
(2) 6cmの積み木は必ず見えるので，7－6＝1より，
手前から（1，6，…）と並ぶときである。
手前から3番目以降は残りの4個の積み木をどの順番に並べてもよいから，積み木の並べ方は，
4×3×2×1＝24（通り）
(3) 積み木の並べ方は全部で，
6×5×4×3×2×1＝720（通り）
このうち，Aの値が8以下になる並べ方を考える。
Aの値が6になる並べ方は，手前が6cmで，
後ろの5個はどの順番でもよいから，
並べ方は，5×4×3×2×1＝120（通り）
Aの値が7になる並べ方は，(2)より24通り。
Aの値が8になる並べ方は，8－6＝2より，
手前から（2，6，…）となる並べ方と，
手前から（2，1，6，…）となる並べ方がある。
手前から（2，6，…）となる並べ方は，3番目以降の4個はどの順番でもよいから，24通り。
手前から（2，1，6，…）となる並べ方は，
4番目以降の3個はどの順番でもよいから，
3×2×1＝6（通り）
よって，Aの値が9以上になる並べ方は，
720－（120＋24＋24＋6）＝546（通り）
(4) 6cmの積み木の後ろになると，その積み木は見えないから，6cmの積み木の位置で考える。
3個の積み木でAの値が12になるのは，6cmの前に，1cmと5cmの積み木だけが見える場合，
6cmの前に，2cmと4cmの積み木だけが見える場合である。
6cmの積み木が手前から3番目にある場合，
（1，5，6，…），（2，4，6，…）の並べ方がある。
どちらも4番目以降の3個はどの順番でもよいから，並べ方はともに6通り。
6cmの積み木が手前から4番目にある場合，
（1，5，2，6，…），（1，5，3，6，…），
（1，5，4，6，…），（2，4，1，6，…），
（2，4，3，6，…），（2，1，4，6，…）
の並べ方がある。
いずれも5番目以降の2個はどの順番でもよいから，並べ方はいずれも2通り。
6cmの積み木が手前から5番目にある場合，
（1，5，？，？，6，？），（2，4，？，？，6，5），

(2, 1, 4, 3, 6, 5)の並べ方がある。
(1, 5, ?, ?, 6, ?)の並べ方のとき, 1 cm, 5 cm, 6 cm 以外の 3 個はどの順番でもよいから,
並べ方は 6 通り。
(2, 4, ?, ?, 6, 5)の並べ方は, 残りの 2 個はどの順番でもよいから, 2 通り。
6 cm の積み木が一番後ろにある場合,
(1, 5, ?, ?, ?, 6)の並べ方がある。
(1, 5, ?, ?, ?, 6)の並べ方は, 1 cm, 5 cm, 6 cm 以外の 3 個はどの順番でもよいから, 6 通り。
よって,
全部で, $6\times2+2\times6+6+1+2+6=39$ (通り)

答 (1) (最も大きい値) 21 (最も小さい値) 6
(2) 24 (通り) (3) 546 (通り) (4) 39 (通り)

15 (1) 命令 1 か 3 で向きを変えながら命令あを 5 回くり返すと, 次図 1 のようになる。
よって, いの正方形は 2 個。

図 1

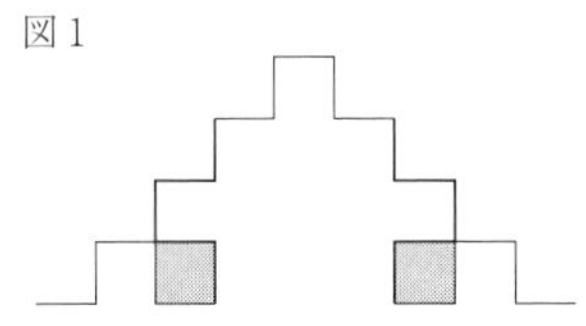

(2) 命令 1 か 3 で向きを変えながら図 1 を 5 回くり返すと, 次図 2 のようになる。
図の重なりによって,
かげをつけた正方形が新たにできるから,
うの正方形は, $2\times5+4\times2=18$ (個)

図 2

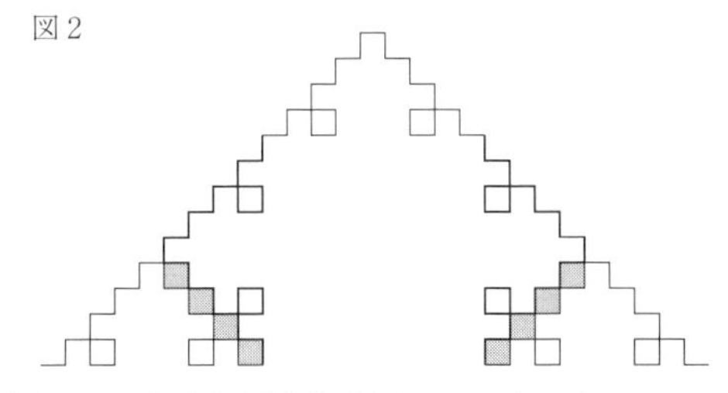

(3) 図 2 をくり返すと次図 3 のようになる。
(2)と同じように考えると,
えの正方形は, $18\times5+13\times2=116$ (個)

図 3

答 (1) 2 (個) (2) 18 (個) (3) 116 (個)

16 (1) 5 倍する数を大きくした方が和は大きくなるので, 120 を選んで, $120\times5+30\times3=690$

(2) アが 500, イが 0 とすると, 操作後の数は,
$500\times5+0\times3=2500$ と,
$0\times5+500\times3=1500$ なので,
アを選ぶ方が, $2500-1500=1000$ 大きい。
ここからアを 1 減らし, イを 1 増やすと,
この差は, $(5-3)\times2=4$ 縮まるので,
差が 520 になるときのアは,
$500-(1000-520)\div4=380$

(3) 操作後の数は, 一方が, $5\times2=10$ (倍),
もう一方が 3 倍になる場合(あ)と, 一方が 5 倍,
もう一方が, $3\times2=6$ (倍)になる場合(い)がある。
和がもっとも大きくなるのは, あを使い,
120 を 10 倍する場合で, $120\times10+30\times3=1290$
あを使って和がもっとも小さくなるのは,
30 を 10 倍するときで, $30\times10+120\times3=660$
いを使って和がもっとも小さくなるのは,
120 を 5 倍するときで, $120\times5+30\times6=780$
よって, もっとも小さい和は 660 で,
もっとも大きくなるときと, もっとも小さくなるときの差は, $1290-660=630$

(4) ウを大きい方の数とする。
ウが 500, エが 0 とすると,
和がもっとも大きいときは,
$500\times10+0\times3=5000$
あを使って和がもっとも小さくなるのは,
$0\times10+500\times3=1500$ のときで,
差は, $5000-1500=3500$
ここからウを 1 減らし, エを 1 増やすと,

この差は，$(10-3)\times2=14$ ずつ縮まるので，
差が 980 になるとき，
ウ $=500-(3500-980)\div14=320$
よって，和がもっとも大きいときは，
$320\times10+180\times3=3740$
和がもっとも小さくなるのは，
㋐を使うと，$180\times10+320\times3=2760$ で，
㋑を使うと，$180\times6+320\times5=2680$ なので，
当てはまらない。
ウが 500，エが 0 のとき，
㋑を使って和がもっとも小さくなるのは，
$0\times6+500\times5=2500$ のときで，
差は，$5000-2500=2500$
ここからウを 1 減らし，エを 1 増やすと，
この差は，$(10-3)+(6-5)=8$ ずつ縮まるので，
差が 980 になるとき，
ウ $=500-(2500-980)\div8=310$
したがって，和がもっとも大きいときは，
$310\times10+190\times3=3670$
和がもっとも小さくなるのは，
㋐を使うと，$190\times10+310\times3=2830$ で，
㋑を使うと，$190\times6+310\times5=2690$ なので，
当てはまる。
よって，ウ，エのうち大きい方の数は 310。

答 (1) 690　(2) 380　(3) 630　(4) 310

17 (1)　1 桁の数は 1 個，2 桁の数は 7 個ある。
3 桁の数の各位の数の組み合わせは，
(1，1，6)，(1，2，5)，(1，3，4)，(2，2，4)，
(2，3，3)がある。
(1，1，6)，(2，2，4)，(2，3，3)である数は
それぞれ 3 個あり，(1，2，5)，(1，3，4)である
数はそれぞれ 6 個あるから，
3 桁の数は，$3\times3+6\times2=21$ (個)
よって，全部で，$1+7+21=29$ (個)

(2)　3 桁以下の数は，(1)より 29 個。
4 桁の数の各位の数の組み合わせは，
(1，1，1，5)，(1，1，2，4)，(1，1，3，3)，
(1，2，2，3)，(2，2，2，2)がある。
(1，1，1，5)である数は 4 個，(1，1，2，4)であ
る数は，2 つある 1 をそれぞれ 1a，1b とおくと，
$4\times3\times2\times1=24$ (個)あるが，1a，1b がどっちが
先かで，$2\times1=2$ (通り)あり，実際は区別ができ
ないから，$24\div2=12$ (個)
同様に，(1，2，2，3)である数も 12 個，
(1，1，3，3)である数は，
$4\times3\times2\times1\div(2\times1)\div(2\times1)=6$ (個)，
(2，2，2，2)である数は 1 個あるから，
4 桁の数は全部で，$4+12\times2+6+1=35$ (個)
5 桁の数の各位の数の組み合わせは，
(1，1，1，1，4)，(1，1，1，2，3)，
(1，1，2，2，2)がある。
(1，1，1，1，4)である数は 5 個，
(1，1，1，2，3)である数は，
$5\times4\times3\times2\times1\div(3\times2\times1)=20$ (個)，
(1，1，2，2，2)である数は，
$5\times4\times3\times2\times1\div(3\times2\times1)\div(2\times1)$
$=10$ (個)あるから，
5 桁の数は全部で，$5+20+10=35$ (個)
6 桁の数の各位の数の組み合わせは，
(1，1，1，1，1，3)，(1，1，1，1，2，2)がある。
(1，1，1，1，1，3)である数は 6 個，
(1，1，1，1，2，2)である数は，
$6\times5\times4\times3\times2\times1\div(4\times3\times2\times1)\div(2\times1)$
$=15$ (個)あるから，
6 桁の数は全部で，$6+15=21$ (個)
7 桁の数の各位の数の組み合わせは，
(1，1，1，1，1，1，2)だから，7 個。
8 桁の数は 11111111 の 1 個。
よって，
全部で，$29+35+35+21+7+1=128$ (個)

(3)　1 桁の数は 1 個。2 桁の数は 8 個ある。
3 桁の数は，0 を含まない数が 21 個，0 を 1 個だ
け含む数は，2 桁の数，17，26，35，44，53，62，
71 の上から 2 桁目か 3 桁目に 0 を入れればでき
るから，$7\times2=14$ (個)
0 を 2 個含む数は 800 の 1 個。
よって，3 桁の数は，$21+14+1=36$ (個)
4 桁の数は，0 を含まない数が 35 個。
0 を 1 個だけ含む数は，0 を含まない 3 桁の数の
上から 2 桁目か 3 桁目か 4 桁目に 0 を入れればで
きるから，$21\times3=63$ (個)
0 を 2 個だけ含む数は，0 以外の数字を A，B で
表したとき A00B，A0B0，AB00 の場合があり，
そのそれぞれについて，
(A，B) = (1，7)，(2，6)，(3，5)，(4，4)，
(5，3)，(6，2)，(7，1)の場合があるから，

3×7＝21（個）
0 を 3 個含む数は 8000 の 1 個。
よって，4 桁の数は，35＋63＋21＋1＝120（個）
したがって，
全部で，1＋8＋36＋120＝165（個）

(4) 3 桁以下の数は，1＋8＋36＝45（個）
4 桁の数のうち，千の位が 1 である数は，
百の位以下の各位の数の組み合わせは，(0，0，7)，(0，1，6)，(0，2，5)，(0，3，4)，(1，1，5)，(1，2，4)，(1，3，3)，(2，2，3)がある。
(0，0，7)，(1，1，5)，(1，3，3)，(2，2，3)である数はそれぞれ 3 個，(0，1，6)，(0，2，5)，(0，3，4)，(1，2，4)である数はそれぞれ 6 個あるので，4 桁の数のうち，千の位が 1 である数は，
3×4＋6×4＝36（個）
千の位が 2 である数は小さい順に，
2006，2015，2024 と並ぶから，
2024 は，45＋36＋3＝84（番目）である。
次に，4 桁以下の数は，(3)より 165 個。
5 桁の数のうち，一万の位が 1 である数は，
千の位以下の各位の数の組み合わせは，
(0，0，0，7)，(0，0，1，6)，(0，0，2，5)，(0，0，3，4)，(0，1，1，5)，(0，1，2，4)，(0，1，3，3)，(0，2，2，3)，(1，1，1，4)，(1，1，2，3)，(1，2，2，2)がある。
(0，0，0，7)，(1，1，1，4)，(1，2，2，2)である数はそれぞれ 4 個，(0，0，1，6)，(0，0，2，5)，(0，0，3，4)，(0，1，1，5)，(0，1，3，3)，(0，2，2，3)，(1，1，2，3)である数はそれぞれ，
4×3×2×1÷(2×1)＝12（個），
(0，1，2，4)である数は 24 個あるから，
5 桁の数のうち，一万の位が 1 である数は，
4×3＋12×7＋24＝120（個）
ここまでで，165＋120＝285（個）ある。
5 桁の数のうち，一万の位が 2 である数は小さい順に，20006，20015，20024 と並ぶから，
288 番目は 20024。

(5) 1 桁と 2 桁の数にはない。
3 桁の数は，各位の数の組み合わせが，
(1，1，6)である数だから，3 個。
4 桁の数は，各位の数の組み合わせが，
(0，1，1，6)，(1，1，2，4)，(1，1，3，3)である数のうち，2024 以下の数をかぞえる。
(0，1，1，6)である数のうち，2024 以下の数は，
1016，1061，1106，1160，1601，1610 の 6 個。
(1，1，2，4)である数のうち，2024 以下の数は，
1124，1142，1214，1241，1412，1421 の 6 個。
(1，1，3，3)である数のうち，2024 以下の数は，
1133，1313，1331 の 3 個。
よって，全部で，3＋6＋6＋3＝18（個）

(6) 2 桁の数は 44 の 1 個。
3 桁の数は，各位の数の組み合わせが，
(0，0，8)，(0，4，4)，(1，1，6)，(2，2，4)，(2，3，3)がある。
(0，0，8)である数は 800 の 1 個。
(0，4，4)である数は，404，440 の 2 個。
(1，1，6)，(2，2，4)，(2，3，3)である数はそれぞれ 3 個あるから，全部で，1＋2＋3×3＝12（個）
4 桁の数のうち千の位が 1 である数は，
百の位以下の各位の数の組み合わせは，
(0，0，7)，(0，1，6)，(1，2，4)，(1，3，3)，(2，2，3)がある。
(0，0，7)，(1，3，3)，(2，2，3)である数はそれぞれ 3 個，(0，1，6)，(1，2，4)である数はそれぞれ 6 個あるから，
全部で，3×3＋6×2＝21（個）
ここまでで，1＋12＋21＝34（個）
このあと，4 桁の数のうち，千の位が 2 である数は小さい順に，2006，2024 と並ぶから，
2024 は，34＋2＝36（番目）である。

答 (1) 29　(2) 128　(3) 165
(4) あ．84　い．20024　(5) 18　(6) 36

18 (1) B が 0，10 のとき，図形は 0 の点のみになる。
点を結ぶ直線がのびていく方向を考えると，
B が 1，9 のとき，B が 1 のときは時計回りに 1 個ずつ進み，9 のときは反時計回りに 1 個ずつ進むことになるので，同じ図形ができる。
B が 2，8 のとき，B が 2 のときは時計回りに 2 個ずつ進むので，0→2→4→6→8→0 の順に結ぶことになる。
8 のときは反時計回りに 2 個ずつ進むので，
0→8→6→4→2→0 の順に結ぶことになるから，
2 のときと同じ図形ができる。
B が 3，7 のとき，B が 3 のときは時計回りに 3 個ずつ進むので，0→3→6→9→2→5→8→1→4→7→0 の順に結ぶことになる。

7のときは反時計回りに3個ずつ進むので，
0→7→4→1→8→5→2→9→6→3→0 の順に結ぶことになるから，3のときと同じ図形ができる。
Bが4，6のとき，Bが4のときは時計回りに4個ずつ進むので，0→4→8→2→6→0 の順に結ぶことになる。
6のときは反時計回りに4個ずつ進むので，
0→6→2→8→4→0 の順に結ぶことになるので，
4のときと同じ図形ができる。
Bが5のときは，0→5→0 の順に結ぶことになる。
よって，6種類の図形ができる。

(2) Bが1のときはすべての点を通る。
Bが2以上のとき，Bと72に1以外の公約数があると，すべての点を通る前に0に戻ってしまう。
よって，72との公約数が1だけの数を考えると，
1，5，7，11，13，17，19，23，25，29，31，35，37，41，43，47，49，53，55，59，61，65，67，71。
このうち，1と71のように，
和が72になるものは同じ図形になるので，
同じ図形になる数をまとめると，
(1と71)，(5と67)，(7と65)，(11と61)，(13と59)，(17と55)，(19と53)，(23と49)，(25と47)，(29と43)，(31と41)，(35と37)の12種類になる。

(3) 正35角形ができるようなAは35の倍数，
正60角形ができるようなAは60の倍数だから，
求めるAは35と60の最小公倍数になる。
よって，420。

(4) 正多角形ができるとき，
$2024 \div B$ は3以上の整数になる。
まず，2024の約数を考えると，
$2024 = 2 \times 2 \times 2 \times 11 \times 23$ だから，
2024の約数は，1，2，4，8，11，22，23，44，46，88，92，184，253，506，1012，2024。
これらをBとしたとき，$2024 \div B$ が3以上の整数になるのは，1，2，4，8，11，22，23，44，46，88，92，184，253，506。
これらの数で2024をわると，すべて異なる数になるから，Bがこれらの数のとき，すべて異なる正多角形になる。
よって，全部で14種類。

答 (1) 6(種類)　(2) 12(種類)　(3) 420
(4) 14(種類)

19 (1) 10人の合計点は，
$(3+6+7+9+10) \times 1 + 5 \times 2 + 8 \times 3 = 69$ (点)
よって，求める平均点は，$69 \div 10 = 6.9$ (点)

(2) BとCは同じ点数なので5点か8点。
また，Bの得点はAの得点より高いので，
3人の得点として考えられるのは，
(A，B，C)＝(3点，5点，5点)，
(3点，8点，8点)，(5点，8点，8点)，
(6点，8点，8点)の4通り。

(3) Dをのぞく9人の平均点は，
$6.9 + 0.1 = 7$ (点)なので，
Dの得点は，$69 - 7 \times 9 = 6$ (点)
FとGの得点を8点とすると，
Aは3点，BとCは5点に決まり，残り4人の得点は7点，8点，9点，10点になる。
このときEの得点がBより高くなってしまうので問題に合わない。
よって，FとGの得点は5点で，
Aは3点，BとCは8点に決まる。
このとき，残り4人の得点は7点，8点，9点，10点なので，Eの得点は7点に決まる。

答 (1) 6.9(点)　(2) 4(通り)
(3) A．3(点)　B．8(点)　C．8(点)
D．6(点)　E．7(点)　F．5(点)

20 (1) 3人の合計点は，$23 + 21 + 22 = 66$ (点)
すごろくを1回すると，$3 + 2 + 1 = 6$ (点)なので，
求める回数は，$66 \div 6 = 11$ (回)

(2) $11 \div 3 = 3$ あまり2より，
Cは1位を4回以上取ったことになる。
ところが，4回だと，残りの2人が1位を4回取れるので問題に合わない。
よって，Cの1位は5回以上である。
また，$22 \div 3 = 7$ あまり1より，
Cの1位は7回以下。
7回の場合，残りの得点は1点なので，
11回することはできない。
また，6回の場合，残りの得点は4点なので，
これも問題に合わない。
5回の場合，残りの得点は7点なので，
2位が1回，3位が5回となる。

(3) Cが2位を1回取ったので，
Bは2位を6回以上取ったことになる。

また，Bの1位と3位の点数の合計は，
21－2×6＝9（点）以下なので，9÷3＝3より，
1位を取った回数は3回，2回，1回，0回となる。
ところがBの1位の回数が3回のとき，
すごろくの回数が11回にならない。
また，1回，0回だと，Aの1位の回数が5回，
6回になり問題に合わない。
したがって，Bは1位を2回，2位を6回，3位を3回取って，3×2＋2×6＋1×3＝21（点）だった。
よって，Aは1位を4回，2位を4回，3位を3回取って，3×4＋2×4＋1×3＝23（点）だったことが分かる。

答 (1) 11（回） (2) 5（回） (3)（1位）4（回）（2位）4（回）（3位）3（回）

11．場合の数

★問題 P．139～144★

1 (1) Aが2連勝しているので，Aは1回目と2回目，もしくは2回目と3回目に勝っている。
よって，
あいこの可能性があるのは1回目と3回目。

(2) 1回目があいこの場合，
1回目はBとCがグーなので，Aもグー。
2回目はBがグーなので，AはBに勝つ場合のパーと，AとBが勝つ場合のグーの2通りある。
3回目はBがグー，Cがチョキなので，Aはグー。
よって，1回目があいこの場合は，
（1回目，2回目，3回目）とすると，
（グ，パ，グ），（グ，グ，グ）の2通り。
3回目があいこの場合，
1回目はBとCがグーなので，Aはパー。
2回目はBがグーなので，AはBに勝つ場合のパーと，AとBが勝つ場合のグーの2通りある。
3回目はBがグー，Cがチョキなので，Aはパー。
よって，3回目があいこの場合は，
（パ，パ，パ），（パ，グ，パ）の2通りなので，
Aの手の出し方は全部で，2＋2＝4（通り）

答 (1) 1（回目と）3（回目） (2) 4（通り）

2 (1) できるだけ積を小さくするには，1と2をかけられる数の十の位とかける数に使えばよい。
したがって，13×2＝26，23×1＝23より，
積が最も小さくなるのは，23×1。

(2) 2けたの数にかけて積が666になるためには，
かける数は，666÷99＝6.72…より大きい7か8か9でなくてはならない。
666を素数のかけ算の式で表すと，
666＝2×3×3×37なので，
666は7の倍数でも8の倍数でもなく，
3×3＝9の倍数。
よって，積が666になるようなカードの並べ方は，
（2×37）×9＝74×9

(3) 0の数字を使わないので，かけられる数が10の倍数になることはない。
10＝2×5より，かけられる数とかける数の一方を2の倍数，もう一方を5の倍数にすれば10の倍数ができる。
かける数が2の倍数の場合，2，4，6，8の4通り。

かけられる数は５の倍数なので，
一の位が５の１通りで，
十の位はかけられる数と５以外の７通り。
よって，かける数が２の倍数のものは，
$4\times1\times7=28$（通り）
かける数が５の倍数の場合，５の１通り。
かけられる数は，一の位が２，４，６，８の４通りで，
十の位がかけられる数の一の位の数と５以外の７通り。
よって，かける数が５の倍数のものは，
$1\times4\times7=28$（通り）なので，
全部で，$28+28=56$（通り）

 (1)  　(2) 
(3) 56（通り）

3 (1)①　千の位は２か５の２通り，
百の位は１か４か７の３通り，
十の位は２か５の２通り，
一の位は１か４か７の３通りあるので，
となり合ったどの２つの位の数字の和も
３の倍数となる数のうち，
一万の位が１であるものは，
$2\times3\times2\times3=36$（通り）

②　１から７までの整数を３で割ったときの余りで分けると，右表の(あ)～(う)のようになる。

	余り	
(あ)	1	1，4，7
(い)	2	2，5
(う)	0	3，6

この中で，和が３の倍数になる２つの数の組み合わせは，(あ)と(い)，(う)と(う)の２通りなので，
５けたの数の各位の並びは，(あ)(い)(あ)(い)(あ)，
(い)(あ)(い)(あ)(い)，(う)(う)(う)(う)(う)のどれか。
(あ)は３通り，(い)は２通りあるので，
(あ)(い)(あ)(い)(あ)の並びは，
$3\times2\times3\times2\times3=108$（通り），
(い)(あ)(い)(あ)(い)の並びは，
$2\times3\times2\times3\times2=72$（通り）
(う)は２通りあるので，
(う)(う)(う)(う)(う)の並びは，
$2\times2\times2\times2\times2=32$（通り）
よって，となり合ったどの２つの位の数字の和も３の倍数となる数は全部で，
$108+72+32=212$（通り）

(2)　和が３の倍数になる３つの数の組み合わせは，
(あ)が３つ，(い)が３つ，(う)が３つ，(あ)と(い)と(う)。
(あ)が３つの組み合わせは，５けたとも(あ)になるので，$3\times3\times3\times3\times3=243$（通り）
(い)が３つの組み合わせは５けたとも(い)，(う)が３つの組み合わせは５けたとも(う)になるので，
それぞれ，$2\times2\times2\times2\times2=32$（通り）
(あ)と(い)と(う)の組み合わせは，５けたの並び方が，
(あ)(い)(う)(あ)(い)，(あ)(う)(い)(あ)(う)，(い)(あ)(う)(い)(あ)，(い)(う)(あ)(い)(う)，
(う)(あ)(い)(う)(あ)，(う)(い)(あ)(う)(い)の６つある。
計算する順番を変えると，このうち(あ)が２回ある
(あ)(い)(う)(あ)(い)，(あ)(う)(い)(あ)(う)，(い)(あ)(う)(い)(あ)，(う)(あ)(い)(う)(あ)
の４つの場合は，それぞれ，
$3\times3\times2\times2\times2=72$（通り），
(あ)が１回である(い)(う)(あ)(い)(う)，(う)(い)(あ)(う)(い)の２つの場合は，それぞれ，$3\times2\times2\times2\times2=48$（通り）
よって，となり合ったどの３つの位の数字の和も３の倍数となる数は，
$243+32\times2+72\times4+48\times2=691$（通り）

答 (1) ① 36（通り）　② 212（通り）
(2) 691（通り）

4 (1)　図２のあみだくじをなぞると，
１は左から３番目，２は左から２番目，
３は左から４番目，４は左から１番目，
５は左から５番目にかわるので，
「42135」に並びかわる。

(2)　あみだくじを１個使うと，
それぞれの数の位置は，
左から１番目は左から４番目，
左から２番目は左から５番目，
左から３番目は左から１番目，
左から４番目は左から３番目，
左から５番目は左から２番目にかわる。
よって，左から１番目の数の位置は
{左から１番目，左から４番目，左から３番目}をくり返し，左から２番目の数の位置は
{左から２番目，左から５番目}をくり返す。
左から３，４，５番目の数の位置も同様にして考えると，１，３，４はあみだくじを３個使うごとにもとの位置になり，２，５はあみだくじを２個使うごとにもとの位置になるので，もとの「12345」にするのに使う最小のあみだくじの個数は，３と２の最小公倍数の６個。

(3)　左から２番目と５番目からあみだくじをなぞる

と，横に移動するのはともに３回なので，２からなぞるとき，横に移動するのは，3×50＝150（回）
左から１番目，４番目，３番目からあみだくじをなぞると，横に移動するのはそれぞれ３回，３回，２回なので，１からなぞると横に移動する回数は｛３回，３回，２回｝をくり返す。
50÷3＝16 あまり２より，１からなぞるとき横に移動するのは，(3＋3＋2)×16＋3＋3＝134（回）

答 (1) 42135　(2) 6（個）　(3)（順に）150，134

5 (1)　規則と例から，左から２番目が１番目より大きい場合，並んでいる数は，左の数より「大きくなる」ことと「小さくなる」ことをくり返すことがわかる。
同様に，左から２番目が１番目より小さい場合，並んでいる数は，左の数より「小さくなる」ことと「大きくなる」ことをくり返す。
①のとき，５の両隣の数字は５より小さいので，隣り合う２個の数字の大小関係を不等号で表すと，次図ａになる。
アとイは２より小さいので１。
ウは３より小さいので２。
エは４より小さいので３。
オは５より小さいので４。
カは４より大きいので５。

図ａ

<　>　<　>　<　>　<　>　<
[ア]　2　[イ]　3　[ウ]　4　[エ]　5　[オ]　[カ]

(2)　次図ｂのように，左から２番目が１番目より大きい場合，サ，シは２より小さいので１。
コは３より小さいので２。
５は両隣の数字より大きくなるのでクとス。
ケは４より小さいので，残りの数では３のみ。
残ったキは４になる。
次図ｃのように，左から２番目が１番目より小さい場合，タもチも４より大きいので５。
ツは３より大きいので４。
１は両隣の数字より小さくなるのでソとト。
テは２より大きいので，残りの数では３のみ。
残ったセは２になる。

図ｂ

<　>　<　>　<　>　<　>　<
[キ]　[ク]　[ケ]　4　[コ]　3　[サ]　2　[シ]　[ス]

図ｃ

>　<　>　<　>　<　>　<　>
[セ]　[ソ]　[タ]　4　[チ]　3　[ツ]　2　[テ]　[ト]

(3)　５の両隣の数字は５より小さいので，
大小関係は次図ｄになる。
ナ～ネに４は適さず，ノに４を入れるとハに入る数がないので，ハが４。
３はヌ，ネ，ノのいずれかになる。
ヌを３にした場合，残りのナ，ニ，ネ，ノは2，2，1，1のどれでもよいので，４か所から２を入れる２か所の決め方より，4×3÷2＝6（通り）
ネかノを３にしたときも同様に６通りずつあるので，全部で，6×3＝18（通り）

図ｄ

<　>　<　>　<　>　<　>　<
[ナ]　3　[ニ]　5　[ヌ]　4　[ネ]　5　[ノ]　[ハ]

(4)　次図ｅのように，まず，左から２番目が１番目より大きい場合を考える。
５と４が隣り合わない場合，ヒ，ヘ，マ，ムは5，5，4，4のいずれかだから，５と４の決め方は６通り。
残りのフ，ホ，ミ，メは2，2，1，1のいずれかだから６通り。
よって，6×6＝36（通り）
５と４が隣り合う場合，ヒ，フ，ヘが5，4，5でマかムが４，あるいは，ヒが４でヘ，ホ，マかマ，ミ，ムが5，4，5の４通りがある。
このとき，例えばヒ，フ，ヘが5，4，5でマが４の場合，ミ，ム，メに1，2，1でホが２に決まる。
他の場合も同様。
よって，図ｅは，36＋4＝40（通り）
左から２番目が１番目より小さい場合は，図ｅを左右逆にしたものだから，同じく40通りあるので，④のような数字の並びは全部で，
40×2＝80（通り）

図ｅ

 (1) [1]　2　[1]　3　[2]　4　[3]　5　[4]　[5]

(2) [4][5][3] 4 [2] 3 [1] 2 [1][5] (と)
[2][1][5] 4 [5] 3 [4] 2 [3][1]

(3) 18 (通り)　(4) 80 (通り)

[6] (1) 上から順に1段目，2段目，…とすると，
6番目の表には，
1段目には1〜7，
2段目には，2×1〜2×7，…，
7段目には，7×1〜7×7の整数が並ぶから，
求める数の和は，
$1+2+\cdots+7+2\times(1+2+\cdots+7)+\cdots$
$\quad+7\times(1+2+\cdots+7)$
$=(1+2+\cdots+7)\times(1+2+\cdots+7)$
$=28\times28=784$

(2) 3番目に現れている数すべての和は，
次の(図Ⅰ)+(図Ⅱ)−(図Ⅲ)で求められる。
図Ⅰと図Ⅱはともに，{3}だから，
2×{3}−〈3〉となる。
よって，エ。

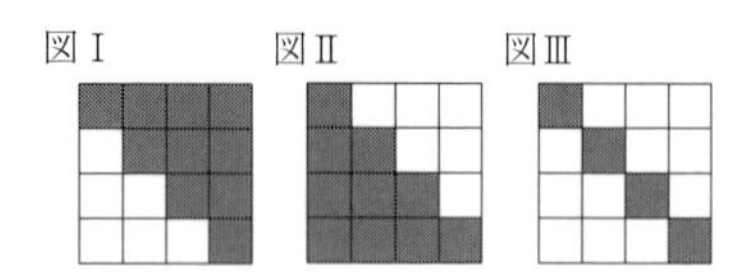

(3) 性質を満たす玉が①のとき，①以外の玉の並び方は，②，③，④，⑤，⑥，⑦，⑧，⑨，⑩で，
①が，②〜⑩の玉のいずれかの右に並べばよいから，並べ方は9通り。
性質を満たす玉が②のとき，②以外の玉の並び方は，①，③，④，⑤，⑥，⑦，⑧，⑨，⑩で，
②が，③〜⑩の玉のいずれかの右に並べばよいから，並べ方は8通り。
以下，同様に考えると，性質を満たす玉が
③のとき，並べ方は7通り，
④のとき，並べ方は6通り，
⑤のとき，並べ方は5通り，
⑥のとき，並べ方は4通り，
⑦のとき，並べ方は3通り，
⑧のとき，並べ方は2通り，
⑨のとき，並べ方は1通りで，
⑩であることはないから，
全部で，9+8+7+6+5+4+3+2+1=45 (通り)

(4) ③と④が性質を満たすとき，③と④以外の玉の並び方は，①，②，⑤，⑥，⑦，⑧，⑨，⑩。
④は⑤〜⑩の玉のいずれかの右に並べばよいから，並べ方は6通り。
そのそれぞれについて，③は④〜⑩の玉のいずれかの右に並べばよいから，並べ方は7通り。
よって，全部で，6×7=42 (通り)

(5) (4)と同じように考えると，
①と②が性質を満たすとき，②は③〜⑦のいずれかの右に並び，①は②〜⑦のいずれかの右に並ぶから，5×6=30 (通り)
①と③が性質を満たすとき，③は④〜⑦のいずれかの右に並び，①は②〜⑦のいずれかの右に並ぶから，4×6=24 (通り)，
以下同様に，
①と④が性質を満たすとき，3×6=18 (通り)，
①と⑤が性質を満たすとき，2×6=12 (通り)，
①と⑥が性質を満たすとき，1×6=6 (通り)，
②と③が性質を満たすとき，4×5=20 (通り)，
②と④が性質を満たすとき，3×5=15 (通り)，
②と⑤が性質を満たすとき，2×5=10 (通り)，
②と⑥が性質を満たすとき，1×5=5 (通り)，
③と④が性質を満たすとき，3×4=12 (通り)，
③と⑤が性質を満たすとき，2×4=8 (通り)，
③と⑥が性質を満たすとき，1×4=4 (通り)，
④と⑤が性質を満たすとき，2×3=6 (通り)，
④と⑥が性質を満たすとき，1×3=3 (通り)，
⑤と⑥が性質を満たすとき，1×2=2 (通り)
よって，全部で，
$30+24+18+12+6+20+15+10+5+12+8$
$\quad+4+6+3+2$
=175 (通り)

(6) (5)と同じように考えると，
$(10+9+\cdots+1)\times11+(9+8+\cdots+1)\times10+\cdots$
$+(3+2+1)\times4+(2+1)\times3+1\times2$ (通り)で，
これは次図Ⅳのかげをつけた部分の和になる。
よって，10番目の表に現れている数すべての和から〈10〉をひいて，その答えを2で割ればよいから，
$\{(1+2+\cdots+11)\times(1+2+\cdots+11)$
$\quad-(1+4+\cdots+121)\}\div2$
$=(66\times66-506)\div2=1925$ (通り)

図Ⅳ

1	2	3	4	5	6	7	8	9	10	11
2	4	6	8	10	12	14	16	18	20	22
3		9	12	15	18	21	24	27	30	33
4			16	20						
5				25						
6					36					
7						49				
8							64			
9								81	90	99
10									100	110
11										121

答 (1) 784　(2) エ　(3) 45（通り）　(4) 42（通り）
(5) 175（通り）　(6) 1925（通り）

7 (1)　①に赤をぬった場合，
右図のように，
②は①以外の 2 通り，
③は②以外の 2 通り，
④は③以外の 2 通りで，
$2\times2\times2=8$（通り）と考えていくことができるが，
④の赤の 2 通りはぬれないので，$8-2=6$（通り）
①が青，緑の場合も同様なので，
全部で，$6\times3=18$（通り）

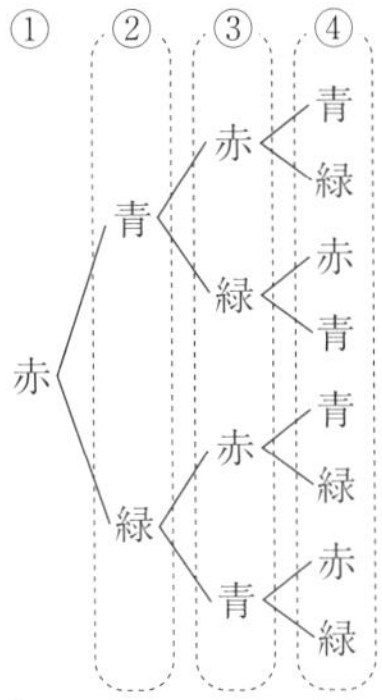

①　②　③　④
赤 ─ 青 ─ 赤 ─ 青・緑
　　　　 ─ 緑 ─ 赤・青
　 ─ 緑 ─ 赤 ─ 青・緑
　　　　 ─ 青 ─ 赤・緑

(2)　①に赤をぬって，②は 2 通り，③は 2 通り，…，と考えていき，⑥が青か緑になる場合だけ考える。
このとき，赤をぬることができるのは前の番号の色が青か緑の場合であることを利用すると，
前図の③の枠の赤の個数は
②の枠の青と緑の個数と等しく 2 個なので，
③の枠の青と緑の個数は，$2\times2-2=4-2=2$（個）
④の枠の赤の個数は③の枠の青と緑の個数と等しく 2 個なので，④の枠の青と緑の個数は，
$4\times2-2=8-2=6$（個）
以下同様に考えて，⑤の赤の個数は④の青と緑の個数と等しく 6 個なので，⑤の青と緑の個数は，
$8\times2-6=16-6=10$（個），
⑥の赤の個数は⑤の青と緑の個数と等しく 10 個なので，⑥の青と緑の個数は，
$16\times2-10=32-10=22$（個）
よって，
①に赤をぬった場合のぬり分け方が 22 通り。
①が青か緑の場合も同様なので，
全部で，$22\times3=66$（通り）

(3)　①に赤をぬった場合，(2)と同様に考えると，
青と緑の個数は，
⑦が，$32\times2-22=64-22=42$（個），
⑧が，$64\times2-42=128-42=86$（個），
⑨が，$128\times2-86=256-86=170$（個），
⑩が，$256\times2-170=512-170=342$（個）
①が青か緑の場合も同様なので，
全部で，$342\times3=1026$（通り）

答 (1) 18（通り）　(2) 66（通り）　(3) 1026（通り）

8　50 円玉と 100 円玉を使うと，
$50\times2+100\times2=300$（円）まで
50 円ごとに金額をつくることができるので，
50 円玉と 100 円玉でできる金額は 0 円，50 円，100 円，150 円，200 円，250 円，300 円の 7 通り。
これに 10 円玉を 0～2 枚加えることで，
3 通りずつの金額をつくることができるので，
$3\times7=21$（通り）
これには 0 円もふくむので，
ちょうど支払うことができる金額は
全部で，$21-1=20$（通り）

答 20（通り）

9　1 つのグループで，
$4\times3\div2=6$（試合）が行われて，
上位 2 チームが決まる。
したがって，$6\times8=48$（試合）の後，
決勝トーナメントになる。
$2\times8=16$（チーム）から
1 チームがチャンピオンに決まるので，
決勝トーナメントは，$16-1=15$（試合）
よって，求める試合数は，$48+15=63$（試合）

答 63（試合）

10 (1)　A 君と同じ班に入る 2 人を残りの 8 人から選ぶ方法は，$8\times7\div2=28$（通り）
(2)　A 君と同じ班に入る 2 人を残りの 6 人から選ぶ方法は，$6\times5\div2=15$（通り）
B 君と同じ班に入る 2 人を残りの 4 人から選ぶ方法は，$4\times3\div2=6$（通り）
C 君と同じ班に入る 2 人は残りの 2 人に決まるから，残り 6 人の分かれ方は，$15\times6=90$（通り）
(3)　D 君と同じ班に入る 2 人を残りの 5 人から選ぶ方法は，$5\times4\div2=10$（通り）
残りの 3 人は同じ班になることに決まるから，
残り 6 人の分かれ方は 10 通り。

答 (1) 28（通り）　(2) 90（通り）　(3) 10（通り）

11 (1)　箱 A，B，C から取り出したカードに書かれた

数をそれぞれ a，b，c とする。
a，b，c とも 3 通りずつの数があるので，
カードの取り出し方は全部で，
$3\times3\times3=27$（通り）

(2)　積が奇数になるためには，a，b，c のすべてが奇数でなくてはならない。
これにあてはまるのは，a が 1，3 の 2 通り，
b が 5 の 1 通り，c が 7，9 の 2 通りなので，
カードの取り出し方は全部で，
$2\times1\times2=4$（通り）

(3)　$10=2\times5$ より，積が 10 の倍数になるためには a，b，c の中に 2 と 5 の倍数が必要。
5 の倍数は 5 しかないので，b は 5 の 1 通り。
a，c は少なくとも一方が 2 の倍数でなくてはならないので，あてはまる(a，c)の組み合わせは，
(1，8)，(2，7)，(2，8)，(2，9)，(3，8)の 5 通り。
よって，カードの取り出し方は，$1\times5=5$（通り）

(4)　$4=2\times2$ より，積が 4 の倍数になるためには，a，b，c の中に 2 の倍数が 2 個以上か 4 の倍数が必要。
b が 4，あるいは c が 8 のときは，必ず 4 の倍数となるから，4 の倍数にならない場合を考えると，
b が 5 の場合，(a，c)の組み合わせは，(1，7)，(1，9)，(2，7)，(2，9)，(3，7)，(3，9)の 6 通り。
b が 6 の場合，(a，c)の組み合わせは，(1，7)，(1，9)，(3，7)，(3，9)の 4 通り。
よって，4 の倍数にならないのは，
$6+4=10$（通り）なので，
4 の倍数となるカードの取り出し方は，
$27-10=17$（通り）

答　(1) 27（通り）　(2) 4（通り）　(3) 5（通り）
(4) 17（通り）

12　右図のように，スイッチに記号をつけ，電球が点灯しないときについて考える。

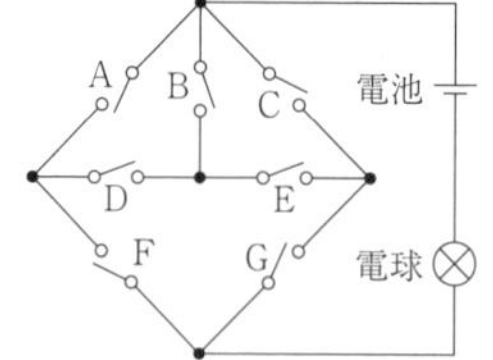

F，G がともにオフのとき，他の 5 個のスイッチはオンでもオフでも電球は点灯しないので，各々のスイッチについてオンとオフの 2 通りあるから，$2\times2\times2\times2\times2=32$（通り）
F がオフ，G がオンのとき，C は必ずオフである。
ここで，E がオフのとき，A，B，D はオンでもオフでもよいので，$2\times2\times2=8$（通り）
E がオンのとき，B は必ずオフ，A，D は少なくともどちらか一方がオフであればよいので，
$2\times2-1\times1=3$（通り）
したがって，F がオフ，G がオンのとき，点灯しないスイッチのオン・オフの仕方は，$8+3=11$（通り）
同様に考えると，
F がオン，G がオフのときも 11 通り。
さらに，F，G がともにオンのとき，
A，C はともに必ずオフで，B がオフのとき，
D，E はどちらでもよいから，$2\times2=4$（通り），
B がオンのとき，D，E は必ずオフだから，
$1\times1=1$（通り）
よって，全部で，
$32+11\times2+4+1=59$（通り）だから，
電球が電灯するようなスイッチのオン・オフの仕方は，$128-59=69$（通り）

 69

13　(1)(ア)　$A+I=10-5=5$，$C+G=10-5=5$ となる。
(A，I)として考えられるものは，(1，4)，
(2，3)，(3，2)，(4，1)
(A，I)＝(1，4)のとき，(C，G)＝(2，3)，
(3，2)の 2 通り。
(A，I)＝(2，3)，(3，2)，(4，1)のときも，
(C，G)はそれぞれ 2 通りずつあるので，
A，I，C，G の 4 つの数の並び方は，
$2\times4=8$（通り）
このそれぞれについて，
残りの B，D，F，H の並び方は，
$4\times3\times2\times1=24$（通り）ずつあるので，
9 つの数の並び方は全部で，
$8\times24=192$（通り）

(イ)　E が 6 以上だと，A，I，C，G に異なる数を入れることができない。
E が 4 のとき，$A+I=C+G=10-4=6$ となる。
(A，I)として考えられるものは，(1，5)，
(2，4)，(4，2)，(5，1)となるが，
どの場合も A，I，C，G のいずれかが 4 となり，条件に合わない。
E が 3 のとき，
$A+I=C+G=10-3=7$ となる。
(A，I)として考えられるものは，(1，6)，
(2，5)，(3，4)，(4，3)，(5，2)，(6，1)だが，
E が 3 なので，(1，6)，(2，5)，(5，2)，

(6，1)となる。

このときの9つの並び方は(ア)より192通り。

同様に考えると，Eが2のとき，

A＋I＝C＋G＝10－2＝8より，

(A，I)＝(1，7)，(3，5)，(5，3)，(7，1)で，

このときの9つの並び方は(ア)より192通り。

Eが1のとき，A＋I＝C＋G＝10－1＝9より，

(A，I)＝(2，7)，(3，6)，(4，5)，(5，4)，(6，3)，(7，2)で，

(A，I)＝(2，7)のとき，(C，G)＝(3，6)，(4，5)，(5，4)，(6，3)の4通り。

(A，I)＝(3，6)，(4，5)，(5，4)，(6，3)，(7，2)のときも，(C，G)はそれぞれ4通りずつあるので，A，I，C，Gの4つの数の並び方は，

4×6＝24（通り）

このそれぞれについて，残りのB，D，F，Hの並び方は，24通りずつあるので，

9つの数の並び方は，24×24＝576（通り）

よって，

全部で，192＋192＋192＋576＝1152（通り）

(2) まず，太郎さんと次郎さんの当てた場所が2か所同じであったとすると，2人とも的のどの縦列にも1回ずつ，どの横列にも1回ずつ当たっているから，もう1か所も同じ場所になり，3か所とも同じ場所に当たったことになってしまう。

また，3か所とも異なる場所であったとすると，3か所に書かれた数の和が10であることから，3か所の数字は，(1，2，7)，(1，3，6)，(1，4，5)，(2，3，5)のいずれかとなる。

このとき，どの2つの組み合わせを選んでも，必ず1か所は同じ場所になってしまうので，3か所とも異なる場所になることはない。

よって，2人とも当たった場所は1か所だけになる。

的の3か所の当たり方は後図(ア)～(カ)のようになるので，1か所だけ同じ場所に当たるのは，(ア)と(イ)，(ア)と(ウ)，(ア)と(カ)，(イ)と(エ)，(イ)と(オ)，(ウ)と(エ)，(ウ)と(オ)，(エ)と(カ)，(オ)と(カ)の9通りになる。

それぞれにおいて，9つの数の並び方は，

(1)の(イ)より1152通りずつあるから，

全部で，1152×9＝10368（通り）

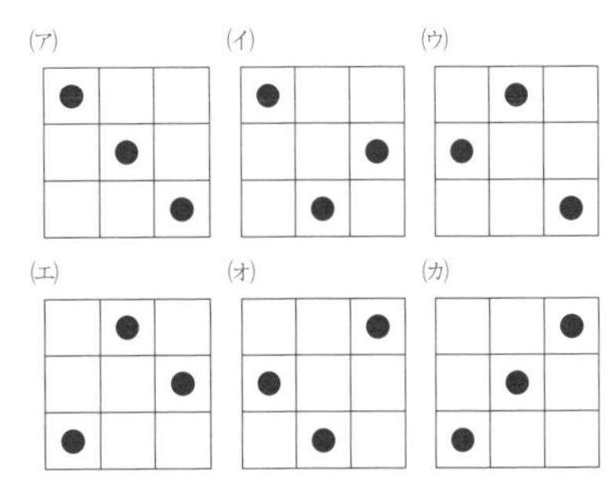

答 (1)(ア) 192　(イ) 1152　(2) 10368（通り）

14 (1) 太郎さんの家から下のかど，左のかどにいたる道順の数は右図Ⅰのようにすべて1通りで次々にたしていくと，Ⓐのお店に行く方法は10通り。

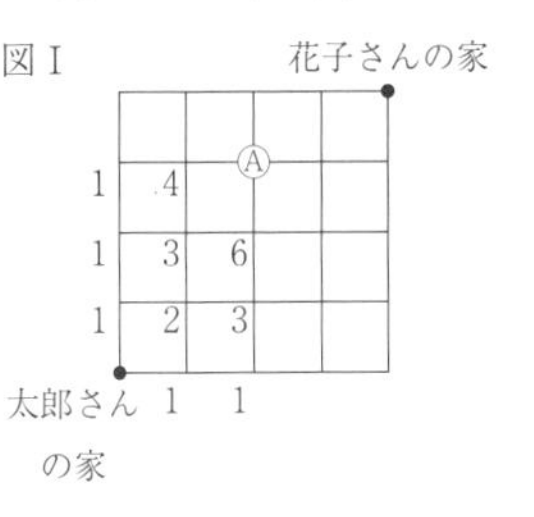

同様に，Ⓐのお店から花子さんの家に行く方法は3通りなので，全部で，10×3＝30（通り）

(2) 工事中の道を通る方法を考えると，太郎さんの家から右図Ⅱの B の地点に行く方法は3通りで，B 地点から C 地点に行く方法は1通り。

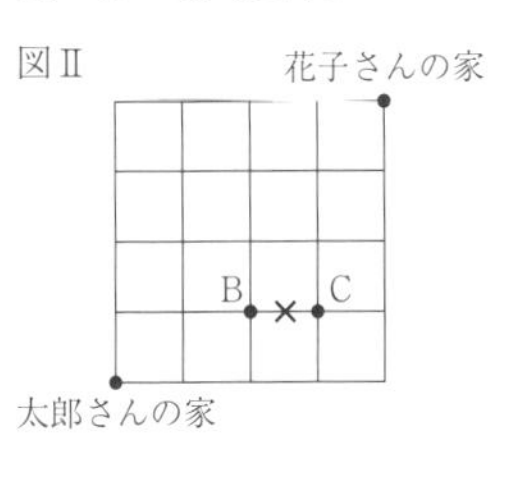

そして C 地点から花子さんの家に行く方法は4通りなので，全部で，3×1×4＝12（通り）

太郎さんの家から花子さんの家に行く方法は全部で70通りなので，求める行き方は，

70－12＝58（通り）

答 (1) 30（通り）　(2) 58（通り）